CÓMO FUNCIONA EL CUERPO HUMANO

CÓMO FUNCIONA EL CUERPO HUMANO

DK
Penguin
Random
House

Asesoría editorial
Dra. Sarah Brewer

Edición de arte del proyecto
Francis Wong

Diseño
Paul Drislane, Charlotte Johnson, Shahid Mahmood

Ilustración
Mark Clifton, Phil Gamble, Mike Garland, Mik Gates, Alex Lloyd, Mark Walker

Edición ejecutiva de arte
Michael Duffy

Diseño de cubierta
Mark Cavanagh

Producción, Preproducción
Nikoleta Parasaki

Dirección de arte
Karen Self

Colaboradoras
Ginny Smith, Nicola Temple

Edición sénior
Rob Houston

Edición
Wendy Horobin, Andy Szudek, Miezan van Zyl

Asistencia editorial
Francesco Piscitelli

Edición de la cubierta
Claire Gell

Edición ejecutiva
Ángeles Gavira Guerrero

Dirección de desarrollo del diseño de cubierta
Sophia MTT

Producción
Mary Slater

Dirección editorial
Liz Wheeler

Dirección general editorial
Jonathan Metcalf

Publicado originalmente en Gran Bretaña en 2016
por Dorling Kindersley Ltd, 80 Strand, Londres, WC2R 0RL
Parte de Penguin Random House

Título original: *How the Body Works*
Primera edición: 2018

Servicios editoriales: Tinta Simpàtica
Traducción: Ruben Giró Anglada

ISBN: 978-1-4654-7879-5

Impreso en China

www.dkespañol.com

CONTENIDOS

BAJO EL MICROSCOPIO

UN BUEN SOPORTE

EN MARCHA

MATERIA SENSIBLE

EN EL CORAZÓN DEL SISTEMA

ENTRADA Y SALIDA

SANO Y EN FORMA

EQUILIBRIO QUÍMICO

EL CICLO DE LA VIDA

COSAS DE LA MENTE

BAJO EL MICROSCOPIO

¿Quién manda?

Para realizar cualquier tarea, las partes del cuerpo se organizan en sistemas o grupos de órganos y tejidos. Cada sistema se encarga de una función, como respirar o digerir. Sus coordinadores principales son el cerebro y la médula espinal, pero los sistemas corporales se comunican e intercambian instrucciones entre ellos.

¿HAY ALGÚN SISTEMA SIN EL QUE PODAMOS VIVIR?

Todos nuestros sistemas son vitales. A diferencia de ciertos órganos, como el apéndice, si falla todo un sistema suele producirse la muerte.

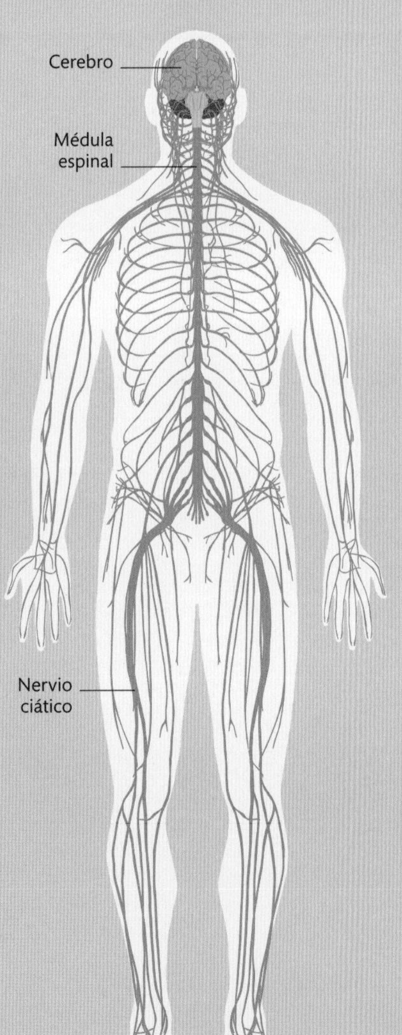

Cerebro
Médula espinal
Nervio ciático

Sistema nervioso central
El cerebro y la médula espinal procesan la información recibida de todo el cuerpo a través de una amplia red de nervios.

Es cuestión de organizarse

Los sistemas son grupos de órganos con una función específica. No obstante, algunas partes del cuerpo desempeñan más de una tarea. Así, el páncreas forma parte tanto del sistema digestivo, pues aporta jugos gástricos al intestino, como del sistema endocrino, pues libera hormonas al torrente circulatorio.

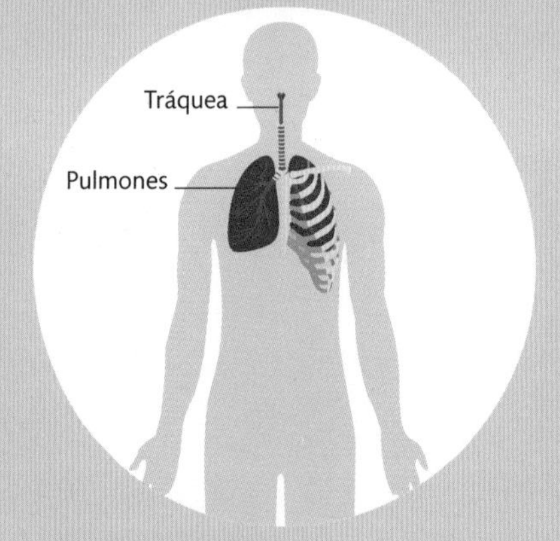

Tráquea
Pulmones

Sistema respiratorio
Los pulmones ponen en contacto el aire con los vasos sanguíneos para que se produzca el intercambio de oxígeno y dióxido de carbono.

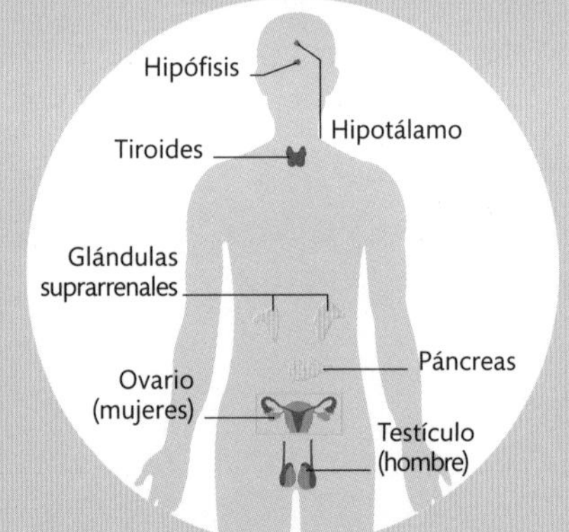

Hipófisis
Hipotálamo
Tiroides
Glándulas suprarrenales
Páncreas
Ovario (mujeres)
Testículo (hombre)

Sistema endocrino
Este sistema de glándulas secreta hormonas, los mensajeros químicos del cuerpo, y envía información a otros sistemas orgánicos.

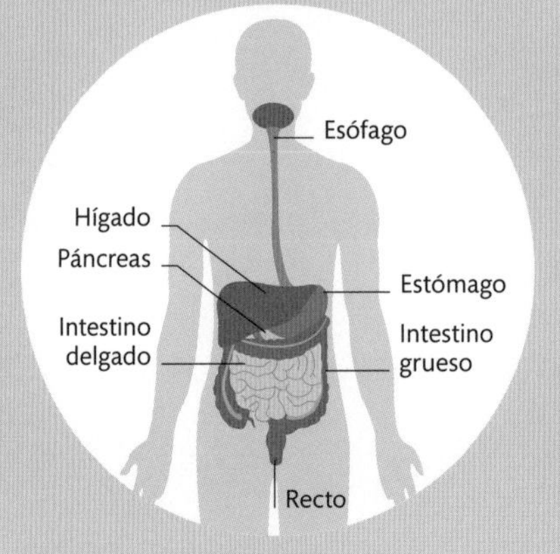

Esófago
Hígado
Páncreas
Estómago
Intestino delgado
Intestino grueso
Recto

Sistema digestivo
El estómago y los intestinos son los órganos principales de este sistema, que convierte la comida en los nutrientes que necesita el cuerpo.

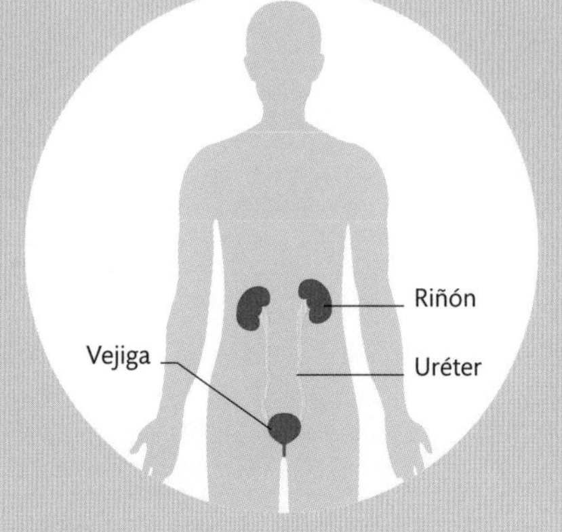

Riñón
Vejiga
Uréter

Sistema urinario
Los riñones filtran la sangre para eliminar las sustancias no deseadas, que se almacenan en la vejiga y se expulsan en forma de orina.

Cerebro
Cuando el cuerpo realiza una rutina gimnástica, el cerebro recibe datos de los ojos, el oído interno y todos los nervios del cuerpo, y los combina para ser consciente del equilibrio y la posición corporal.

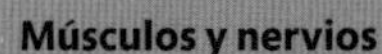

Músculos y nervios
Los músculos reciben impulsos nerviosos para realizar ajustes instantáneos de la posición del cuerpo y mantener así el equilibrio. El sistema nervioso interactúa con el sistema muscular, que a su vez actúa sobre los huesos del sistema óseo.

Respiración y frecuencia cardiaca
La información del cerebro provoca la liberación de hormonas para que el cuerpo pueda afrontar el esfuerzo que está realizando. Se acelera la respiración y la frecuencia cardiaca aumenta para poder transportar el oxígeno necesario hasta los músculos.

Sistemas digestivo y urinario
Las hormonas del estrés que libera el sistema endocrino actúan sobre los sistemas digestivo y urinario para ralentizarlos: ¡la energía se necesita en algún otro lugar!

78
ESTIMACIÓN DEL **NÚMERO TOTAL DE ÓRGANOS DEL CUERPO,** ¡AUNQUE HAY VARIAS OPINIONES!

Todo en equilibrio

Ningún sistema corporal funciona de manera independiente, sino que todos interactúan con el resto para que el conjunto funcione de forma correcta. Así, para equilibrarse en las anillas, cada sistema del cuerpo del gimnasta se adapta y compensa el esfuerzo de otros sistemas que pueden requerir más recursos.

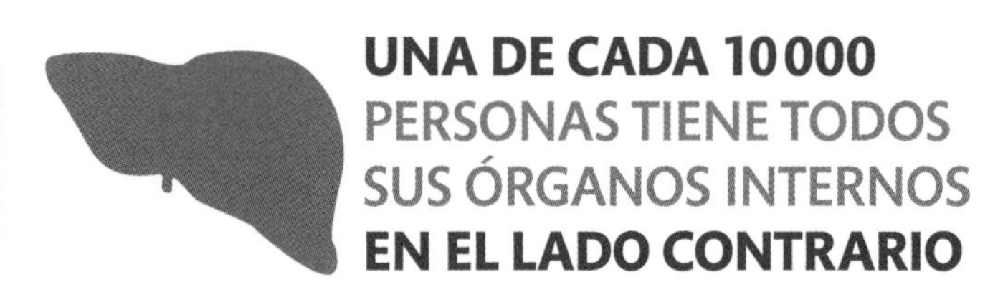
UNA DE CADA 10000
PERSONAS TIENE TODOS
SUS ÓRGANOS INTERNOS
EN EL LADO CONTRARIO

Órganos
Los órganos internos suelen ser independientes y realizar una función específica. Los tejidos que conforman cada órgano son los responsables de que funcione de un modo concreto. El estómago, por ejemplo, está compuesto principalmente por tejido muscular que se puede estirar y contraer para ajustarse a la ingesta de alimentos.

Estructura del estómago
El tejido principal del estómago es muscular, pero está recubierto de tejido glandular, encargado de segregar jugos gástricos, y tejido epitelial, responsable de crear una barrera protectora en las superficies interna y externa.

ESÓFAGO

Del órgano a la célula

Cada órgano del cuerpo es diferente y se puede reconocer a simple vista. No obstante, al cortar un órgano aparecen capas de diferentes tejidos. Cada tejido está compuesto por distintos tipos de células, que trabajan juntas para realizar las funciones del órgano.

El estómago tiene tres capas de músculo liso

ESTÓMAGO

Paso hacia los intestinos

La pared interior está recubierta de células que segregan moco o ácido

La capa exterior está cubierta de células epiteliales

¿CUÁL ES EL ÓRGANO MAYOR TAMAÑO?

El hígado es el más grande de los órganos internos; sin embargo, el mayor órgano del cuerpo es la piel, con un peso aproximado de 2,7 kg.

Tejidos y células

Los tejidos son grupos de células conectadas. Los tejidos se dividen en tipos diferentes, como el músculo liso, que forma las paredes del estómago, o el músculo esquelético, que se une a los huesos para hacer que se muevan. Además de células, el tejido contiene otras estructuras, como las fibras de colágeno en el caso del tejido conectivo. La célula es la unidad mínima de vida: la estructura básica de los organismos vivos.

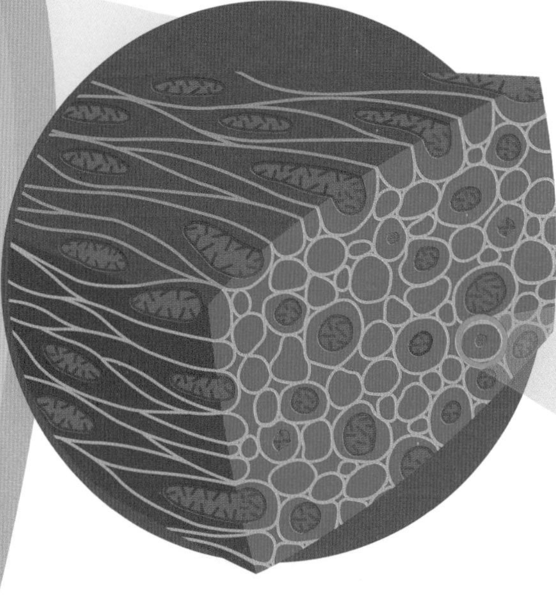

Liso y flexible
La disposición flexible de las células de músculo liso, de forma alargada, hace que este tejido pueda contraerse en cualquier dirección. Está en las paredes del intestino, en los vasos sanguíneos y en el sistema urinario.

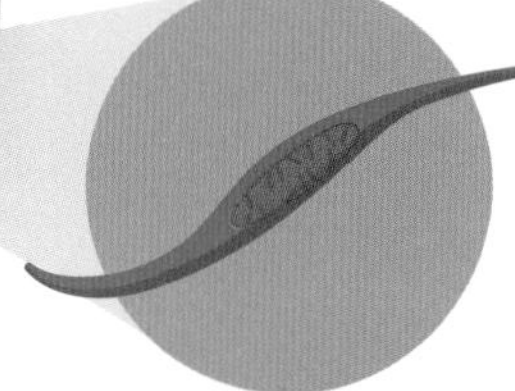

Células de músculo liso
Estas largas células acabadas en punta pueden moverse mucho tiempo sin cansarse.

Tipos de tejido

El cuerpo humano cuenta con cuatro tipos básicos de tejido, que se dividen en diferentes subtipos. Por ejemplo, tanto la sangre como los huesos son tejidos conectivos. Cada tipo tiene diferentes propiedades, como fortaleza, flexibilidad o movimiento, para desempeñar una tarea de manera idónea.

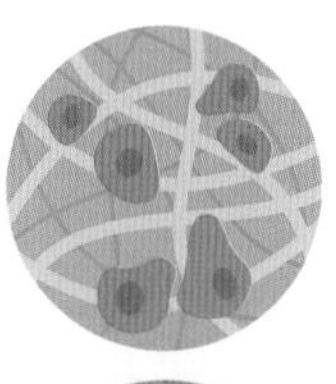

Tejido conectivo
Conecta, sostiene, une y separa otros tejidos y órganos.

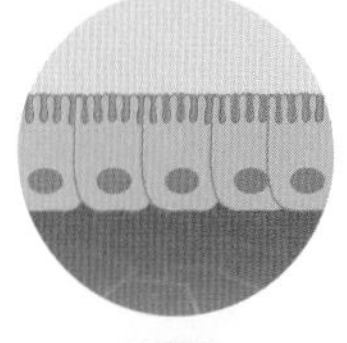

Tejido epitelial
Células compactas en una o más capas que forman barreras.

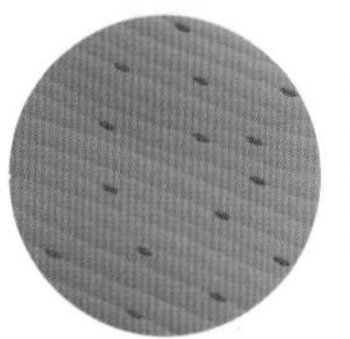

Tejido muscular
Células largas y finas que se relajan y contraen para crear el movimiento.

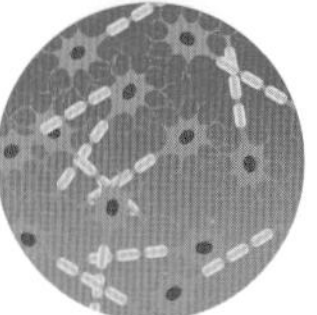

Tejido nervioso
Células que trabajan juntas para transmitir impulsos eléctricos.

Tipos de célula

Hay en el cuerpo humano unos 200 tipos de células diferentes. Aunque bajo el microscopio sean muy distintas, la mayoría comparte características, como el núcleo, la membrana celular y los orgánulos.

Glóbulos rojos
No poseen núcleo, para poder transportar así el máximo oxígeno posible.

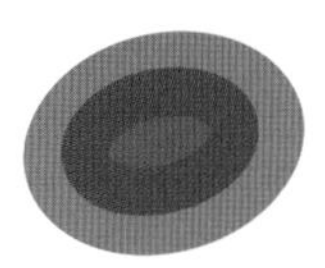

Neuronas
Transmiten señales eléctricas entre el cerebro y el resto del cuerpo.

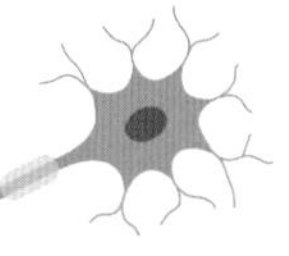

Células epiteliales
Recubren la superficie y las cavidades del cuerpo, formando una barrera compacta.

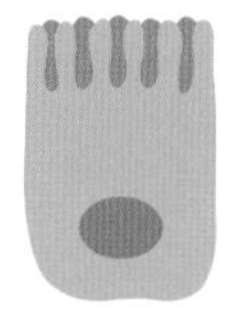

Células adiposas
Almacenan moléculas de grasa que aíslan el cuerpo o pueden darle energía.

Células de músculo esquelético
En forma de haces de fibras que se contraen para mover los huesos.

Células reproductoras
Óvulo y espermatozoide se combinan para formar un nuevo embrión.

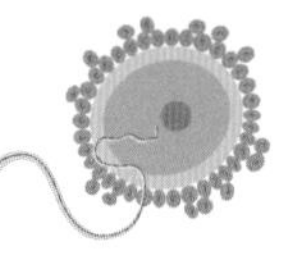

Células fotorreceptoras
Recubren la parte posterior del ojo y captan la luz.

Células ciliadas
Recogen las vibraciones sonoras transmitidas por el líquido del oído interno.

Células en acción

El cuerpo se compone de unos 10 billones de células, y todas ellas son una unidad de vida autónoma. Cada célula consume energía, se multiplica, elimina desechos y se comunica. Son las unidades básicas de todo ser vivo.

Funcionamiento celular

La mayoría de las células disponen de núcleo, una estructura en su interior con los datos genéticos (o ADN) que sirven para fabricar moléculas esenciales para la vida. La célula contiene todos los recursos necesarios para crearlas. Otras estructuras, los orgánulos, desempeñan funciones especializadas, como los órganos del cuerpo. Los orgánulos flotan en el citoplasma, espacio entre núcleo y membrana celular. Algunas moléculas permanecen en la célula, mientras que otras salen de ella, como si se tratara de una eficiente fábrica.

1 Recepción de instrucciones
Las instrucciones del núcleo controlan todo cuanto tiene lugar en una célula. Estas instrucciones se exportan en forma de grandes moléculas denominadas ácido ribonucleico mensajero (ARNm), que salen del núcleo hacia el citoplasma.

2 Fabricación
El ARNm se desplaza hasta un orgánulo del núcleo denominado retículo endoplásmico rugoso, donde se une a los ribosomas que lo recubren. Sus instrucciones se convierten en una cadena de aminoácidos que termina siendo una molécula proteica.

3 Envasado
Las proteínas viajan en vesículas (burbujitas celulares) que flotan por el citoplasma hacia el aparato de Golgi. Este orgánulo es la oficina de correos de la célula: envasa las proteínas y las etiqueta para determinar su destino.

4 Envío
El aparato de Golgi coloca las proteínas en diferentes tipos de vesículas según su destino final. Estas vesículas se desenganchan; las que tienen como destino salir de la célula se unen a la membrana celular y liberan las proteínas fuera de la célula.

Una célula por dentro
La estructura interna de las células se compone de numerosos orgánulos, aunque los tipos específicos de estos varían entre células.

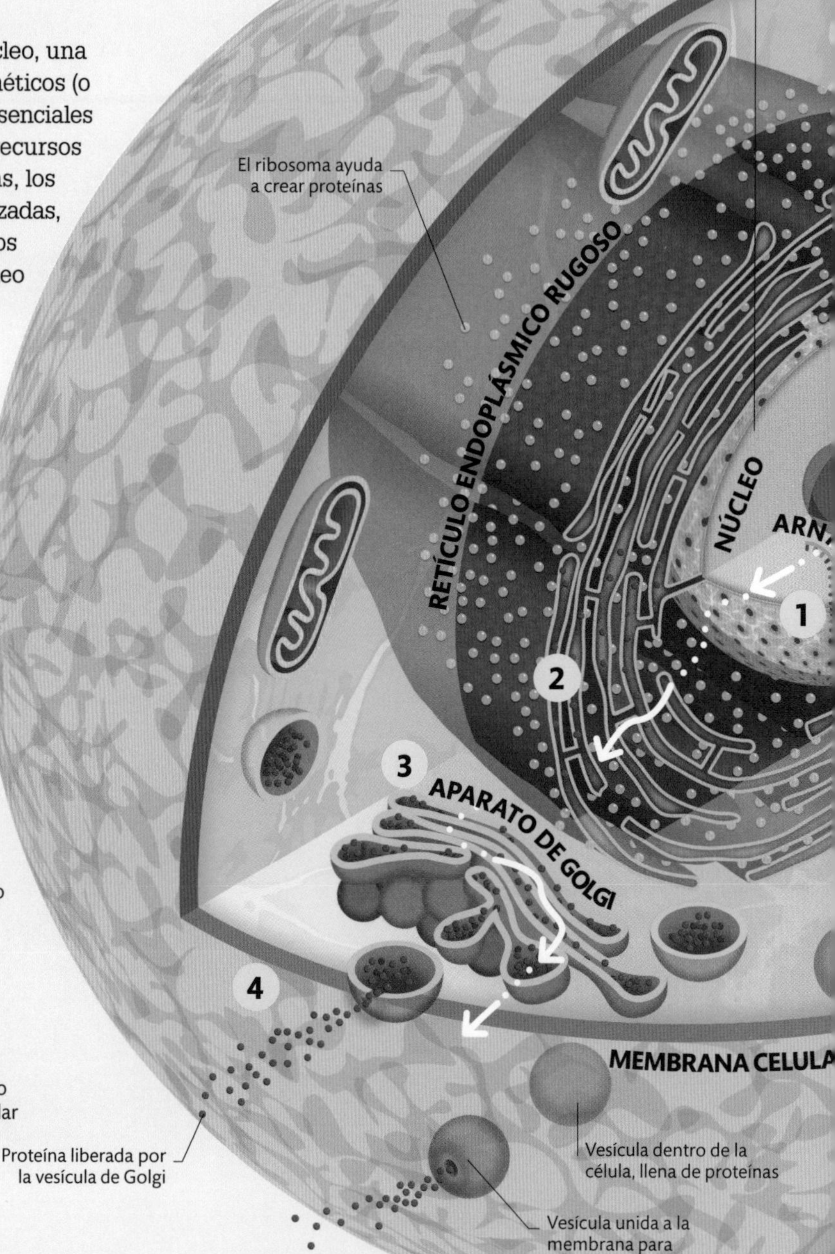

El núcleo es el centro de mando de la célula y contiene sus planos, en forma de ADN. Está envuelto por una membrana exterior porosa que controla qué entra y qué sale de él
El ribosoma ayuda a crear proteínas
RETÍCULO ENDOPLÁSMICO RUGOSO
NÚCLEO
1
2
3
APARATO DE GOLGI
4
MEMBRANA CELULA
Proteína liberada por la vesícula de Golgi
Vesícula dentro de la célula, llena de proteínas
Vesícula unida a la membrana para liberar la proteína

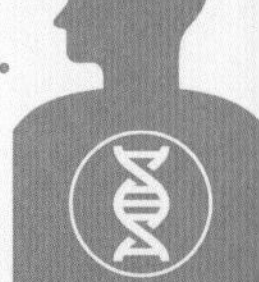

¿CÓMO SE MUEVEN?

Para moverse, la mayoría de las células empujan hacia adelante su membrana desde el interior con fibras largas de proteína. En cambio, los espermatozoides cuentan con una cola para impulsarse.

RETÍCULO ENDOPLÁSMICO LISO

El retículo endoplásmico liso produce y procesa grasas y ciertas hormonas. No tiene ribosomas en la superficie y por eso parece liso

CENTROSOMA

Los centrosomas son los puntos de organización de los microtúbulos, que ayudan a separar el ADN durante la división celular

VESÍCULA

Las vesículas son recipientes que transportan materiales de la membrana celular hacia el interior y viceversa

MITOCONDRIA

LISOSOMA

Los lisosomas son el equipo de limpieza de la célula: tienen agentes químicos que se deshacen de moléculas indeseadas

El citoplasma, el espacio entre los orgánulos, está repleto de microtúbulos

Las mitocondrias son los centros neurálgicos de las células: ahí se genera gran parte de su energía química

LA MAYORÍA DE LAS CÉLULAS MIDEN TAN SOLO 0,001 mm

Muerte celular

Cuando las células llegan al final de su ciclo de vida natural, sufren la apoptosis: una serie de acciones planificadas que provocan que la célula se desmonte, encoja y fragmente por sí misma. Las células también pueden morir de manera prematura por infecciones o toxinas, lo que causa la necrosis, un proceso por el que la estructura interna de la célula se separa de la membrana, de manera que esta se rompe y la célula muere.

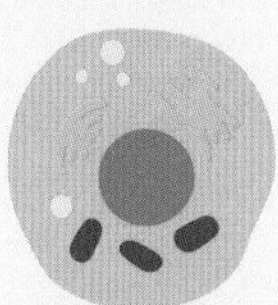

Célula sana

APOPTOSIS

NECROSIS

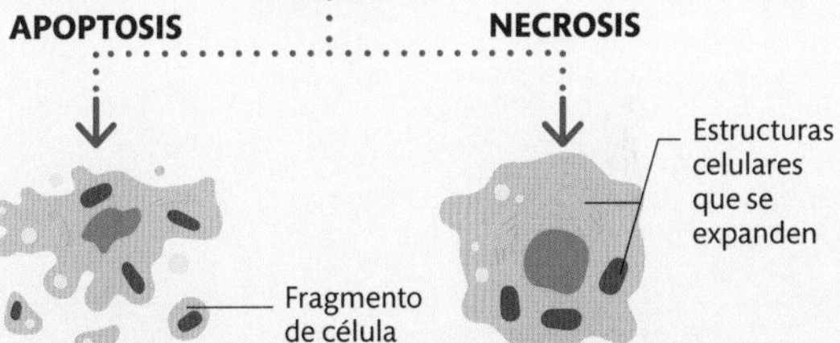
Fragmento
de célula
Estructuras
celulares
que se
expanden

La célula se encoge y se fragmenta

La célula se hincha

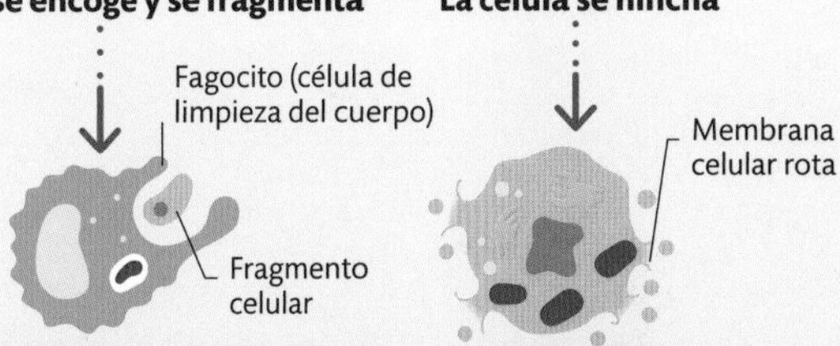
Fagocito (célula de
limpieza del cuerpo)
Fragmento
celular
Membrana
celular rota

El fagocito absorbe los fragmentos

La célula explota

SEÑALIZACIÓN CELULAR

Las células se comunican entre ellas y responden al entorno con moléculas de señalización producidas por células distantes, células cercanas o incluso la misma célula. Las moléculas de señalización se unen a los receptores (también moléculas) de la membrana celular. Esta unión provoca cambios en la célula: puede activar un gen, por ejemplo.

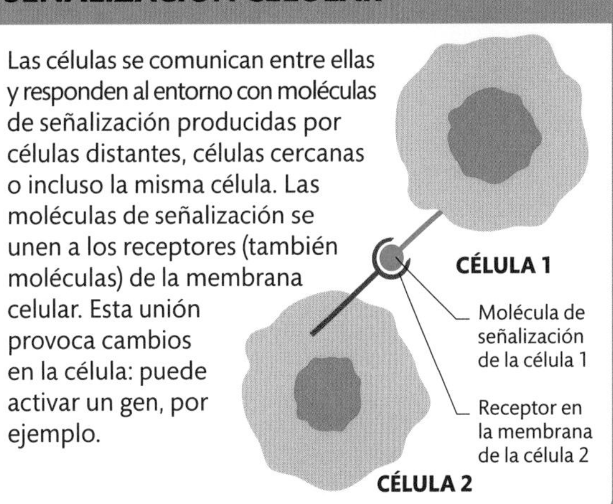
CÉLULA 1
Molécula de
señalización
de la célula 1
Receptor en
la membrana
de la célula 2
CÉLULA 2

¿Qué es el ADN?

El ADN (ácido desoxirribonucleico) es una cadena de moléculas, presente en casi todos los seres vivos, formada por una secuencia de componentes moleculares conocidos como bases. Por increíble que parezca, se trata de instrucciones codificadas para fabricar un organismo completo. Heredamos el ADN de nuestros padres.

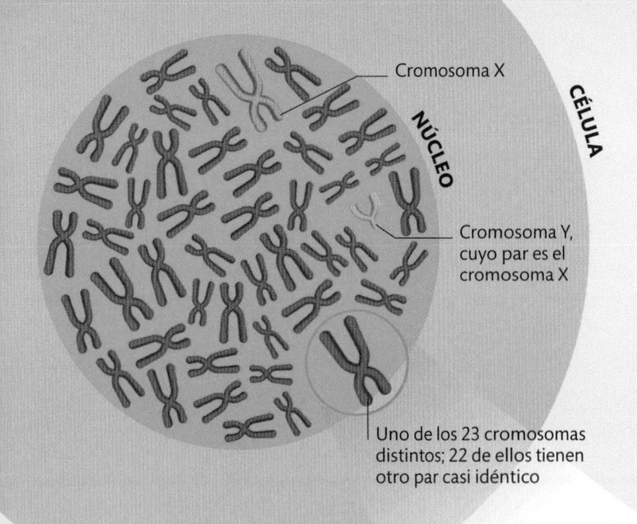

Cromosoma X
NÚCLEO
CÉLULA
Cromosoma Y, cuyo par es el cromosoma X
Uno de los 23 cromosomas distintos; 22 de ellos tienen otro par casi idéntico

Centro de control
El núcleo de cada célula conserva el ADN, salvo en el caso de los glóbulos rojos, que pierden su ADN al madurar. Cada núcleo celular contiene 2 m de ADN muy enrollado en 23 pares de cromosomas.

¿Niño o niña?
22 pares de cromosomas están duplicados y contienen una versión un poco diferente de cada gen en cada cromosoma. El último par, el 23, es diferente. Determina el sexo en la mayoría de las personas. Las niñas tienen dos cromosomas X, y los niños tienen uno X y uno Y. Muy pocos genes del cromosoma X se repiten en el cromosoma Y, más corto y que aporta los genes de las características masculinas.

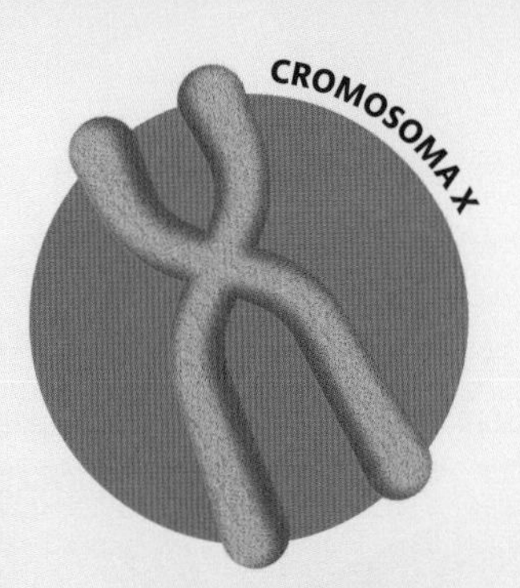

CROMOSOMA X

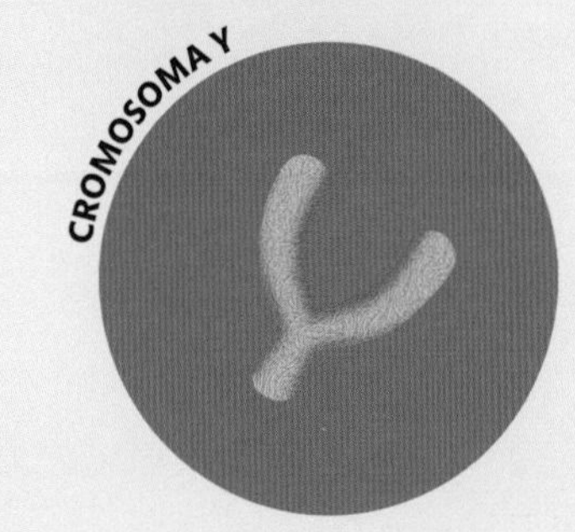

CROMOSOMA Y

CROMOSOMA

Biblioteca humana

El ADN es una molécula larga que aporta toda la información necesaria para que un organismo se desarrolle, sobreviva y se reproduzca. Es como una escalera enrollada cuyos peldaños son pares de bases químicas, que forman secuencias denominadas genes, las instrucciones codificadas para crear proteínas. Cuando una célula debe duplicar su ADN o crear una nueva proteína, las dos partes de la escalera se desenganchan para producir una copia del gen. Nuestro ADN tiene más de 3000 millones de bases y casi 20 000 genes.

Piezas del cuerpo
Los genes para fabricar nuestro cuerpo tienen una longitud que va desde pocos centenares de bases hasta más de dos millones. Cada gen produce una única proteína. Estas proteínas son las piezas básicas para crear el cuerpo, formar células, tejidos y órganos; además, regulan todos los procesos del cuerpo.

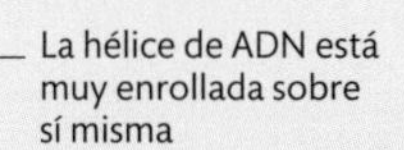

La hélice de ADN está muy enrollada sobre sí misma

El borde exterior de cada cadena está compuesto por moléculas de azúcar y fosfato

Las franjas de color muestran las cuatro bases (adenina, timina, guanina y citosina), que se ordenan siguiendo una secuencia concreta

Exprésate

La mayoría de los genes son los mismos para todos, pues codifican las moléculas esenciales para la vida. Sin embargo, más o menos el 1 % presenta ligeras variaciones, o alelos, que nos confieren nuestras características físicas personales. Aunque muchos rasgos son de poca importancia, como el color del pelo o los ojos, también pueden provocar enfermedades, como la hemofilia o la fibrosis quística. Dado que los alelos aparecen en parejas, puede que uno anule el efecto del otro y el rasgo permanezca oculto.

El color de los ojos se hereda, pero hay 16 genes que controlan el color y que pueden alterarlo
Diversos genes controlan los rizos del pelo. El hijo de padres con el pelo rizado puede tener el pelo lacio
Un único gen controla las pecas. Las variaciones del gen controlan su número

Resultados impredecibles
Muchos de nuestros rasgos físicos están bajo el control de más de un gen, lo que puede dar lugar a combinaciones inesperadas.

Desenrollar el ADN

Los cromosomas ayudan a que todo el ADN quepa en el núcleo. El ADN se almacena alrededor de proteínas en forma de bobina que pasan por el centro de cada cromosoma. La hélice está compuesta por dos cadenas de fosfato y azúcar unidas por pares de bases. Aunque las bases siempre se aparean igual, las secuencias de bases a lo largo de la cadena son específicas de las proteínas que acabarán produciendo.

¿SOMOS LOS HUMANOS LOS QUE TENEMOS MÁS GENES?

Tenemos un número de genes relativamente bajo. Tenemos más que el pollo (16 000), pero menos que una cebolla (100 000) o una ameba (200 000). Esto es porque nuestro ADN pierde los genes no deseados con una mayor rapidez.

Las bases de un lado de la cadena se emparejan en el otro lado con su base complementaria; en este caso, una citosina (en verde) se une a una guanina (en azul)

La adenina (en rojo) siempre se une a la timina (en amarillo)

La guanina (en azul) siempre se une a la citosina (en verde)

Multiplicación celular

La vida empieza siempre igual, a partir de una única célula, así que para desarrollar tejidos y órganos y que el cuerpo pueda crecer, las células deben multiplicarse. Incluso las células de los adultos se sustituyen cuando se dañan o completan su ciclo de vida. Para ello existen dos procesos: la mitosis y la meiosis.

SIN CONTROL

Muchos cánceres aparecen con una célula mutante que empieza a multiplicarse con rapidez, lo que se produce porque la célula se salta los controles habituales durante la mitosis y ello permite replicarse más rápido que sus vecinas, y consumir más oxígeno y más nutrientes.

Célula cancerosa

Desgaste
La mitosis se produce siempre que se precisan nuevas células. Algunas células, como las neuronas, apenas se sustituyen, mientras que otras, como las que recubren el intestino o las papilas gustativas, sufren mitosis cada pocos días.

1 Reposo
La célula progenitora se prepara para la mitosis comprobando si el ADN tiene daños y reparando lo que sea necesario.

Célula

Núcleo

Cuatro de los 46 cromosomas de la célula

2 Preparación
Cada cromosoma de la célula progenitora crea una copia exacta de sí mismo antes de iniciar la mitosis. Las copias se unen por el centrómero.

Centrómero

3 Alineación
Cada cromosoma duplicado se une a unas fibras especiales que los alinea en el centro de la célula.

Fibra

4 Separación
Los cromosomas se dividen por el punto de unión (centrómero); cada mitad se desplaza hacia uno de los dos extremos de la célula.

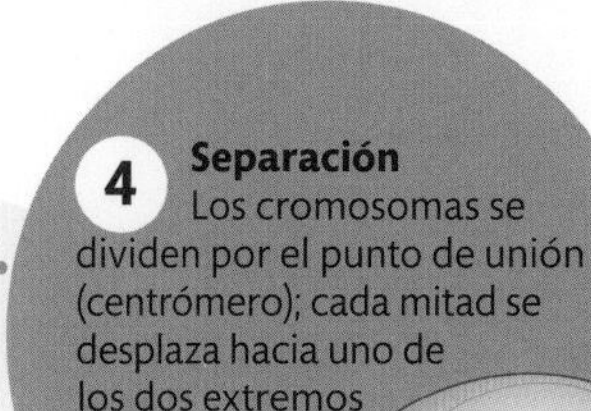

Centrómero

5 División
Se crea una membrana nuclear alrededor de cada grupo de cromosomas, que empieza a separarse para formar las dos células.

6 Descendencia
Se forman dos células hijas, cada una con su núcleo, que contiene una copia exacta del ADN que tenía la célula progenitora.

Mitosis

Todas las células pasan por la mitosis, una fase de su ciclo de vida en la que se duplica el ADN de la célula para, a continuación, dividirse y formar dos núcleos idénticos, cada uno con exactamente el mismo ADN que la célula progenitora original. Entonces la célula divide el citoplasma y los orgánulos para formar dos células hijas, cada una con su propio núcleo. Existen diversos puntos de control en los procesos de replicación y división del ADN para reparar cualquier fragmento dañado de este que pudiera provocar mutaciones permanentes y enfermedades.

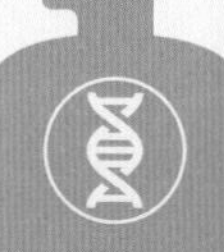

1 Preparación
Se duplican los cromosomas de la célula y sus copias se unen en el centrómero.

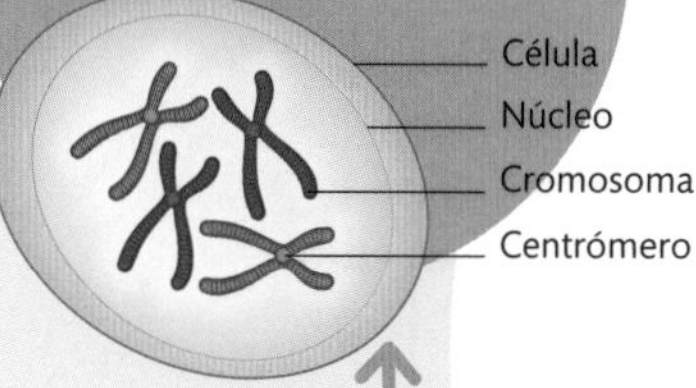
Célula
Núcleo
Cromosoma
Centrómero

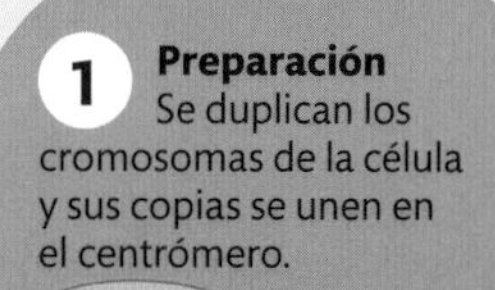

2 Entrecruzamiento
Los cromosomas de longitud y ubicación del centrómero similares se alinean entre sí y realizan el intercambio de genes.

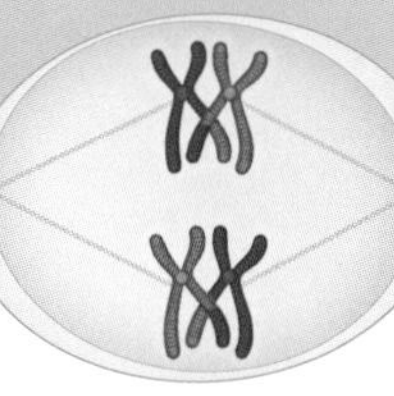

3 Primera separación
Los cromosomas se alinean e, igual que en la mitosis, se desplazan hacia uno de los dos extremos de la célula siguiendo unas fibras especiales.

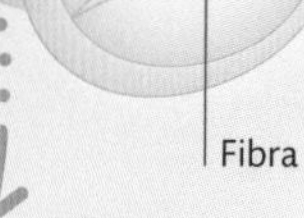
Fibra

Intercambio de genes
La meiosis realiza un proceso exclusivo que mezcla el ADN que se transmite a las células hijas. Se intercambia ADN entre los cromosomas para que se produzcan nuevas combinaciones, que pueden ser mejores.

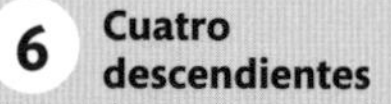

4 Dos descendientes
La célula se divide y se forman dos células, cada una con la mitad de los cromosomas, genéticamente diferentes entre sí y también de la célula progenitora.

5 Segunda separación
Los cromosomas se alinean en la mitad de la célula y se separan, de manera que cada nueva célula recibirá la mitad del par de cromosomas.

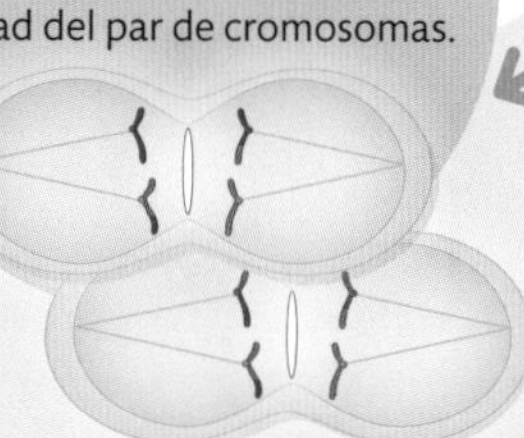

6 Cuatro descendientes
Se producen cuatro células, cada una de ellas con la mitad de cromosomas de la célula original y con carga genética propia.

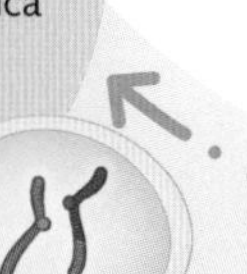

Meiosis

Los óvulos y los espermatozoides se producen con un tipo de división celular especializada, la meiosis. Su objetivo es reducir a la mitad el número de cromosomas de la célula progenitora para que cuando el óvulo y el espermatozoide se unan durante la fertilización, la nueva célula disponga de los 46 cromosomas completos. La meiosis produce cuatro células hijas, todas genéticamente diferentes a la célula progenitora. Este proceso de intercambio de genes durante la meiosis es el que introduce la diversidad genética que nos hace diferentes.

SÍNDROME DE DOWN

A veces se producen errores durante la meiosis. El síndrome de Down aparece cuando existe una copia extra del cromosoma 21 en alguna o todas las células del cuerpo. Por lo general, se produce cuando no se separa correctamente el cromosoma durante la meiosis de un óvulo o un espermatozoide; el trastorno se conoce como trisomía 21. Este cromosoma extra provoca que la célula sobreexprese algunos genes y cause problemas en sus funciones.

Los 310 genes adicionales pueden ocasionar la sobreproducción de determinadas proteínas

TRES COPIAS DEL CROMOSOMA 21

Cómo funcionan los genes

Si el ADN es el libro de recetas del cuerpo, entonces cada gen del ADN sería cada una de las recetas individuales del libro, ya que son las instrucciones para crear un único agente químico o proteína. Se calcula que los humanos tenemos unos 20 000 genes que codifican diferentes proteínas.

Planos genéticos

Para traducir un gen en una proteína, primero las enzimas copian (transcriben) el ADN del núcleo para formar una cadena de ARN mensajero (ARNm). La célula solo copiará los genes que necesite y no toda la secuencia de ADN. A continuación el ARNm sale del núcleo hacia el citoplasma de la célula, donde se puede traducir en la cadena de aminoácidos encargada de elaborar la proteína.

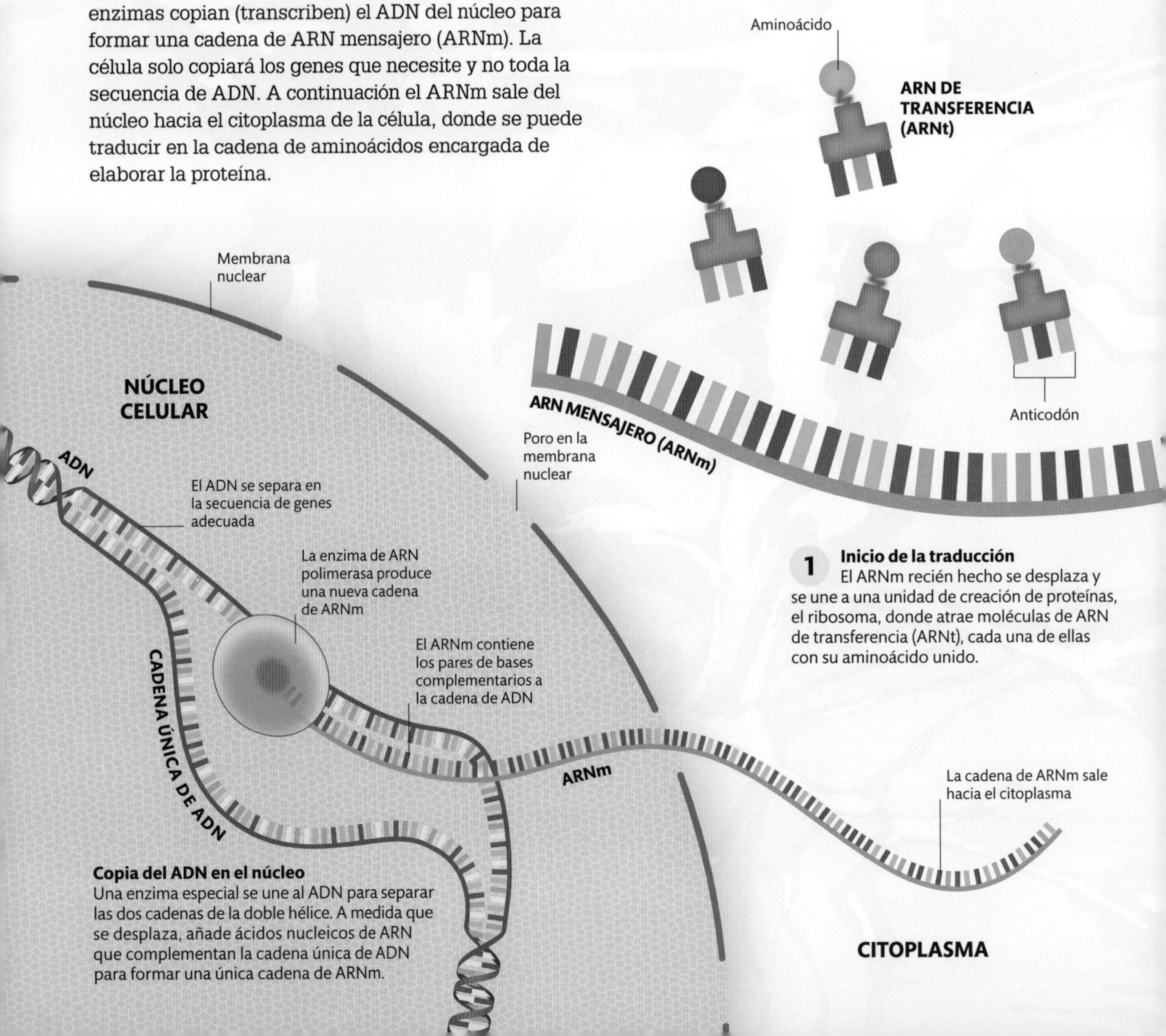

Aminoácido

ARN DE TRANSFERENCIA (ARNt)

Membrana nuclear

NÚCLEO CELULAR

ARN MENSAJERO (ARNm)

Anticodón

Poro en la membrana nuclear

ADN

El ADN se separa en la secuencia de genes adecuada

La enzima de ARN polimerasa produce una nueva cadena de ARNm

El ARNm contiene los pares de bases complementarios a la cadena de ADN

CADENA ÚNICA DE ADN

ARNm

La cadena de ARNm sale hacia el citoplasma

CITOPLASMA

1 Inicio de la traducción
El ARNm recién hecho se desplaza y se une a una unidad de creación de proteínas, el ribosoma, donde atrae moléculas de ARN de transferencia (ARNt), cada una de ellas con su aminoácido unido.

Copia del ADN en el núcleo
Una enzima especial se une al ADN para separar las dos cadenas de la doble hélice. A medida que se desplaza, añade ácidos nucleicos de ARN que complementan la cadena única de ADN para formar una única cadena de ARNm.

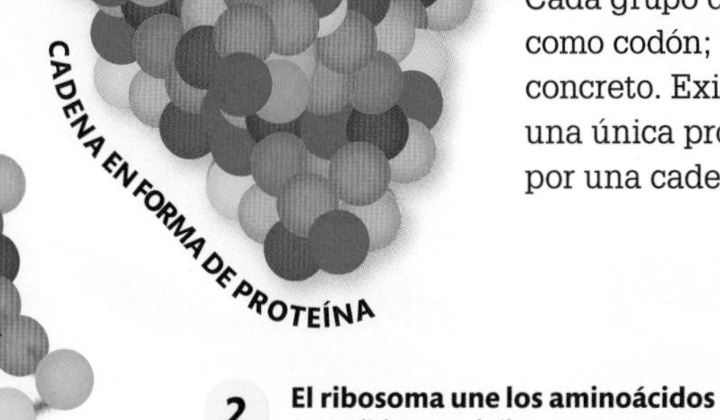
CADENA EN FORMA DE PROTEÍNA
RIBOSOMA
Codón

Creación de proteínas

Cada grupo de tres bases del ARNm se conoce como codón; cada codón indica un aminoácido concreto. Existen 21 aminoácidos diferentes; una única proteína puede estar compuesta por una cadena de cientos de aminoácidos.

4 Los aminoácidos crean proteínas
Cuando el ribosoma llega a un codón de terminación al final de la cadena de ARNm, la cadena de aminoácidos está completa. El orden de los aminoácidos determina cómo esta cadena se dobla para formar una proteína.

La cadena de aminoácidos se crea a medida que el ribosoma se mueve por la cadena de ARNm

2 El ribosoma une los aminoácidos
A medida que el ribosoma avanza por la cadena de ARNm, las moléculas de ARNt se unen al ARNm en un orden concreto, determinado por la composición de los codones, las secuencias de tres bases de ácido nucleico en la cadena de ARNm, y sus tres bases complementarias, los anticodones, de la molécula de ARNt.

3 Creación de la cadena
El aminoácido se libera de la molécula de ARNt y se une al aminoácido anterior a través de un enlace peptídico para formar una cadena.

El ARNt, tras separarse del aminoácido, queda flotando en el citoplasma

ERROR DE TRADUCCIÓN

Las mutaciones en los genes pueden provocar cambios en la secuencia de aminoácidos. Una única mutación en la base 402, que codifica la queratina, una proteína del pelo, hace que el aminoácido lisina ocupe el lugar del glutamato, lo que cambia la forma de la queratina y el pelo adopta forma ondulada.

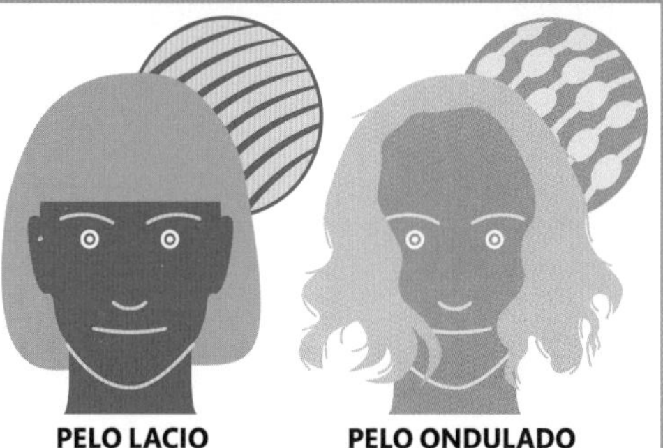
PELO LACIO
PELO ONDULADO

¿QUÉ PASA CON EL ARNm TRAS LA TRADUCCIÓN?

Una cadena de ARNm se puede traducir varias veces en una proteína antes de que se acabe degradando dentro de la célula.

Cómo se crean las diferentes células

El ADN contiene los planos para crear la vida, pero las células solo eligen las partes (o genes) que necesitan. La célula utiliza estos genes para crear las proteínas y las moléculas que no solo definen el aspecto de la célula, sino también su función dentro del cuerpo.

¿CÓMO SABE UNA CÉLULA QUÉ DEBE HACER?

El entorno químico que envuelve la célula, o las señales de otras células, le indican que forma parte de un tejido o un órgano concreto, o que está en una cierta fase de desarrollo.

Expresión genética

Cada célula utiliza, o «expresa», solo una fracción de sus genes. Cuanto más especializada esté, más genes desactiva. Este proceso está muy controlado y tiene lugar en un orden específico, normalmente cuando el ADN se transcribe en ARN (ver pp. 20-21).

1 Regulación La transcripción de un gen necesario es controlada por una serie de genes que le precede, y que incluye los genes regulador, promotor y operador. El gen no se transcribe si no es en condiciones adecuadas.

2 Proteína represora Si una proteína represora bloquea el gen, la transcripción no se puede llevar a cabo. El gen solo se activa cuando un cambio en el entorno retira la proteína represora.

3 Activación Cuando una proteína activadora se une a la proteína reguladora y no existen proteínas represoras que bloquean el gen, puede iniciarse la transcripción.

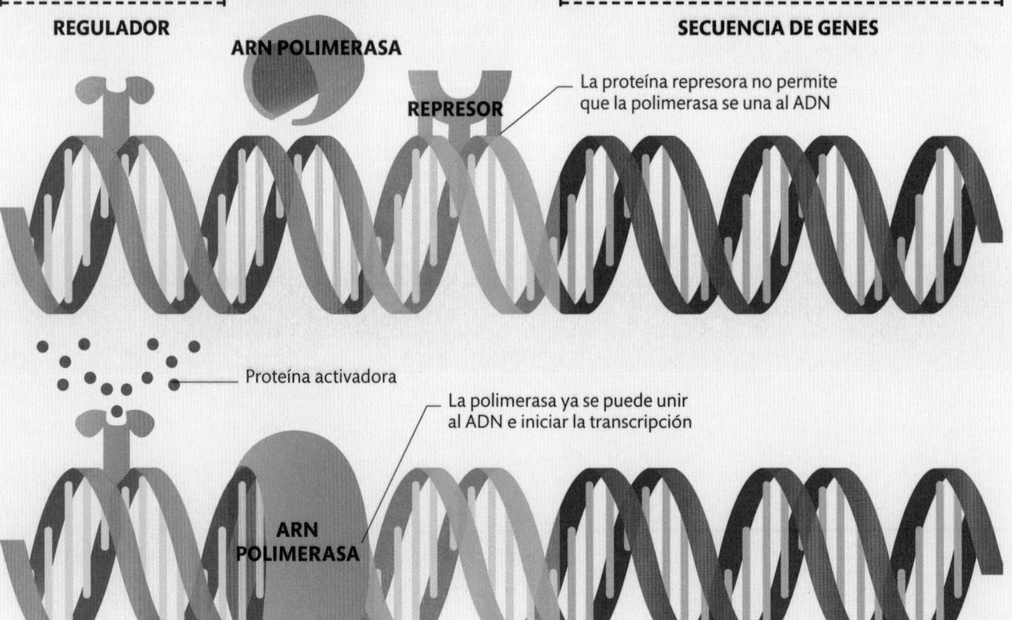
Gen que se va a transcribir (copiar al ARN)
PROTEÍNA REGULADORA
PROMOTOR
OPERADOR
REGULADOR
SECUENCIA DE GENES
ARN POLIMERASA
REPRESOR
La proteína represora no permite que la polimerasa se una al ADN
Proteína activadora
La polimerasa ya se puede unir al ADN e iniciar la transcripción
ARN POLIMERASA

¿Activados o desactivados?

Las células embrionarias nacen como células madre, capaces de convertirse en diferentes tipos de célula. Todas las células madre tienen el mismo conjunto inicial de genes activados y siguen creciendo y dividiéndose para producir más células. A medida que el embrión se desarrolla, sus células deben especializarse y organizarse en tejidos y órganos. Así, al recibir la señal, las células desactivan unos genes y activan otros para convertirse en un tipo específico de célula.

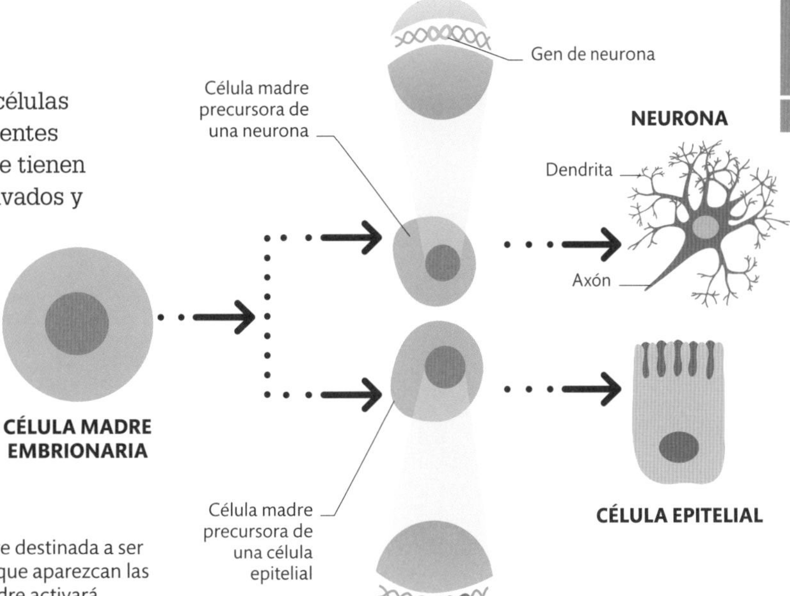
Gen de neurona
Célula madre precursora de una neurona
NEURONA
Dendrita
Axón
CÉLULA MADRE EMBRIONARIA
CÉLULA EPITELIAL
Célula madre precursora de una célula epitelial
Gen de célula epitelial

Marcando la diferencia
A medida que crece el embrión, una célula madre destinada a ser una neurona activará los genes necesarios para que aparezcan las dendritas y el axón, mientras que otra célula madre activará diferentes genes para convertirse en una célula epitelial (cutánea).

Proteínas constitutivas

Algunas proteínas, como las que reparan el ADN o las enzimas necesarias para el metabolismo, se conocen como proteínas constitutivas, porque son esenciales para el funcionamiento básico de cualquier célula. Muchas son enzimas, mientras que otras aportan estructura a la célula o ayudan a transportar las sustancias dentro y fuera de las células. Los genes de estas proteínas están siempre activados.

TRANSPORTE

Proteína transportadora

Mudanzas
Proteínas especiales se ocupan de mover los materiales por el cuerpo o hacer que crucen las membranas celulares.

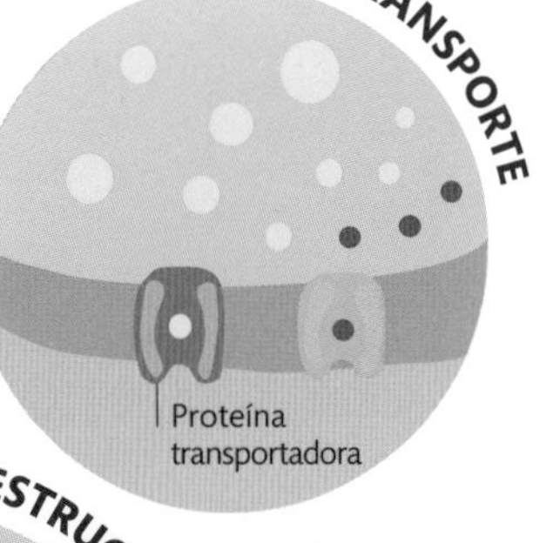
ESTRUCTURA
Proteína estructural

Apoyo
Todas las células presentan proteínas estructurales. Dan forma a la célula y mantienen los orgánulos en su lugar.

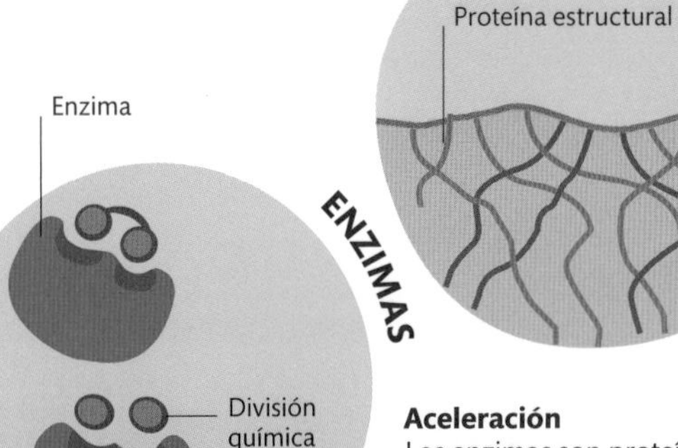
ENZIMAS
Enzima
División química gracias a la enzima

Aceleración
Las enzimas son proteínas que aceleran las reacciones químicas, como las que descomponen los alimentos.

¿NIÑO O NIÑA?

A las seis semanas, el embrión tiene todos los órganos internos necesarios que le definirán como macho o hembra. Si es un embrión masculino, en esta fase se activará el gen del cromosoma Y para producir las hormonas que desarrollarán los órganos de reproducción masculinos y harán degenerar los órganos femeninos. El motivo por el que los hombres presentan pezones aparentemente inútiles es porque estos se forman durante las primeras seis semanas, aunque su desarrollo posterior depende de si están en un entorno hormonal masculino o femenino.

Células madre adultas

Se han observado células madre adultas en el cerebro, médula ósea, vasos sanguíneos, músculos esqueléticos, piel, dientes, corazón, intestino, hígado, ovarios y testículos. Estas células pueden estar inactivas durante mucho tiempo, hasta que se las requiera para que sustituyan células o reparen daños; entonces empiezan a dividirse y especializarse. Los investigadores pueden manipular estas células para convertirlas en tipos específicos de células que después utilizarán para producir nuevos tejidos y órganos.

¿CÓMO APARECEN LAS CÉLULAS MADRE ADULTAS?

Actualmente se investiga su origen. Una de las teorías es que algunas células madre embrionarias permanecen en diversos tejidos tras el crecimiento.

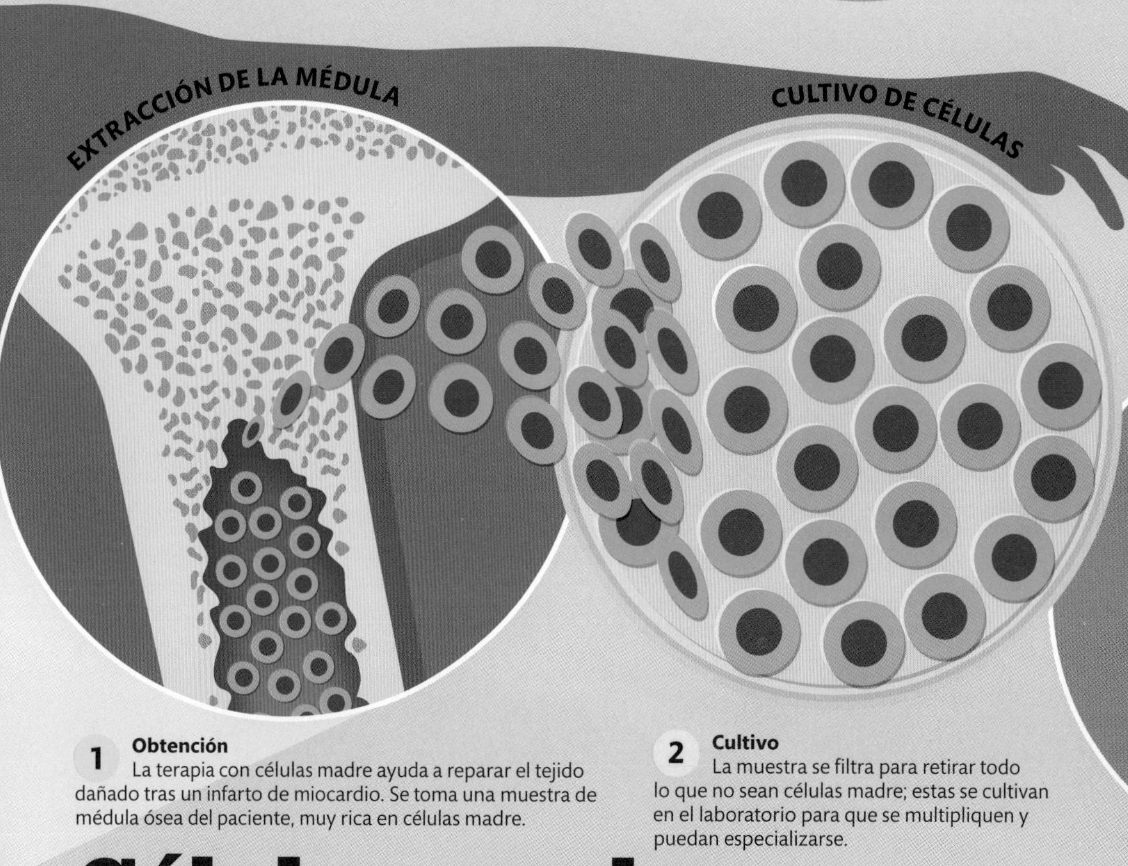
EXTRACCIÓN DE LA MÉDULA
CULTIVO DE CÉLULAS

1 Obtención
La terapia con células madre ayuda a reparar el tejido dañado tras un infarto de miocardio. Se toma una muestra de médula ósea del paciente, muy rica en células madre.

2 Cultivo
La muestra se filtra para retirar todo lo que no sean células madre; estas se cultivan en el laboratorio para que se multipliquen y puedan especializarse.

Células madre

Las células madre son únicas porque pueden especializarse en muchos tipos de célula diferentes. Estas células son la base de los mecanismos de reparación del cuerpo, lo que las hace potencialmente útiles para reparar los daños en el organismo.

¿CÉLULAS ADULTAS O EMBRIONARIAS?

Las células madre embrionarias pueden transformarse en cualquier tipo de célula, pero son controvertidas, pues los embriones, creados con óvulos y espermatozoides de donantes, se producen solo para extraerlas. Las adultas son menos flexibles, y, por ejemplo, dan solo ciertos tipos de células sanguíneas. Actualmente, hay tratamientos que logran que se transformen en una mayor variedad de células.

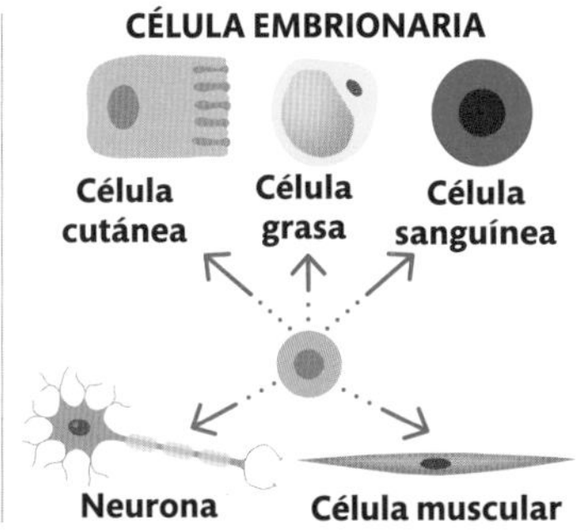
CÉLULA ADULTA SIN TRATAR
Glóbulo rojo
Glóbulo blanco
Plaqueta
CÉLULA EMBRIONARIA
Célula cutánea
Célula grasa
Célula sanguínea
Neurona
Célula muscular

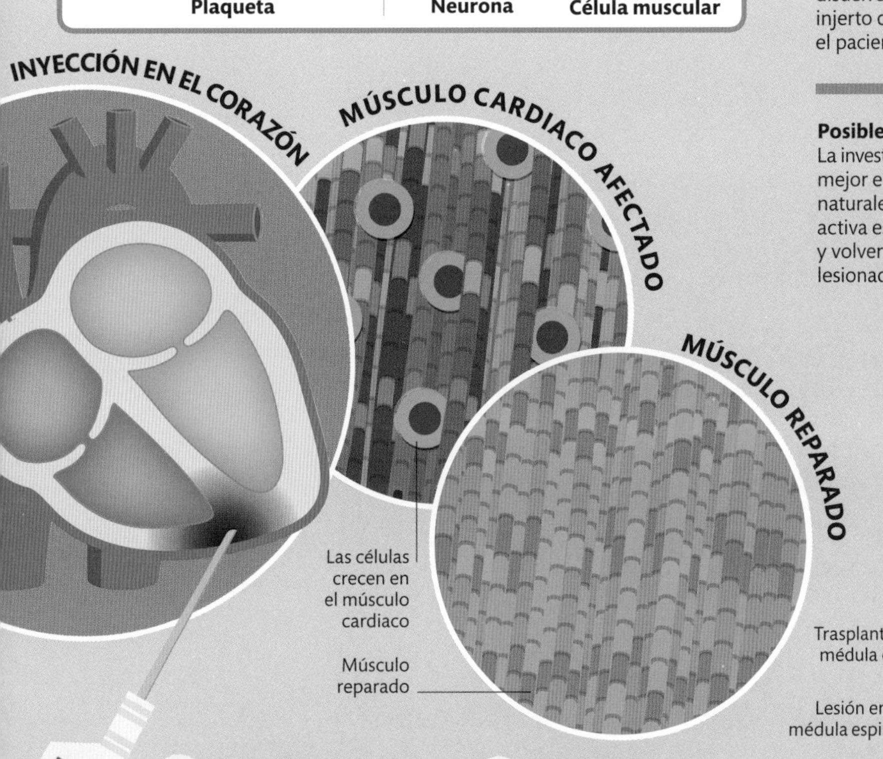
INYECCIÓN EN EL CORAZÓN
MÚSCULO CARDIACO AFECTADO
MÚSCULO REPARADO
Las células crecen en el músculo cardiaco
Músculo reparado

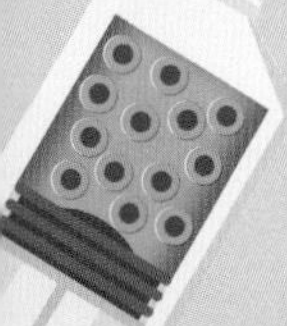

3 Inyección
Se inyectan células en el músculo cardiaco dañado, donde se unen a las fibras dañadas y empiezan a formar tejido nuevo.

4 Reparación
Al cabo de unas semanas, el músculo cardiaco afectado habrá rejuvenecido. Este proceso también reduce las cicatrices que restringirían el movimiento del corazón.

Ingeniería de tejidos

Los investigadores han observado que la estructura física de la matriz de soporte (andamio) sobre la que se cultivan las células madre es crucial para su crecimiento y especialización.

1 Forma
Para reparar la córnea del ojo, se extraen células madre de un tejido sano (córnea del ojo no afectado) y se cultivan sobre una malla en forma de cúpula.

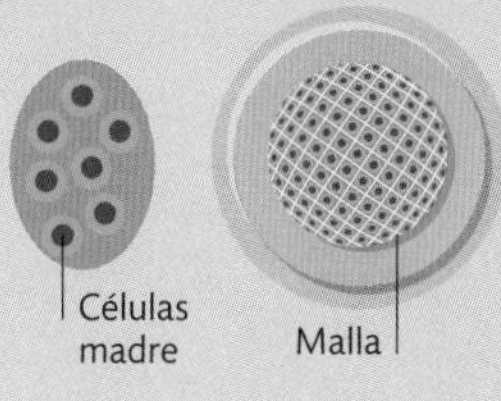
Células madre
Malla

2 Trasplante
Se retiran las células afectadas de la córnea del ojo y se sustituyen por la estructura de malla. Tras varias semanas, la malla se disuelve y solo queda el injerto de células, con el que el paciente recupera la vista.

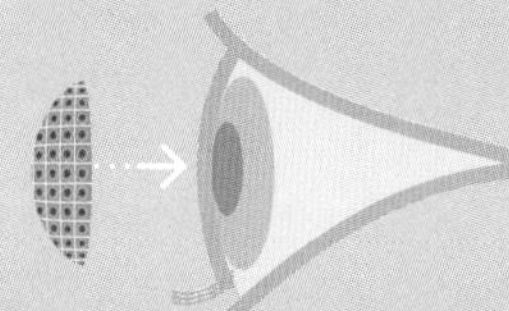

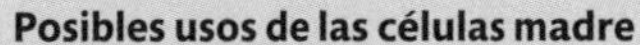

Posibles usos de las células madre
La investigación con células madre nos permite entender mejor el desarrollo embrionario y los mecanismos naturales de reparación del cuerpo. La línea más activa es su uso para producir órganos de sustitución y volver a conectar la médula espinal para que los lesionados medulares puedan caminar nuevamente.

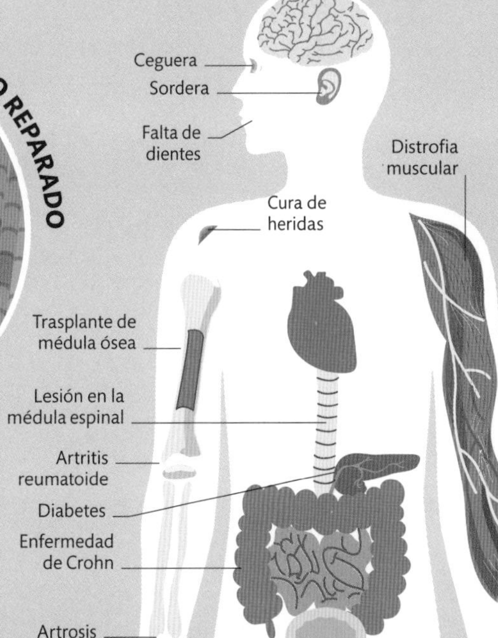
Ceguera
Sordera
Falta de dientes
Distrofia muscular
Cura de heridas
Trasplante de médula ósea
Lesión en la médula espinal
Artritis reumatoide
Diabetes
Enfermedad de Crohn
Artrosis

Agresión ambiental

Cada día todas las células se ven inundadas por agentes químicos y energía que dañan el ADN. La luz ultravioleta (UV) del sol, las toxinas del entorno e incluso los agentes químicos que producen los propios procesos celulares pueden provocar cambios en el ADN que afecten su funcionamiento al replicarse o producir proteínas. Si este daño en el ADN es permanente, se trata de una mutación.

20 000

NÚMERO DE **BASES DAÑADAS** QUE SON **RETIRADAS** Y **SUSTITUIDAS** DE CADA CÉLULA **A DIARIO**

¿SIEMPRE SE PUEDE REPARAR EL DAÑO?

La capacidad para reparar el ADN disminuye con la edad. Los errores se van acumulando, y se cree que este es uno de los motivos principales del envejecimiento.

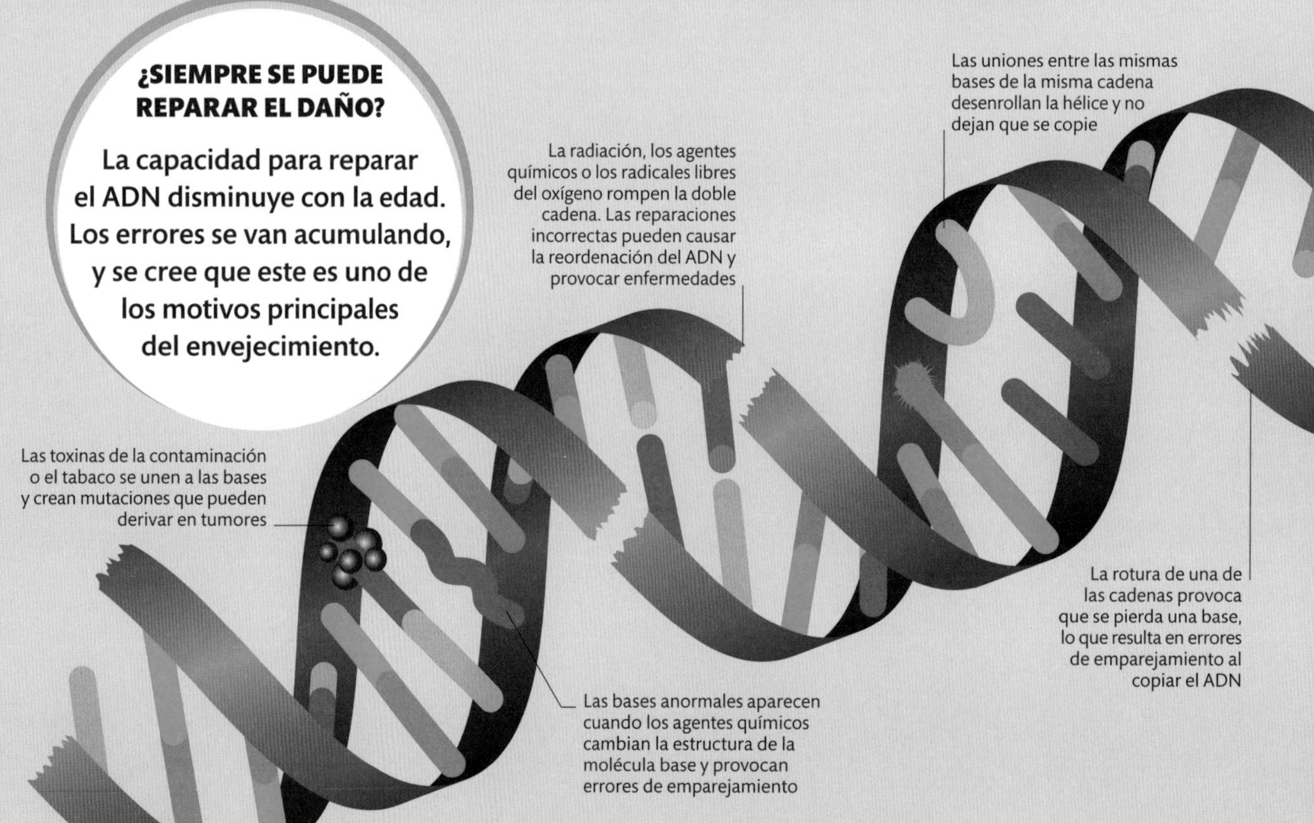
Las uniones entre las mismas bases de la misma cadena desenrollan la hélice y no dejan que se copie
La radiación, los agentes químicos o los radicales libres del oxígeno rompen la doble cadena. Las reparaciones incorrectas pueden causar la reordenación del ADN y provocar enfermedades
Las toxinas de la contaminación o el tabaco se unen a las bases y crean mutaciones que pueden derivar en tumores
La rotura de una de las cadenas provoca que se pierda una base, lo que resulta en errores de emparejamiento al copiar el ADN
Las bases anormales aparecen cuando los agentes químicos cambian la estructura de la molécula base y provocan errores de emparejamiento

Cuando falla el ADN

Cada día, ya sea por procesos naturales o por factores ambientales, se daña el ADN de las células. Este daño puede afectar a la copia del ADN o bien al funcionamiento de genes concretos. Si no se puede reparar, o se repara de manera incorrecta, pueden aparecer enfermedades.

Atacada
Esta cadena de ADN presenta distintos tipos de agresiones. Pero a veces se puede sacar provecho de ciertos tipos de daño en el ADN. Muchos fármacos de quimioterapia se diseñan para afectar el ADN de las células cancerosas. El cisplatino, por ejemplo, forma uniones entre las mismas bases del ADN y provoca así la muerte celular. El problema es que también provoca daños en las células sanas.

Las uniones entre las mismas bases de las dos cadenas detienen la copia del ADN porque las cadenas no se pueden separar

Los errores de emparejamiento de las bases aparecen cuando se añade una base extra o se salta una base en el proceso de replicación

Con la inserción o eliminación de bases, se crearán proteínas incorrectas cuando se lea el código durante la copia

Terapia genética

El daño en el ADN puede provocar una mutación que altere el correcto funcionamiento de un gen y cause una enfermedad. Aunque ciertos fármacos traten los síntomas de la enfermedad, no solucionan la raíz genética del problema. La terapia genética es un método experimental que pretende reparar los genes defectuosos.

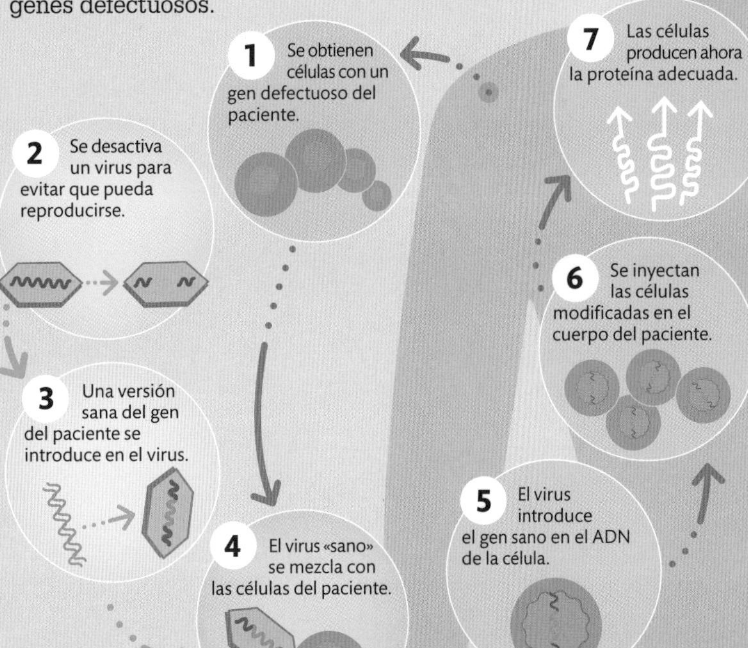
1 Se obtienen células con un gen defectuoso del paciente.
2 Se desactiva un virus para evitar que pueda reproducirse.
3 Una versión sana del gen del paciente se introduce en el virus.
4 El virus «sano» se mezcla con las células del paciente.
5 El virus introduce el gen sano en el ADN de la célula.
6 Se inyectan las células modificadas en el cuerpo del paciente.
7 Las células producen ahora la proteína adecuada.

REPARACIÓN DEL ADN

Las células disponen de sistemas de seguridad integrados que identifican y reparan los daños en el ADN. Estos sistemas siempre están activos y si no pueden solucionar el problema rápidamente, detienen el ciclo celular de manera temporal para tener más tiempo. Si no se puede reparar, provocan la muerte de la célula por apoptosis (ver p. 15).

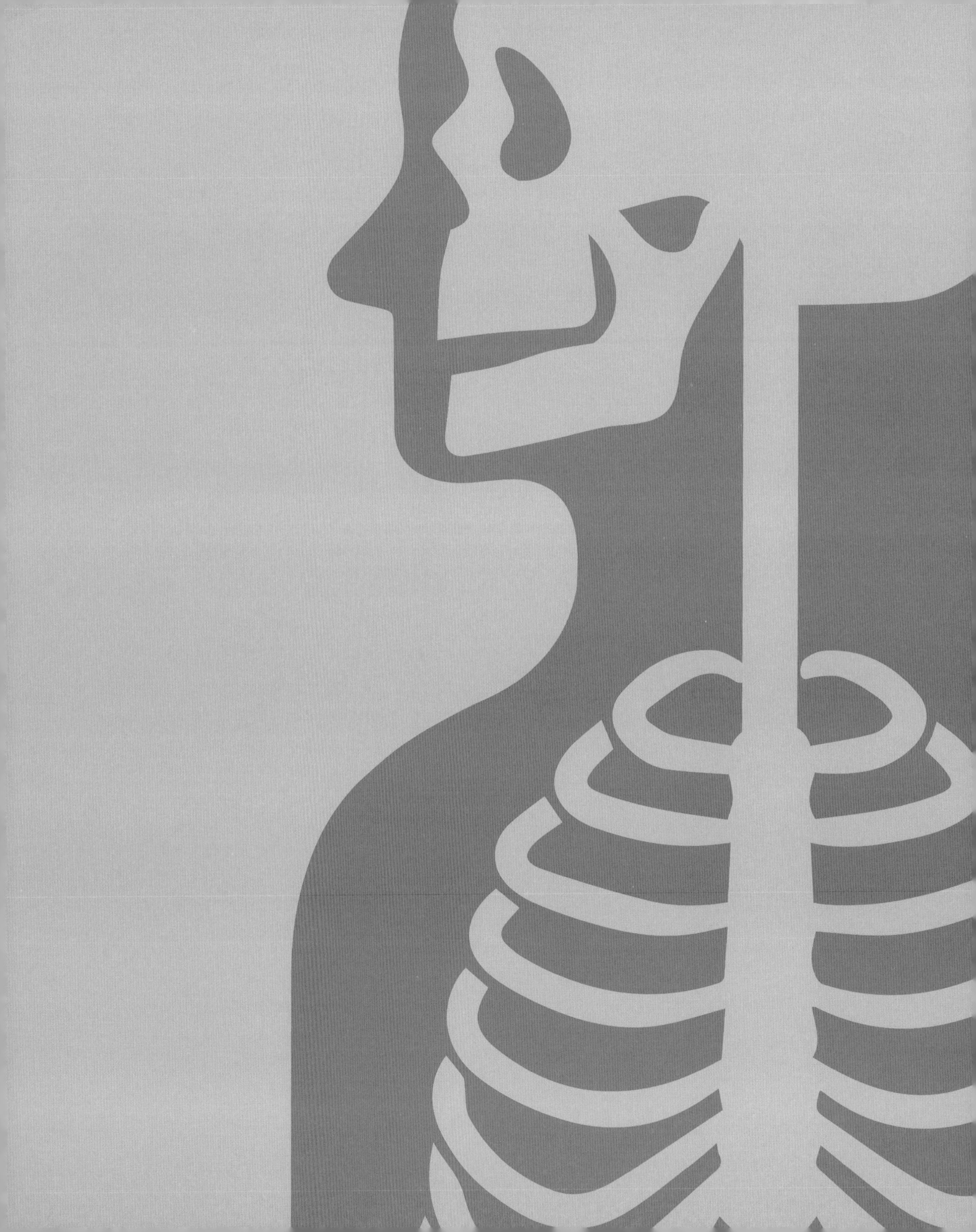

UN BUEN SOPORTE

A flor de piel

La piel es el órgano más grande del cuerpo humano. Protege de daños físicos, deshidratación, hiperhidratación e infección, y además regula la temperatura, produce vitamina D y tiene una gran red de terminaciones nerviosas especiales (ver pp. 74-75).

Refrescarse y mantener el calor

Los humanos se han adaptado al calor de los trópicos, al frío del ártico y a los climas templados. Aunque hemos perdido gran parte del pelo corporal y necesitamos la ropa para mantener el calor, el fino vello de nuestro cuerpo nos ayuda a regular la temperatura. En un entorno caluroso, es crucial beber mucha agua para compensar el sudor que nos ayuda a estar frescos.

La piel con calor

Los tres millones de glándulas sudoríparas de la piel segregan cada día un litro de sudor; en condiciones extremas podemos llegar a sudar diez litros al día. La evaporación del sudor retira del cuerpo la energía del calor. Los músculos en forma de anillo alrededor de los vasos sanguíneos también colaboran: dirigen la sangre hacia la piel para que el cuerpo pierda calor.

La piel con frío

Cuando hace frío, se potencia la retención del calor en la piel. Unos diminutos músculos levantan los pelos para atrapar el calor cerca de la piel. Además, los músculos de la red capilar no dejan que la sangre caliente fluya hacia las capas superiores de la piel.

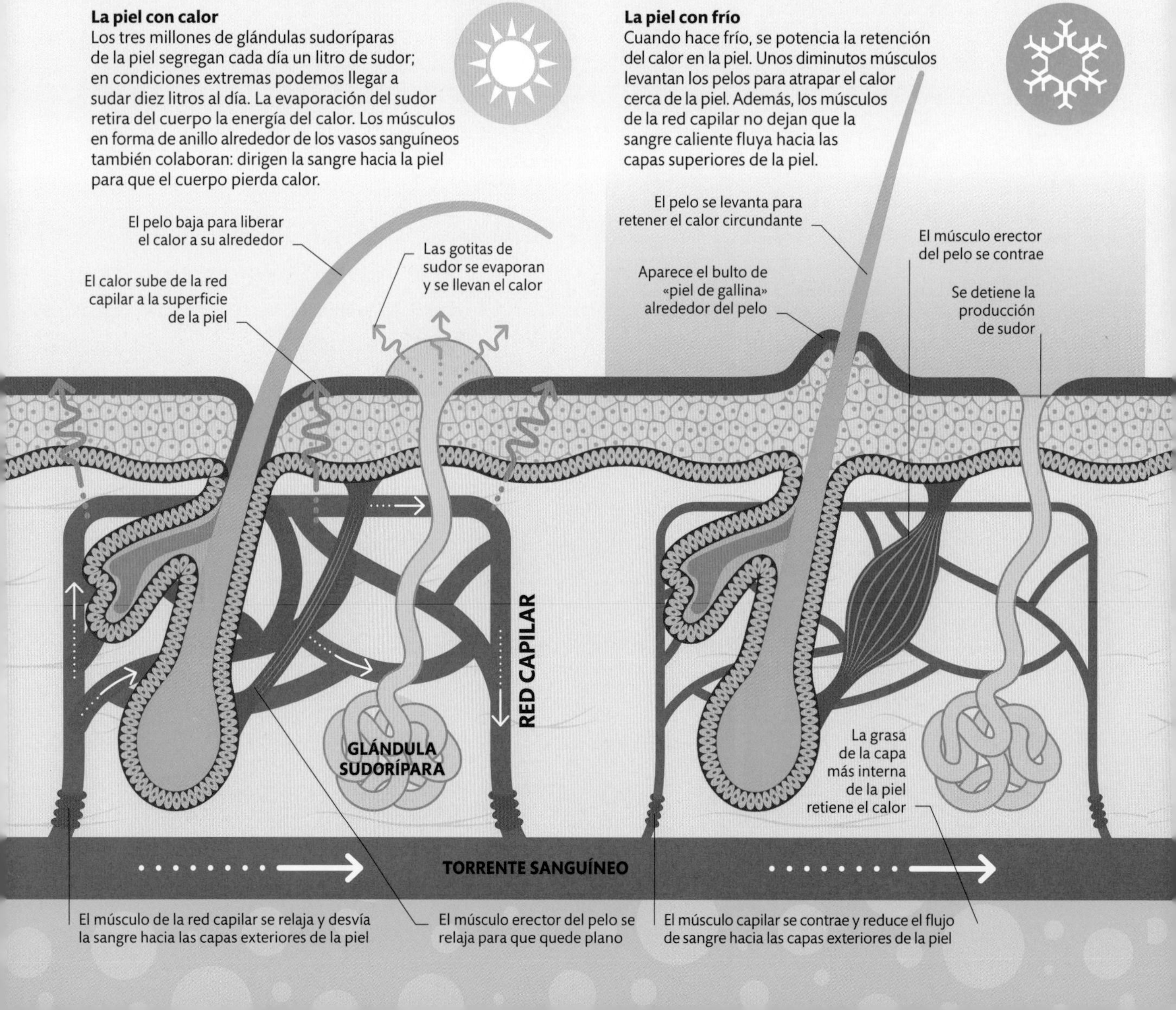

El pelo baja para liberar el calor a su alrededor

El calor sube de la red capilar a la superficie de la piel

Las gotitas de sudor se evaporan y se llevan el calor

RED CAPILAR

GLÁNDULA SUDORÍPARA

El pelo se levanta para retener el calor circundante

Aparece el bulto de «piel de gallina» alrededor del pelo

El músculo erector del pelo se contrae

Se detiene la producción de sudor

La grasa de la capa más interna de la piel retiene el calor

TORRENTE SANGUÍNEO

El músculo de la red capilar se relaja y desvía la sangre hacia las capas exteriores de la piel

El músculo erector del pelo se relaja para que quede plano

El músculo capilar se contrae y reduce el flujo de sangre hacia las capas exteriores de la piel

Barreras de defensa

La piel está compuesta por tres capas que desempeñan un papel crucial para nuestra supervivencia. La capa externa, la epidermis, es un sistema de defensa en regeneración constante (ver pp. 32-33), cuya base está en la capa media, la dermis. La hipodermis, la capa interna, es una cámara de grasa que conserva el calor, protege los huesos y aporta energía (ver pp. 158-159).

LA PIEL DE UN ADULTO NORMAL CUBRE UNOS 2 METROS CUADRADOS

¿SIRVE DE ALGO LA PIEL DE GALLINA?

La piel de gallina nos ayuda a conservar el calor en entornos fríos, si bien era mucho más eficaz hace millones de años, cuando teníamos mucho más pelo. Cuanto más grueso sea el pelo, más calor retendrá cuando esté de punta.

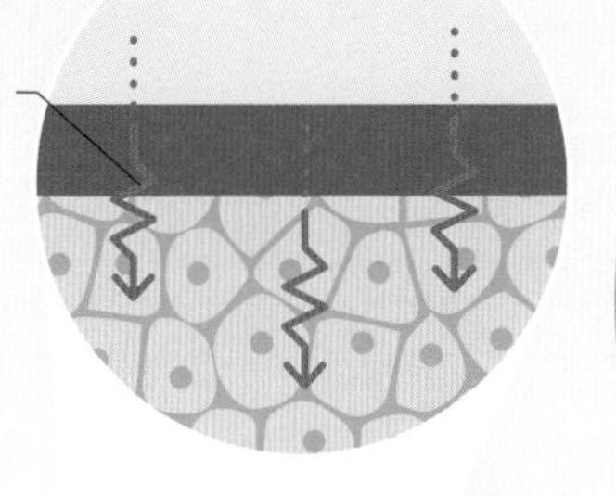
Luz ultravioleta

Microbio

Sebo

Aceite antibacteriano
Las glándulas segregan un aceite, el sebo, en los folículos pilosos para acondicionar el pelo e impermeabilizar la piel. El sebo también limita el crecimiento de bacterias y hongos.

Protección contra la luz ultravioleta
La piel sintetiza vitamina D con luz ultravioleta. Sin embargo, un exceso de esta luz puede provocar cáncer de piel. Un pigmento cutáneo llamado melanina ayuda a mantener el equilibrio (ver pp. 32-33).

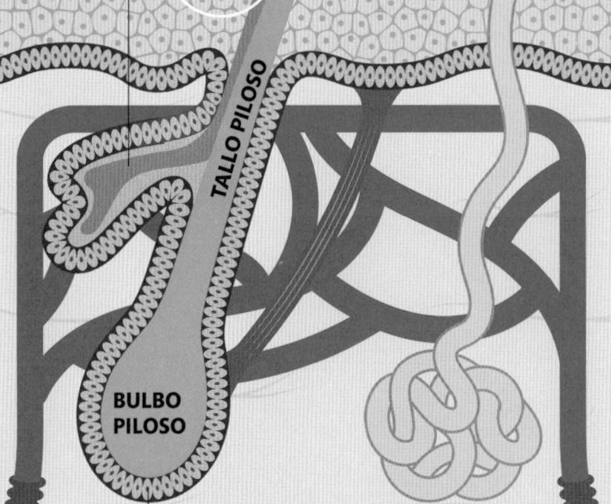
La glándula sebácea segrega sebo
TALLO PILOSO
BULBO PILOSO
La epidermis envuelve todo el bulbo piloso

Las células de la piel se regeneran sin parar

PARCHE DE NICOTINA

EPIDERMIS

DERMIS

HIPODERMIS

La nicotina llega al torrente sanguíneo

Uno de los tipos de terminaciones nerviosas de la piel (ver pp. 74-75)

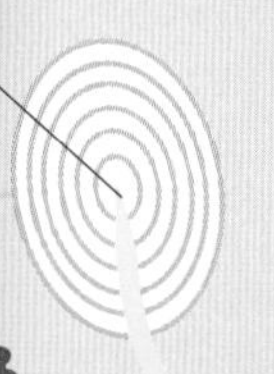

Paso selectivo
La piel es una barrera con permeabilidad selectiva y permite el paso de sustancias, como, por ejemplo, la nicotina y la morfina de parches aplicados sobre ella. También cruzan la barrera algunas cremas, como los protectores solares, las cremas hidratantes y las pomadas antisépticas.

Barrera defensiva

La piel es la frontera que nos separa del exterior, un límite infranqueable para los enemigos e inexistente para los amigos. Sus principales características de defensa son una capa exterior en perpetua renovación y un pigmento que nos protege de los rayos ultravioletas.

¿SON ÚNICAS LAS HUELLAS DACTILARES?

Las formas de los surcos de las yemas de los dedos son únicas, y vuelven a crecer exactamente igual tras una lesión... por suerte para las pesquisas de la policía.

Una capa en constante renovación

La epidermis es como una cinta transportadora de células: se forman de manera continua en su base (capa basal) y se desplazan hacia arriba, hacia la superficie. A medida que avanzan, pierden su núcleo, se aplanan y se llenan de proteína dura, o queratina, para acabar formando la capa protectora exterior. Esta capa se gasta sin parar y se va reponiendo con nuevas células. Al llegar a la superficie, las células mueren, se desprenden... y pasan a formar parte del polvo de nuestra casa.

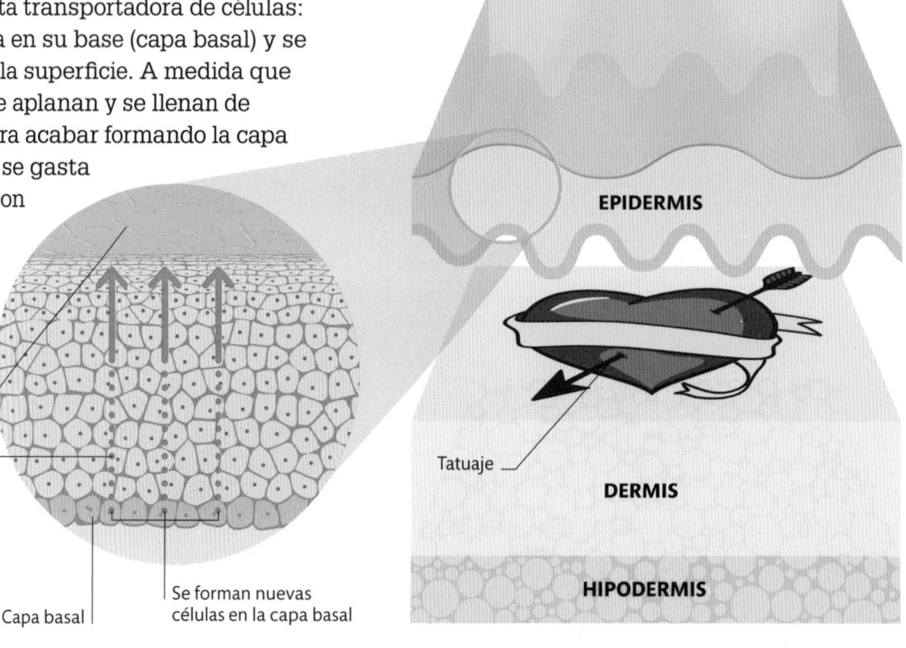

Las células muertas caen
Las células suben por la epidermis
Capa basal
Se forman nuevas células en la capa basal
EPIDERMIS
Tatuaje
DERMIS
HIPODERMIS

Defensa transparente
Como la epidermis va perdiendo células, los tatuajes se hacen a mayor profundidad, en la dermis. La epidermis es transparente, y por eso se ven.

Matriz

La dermis, una capa gruesa que da fortaleza y flexibilidad a la piel, se encuentra bajo la epidermis. Contiene las terminaciones nerviosas, glándulas sudoríparas y sebáceas, raíces pilosas y vasos sanguíneos. Se compone principalmente de fibras de colágeno y elastina, que forman una especie de matriz que deja que se estire y contraiga la piel ante la presión.

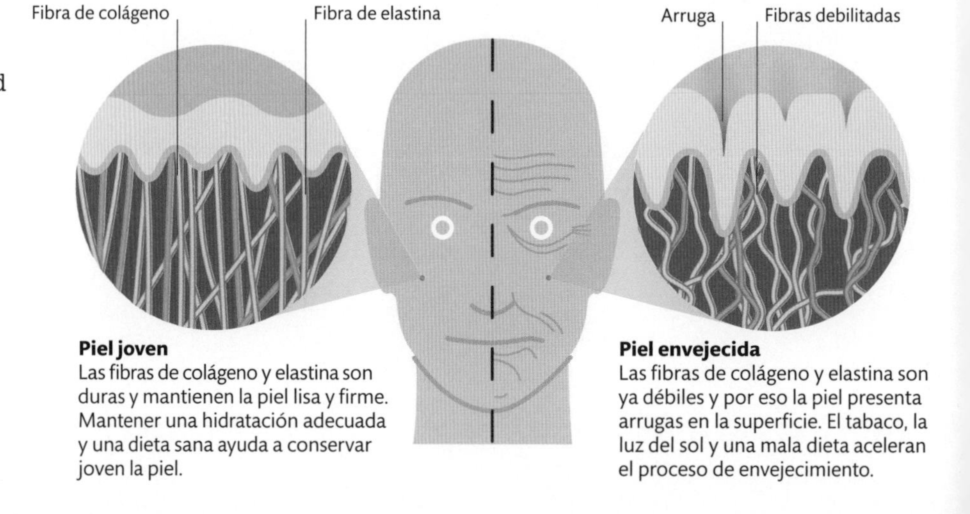

Fibra de colágeno
Fibra de elastina
Arruga
Fibras debilitadas

Piel joven
Las fibras de colágeno y elastina son duras y mantienen la piel lisa y firme. Mantener una hidratación adecuada y una dieta sana ayuda a conservar joven la piel.

Piel envejecida
Las fibras de colágeno y elastina son ya débiles y por eso la piel presenta arrugas en la superficie. El tabaco, la luz del sol y una mala dieta aceleran el proceso de envejecimiento.

El color de la piel

Una de las funciones de la piel es producir vitamina D, y lo hace aprovechando la luz ultravioleta (UV) del sol. No obstante, la luz UV es muy peligrosa (puede provocar cáncer de piel), y por eso debemos protegernos de ella. Para protegerse, la piel produce melanina, un pigmento que determina el color de la piel.

UNA PECA ES UN GRUPO DE MELANOCITOS APELOTONADOS

Piel oscura
En el ecuador, los rayos de sol caen casi verticales y, por lo tanto, con una gran intensidad. Por ello, quien vive cerca del ecuador necesita más protección UV. Para conseguirlo, el cuerpo produce una gran cantidad de melanina, un pigmento que oscurece la piel.

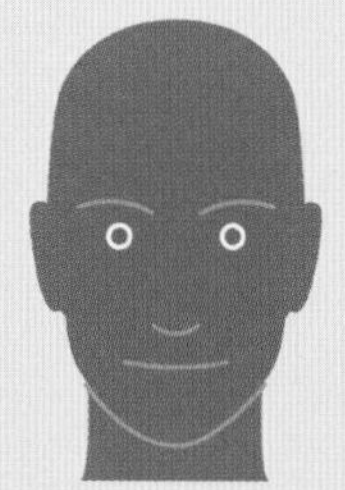

2 Dendritas Los melanocitos tienen unas extensiones que parecen dedos, las dendritas. Cada una toca unas 35 células vecinas.

1 Melanocitos Los melanocitos son células especiales que producen melanina. Están en la base de la epidermis.

Rayos intensos de luz UV

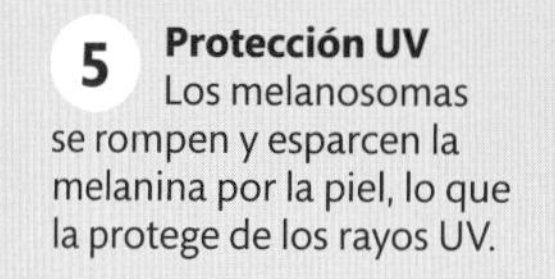

5 Protección UV Los melanosomas se rompen y esparcen la melanina por la piel, lo que la protege de los rayos UV.

4 Absorción Las células cutáneas vecinas absorben los melanosomas.

3 Melanosomas La melanina se mueve por las dendritas en grupos denominados melanosomas.

Dendrita

Melanocito

Melanosoma

Capa basal

Piel clara
Al norte y al sur del ecuador, los rayos de sol inciden sobre el planeta en ángulos más inclinados. Cuanto más inclinados son, menos intensa es su luz, y menor es la necesidad de protegerse de los rayos UV. Por eso se produce menos melanina, lo que da como resultado una piel clara.

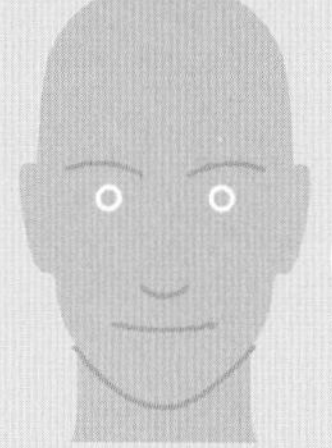

1 Melanocitos En pieles claras, los melanocitos están menos activos y tienen menos dendritas.

Rayos de luz UV suaves

Dendrita

Melanocito

3 Menor protección Menos melanina es suficiente contra los rayos UV más débiles.

2 Melanosomas más claros Los melanosomas son más claros y los absorben menos células vecinas.

Melanosoma

Pelo y uñas

El pelo y las uñas están hechos de la misma proteína dura y fibrosa, la queratina. Las uñas refuerzan y protegen las puntas de los dedos, mientras que el pelo reduce la pérdida de calor del cuerpo.

Color, grosor y rizo del pelo

Cada pelo está compuesto por un núcleo esponjoso (médula) y una capa media (corteza) de flexibles cadenas de proteína, que le dan forma y cuerpo. La cutícula, su capa exterior de escamas, refleja la luz y por eso el pelo brilla (salvo si se estropea, que se ve apagado). El color, rizo, grosor y longitud del pelo dependen del tamaño y la forma de los folículos (el lugar en el que crecen) y de los tipos de pigmento que producen.

¿POR QUÉ VARÍA SU LONGITUD?

El cabello puede crecer durante años, mientras que el pelo del resto del cuerpo crece solo semanas o meses. Por eso el vello corporal suele ser corto, pues cae antes de crecer mucho.

Grueso, lacio y rojo
Una mezcla de melanina clara y oscura da pelo dorado, cobrizo o rojo. Los folículos grandes y redondos dan pelos gruesos. El grosor también depende del número de folículos activos. Los pelirrojos tienden a tener relativamente pocos folículos.

Alta proporción de feomelanina
Poca eumelanina

Fino, lacio y rubio
Las células de la base de cada folículo aportan pigmentos de melanina por la raíz. El pelo rubio contiene un pigmento claro de melanina que solo está presente en el centro (médula). Los folículos pequeños y redondos producen pelos lacios y finos.

Médula
Cutícula
Pigmento de melanina clara, feomelanina
Corteza
Escamas
Melanina un poco oscura, o eumelanina

Crecimiento del pelo

Cada folículo piloso tiene una vida aproximada de 25 ciclos de crecimiento de pelo. Cada ciclo presenta una fase en la que el pelo crece seguida de una fase de reposo, durante la que el pelo conserva la misma longitud, empieza a soltarse y acaba cayéndose. Tras la fase de reposo, el folículo se reactiva y comienza a producir otro pelo.

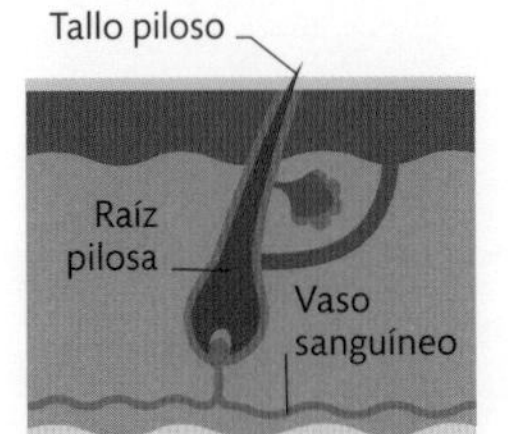

Tallo piloso
Raíz pilosa
Vaso sanguíneo

1 Crecimiento inicial El folículo se activa y produce nuevas células en la raíz, que mueren y suben para formar el tallo.

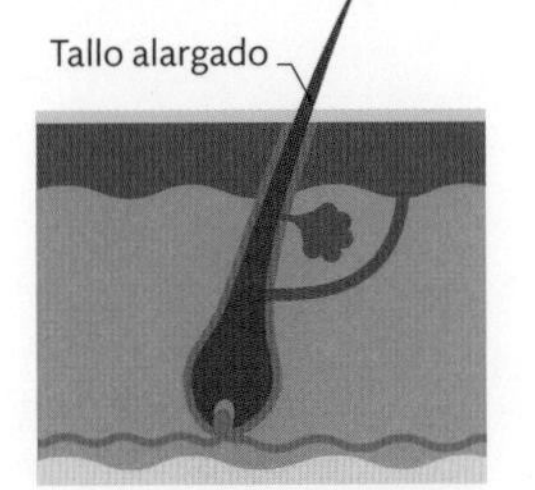

Tallo alargado

2 Crecimiento final El tallo crece durante 2-6 años. Un período de crecimiento más largo (más habitual en mujeres) produce un pelo más largo.

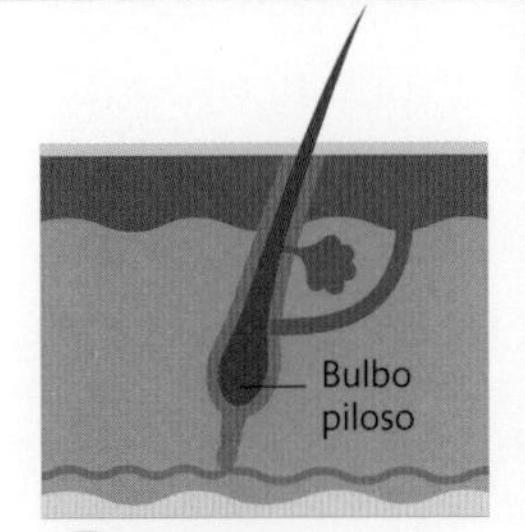

Bulbo piloso

3 Reposo El folículo encoge y el pelo deja de crecer cuando el bulbo se separa de la raíz. Tarda de tres a seis semanas.

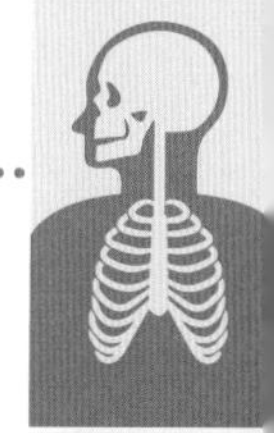

Grueso, negro y rizado
El pelo oscuro contiene pigmento de melanina negra en la corteza y la médula, que es el responsable de que tenga un color más profundo. Los folículos ovalados producen pelo ondulado. Cuanto más planos sean los folículos, más rizados serán sus pelos.

Eumelanina densa

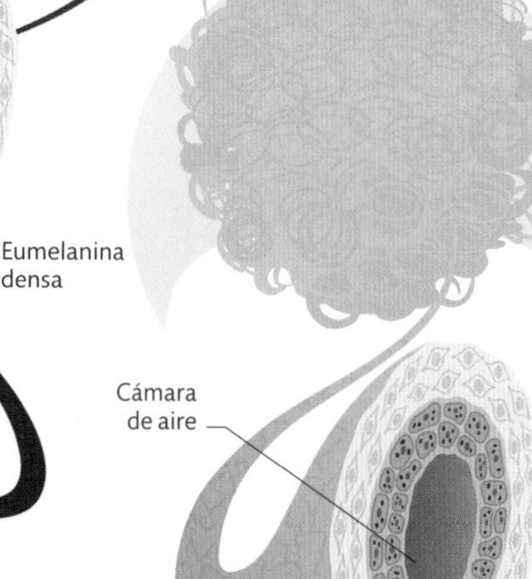
Cámara de aire
Menos eumelanina

Rizado y gris
El pelo se vuelve gris por la reducción de la actividad de la enzima que produce el pigmento de melanina. El pelo sin melanina es blanco como la nieve; el pelo con un poco de pigmento es gris.

El bulbo se separa del vaso sanguíneo

4 Separación
El pelo suelto se cae de manera natural o se desengancha al cepillarlo o peinarlo. A veces lo empuja otro pelo al crecer.

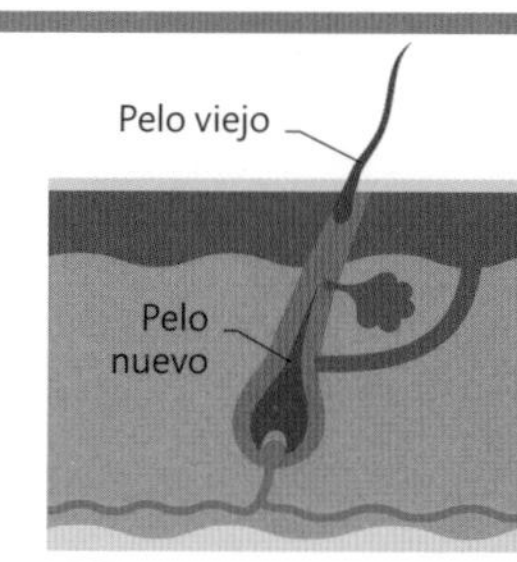
Pelo viejo
Pelo nuevo

5 Nuevo crecimiento
Comienza el siguiente ciclo. Con la edad, se reactivan menos folículos, por lo que el pelo es más fino, se retira y aparecen áreas sin pelo.

Uñas

Las uñas son placas transparentes de queratina. Actúan a modo de férulas para dar estabilidad a la carne blanda de la punta de los dedos y facilitan agarrar objetos pequeños. También aportan mayor sensibilidad a las puntas de los dedos. No obstante, se estropean con bastante facilidad, ya que sobresalen del cuerpo.

Matriz (área de crecimiento)
UÑA
CUTÍCULA
LECHO UNGUEAL
HUESO
GRASA

Cómo crecen las uñas
Unos pliegues de piel denominados cutículas protegen las áreas de crecimiento de la base y los lados de la uña. Las células del lecho ungueal son de las más activas del cuerpo: se están dividiendo constantemente, y las uñas crecen hasta 5 mm al mes.

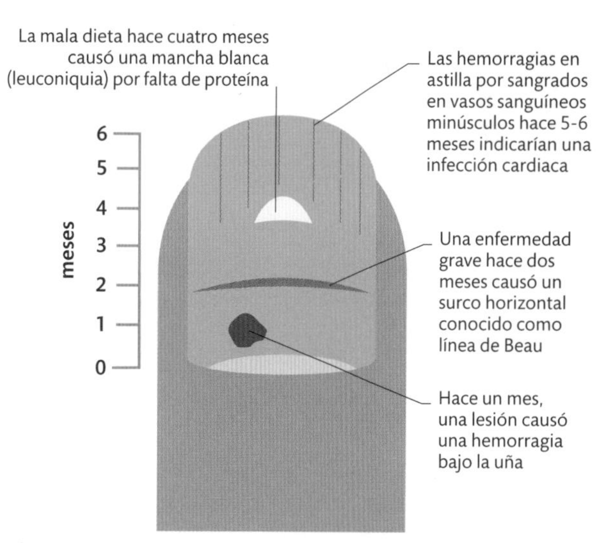
La mala dieta hace cuatro meses causó una mancha blanca (leuconiquia) por falta de proteína
Las hemorragias en astilla por sangrados en vasos sanguíneos minúsculos hace 5-6 meses indicarían una infección cardiaca
meses
6
5
4
3
2
1
0
Una enfermedad grave hace dos meses causó un surco horizontal conocido como línea de Beau
Hace un mes, una lesión causó una hemorragia bajo la uña

Diario de una uña
Al ser las uñas estructuras no esenciales, en momentos de carestía el lecho ungueal no recibe la sangre y los nutrientes necesarios. Por eso son un buen indicador del estado general y de la dieta. El médico siempre echa un vistazo rápido a las manos del paciente porque las uñas pueden indicar un gran número de enfermedades.

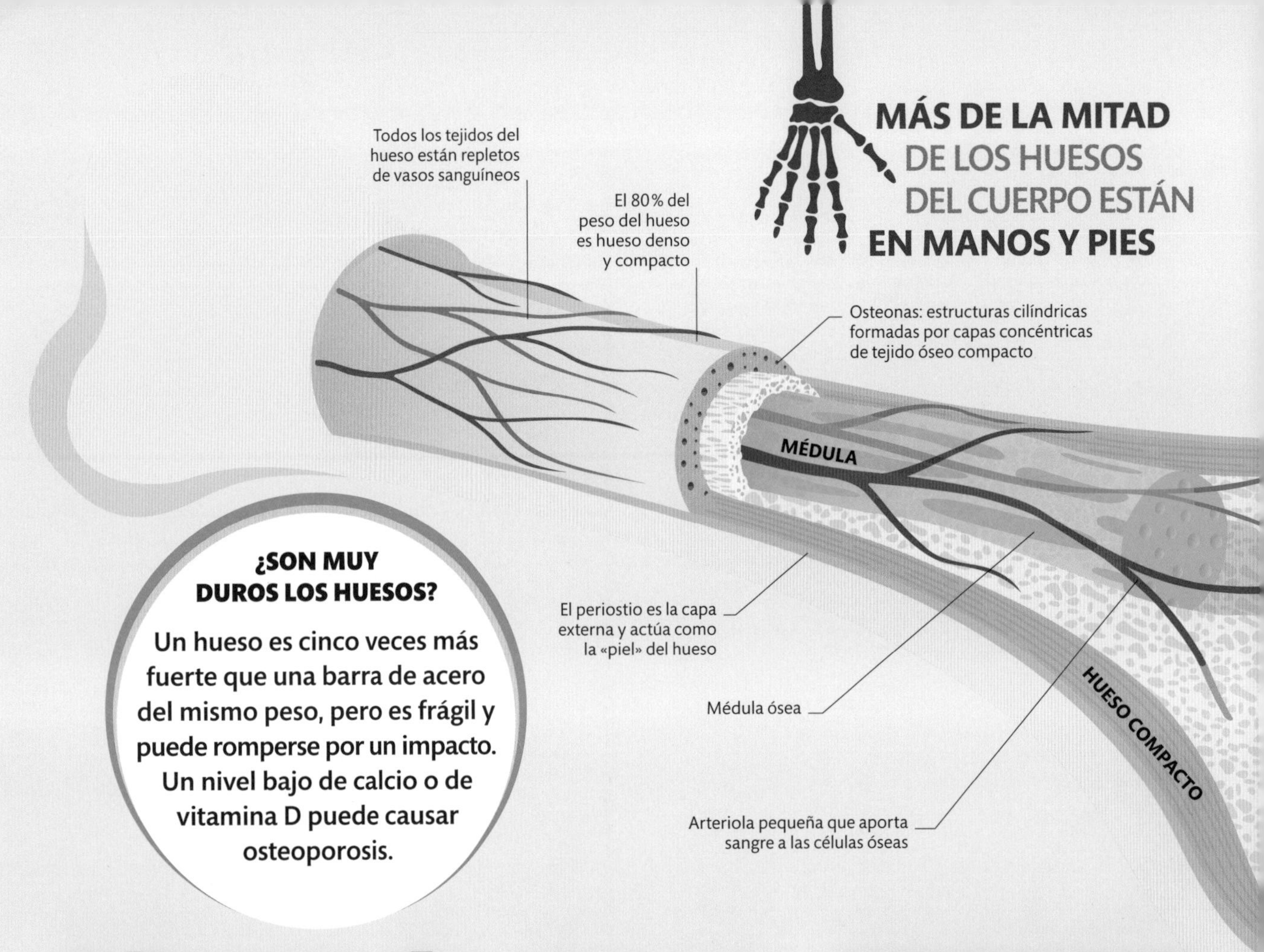
Todos los tejidos del hueso están repletos de vasos sanguíneos
El 80% del peso del hueso es hueso denso y compacto
MÁS DE LA MITAD DE LOS HUESOS DEL CUERPO ESTÁN EN MANOS Y PIES
Osteonas: estructuras cilíndricas formadas por capas concéntricas de tejido óseo compacto
MÉDULA
El periostio es la capa externa y actúa como la «piel» del hueso
Médula ósea
HUESO COMPACTO
Arteriola pequeña que aporta sangre a las células óseas

¿SON MUY DUROS LOS HUESOS?

Un hueso es cinco veces más fuerte que una barra de acero del mismo peso, pero es frágil y puede romperse por un impacto. Un nivel bajo de calcio o de vitamina D puede causar osteoporosis.

Pilares de apoyo

El esqueleto podría considerarse una especie de perchero del que cuelga la carne del cuerpo. Además de sostenerlo y darle forma, los huesos aportan protección y, gracias a la interacción con los músculos, permiten que el cuerpo pueda moverse y adoptar diferentes posturas.

Tejido vivo

El hueso es un tejido vivo hecho de fibras de proteína de colágeno repletas de minerales (calcio y fosfato) que le dan rigidez. Los huesos contienen el 99 % de todo el calcio del cuerpo. Las células óseas sustituyen el hueso gastado y viejo por tejido óseo nuevo de manera constante. Los vasos sanguíneos aportan oxígeno y nutrientes a estas células. Una capa en la superficie, similar a la piel, el periostio, cubre el caparazón de hueso compacto, que aporta fortaleza. Su interior contiene una red esponjosa de puntales que reducen el peso global. La médula ósea de algunos huesos, como las costillas, el esternón, los omoplatos y la pelvis, tiene una tarea especial: producir nuevas células sanguíneas.

EL HUESO MÁS PEQUEÑO

El estribo, en el oído medio, es el hueso más pequeño con nombre propio. También están los diminutos huesos sesamoideos (porque se parecen a las semillas de sésamo) en los tendones largos de sitios de presión para evitar su desgaste.

TAMAÑO REAL
ESTRIBO (O ESTAPEDIO)

Partes del esqueleto

El esqueleto se divide en dos partes principales: el esqueleto axial, compuesto por el cráneo, la columna vertebral (espina dorsal) y la caja torácica, que protege los órganos internos y el sistema nervioso central; y el esqueleto apendicular, con las extremidades superiores e inferiores y las cinturas escapular y pelviana, que unen las extremidades al esqueleto axial y tiene fijados los músculos responsables del movimiento consciente.

El cráneo protege el cerebro
CRÁNEO
MANDÍBULA
OMOPLATO
HÚMERO
COLUMNA VERTEBRAL
COSTILLA
RADIO
CÚBITO
Codo: a veces se le llama el hueso de la risa porque cuando recibe un golpe se pinza el nervio cubital y da una sensación de descarga eléctrica
SACRO
PELVIS
Fémur: el hueso más largo del cuerpo suele medir el 25% de la altura del adulto
FÉMUR
Peroné: ayuda a estabilizar el tobillo
PERONÉ
TIBIA
El tendón de Aquiles está unido al hueso del talón
HUESO DEL TALÓN

El interior de un hueso vivo
El hueso, denso y compacto, está compuesto por minúsculos tubos de hueso (osteonas). El hueso esponjoso tiene una estructura en forma de panal que le da fortaleza con un peso que es relativamente ligero.

HUESO ESPONJOSO
Hueso esponjoso ligero
LIGAMENTOS DEL PIE
Ligamento (fuerte y elástico)
Hueso

Envoltorio natural del pie
Unas cintas de tejido duro, los ligamentos, mantienen juntos los huesos. El pie, con sus 26 huesos, es la zona donde más abundan. Más de 100 ligamentos, fuertes y elásticos, mantienen juntos los huesos, dan flexibilidad y absorben los impactos. Tienen la fortaleza suficiente para limitar la amplitud de movimiento de cada articulación.

El esqueleto en acción
La cintura escapular, que contiene las clavículas y los omoplatos, une los brazos y la columna vertebral. La cintura pelviana conecta las piernas y la columna vertebral. La pelvis está compuesta por tres huesos, fusionados, en cada lado.

Huesos en crecimiento

Un bebé sano al nacer suele medir entre 46 y 56 cm. Durante la lactancia crece muy deprisa porque sus huesos crecen. El crecimiento de los huesos se frena en la infancia, pero vuelve a acelerarse en la pubertad. Los huesos dejan de crecer a los 18 años, momento en el que se alcanza la altura final de la edad adulta.

PESO DE UN RECIÉN NACIDO

Un recién nacido suele pesar entre 2,5 y 4,3 kg. En general, los bebés pierden peso los primeros días de vida, pero a los diez días la mayoría ya han recuperado el peso original y empiezan a ganar unos 30 g por día.

Cómo crecen los huesos

El crecimiento en altura se produce en las placas de crecimiento especiales de las puntas de los huesos largos. La hormona del crecimiento controla el crecimiento de los huesos; además, se produce un estirón adicional con las hormonas sexuales de la pubertad (ver pp. 222-223). Las placas de crecimiento de cartílago se fusionan al llegar a la edad adulta y a partir de entonces ya no es posible ser más alto.

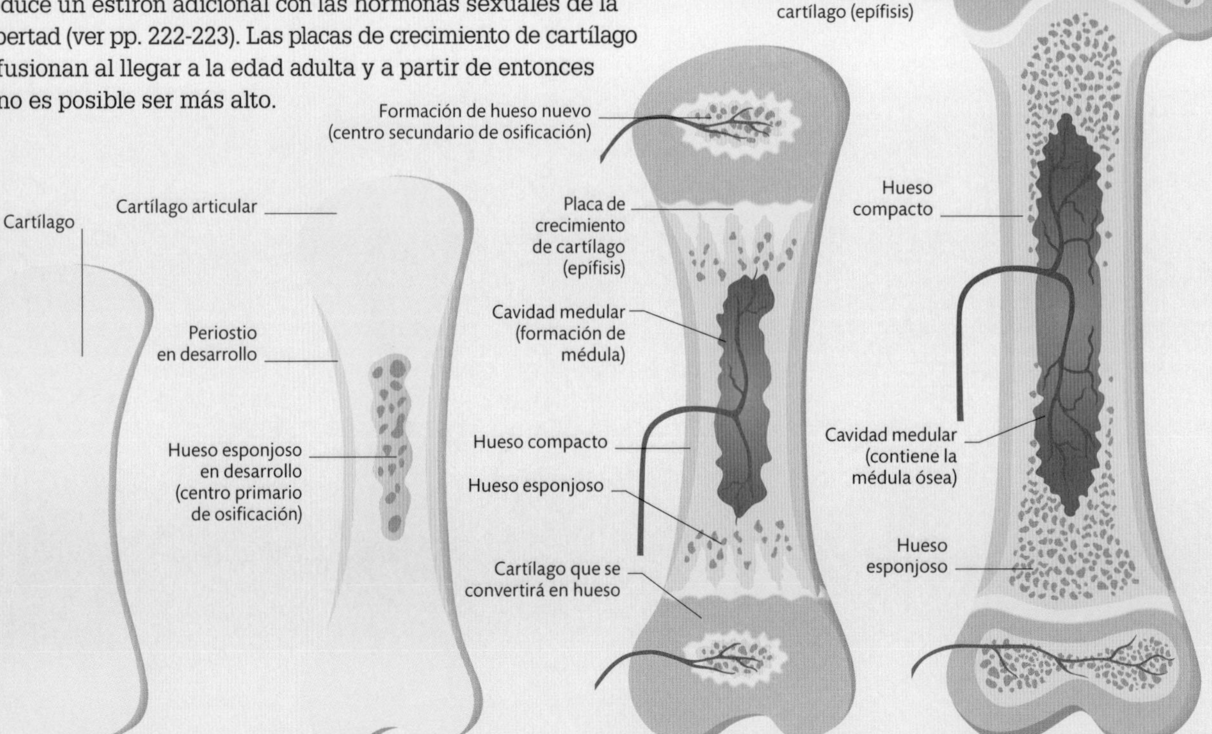

Cartílago
Cartílago articular
Periostio en desarrollo
Hueso esponjoso en desarrollo (centro primario de osificación)
Formación de hueso nuevo (centro secundario de osificación)
Placa de crecimiento de cartílago (epífisis)
Cavidad medular (formación de médula)
Hueso compacto
Hueso esponjoso
Cartílago que se convertirá en hueso
Cartílago articular
Placa de crecimiento de cartílago (epífisis)
Hueso compacto
Cavidad medular (contiene la médula ósea)
Hueso esponjoso

1 Embrión Al principio, los huesos, de cartílago blando, son como un andamio sobre el que se colocan minerales. Empieza a formarse hueso duro cuando el feto llega a los 2-3 meses de desarrollo en el útero.

2 Recién nacido El hueso sigue siendo cartílago en su mayoría, pero ya hay zonas activas de formación de hueso (osificación). Lo primero que se desarrolla es el centro primario de osificación, en el centro, seguido por las puntas.

3 Niño La mayor parte del cuerpo del hueso es compacto y esponjoso. El hueso crece gracias a las placas de crecimiento de las puntas. El hueso continúa blando y se dobla con un impacto, formándose una fractura en tallo verde.

4 Adolescente El aumento de hormonas sexuales provoca un estirón. La acumulación de hueso nuevo en las placas de crecimiento de cartílago (epífisis) produce un alargamiento del hueso y, como consecuencia, se gana altura.

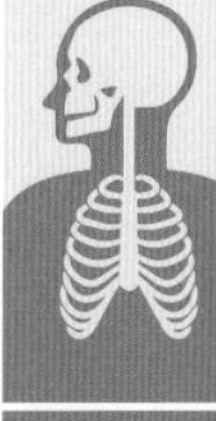

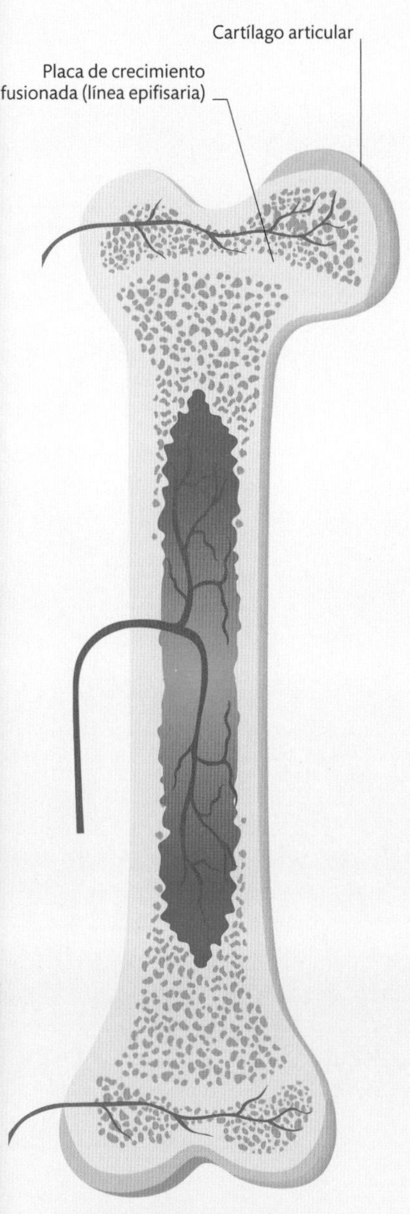
Cartílago articular
Placa de crecimiento fusionada (línea epifisaria)

5 Adulto
Tras la pubertad, las placas de crecimiento de cartílago se convierten en hueso (se calcifican) y se fusionan. Los huesos pueden aumentar más su diámetro, pero no su longitud.

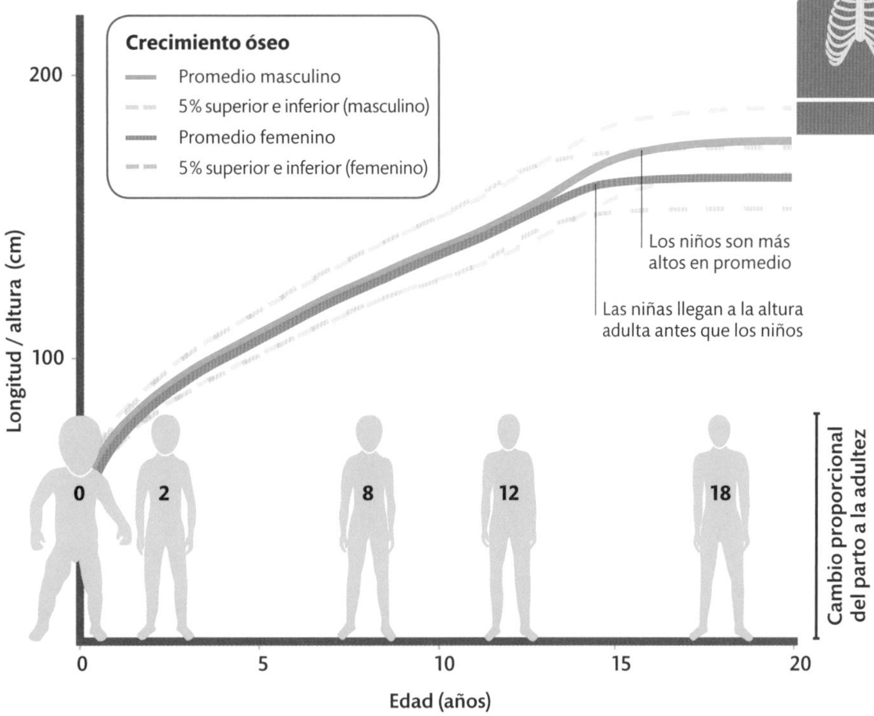
Crecimiento óseo
Promedio masculino
5% superior e inferior (masculino)
Promedio femenino
5% superior e inferior (femenino)
Los niños son más altos en promedio
Las niñas llegan a la altura adulta antes que los niños
Longitud / altura (cm)
200
100
0
2
8
12
18
Cambio proporcional del parto a la adultez
0
5
10
15
20
Edad (años)

Pautas de crecimiento

La cabeza del bebé constituye la cuarta parte de la longitud total de su cuerpo. Esa proporción baja hasta una sexta parte a los 2 años. La cabeza de un adulto solo es una octava parte de la altura del cuerpo. Las niñas entran antes en la pubertad que los niños y alcanzan su altura adulta a los 16-17 años. Los chicos consiguen llegar a su altura final entre los 19 y 21 años.

CÓMO CALCULAR LA ALTURA FINAL

Si los padres tienen una estatura normal, la posible altura adulta puede calcularse de la manera siguiente: suma las alturas del padre y de la madre. Si es un niño, se suman 13 cm; si es una niña, se restan 13 cm. Finalmente, se divide el total por la mitad. La mayoría tendrá esta altura adulta final, con un margen de error de 5 cm más o menos.

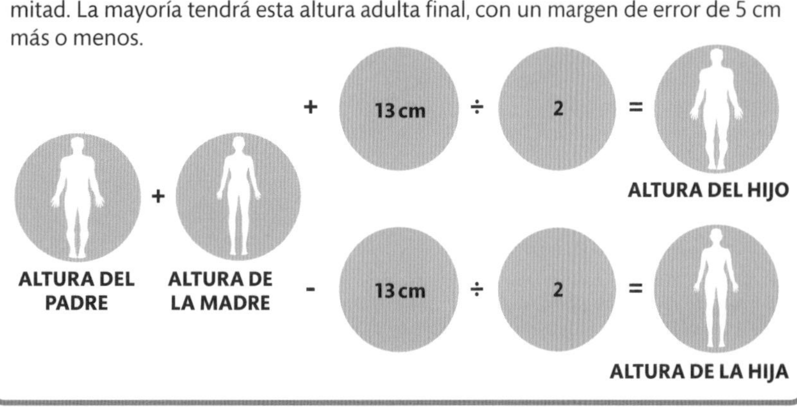
+
13 cm
÷
2
=
ALTURA DEL HIJO
+
ALTURA DEL PADRE
ALTURA DE LA MADRE
-
13 cm
÷
2
=
ALTURA DE LA HIJA

Flexibilidad

Las articulaciones permiten mover el cuerpo y manipular objetos. Los movimientos pueden ser pequeños y controlados, como al escribir a mano, o bien grandes y potentes, como al lanzar una bola.

Estructura articulada

Las articulaciones se forman cuando dos huesos entran en contacto. Algunas de ellas son fijas y tienen sus huesos unidos, como las suturas del cráneo adulto. Las hay con una amplitud de movimiento limitada, como la del codo, mientras que otras tienen más libertad, como la del hombro.

Elipsoidea
Estas complejas articulaciones incluyen un hueso con un extremo redondo y convexo que encaja dentro de otro hueso con un agujero o una forma cóncava y permiten una gran variedad de movimientos, incluida la inclinación lateral, pero no la rotación.

Esférica
Este tipo de articulación, que encontramos en los hombros y las caderas, permite la máxima amplitud de recorrido, incluida la rotación. La del hombro es la articulación más móvil de nuestro cuerpo.

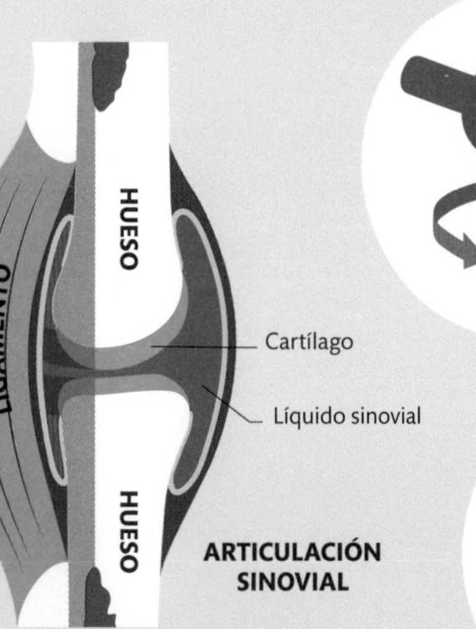
HUESO
LIGAMENTO
Cartílago
Líquido sinovial
HUESO
ARTICULACIÓN SINOVIAL

Una articulación por dentro
Las puntas de los huesos de una articulación móvil están cubiertas de cartílago y engrasadas con líquido sinovial para reducir la fricción. Unas cintas de tejido conectivo (los ligamentos) las mantienen unidas. Algunas articulaciones, como la de la rodilla, también disponen de ligamentos de estabilización internos para evitar que los huesos se separen al doblarse.

Deslizante
Permiten que un hueso se deslice sobre otro en cualquier dirección dentro de un único plano. Gracias a las articulaciones deslizantes, las vértebras pueden deslizarse entre ellas al doblar la espalda. También se encuentran en los pies y las manos.

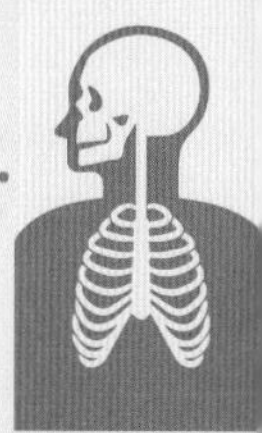

Tipos de articulación

Aunque el cuerpo se mueva como un todo de maneras muy complejas, cada articulación concreta tiene una amplitud de movimiento limitada. Algunas articulaciones específicas tienen muy poco recorrido para que puedan absorber impactos, como la unión entre los dos huesos largos de la pantorrilla (la tibia y el peroné) o algunas de las articulaciones de los pies. Las articulaciones temporomandibulares (ver pp. 44-45), entre la mandíbula y los dos lados del cráneo, son poco convencionales: tienen un disco de cartílago, y la mandíbula puede desplazarse lateralmente, adelante y atrás, al masticar y moler la comida.

En silla de montar
Solo la encontramos en la base del pulgar y permite una serie de movimientos similar a la de las articulaciones elipsoideas, pero más amplia, incluido el movimiento circular, pero sin rotación.

LAS **ARTICULACIONES MÁS PEQUEÑAS** SON LAS DE LOS TRES DIMINUTOS **HUESOS DEL OÍDO MEDIO** QUE TRANSMITEN **LAS ONDAS SONORAS** AL **OÍDO INTERNO**

Pivotante
Esta articulación permite que un hueso pueda girar alrededor de otro, por ejemplo, al mover el antebrazo para que la palma de la mano mire arriba o abajo. Una articulación pivotante en el cuello permite a la cabeza girar hacia ambos lados.

CONTORSIONISTAS

Los contorsionistas tienen el mismo número de articulaciones que el resto de las personas, pero las suyas presentan una mayor amplitud de movimiento, normalmente porque heredan unos ligamentos extremadamente elásticos o un gen que codifica la producción de un tipo de colágeno más débil (la proteína de los ligamentos y otros tejidos conectivos).

En bisagra
Este tipo de articulación permite el movimiento en un plano, como si fuera una puerta. El codo y la rodilla ilustran bien este tipo de articulación.

Morder y masticar

A las personas nos cuesta tragar trozos grandes de comida, y por eso los dientes empiezan la digestión haciendo la comida más pequeña. También son importantes para hablar, e incluso nos sería difícil chasquear la lengua sin dientes.

De bebé a adulto

Todos los dientes están presentes al nacer, como minúsculas protuberancias en las mandíbulas. Los dientes «de leche» deben ser pequeños para caber en la boca del bebé, y caen en la infancia a medida que crece la boca y hay más espacio para los permanentes.

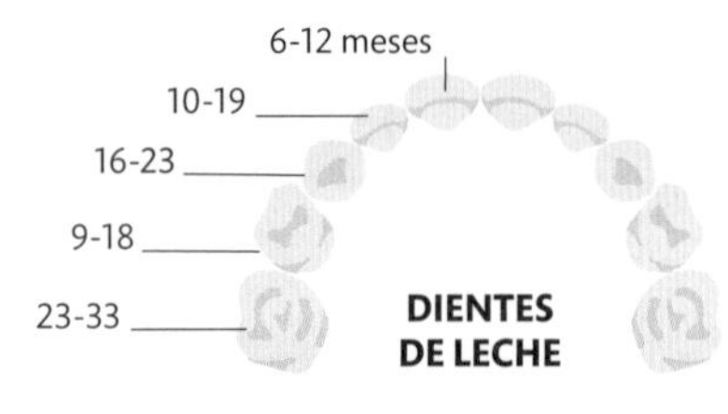

6-12 meses
10-19
16-23
9-18
23-33
DIENTES DE LECHE

Aparición de los dientes de leche
Los 20 dientes de leche suelen empezar a salir entre los 6 meses y los 3 años, aunque a veces no lo hacen hasta el año.

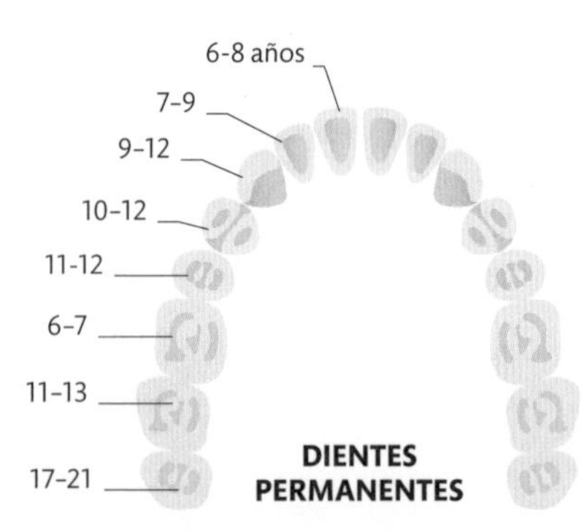

6-8 años
7-9
9-12
10-12
11-12
6-7
11-13
17-21
DIENTES PERMANENTES

Aparición de los dientes permanentes
Los 32 dientes permanentes aparecen entre los 6 y los 20 años y tienen que durar el resto de la vida, aunque se viva más de 100 años.

LA IMPRESIÓN DE LA **MORDIDA ES ÚNICA**, IGUAL QUE LAS **HUELLAS DACTILARES**

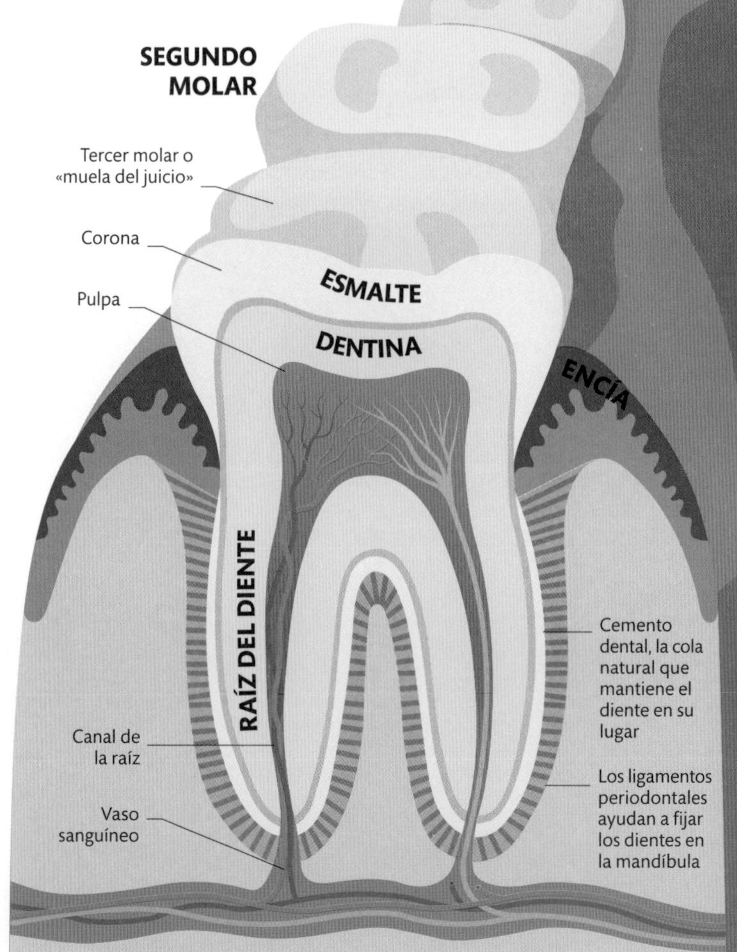

INCISIVO LATERAL
CANINO
PRIMER PREMOLAR
SEGUNDO PREMOLAR
PRIMER MOLAR
SEGUNDO MOLAR
Tercer molar o «muela del juicio»
Corona
ESMALTE
Pulpa
DENTINA
ENCÍA
RAÍZ DEL DIENTE
Cemento dental, la cola natural que mantiene el diente en su lugar
Canal de la raíz
Los ligamentos periodontales ayudan a fijar los dientes en la mandíbula
Vaso sanguíneo

Estructura del diente
Todos los dientes tienen su corona, que sobresale de la encía y está recubierta de esmalte. Es la encargada de proteger la dentina, más suave, que forma la raíz. La pulpa central contiene vasos sanguíneos y nervios.

INCISIVO CENTRAL

INCISIVO LATERAL

CANINO

¿QUÉ ES LA MUELA DEL JUICIO?

El último grupo de molares suele aparecer entre los 17 y los 25 años. Probablemente se conozcan como las muelas del juicio porque aparecen tras la infancia.

Tipos diferentes

El tamaño y la forma de los dientes depende de su uso. Los afilados incisivos muerden y cortan, los caninos rasgan y los molares y los premolares tienen superficie aplanada y rugosa para masticar y triturar la comida en piezas muy pequeñas.

¿TE RECHINAN LOS DIENTES POR LA NOCHE?

A una de cada 12 personas le rechinan los dientes al dormir, y una de cada cinco aprieta demasiado las mandíbulas durante el día. Esto se conoce como bruxismo y debilita los dientes. Puede que lo padezcas si tienes los dientes gastados, planos o astillados, si los notas más sensibles o te despiertas con dolor de mandíbula, rigidez en sus músculos o un dolor sordo de cabeza (sobre todo si te muerdes las mejillas por dentro). Los dientes gastados pueden recuperar una forma más natural.

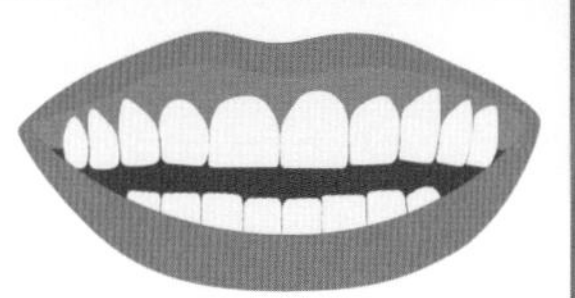

DIENTES PLANOS

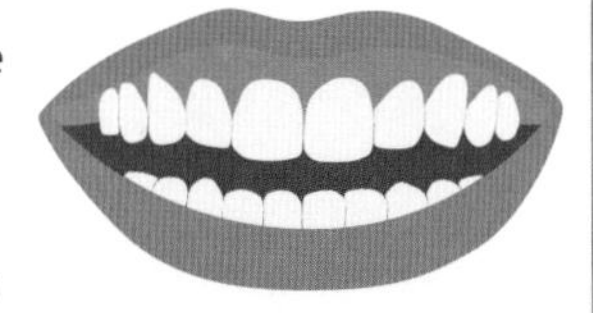

TRAS EL TRATAMIENTO

Infección

El esmalte dental es la sustancia más dura del cuerpo, pero se disuelve muy rápidamente en ácido y el interior del diente queda expuesto a bacterias e infecciones. El ácido puede venir de algunos alimentos, zumos y bebidas con gas o de la placa bacteriana, que degrada el azúcar y forma ácido láctico.

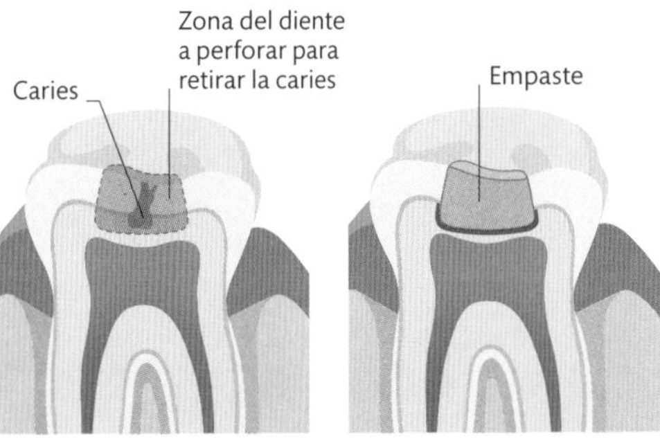
Caries
Zona del diente a perforar para retirar la caries
Empaste

MUELA CON CARIES

MUELA EMPASTADA

Caries y empastes

Cuando el duro esmalte se disuelve, la infección puede pudrir la dentina, más blanda, que aquel recubre. La caries aparece cuando se cae el esmalte debilitado.

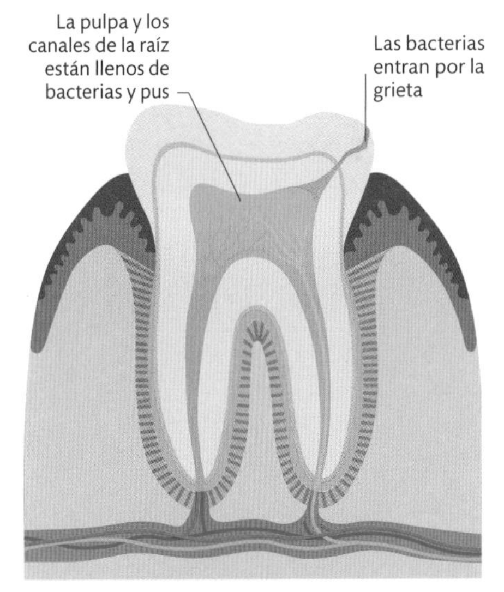
La pulpa y los canales de la raíz están llenos de bacterias y pus
Las bacterias entran por la grieta

MUELA CON UN ABSCESO

Absceso

Si las bacterias llegan a la pulpa pueden provocar una infección en un lugar complicado para el sistema inmunitario y causar un absceso que se extienda hasta llegar a la mandíbula.

Triturar

Las mandíbulas disponen de unos potentes músculos que ejercen una presión considerable al cortar y triturar la comida con los dientes. La mandíbula inferior resiste tanta fuerza porque es el hueso más duro del cuerpo.

Cómo masticamos

La masticación es un movimiento complejo en el que los músculos temporal y masetero controlan el movimiento de la mandíbula adelante y atrás, arriba y abajo, y de lado a lado. Así los molares traseros muelen la comida como si se trataran de un mortero y la mano del mortero. La flexibilidad de las articulaciones de las mandíbulas permite cambiar de movimiento de masticación según lo que se coma.

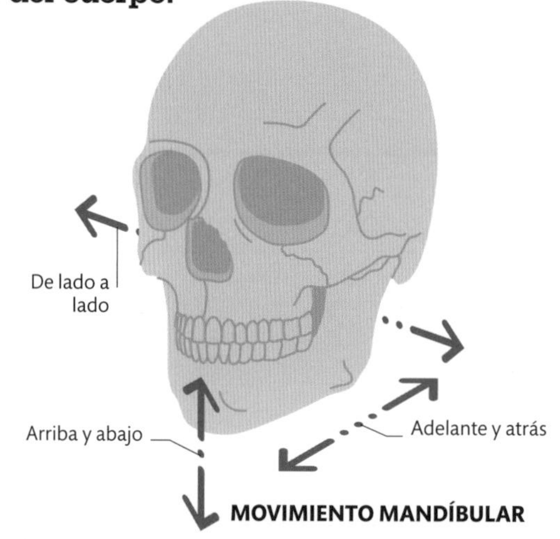
De lado a lado
Arriba y abajo
Adelante y atrás

MOVIMIENTO MANDÍBULAR

CUANDO COMÍAMOS HOJAS

Nuestros ancestros tenían un cráneo más pequeño, similar al del gorila. La pronunciada cresta sagital de la parte superior del cráneo fijaba sus potentes músculos mandibulares, igual que el esternón de las aves se encarga de fijar sus enormes músculos para volar.

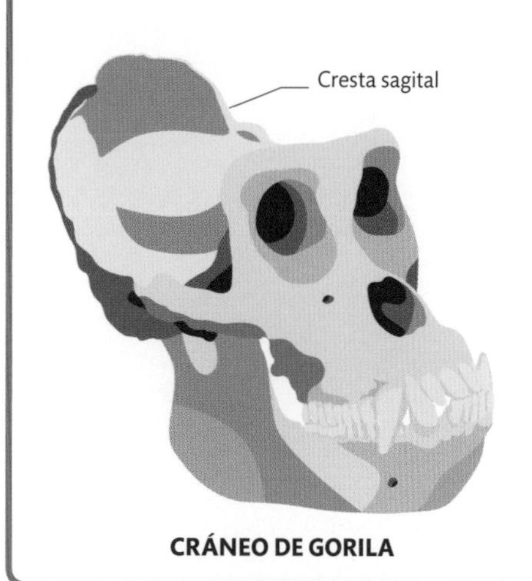
Cresta sagital

CRÁNEO DE GORILA

Cómo funciona la mandíbula

En cada una de las dos articulaciones temporomandibulares entre la mandíbula inferior y el cráneo hay un disco de cartílago que da una amplitud de recorrido mayor que otras articulaciones en bisagra, como las del codo y la rodilla. Gracias a este disco, la mandíbula puede desplazarse de lado a lado y moverse adelante y atrás al hablar, al masticar o al bostezar.

¿POR QUÉ CHASCA LA MANDÍBULA?

Si el disco protector de cartílago se desplaza hacia delante, es posible que la mandíbula chasque. La mandíbula inferior chasca contra el arco cigomático al masticar.

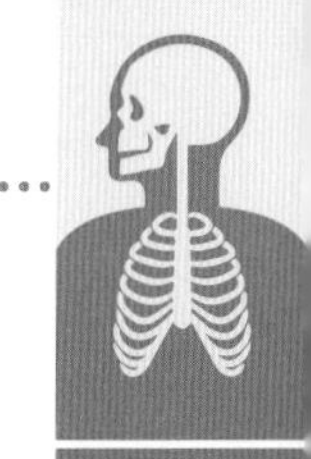

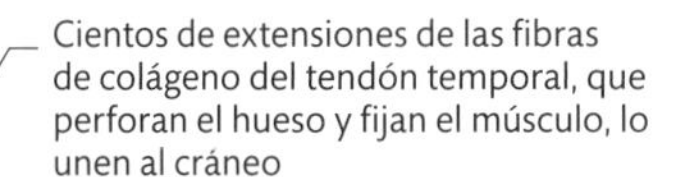

442 KILOS DE **FUERZA** QUE EL **MÚSCULO MASETERO** PUEDE EJERCER **AL MORDER**

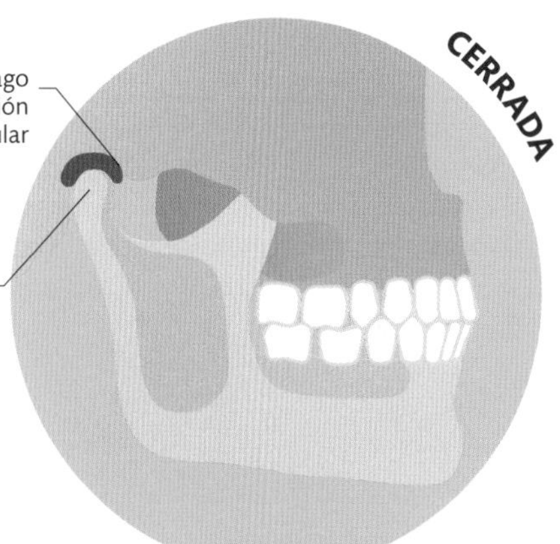
CERRADA
Disco de cartílago en la articulación temporomandibular
El proceso condilar de la mandíbula inferior está en su cavidad

Cientos de extensiones de las fibras de colágeno del tendón temporal, que perforan el hueso y fijan el músculo, lo unen al cráneo

El músculo temporal forma una lámina fina sobre el lateral del cráneo

Los músculos para masticar se fijan en la parte delantera y trasera de la mejilla

CRÁNEO

TENDÓN TEMPORAL

MÚSCULO TEMPORAL

ARCO CIGOMÁTICO

Disco de cartílago

MÚSCULO MASETERO

MAXILAR O MANDÍBULA SUPERIOR

El músculo pterigoideo tira de la articulación para abrir la mandíbula

El músculo masetero cierra la mandíbula con mucha fuerza

MANDÍBULA O MANDÍBULA INFERIOR

Músculos de la mandíbula
Los músculos para masticar están unidos al cráneo. Los potentes músculos temporal y masetero controlan la mandíbula cuando tritura, muerde o se cierra.

Boca cerrada
El disco de cartílago de la articulación temporo-mandibular reposa en una cavidad y envuelve una protuberancia de la mandíbula conocida como el proceso condilar. El disco amortigua la articulación y evita que la mandíbula roce contra los huesos del cráneo al masticar.

El disco de cartílago se desplaza

ABIERTA

El proceso condilar sale de la cavidad

Boca abierta
La mandíbula inferior y el disco amortiguador de cartílago pueden salirse de su cavidad para que la mandíbula quede colgando y abierta. Los dientes inferiores y superiores se separan unos tres dedos.

Daños en la piel

Cualquier daño en la piel, ya sea un rasguño superficial o un corte profundo, permite que entren gérmenes en el cuerpo. Es importante curar rápidamente la piel, para evitar que la infección se extienda.

Cura de heridas

Cuando se lesiona la piel, lo más importante es detener la hemorragia del corte o retirar el líquido acumulado en una quemadura o una ampolla. Algunas heridas requieren atención médica para cerrarlas mejor, ya sea con puntos de sutura, suturas adhesivas o adhesivos tisulares. Al cubrir la herida con un apósito se facilita la curación y se reduce el riesgo de infección.

¿POR QUÉ PICAN LAS COSTRAS?

Las células se mueven por la base de la herida durante la curación y empiezan a contraerse para rehacer la piel. Los tejidos se encogen y estimulan entonces unas terminaciones nerviosas sensibles al picor. Pero aunque te pique, ¡no te rasques la costra!

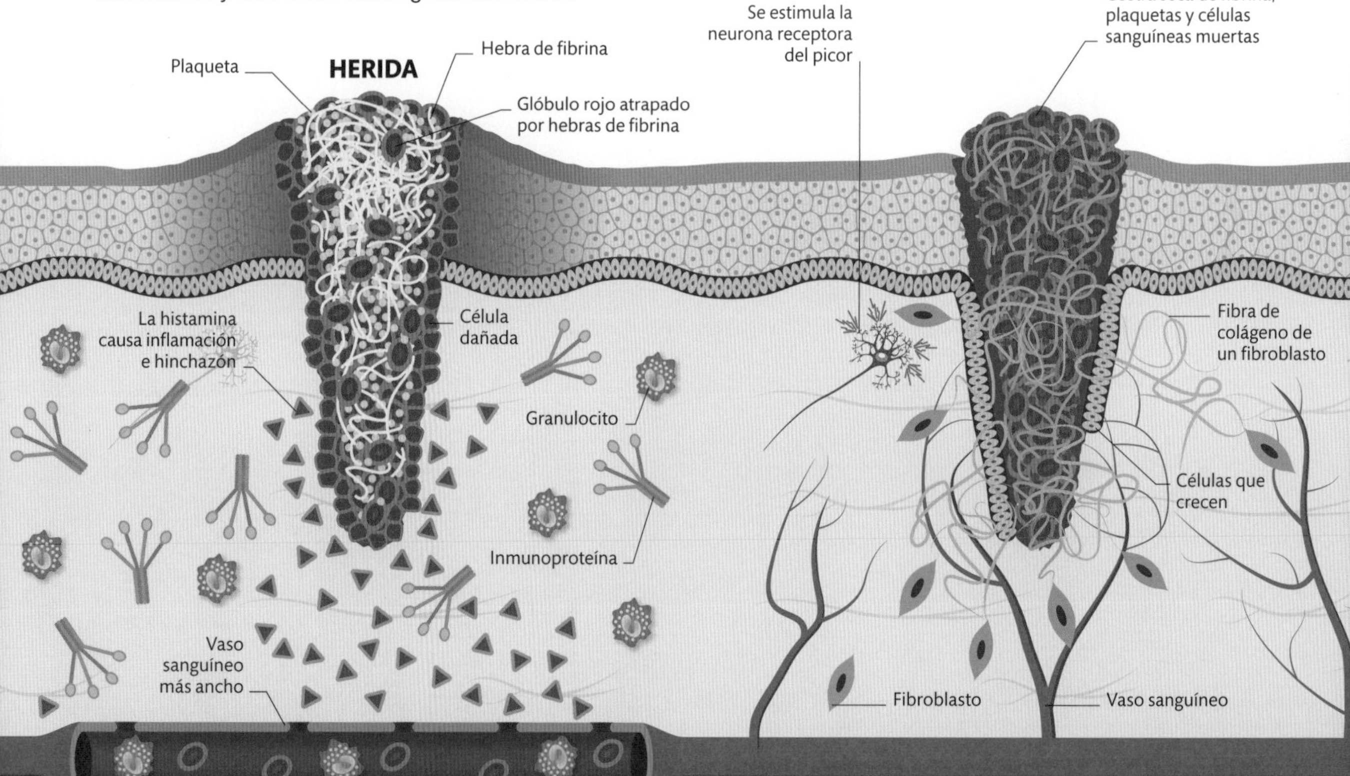

Plaqueta
HERIDA
Hebra de fibrina
Glóbulo rojo atrapado por hebras de fibrina
La histamina causa inflamación e hinchazón
Célula dañada
Granulocito
Inmunoproteína
Vaso sanguíneo más ancho
Se estimula la neurona receptora del picor
Costra seca de fibrina, plaquetas y células sanguíneas muertas
Fibra de colágeno de un fibroblasto
Células que crecen
Fibroblasto
Vaso sanguíneo

1 Coagulación e inflamación
Las plaquetas, fragmentos de células sanguíneas, se aglutinan para formar un coágulo. Los factores de coagulación forman hebras de fibrina para fijar el coágulo. La inflamación afecta toda la zona, que queda repleta de granulocitos y demás células y proteínas del sistema inmunitario que atacarán a los microbios invasores.

2 Las células cutáneas proliferan
Unas proteínas denominadas factores de crecimiento atraen las células productoras de fibra (fibroblastos) para que se desplacen dentro de la herida. Crean tejido de granulación, rico en diminutos vasos sanguíneos nuevos que proliferan en el área. Las células cutáneas se multiplican para curar la herida por la base y los laterales.

CURA SECA Y HÚMEDA

Cuando queda expuesta al aire, la costra se endurece y las nuevas células cutáneas tienen que trabajar por debajo y disolverla. Los apósitos modernos mantienen húmeda la herida, de manera que las células cruzan rápidamente su superficie húmeda, lo que acelera la curación, la hace menos dolorosa y rebaja el riesgo de infección y de cicatrización.

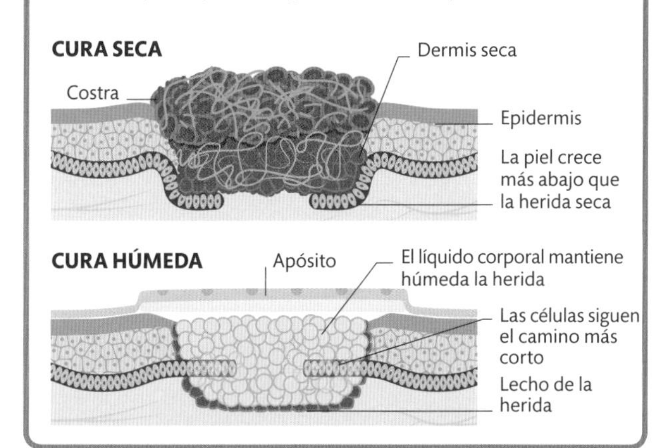
CURA SECA
Costra
Dermis seca
Epidermis
La piel crece más abajo que la herida seca
CURA HÚMEDA
Apósito
El líquido corporal mantiene húmeda la herida
Las células siguen el camino más corto
Lecho de la herida

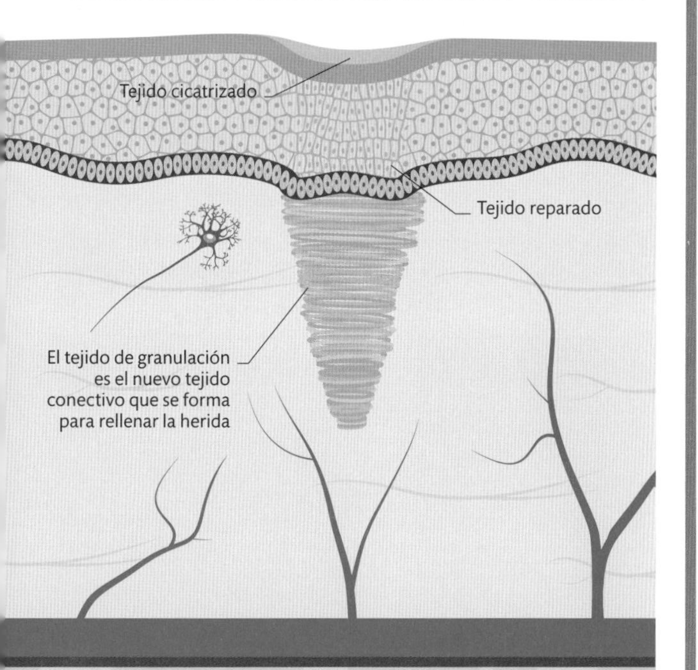
Tejido cicatrizado
Tejido reparado
El tejido de granulación es el nuevo tejido conectivo que se forma para rellenar la herida

3 Remodelación
Las células cutáneas de la superficie han terminado su tarea: proliferar por el área dañada y convertir la costra en una cicatriz. La cicatriz disminuye para dejar un área roja que lentamente pierde color. El tejido de granulación permanecerá un tiempo.

Quemaduras

Cuando la piel supera los 49 °C, sus células sufren quemaduras, que también aparecen por contacto con agentes químicos y con electricidad.

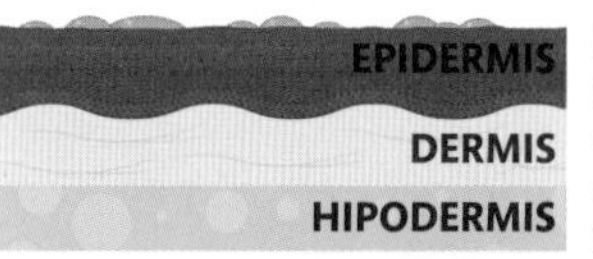
EPIDERMIS
DERMIS
HIPODERMIS

Primer grado
Solo se lesiona la capa superior de la piel, aparece dolor y enrojecimiento. Las células muertas caen en unos días.

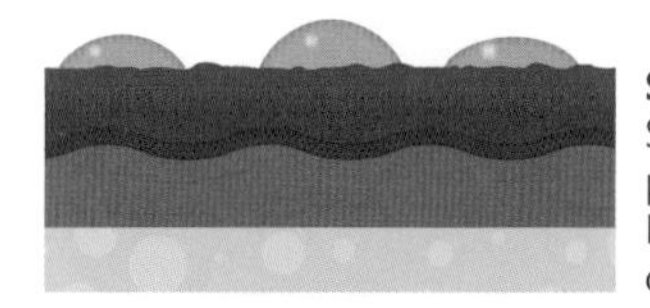

Segundo grado
Se destruyen células de capas profundas y aparecen ampollas. Puede que queden suficientes células para evitar las cicatrices.

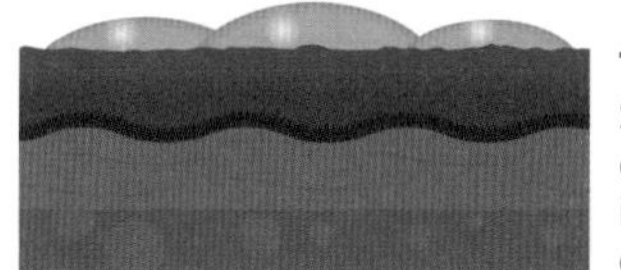

Tercer grado
Se ha quemado todo el grosor de la piel. Serán necesarios injertos de piel. Existe riesgo de formación de cicatrices.

Ampollas

Una combinación de calor, humedad y fricción puede provocar que las capas de la piel se separen entre sí y formen una burbuja con líquido para proteger la piel dañada. Al cubrirla con un apósito de gel hidrocoloide, este absorbe el líquido y forma un entorno antiséptico blando, con lo que la ampolla se curará más deprisa.

Ampolla

Acné

Las glándulas sebáceas liberan aceite (sebo) en la piel y el pelo. Cuando producen demasiado sebo, este puede taponar el folículo piloso y hacer que las células cutáneas muertas se conviertan en una espinilla. Las bacterias de la piel pueden infectar el tapón y convertirlo en un grano y dejar una cicatriz al curarse.

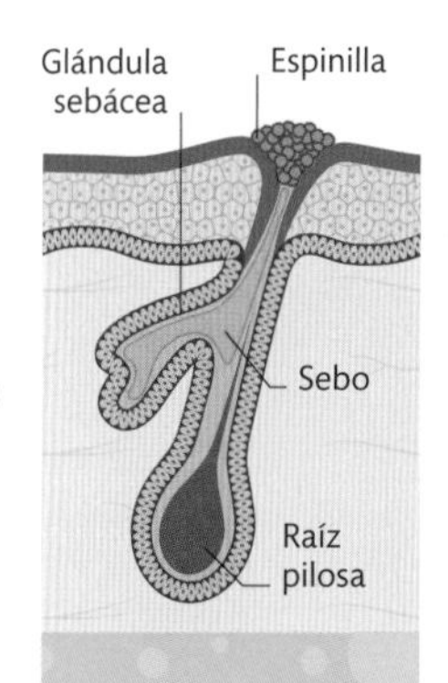
Glándula sebácea
Espinilla
Sebo
Raíz pilosa

Fracturas y reparaciones

Cuando un hueso se rompe, en general tras un accidente, como una caída, un choque en la carretera o una lesión deportiva, se produce una fractura. Algunas son fisuras relativamente pequeñas que se curan con rapidez, mientras que los impactos graves pueden romper un hueso en varias piezas.

FRACTURA ABIERTA

La fractura abierta, también denominada fractura compuesta, es una lesión complicada en la que el hueso roto o el impacto inicial perforan la piel, por lo que es posible que se produzca una infección. En tal caso, es habitual tomar antibióticos.

FRACTURA CERRADA

En una fractura cerrada, la piel queda intacta. Se le suele llamar fractura simple. Es más probable que quede relativamente estéril y se evite así una infección. A menudo solo hay que escayolar para mantener al hueso en la posición correcta para que se cure.

FRACTURA EN TALLO VERDE

Los huesos inmaduros no se han mineralizado por completo y se astillan por un lado en lugar de romperse por la mitad. Se conoce como fractura en tallo verde. ¡Puede ocurrir si un niño se cae de un árbol!

Fractura espiral
Una fractura espiral parte y retuerce el cuerpo de un hueso largo en lugar de partirlo de través. Suele producirse por una fuerza de giro, como cuando un niño salta y cae con la pierna extendida.

FRACTURA CONMINUTA

Se produce una fractura conminuta cuando el hueso se rompe en tres o más piezas. Es posible que haya que operar para introducir una placa y tornillos y fijar así los fragmentos en su posición y darles estabilidad

FRACTURA ESPIRAL

FRACTURA POR COMPRESIÓN

Una lesión por compresión puede hacer que los extremos fracturados de hueso se solapen y este pierda longitud. La fractura debe estirarse en un movimiento suave y constante para separar los huesos

Tipos de fracturas

Las roturas se producen por impactos o aplastamientos, o bien por un esfuerzo repetido, por ejemplo, en una maratón. Los jóvenes se rompen más el codo y el brazo proximal, jugando, o los huesos de la pantorrilla, haciendo deporte u otras actividades. Los mayores, con huesos más frágiles por la osteoporosis (ver p. 50), tienen más probabilidades de fracturarse la cadera y la muñeca.

EL HUESO DE LA NARIZ

Al pellizcarse la nariz con los dedos, se nota el punto en el que el hueso del puente nasal conecta con el cartílago de la punta. Cuando se rompe la nariz, este es el hueso que se fractura.

El hueso del puente se fractura

El cartílago es flexible y se dobla al golpearse

HUESO

CARTÍLAGO

Dislocación

Si los ligamentos que sostienen una articulación móvil se estiran en una torcedura accidental, es posible que los huesos salgan de su lugar en una dislocación articular. Es muy habitual en hombros, dedos y pulgares. Para curarlas, el personal sanitario los recoloca y los inmoviliza con escayola o un cabestrillo para que los ligamentos se curen. Algunas articulaciones, como los hombros, se dislocarán más veces si los ligamentos quedan flojos.

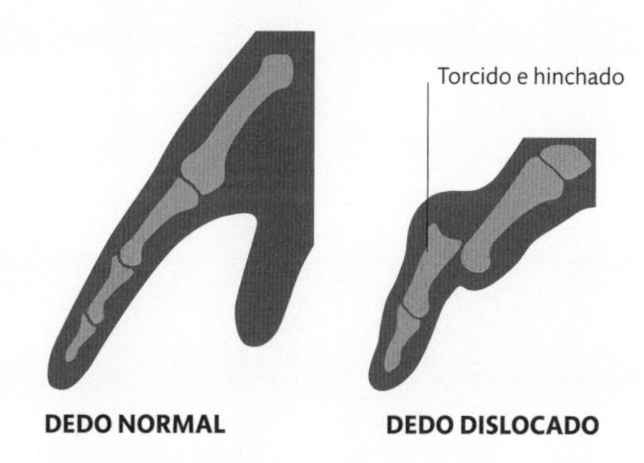
Torcido e hinchado
DEDO NORMAL
DEDO DISLOCADO

Articulación dislocada
Las articulaciones de los dedos pueden dislocarse si se atrapa mal una pelota, por ejemplo. Se reconoce por el dolor, la hinchazón y una forma totalmente anormal. Tras volver a colocar los huesos dislocados (después de descartar una fractura con radiografía), se inmoviliza el dedo dañado con un dedo sano para que se cure.

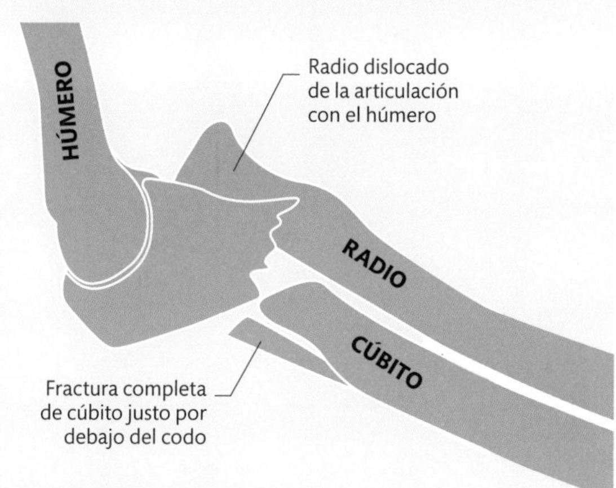
HÚMERO
Radio dislocado de la articulación con el húmero
RADIO
CÚBITO
Fractura completa de cúbito justo por debajo del codo

Dislocación con fractura
Si hay una fractura cerca de una articulación y los ligamentos ceden, puede que se dé una dislocación con fractura. Se ve a menudo en el codo, cuando se fractura el cúbito y se desplaza la punta del radio.

Curación

Los huesos se curan igual que cualquier otro tejido vivo, pero el proceso es más largo porque los minerales deben asentarse hasta que el hueso se haya reforzado. El hueso roto se inmoviliza con escayola alrededor de su extremidad. Si es necesaria más sujeción, se pueden insertar tornillos quirúrgicos o una placa de metal. La curación de la fractura se divide en diversas etapas.

1 Respuesta inmediata
La fractura se llena de sangre y se forma un coágulo. Alrededor de la lesión se forma una hinchazón. La zona queda dolorida e inflamada, y mueren algunas células por la mala circulación.

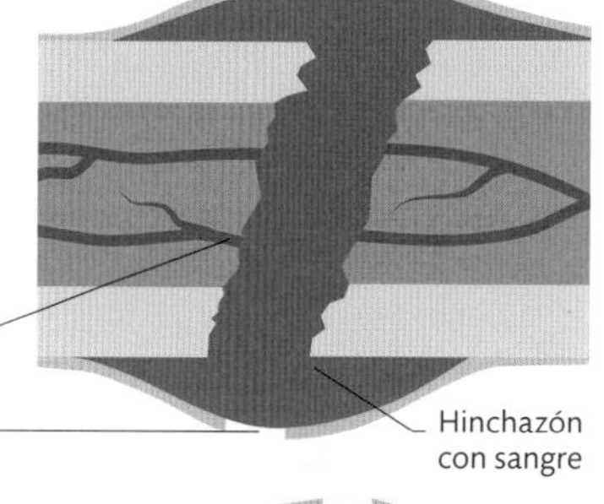
Vaso sanguíneo roto
Se rompe el periostio (la «piel» del hueso)
Hinchazón con sangre

2 Tres días después
Se crean capilares sanguíneos en el coágulo de sangre y lentamente los fagocitos rompen, absorben y retiran el tejido dañado. Llegan células especializadas a la zona y van tendiendo fibras de colágeno que sostendrán las células óseas.

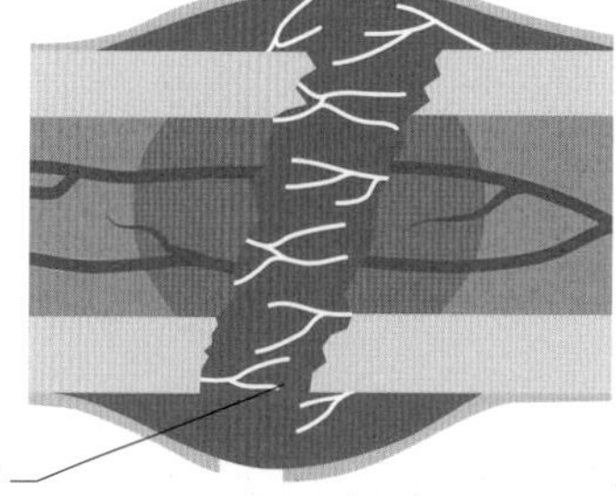
Fibras de colágeno

3 Tres semanas después
Las fibras de colágeno de ambos lados se encuentran para unir los extremos del hueso. El proceso de reparación forma un bulto que se denomina callo, al principio compuesto por cartílago, que sostiene poco y puede volver a fracturarse si se mueve muy rápido.

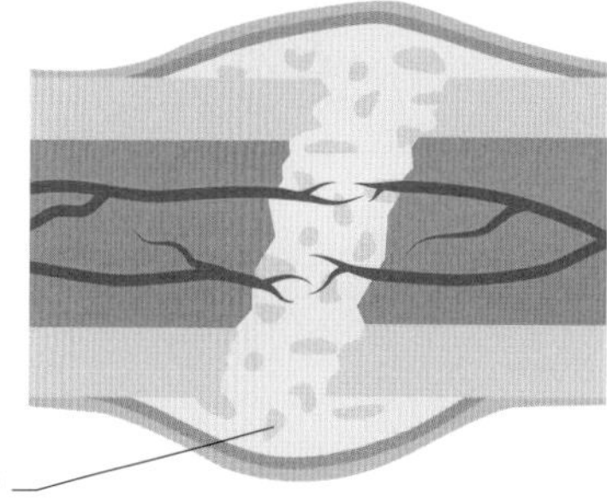
Callo

4 Tres meses después
El cartílago del tejido reparado se sustituye por hueso esponjoso y se forma hueso compacto por el borde exterior de la fractura. A medida que se cura, las células óseas vuelven a dar forma al hueso, eliminan el exceso de callo y acaban haciendo desaparecer la hinchazón.

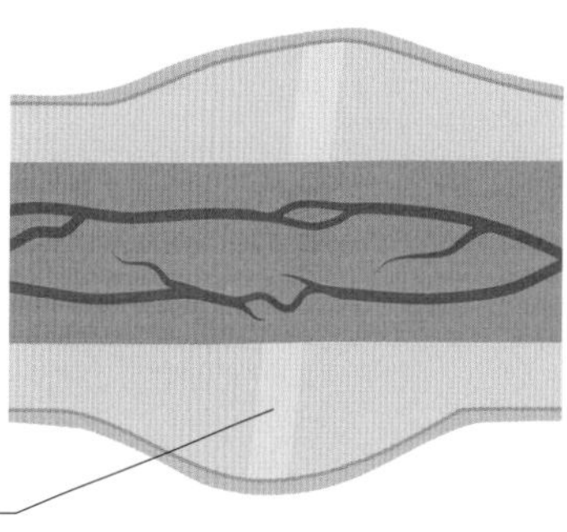

Fractura curada

Más débiles

Las células de los huesos remodelan constantemente el esqueleto disolviendo el hueso viejo y construyendo hueso nuevo. Sin embargo, a veces se produce un desequilibrio y aparecen problemas, algunos de los cuales no tienen fácil solución.

Huesos desgastados

La osteoporosis aparece cuando no se produce suficiente hueso nuevo para sustituir el viejo. Este desequilibrio puede darse si no se comen suficientes alimentos ricos en calcio o no se obtiene bastante vitamina D, ya sea a través de la dieta o tomando el sol (ver p. 33), que el cuerpo utiliza para absorber el calcio de manera eficiente. También puede aparecer por cambios hormonales en edad avanzada (por ejemplo, cuando caen los niveles de estrógenos femeninos tras la menopausia). La osteoporosis presenta pocos síntomas; el primer signo suele ser una fractura de cadera o muñeca tras una caída de poca importancia.

Capa exterior de hueso compacto gastada

Dura capa exterior de hueso compacto

HUESO OSTEOPORÓTICO

Interior esponjoso

Interior frágil del hueso debilitado

HUESO SANO

Hueso sano
El hueso sano tiene una capa exterior fuerte y gruesa de tejido denso y compacto, y una buena red interior de hueso esponjoso. Esta estructura se aprecia bien en las radiografías y es lo bastante fuerte para resistir impactos menores, como una caída amortiguada con las manos.

EJERCICIO ÓSEO

El ejercicio periódico estimula la producción de nuevo tejido óseo. El ejercicio de gran impacto, como aeróbic, correr o deportes de raqueta, es ideal, pero cualquier ejercicio que implique sostener el propio peso, como el yoga o el taichí, ayuda a reforzar las áreas de tensión del hueso.

En esta postura de yoga, la tibia está en tensión

Osteoporosis en la columna vertebral
Las fracturas espontáneas de las vértebras aparecen cuando los huesos se debilitan y no soportan el peso del tren superior. Aparece entonces dolor y la columna vertebral se curva cada vez más.

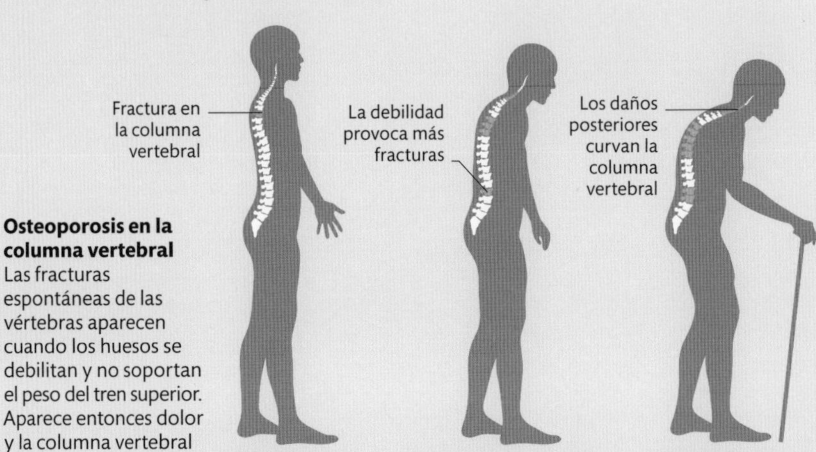
Fractura en la columna vertebral
La debilidad provoca más fracturas
Los daños posteriores curvan la columna vertebral
ETAPA INICIAL
ETAPA AVANZADA
ETAPA FINAL

¿ES FRECUENTE LA OSTEOPOROSIS?

A nivel global, un tercio de las mujeres y una quinta parte de los hombres de más de 50 años sufren una fractura de hueso osteoporótico. Tabaco, alcohol y sedentarismo aumentan el riesgo de lesión.

LECHE
MELOCOTÓN (DURAZNO)
HUESO
BRÓCOLI
QUESO
NARANJAS
SOJA
PESCADO

Mucho calcio
Una dieta equilibrada que contenga todo tipo de alimentos ricos en calcio es básica para evitar la osteoporosis. Algunas buenas fuentes dietéticas de calcio son los lácteos, algunas frutas y verduras, frutos secos, semillas, legumbres, huevos, pescado en lata (con espinas) y pan enriquecido.

Hueso osteoporótico
Los huesos frágiles tienen solo una fina capa exterior de hueso denso y compacto, y una red de hueso esponjoso con menos puntales. Los huesos finos apenas se ven en las radiografías y se rompen con una simple caída.

Cuando se debilitan las articulaciones

Las articulaciones sufren mucho desgaste, que acaba provocando artrosis, un tipo de inflamación habitual en articulaciones que soportan peso, como la rodilla y la cadera, y que provoca dolor, rigidez y pérdida de movilidad. El cartílago de la articulación se debilita y desaparece lentamente, hasta que los extremos de los huesos se rozan y forman crecimientos óseos.

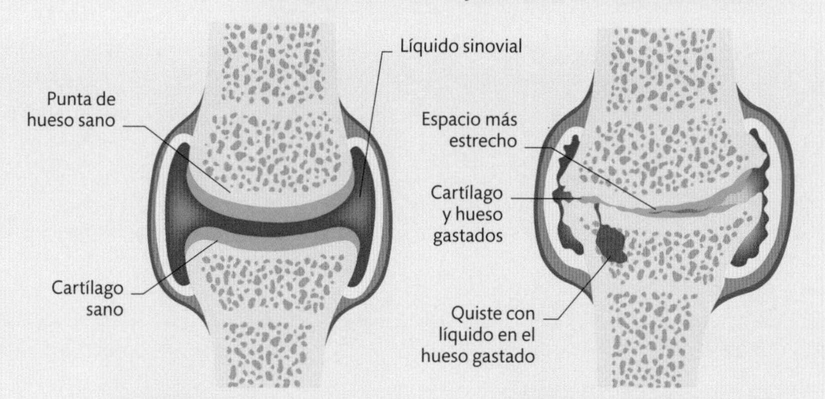
Líquido sinovial
Punta de hueso sano
Cartílago sano
Espacio más estrecho
Cartílago y hueso gastados
Quiste con líquido en el hueso gastado

Articulación sana
En una articulación sana, el cartílago protege los huesos, que se encuentran separados por una película lubricante, el líquido sinovial.

Articulación artrítica
En una articulación con artritis, los cartílagos de la articulación se gastan. Los huesos rozan entre sí y el líquido sinovial no lubrica bien la articulación.

PRÓTESIS ARTICULAR

El tratamiento de la artrosis es simple: analgésicos. No obstante, cuando los síntomas interfieren en la calidad de vida, lo mejor es sustituir la articulación gastada por una artificial, ya sea de metal, plástico o cerámica. Aun así, incluso las articulaciones artificiales acaban gastándose y deben sustituirse cada diez años, más o menos. La de la cadera suele sustituirse a menudo.

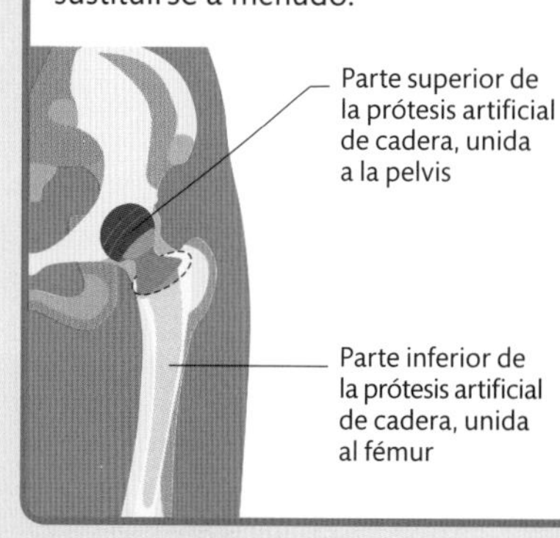
Parte superior de la prótesis artificial de cadera, unida a la pelvis
Parte inferior de la prótesis artificial de cadera, unida al fémur

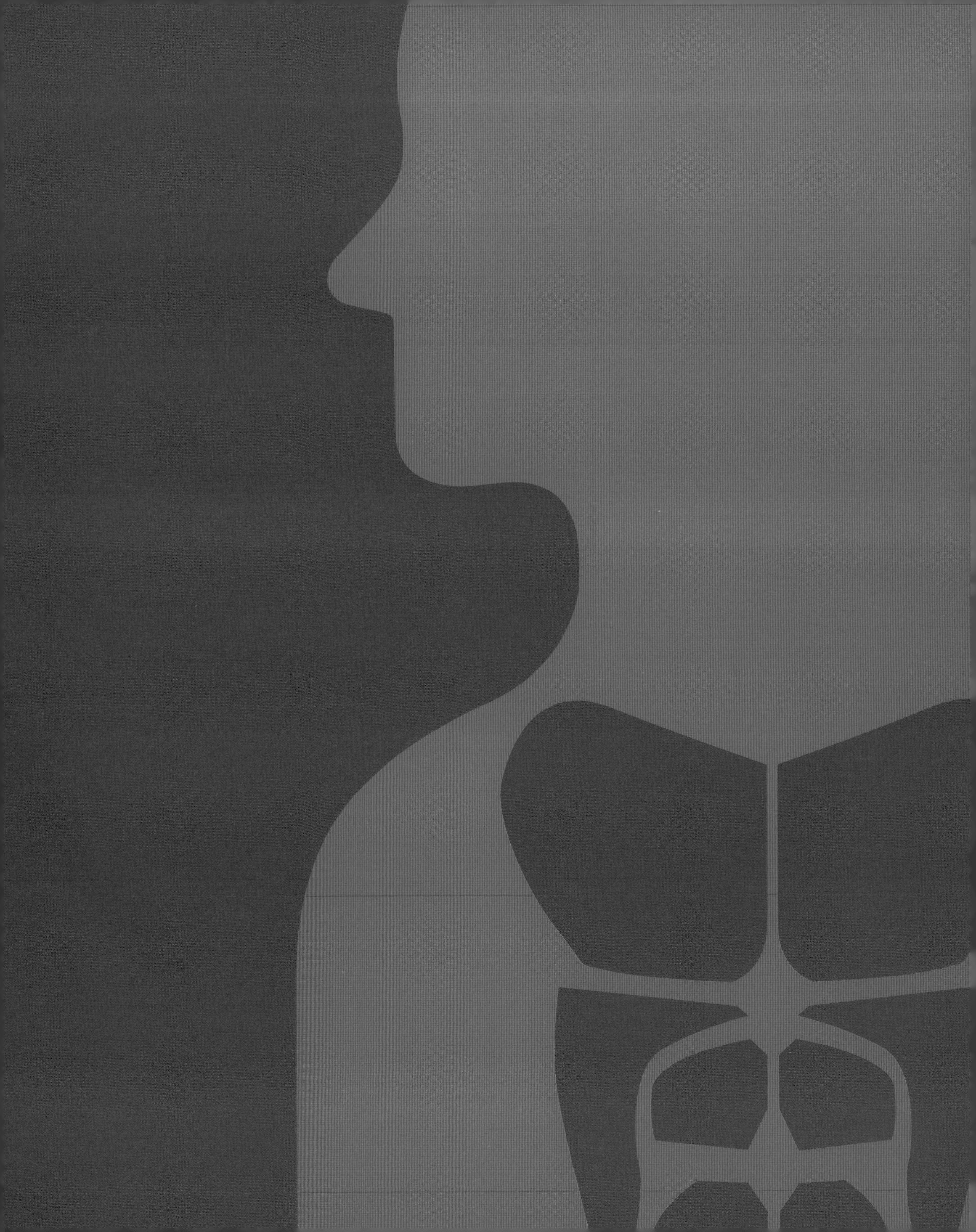

EN MARCHA

Fuerza de tiro

Los músculos realizan todos los movimientos del cuerpo. Se unen a los huesos mediante tendones, que son un potente tejido conectivo que se estira para soportar las fuerzas que se producen con el movimiento.

Trabajo en equipo

Los músculos solo tiran, no empujan. Por eso trabajan en parejas o grupos que funcionan de manera opuesta: un músculo se contrae y otro se relaja para doblar una articulación; para volver a estirarla, se intercambian los papeles. Por ejemplo, la contracción del bíceps dobla el codo, mientras que la contracción del tríceps lo estira cuando se relaja el bíceps. Los músculos solo pueden «empujar» indirectamente, haciendo palanca.

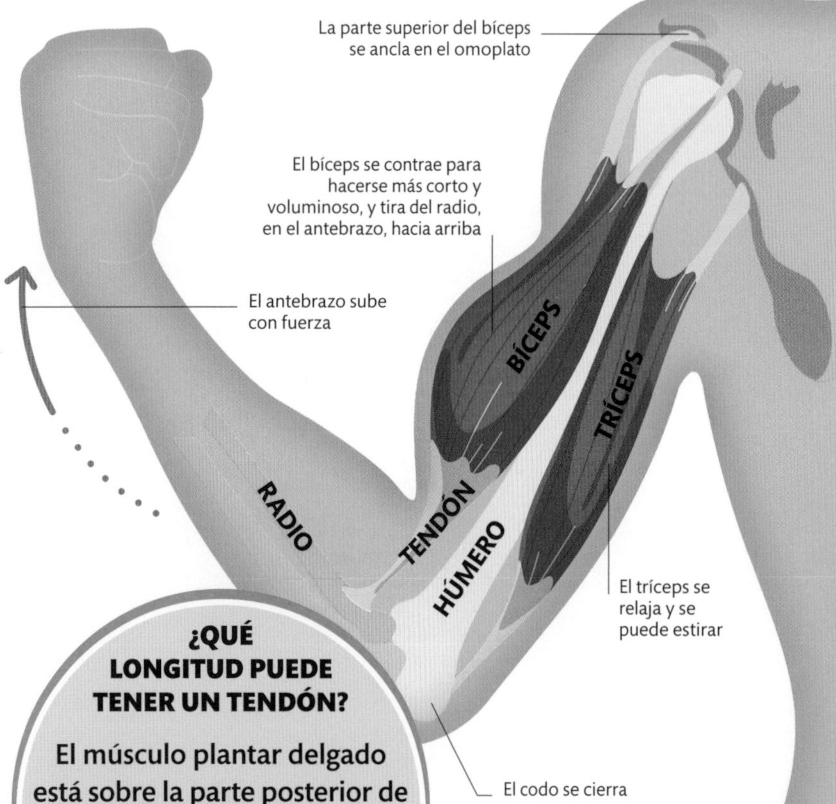

La parte superior del bíceps se ancla en el omoplato
El bíceps se contrae para hacerse más corto y voluminoso, y tira del radio, en el antebrazo, hacia arriba
El antebrazo sube con fuerza
OMOPLATO
BÍCEPS
TRÍCEPS
RADIO
TENDÓN
HÚMERO
El tríceps se relaja y se puede estirar
El codo se cierra

¿QUÉ LONGITUD PUEDE TENER UN TENDÓN?

El músculo plantar delgado está sobre la parte posterior de la rodilla y tira del hueso del talón con un tendón de 50 cm. El tendón de Aquiles es el más duro y grueso del cuerpo.

Flexión
Flexionar significa doblar una articulación, reducir el ángulo entre dos huesos. En las articulaciones que se mueven hacia delante y hacia atrás, como los hombros, flexionar indica moverlas hacia adelante. Al sentarnos, flexionamos las caderas y las rodillas.

Extensión
La extensión es lo contrario de la flexión: aumentar el ángulo entre dos huesos. En las articulaciones que se mueven hacia delante y hacia atrás, como las caderas, extender indica moverlas hacia atrás. Al ponernos de pie, extendemos las caderas y las rodillas.

Palancas en el cuerpo humano

Una palanca hace que se produzca movimiento alrededor de un punto de apoyo. La palanca de primer grado tiene el apoyo en medio. La de segundo grado tiene la carga entre la fuerza y el apoyo. En la de tercer grado, la fuerza se produce entre la carga y el apoyo; por ejemplo, en unas pinzas.

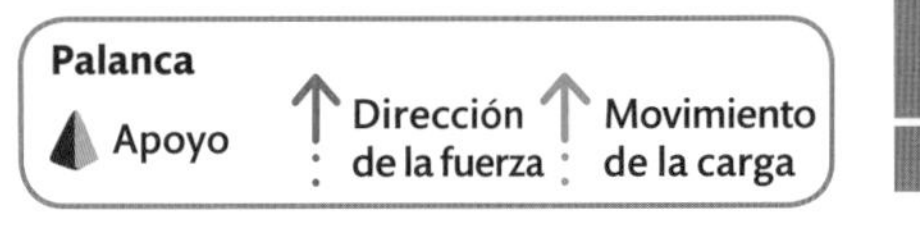
Palanca
Apoyo
Dirección de la fuerza
Movimiento de la carga

Palanca de primer grado
Los músculos del cuello actúan como una palanca de primer grado. Cuando se contraen, empujan la barbilla arriba, al otro lado del apoyo (una articulación que une el cráneo con la columna vertebral).

CUELLO

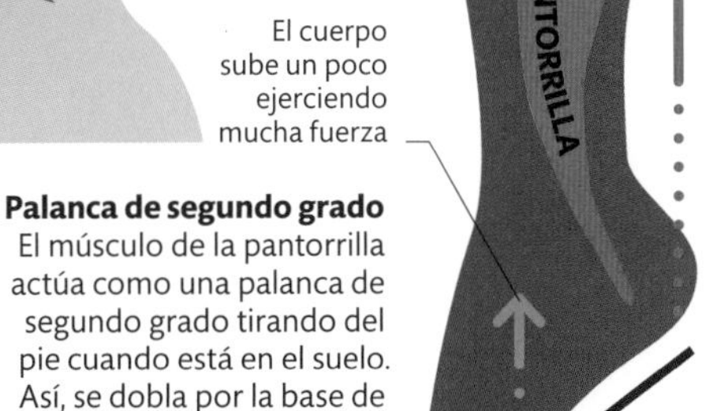
PANTORRILLA
El cuerpo sube un poco ejerciendo mucha fuerza

Palanca de segundo grado
El músculo de la pantorrilla actúa como una palanca de segundo grado tirando del pie cuando está en el suelo. Así, se dobla por la base de los dedos y, de puntillas, se levanta todo el peso corporal.

Palanca de tercer grado
El bíceps es una palanca de tercer grado. Al tirar cerca del punto de apoyo (el codo), solo mueve un poco el hueso, pero crea mucho movimiento en la mano, al final de la palanca: un pequeño esfuerzo que se traduce en un gran movimiento.

BÍCEPS

El codo es el apoyo

EL TENDÓN DE AQUILES ES **LO BASTANTE FUERTE** PARA SOPORTAR MÁS DE **10 VECES EL PESO CORPORAL** AL CORRER

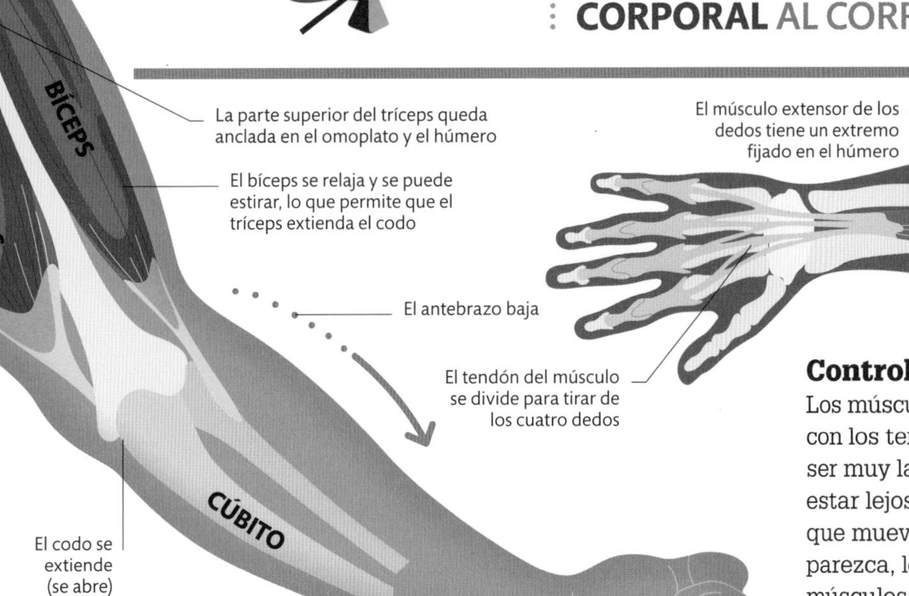
BÍCEPS
TRÍCEPS
CÚBITO
La parte superior del tríceps queda anclada en el omoplato y el húmero
El bíceps se relaja y se puede estirar, lo que permite que el tríceps extienda el codo
El antebrazo baja
El codo se extiende (se abre)
El tríceps se contrae y tira del cúbito, en el antebrazo
El músculo extensor de los dedos tiene un extremo fijado en el húmero
El tendón del músculo se divide para tirar de los cuatro dedos

Control remoto

Los músculos tiran de los huesos con los tendones. Estos pueden ser muy largos, y los músculos estar lejos de las articulaciones que mueven. Por increíble que parezca, los dedos no tienen músculos, sino que todo su movimiento lo hacen por control remoto los músculos de la mano y el brazo.

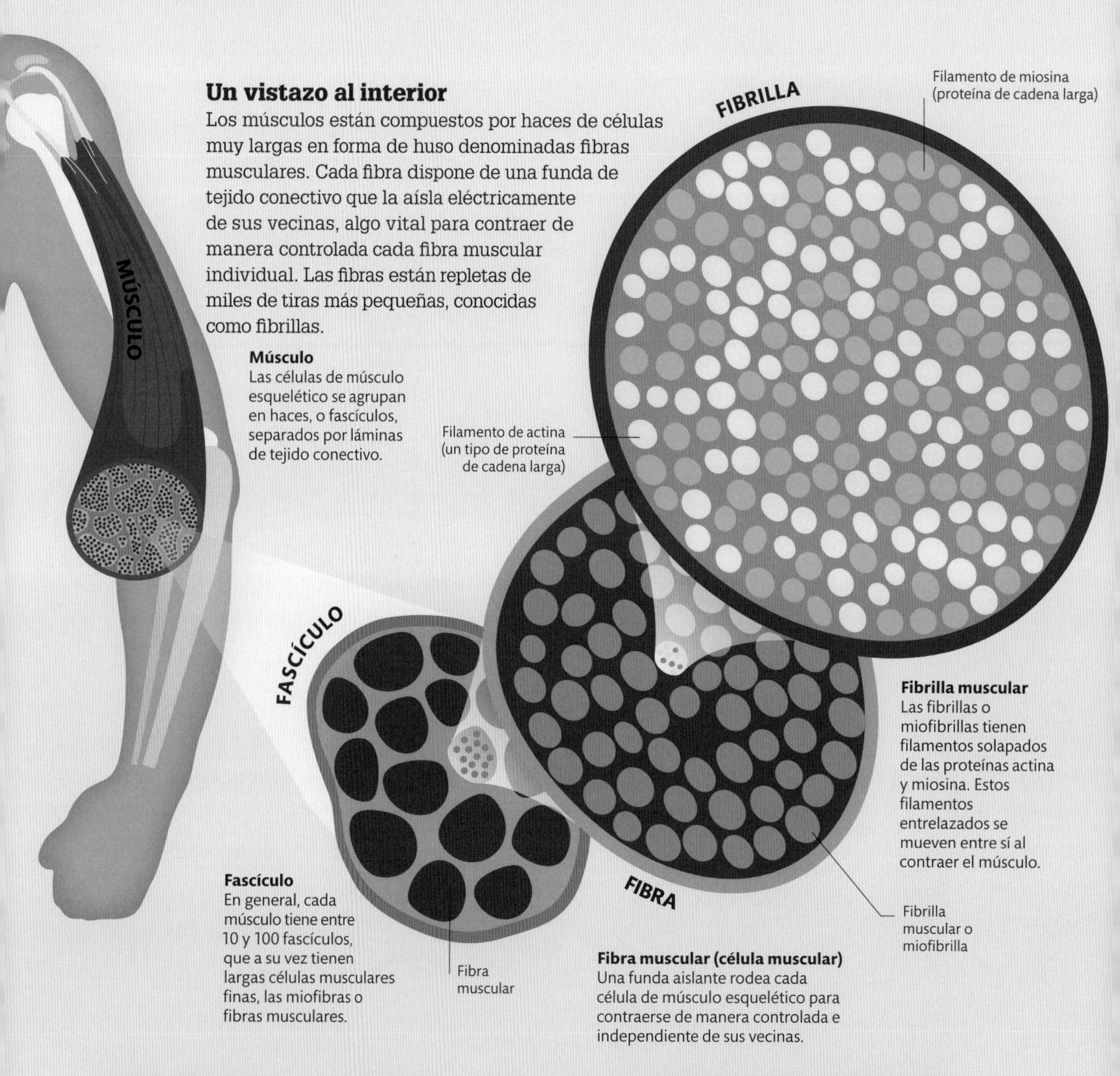
MÚSCULO
FIBRILLA
Filamento de miosina
(proteína de cadena larga)
Filamento de actina
(un tipo de proteína
de cadena larga)
FASCÍCULO
FIBRA
Fibrilla
muscular o
miofibrilla
Fibra
muscular

Un vistazo al interior

Los músculos están compuestos por haces de células muy largas en forma de huso denominadas fibras musculares. Cada fibra dispone de una funda de tejido conectivo que la aísla eléctricamente de sus vecinas, algo vital para contraer de manera controlada cada fibra muscular individual. Las fibras están repletas de miles de tiras más pequeñas, conocidas como fibrillas.

Músculo
Las células de músculo esquelético se agrupan en haces, o fascículos, separados por láminas de tejido conectivo.

Fibrilla muscular
Las fibrillas o miofibrillas tienen filamentos solapados de las proteínas actina y miosina. Estos filamentos entrelazados se mueven entre sí al contraer el músculo.

Fascículo
En general, cada músculo tiene entre 10 y 100 fascículos, que a su vez tienen largas células musculares finas, las miofibras o fibras musculares.

Fibra muscular (célula muscular)
Una funda aislante rodea cada célula de músculo esquelético para contraerse de manera controlada e independiente de sus vecinas.

¿Cómo tira un músculo?

Las células musculares realizan todos los movimientos del cuerpo. Tenemos control sobre algunos músculos, que contraemos a voluntad. Otros, en cambio, se mueven autónomamente para que el cuerpo no pare. Las células musculares pueden contraerse gracias a las moléculas de actina y miosina.

Moléculas milagrosas

Los filamentos de actina y miosina se agrupan en unidades denominadas sarcómeros. Cuando un músculo recibe la señal de contraerse, los filamentos de miosina tiran repetidamente de los filamentos de actina para que se acerquen más y el músculo se acorte. Se separan cuando el músculo vuelve a relajarse.

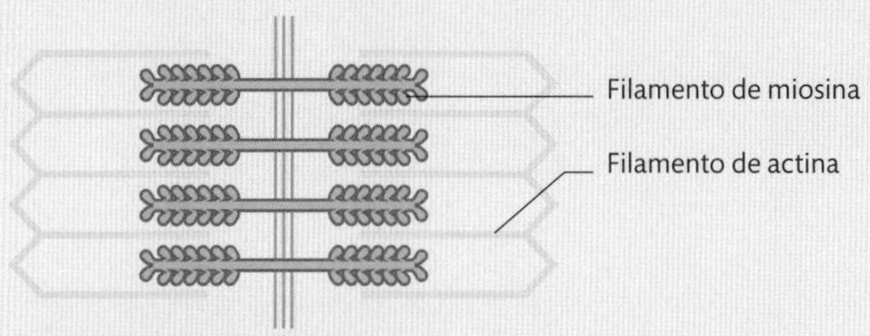
Filamento de miosina
Filamento de actina

SARCÓMERO DE MÚSCULO RELAJADO

1 Miosina con energía Una molécula de ATP (producida a partir de azúcares y oxígeno) aporta energía a la cabeza de la miosina.

2 La cabeza de miosina se une a la actina La cabeza de la miosina con energía se une al filamento de cabeza para formar un puente cruzado.

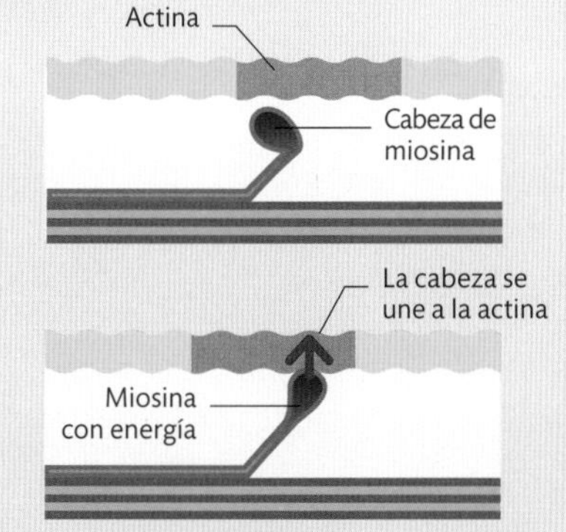
Actina
Cabeza de miosina
La cabeza se une a la actina
Miosina con energía

3 La cabeza pivota La cabeza de la miosina libera energía y pivota para deslizar el filamento de actina. El puente cruzado se debilita.

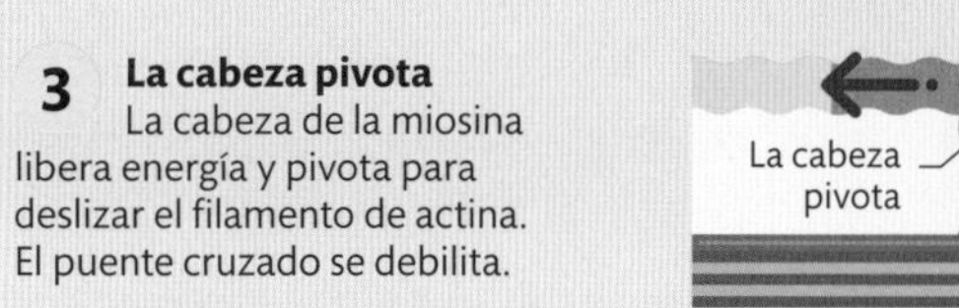
Actina tirada
La cabeza pivota

4 Recarga energética El puente cruzado se libera y la cabeza de miosina se recarga de energía. Estos pasos se repiten diversas veces durante una única contracción.

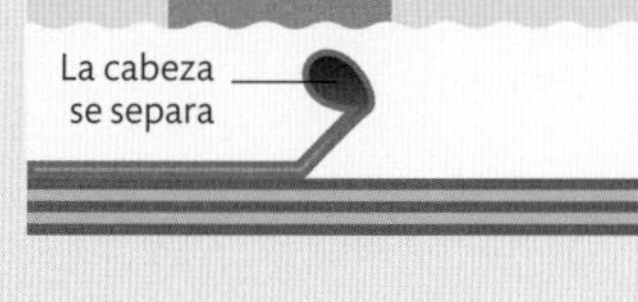
La cabeza se separa

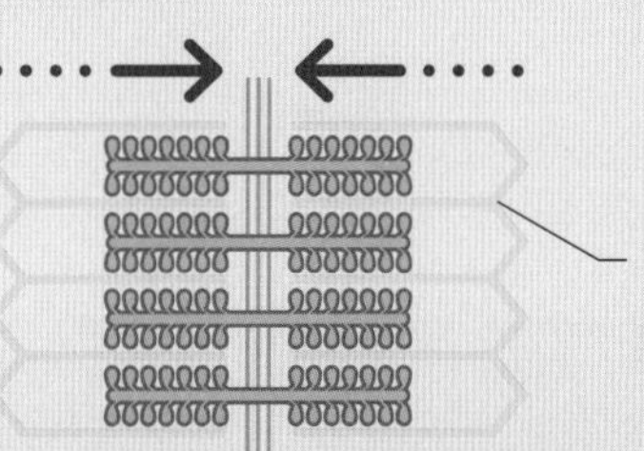
Las actinas tiran hacia dentro y provocan la contracción y el encogimiento del músculo.

SARCÓMERO DE MÚSCULO CONTRAÍDO

CONTRACCIÓN RÁPIDA/LENTA

La fibra de los músculos es de dos tipos: la de contracción rápida llega a su potencia máxima en 50 milisegundos, pero se cansa en pocos minutos. La de contracción lenta tarda 110 milisegundos, pero no se cansa. La potencia explosiva necesaria en esprínteres se traduce en una mayor concentración de fibras de contracción rápida. Los corredores de larga distancia tienen fibras de contracción lenta que no se cansan tan rápido.

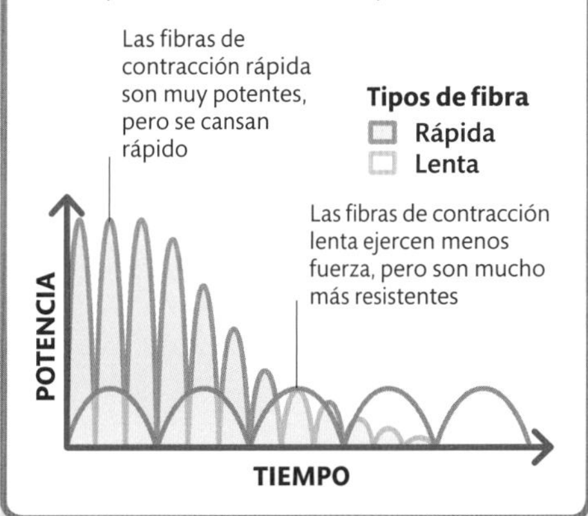
Las fibras de contracción rápida son muy potentes, pero se cansan rápido
Tipos de fibra
Rápida
Lenta
Las fibras de contracción lenta ejercen menos fuerza, pero son mucho más resistentes
POTENCIA
TIEMPO

CALAMBRE

A veces un músculo voluntario se contrae involuntariamente y provoca dolorosos calambres. Se producen cuando se dan desequilibrios químicos que alteran la liberación de los puentes cruzados (por ejemplo, una mala circulación que provoca niveles bajos de oxígeno y acumulación de ácido láctico). Los estiramientos y masajes suaves del músculo estimulan la circulación y ayudan a relajarlo.

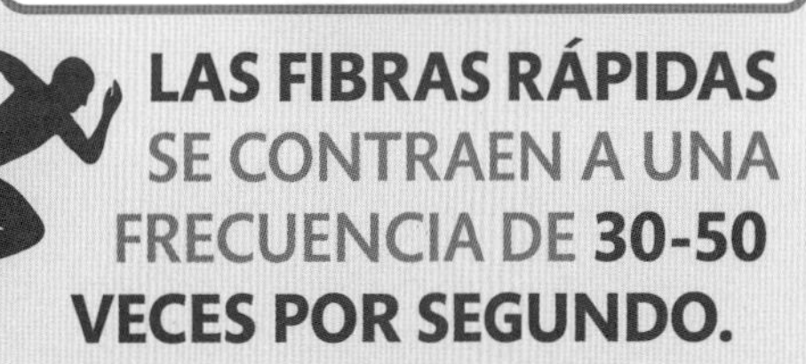

LAS FIBRAS RÁPIDAS SE CONTRAEN A UNA FRECUENCIA DE 30-50 VECES POR SEGUNDO.

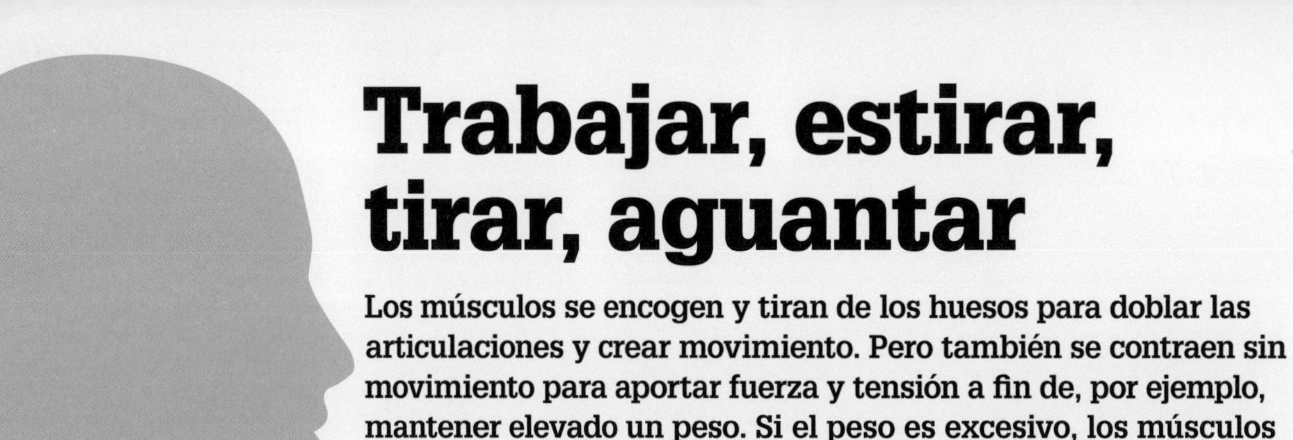

Trabajar, estirar, tirar, aguantar

Los músculos se encogen y tiran de los huesos para doblar las articulaciones y crear movimiento. Pero también se contraen sin movimiento para aportar fuerza y tensión a fin de, por ejemplo, mantener elevado un peso. Si el peso es excesivo, los músculos se pueden contraer y alargar para contrarrestar el peso.

Tirar y encoger

Cuando se contrae el bíceps al levantar una pesa en el gimnasio, el músculo se encoge y produce un movimiento siguiendo la dirección de la contracción. La fuerza que genera el músculo es superior al peso o fuerza de la que tira. Los músculos contienen fibras contráctiles, que se encogen, y fibras elásticas, que se estiran al aumentar la tensión. Durante una contracción que encoja, las fibras contráctiles modifican la longitud del músculo, pero la tensión de las fibras elásticas no varía.

¿POR QUÉ CALENTAR ANTES DEL EJERCICIO?

Calentar para relajar los músculos y aumentar el flujo sanguíneo limita las lesiones musculares, como esguinces y torceduras, que pueden aparecer en movimientos bruscos y repentinos.

BÍCEPS

Contracción isotónica

Se flexiona el antebrazo

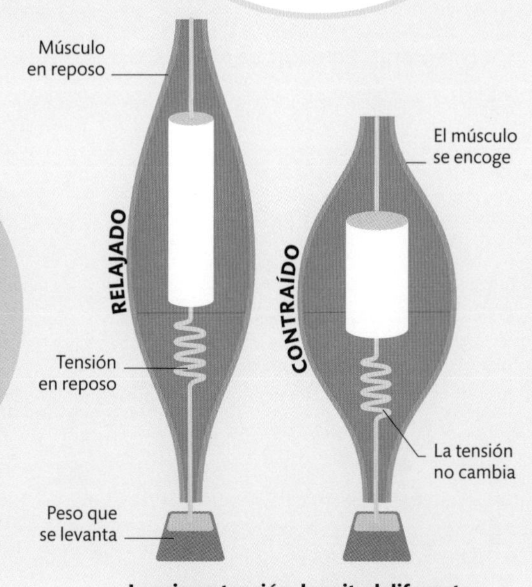
Músculo en reposo
El músculo se encoge
RELAJADO
CONTRAÍDO
Tensión en reposo
La tensión no cambia
Peso que se levanta

La misma tensión, longitud diferente
La contracción muscular es isotónica si cambia su longitud, pero no su tensión. Si el músculo se encoge, la contracción también se denomina concéntrica.

Tirar sin encoger

Si se mantiene elevado un peso sin dejarlo caer, el músculo no cambia de longitud ni genera movimiento. En lugar de encogerse, produce una potente fuerza de tiro o tensión. De hecho, muchos músculos siempre están un poco contraídos para contrarrestar los efectos de la gravedad sobre el cuerpo.

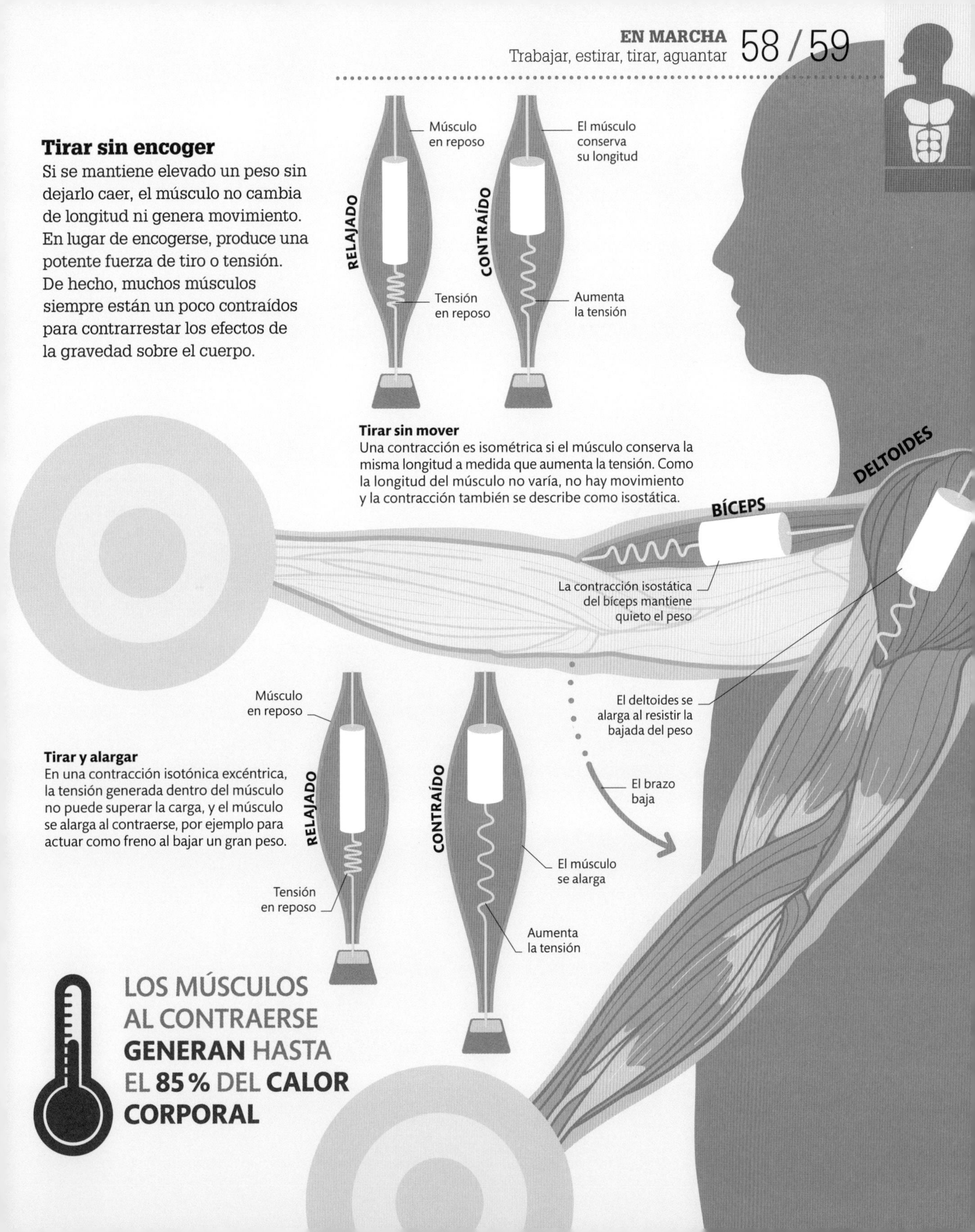
Músculo en reposo
El músculo conserva su longitud
RELAJADO
CONTRAÍDO
Tensión en reposo
Aumenta la tensión
DELTOIDES
BÍCEPS
La contracción isostática del bíceps mantiene quieto el peso
Músculo en reposo
El deltoides se alarga al resistir la bajada del peso
RELAJADO
CONTRAÍDO
El brazo baja
El músculo se alarga
Tensión en reposo
Aumenta la tensión

Tirar sin mover
Una contracción es isométrica si el músculo conserva la misma longitud a medida que aumenta la tensión. Como la longitud del músculo no varía, no hay movimiento y la contracción también se describe como isostática.

Tirar y alargar
En una contracción isotónica excéntrica, la tensión generada dentro del músculo no puede superar la carga, y el músculo se alarga al contraerse, por ejemplo para actuar como freno al bajar un gran peso.

LOS MÚSCULOS AL CONTRAERSE **GENERAN** HASTA EL **85 %** DEL **CALOR CORPORAL**

Percepción y respuesta

El sistema nervioso central está compuesto por el cerebro y la médula espinal, que reciben información sensitiva de todo el cuerpo gracias a una gran red de neuronas «sensitivas». Ante esta información, el cerebro y la médula espinal envían instrucciones a las neuronas «motoras» para que ejecuten acciones.

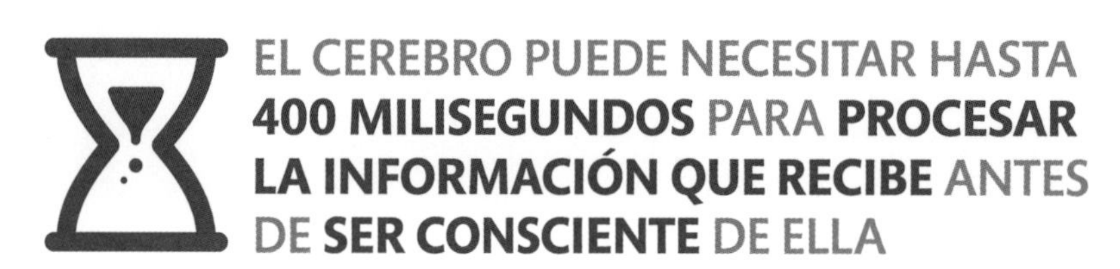

EL CEREBRO PUEDE NECESITAR HASTA **400 MILISEGUNDOS** PARA **PROCESAR LA INFORMACIÓN QUE RECIBE** ANTES DE **SER CONSCIENTE** DE ELLA

VELOCIDAD

Los reflejos son mucho más rápidos que cualquier orden que pase por el cerebro, en reacción a sensaciones visuales, auditivas o táctiles.

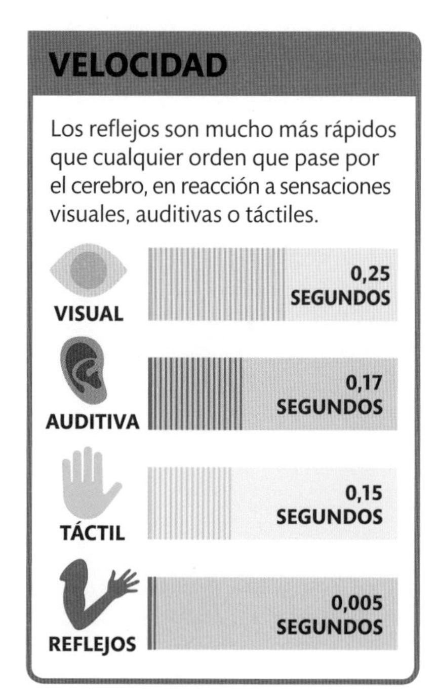

VISUAL
0,25 SEGUNDOS
AUDITIVA
0,17 SEGUNDOS
TÁCTIL
0,15 SEGUNDOS
REFLEJOS
0,005 SEGUNDOS

PERCEPCIÓN (NERVIOS SENSORIALES)

Consulta al cerebro

Si un movimiento requiere pensamiento consciente, por ejemplo escuchar el disparo de salida, la señal viaja por la médula espinal hacia el cerebro para que la procese antes de que el cuerpo responda. Algunas acciones conscientes se realizan en «piloto automático», sin pensar. De hecho, la mayoría de las señales nerviosas que entran y salen del cerebro para mantener el cuerpo en marcha se producen inconscientemente.

Corredor en posición

A la espera de la señal
El corredor está en la línea de salida esperando oír el disparo para salir a la carrera.

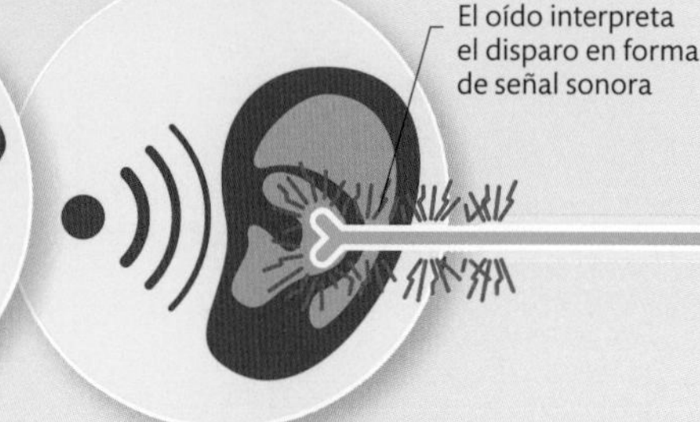

El oído interpreta el disparo en forma de señal sonora

Señal sonora
Se dispara la pistola de salida. Las ondas sonoras llegan al oído, que envía mensajes al cerebro.

El cerebro, a un lado

A veces para sobrevivir hace falta una respuesta inmediata que no pasa por el cerebro y se produce un reflejo automático. Las vías de los reflejos pasan por la médula espinal para evitar los retrasos que se producen si los mensajes pasan por el cerebro. Cuando tiene lugar una acción refleja, se informa al cerebro posteriormente de lo sucedido.

El dedo percibe el dolor
La llama caliente quema la piel

Señales repentinas
Cuando alguien se quema, la médula espinal recibe la señal de dolor a través de un nervio sensitivo.

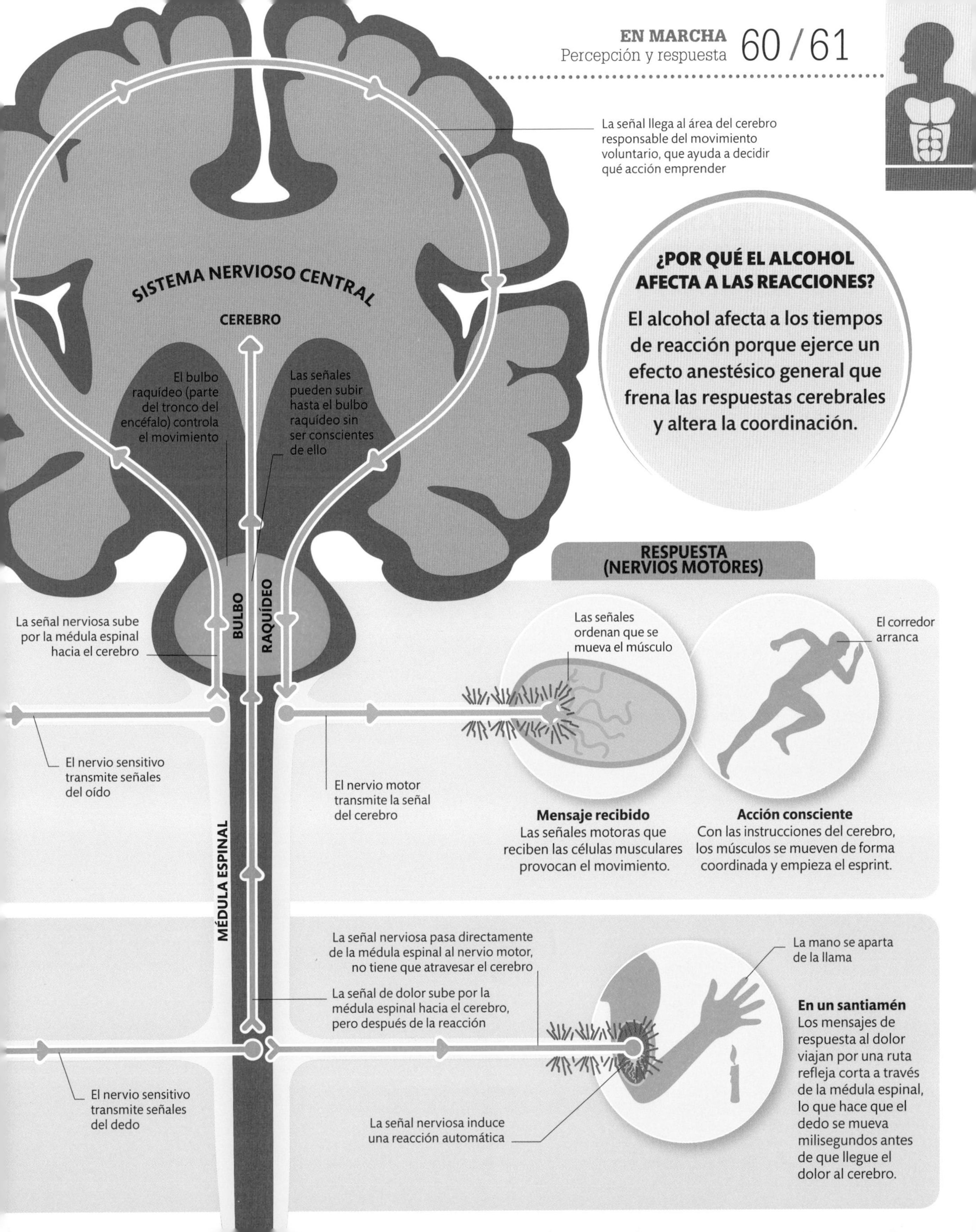
La señal llega al área del cerebro responsable del movimiento voluntario, que ayuda a decidir qué acción emprender
SISTEMA NERVIOSO CENTRAL
CEREBRO
El bulbo raquídeo (parte del tronco del encéfalo) controla el movimiento
Las señales pueden subir hasta el bulbo raquídeo sin ser conscientes de ello
BULBO RAQUÍDEO
La señal nerviosa sube por la médula espinal hacia el cerebro
El nervio sensitivo transmite señales del oído
El nervio motor transmite la señal del cerebro
MÉDULA ESPINAL
RESPUESTA (NERVIOS MOTORES)
Las señales ordenan que se mueva el músculo
El corredor arranca
La señal nerviosa pasa directamente de la médula espinal al nervio motor, no tiene que atravesar el cerebro
La señal de dolor sube por la médula espinal hacia el cerebro, pero después de la reacción
El nervio sensitivo transmite señales del dedo
La señal nerviosa induce una reacción automática
La mano se aparta de la llama

¿POR QUÉ EL ALCOHOL AFECTA A LAS REACCIONES?

El alcohol afecta a los tiempos de reacción porque ejerce un efecto anestésico general que frena las respuestas cerebrales y altera la coordinación.

Mensaje recibido
Las señales motoras que reciben las células musculares provocan el movimiento.

Acción consciente
Con las instrucciones del cerebro, los músculos se mueven de forma coordinada y empieza el esprint.

En un santiamén
Los mensajes de respuesta al dolor viajan por una ruta refleja corta a través de la médula espinal, lo que hace que el dedo se mueva milisegundos antes de que llegue el dolor al cerebro.

El centro de control

El cerebro coordina todas las funciones del cuerpo. Contiene miles de millones de neuronas, cuyas interconexiones lo convierten en el órgano más complejo. Procesa pensamientos, acciones y emociones, todo a la vez. Pese a la creencia popular, utilizamos todo el cerebro, aunque se desconoce la función exacta de algunas áreas.

El cerebro por dentro

El cerebro se divide en dos partes principales: el cerebro superior y el cerebro primitivo. El cerebro superior es el más grande y está compuesto por el telencéfalo, que a su vez se divide por la mitad para formar los hemisferios derecho e izquierdo. Aquí es donde se procesa el pensamiento consciente. La parte del cerebro más primitiva, que conecta con la médula espinal, es donde se controlan las funciones automáticas del cuerpo, como la respiración y la presión arterial.

Materia gris
La capa exterior del cerebro, más oscura, se compone principalmente de cuerpos de neuronas; algunos se agrupan para formar ganglios nerviosos.

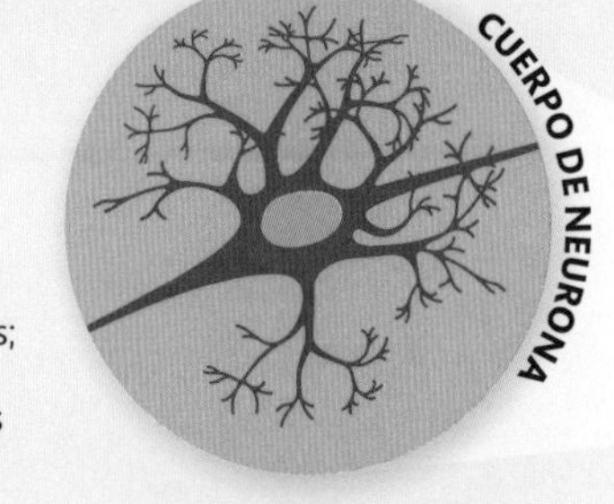
CUERPO DE NEURONA

Materia blanca
Los finos filamentos nerviosos, o axones, que transportan los impulsos eléctricos entre neuronas, forman el tejido más claro dentro de la materia gris.

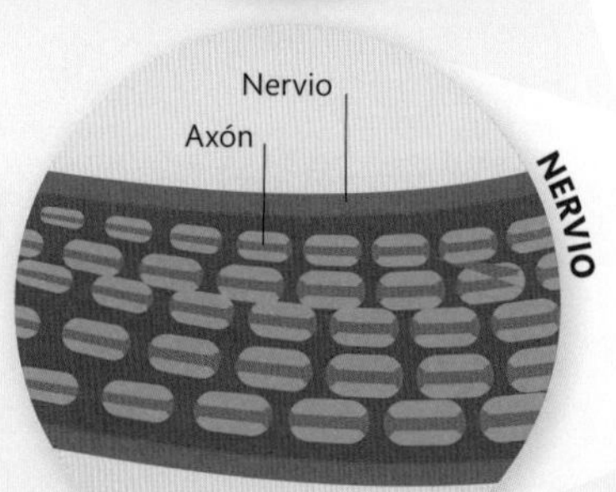
Nervio
Axón
NERVIO

MATERIA GRIS

Cerebro primitivo
El cerebelo, el tálamo y el tronco del encéfalo se ocupan de las respuestas instintivas y las funciones automáticas, como la temperatura corporal y los ciclos de sueño-vigilia. Esta parte también genera emociones primitivas, como la ira y el miedo. El cerebelo coordina los movimientos musculares y el equilibrio.

El cerebro en funcionamiento

Cuando se aprenden cosas, se forman conexiones entre las neuronas utilizadas, y las nuevas acciones (antes desconocidas) empiezan a hacerse de manera automática. Las horas de práctica de un jugador de golf se reflejan en las áreas activas del cerebro al utilizar el palo.

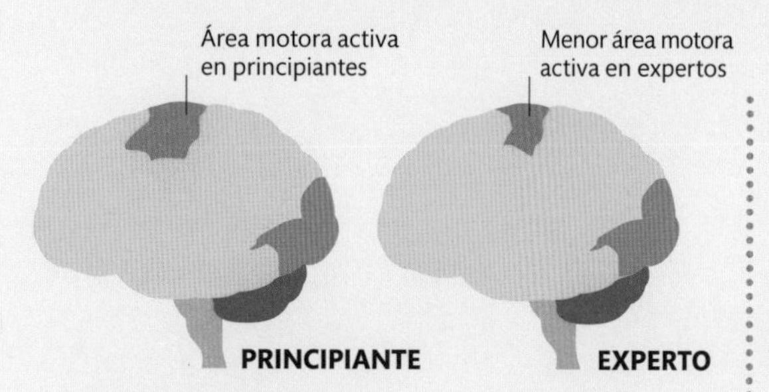
Área motora activa en principiantes
Menor área motora activa en expertos
PRINCIPIANTE
EXPERTO

Actividad cerebral externa
Con la práctica, se estimula menos área motora a medida que la acción, antes desconocida, se realiza mejor. Las áreas dedicadas a la coordinación y el proceso visual de los principiantes y de los expertos siguen siendo las mismas.

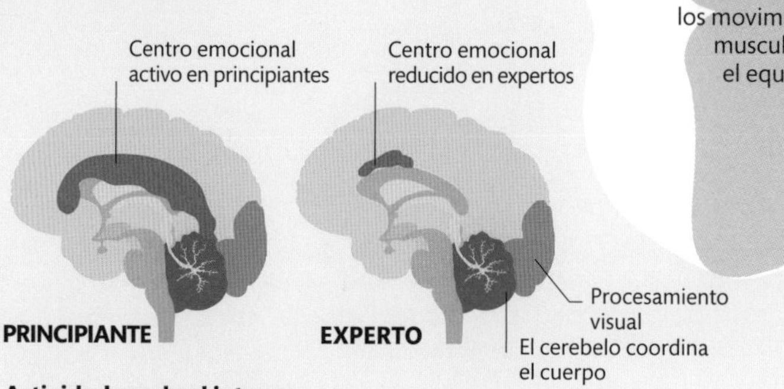
Centro emocional activo en principiantes
Centro emocional reducido en expertos
PRINCIPIANTE
EXPERTO
Procesamiento visual
El cerebelo coordina el cuerpo

Actividad cerebral interna
La sección transversal del cerebro indica que su centro emocional está más activo en principiantes, porque tienen que superar su angustia o vergüenza. Los expertos aprenden a controlar las emociones y concentrarse solo en el golpe.

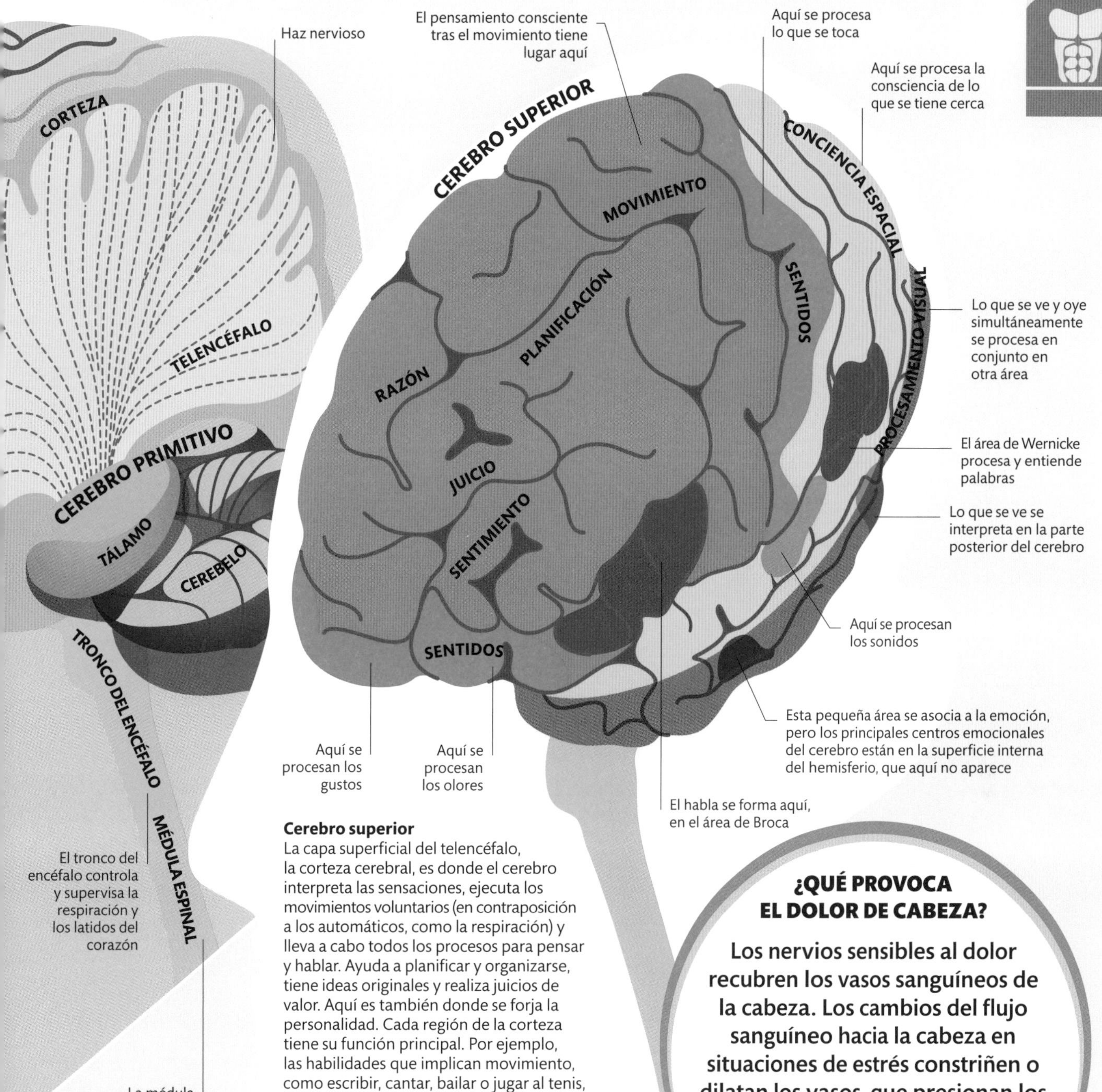
Haz nervioso
El pensamiento consciente tras el movimiento tiene lugar aquí
Aquí se procesa lo que se toca
Aquí se procesa la consciencia de lo que se tiene cerca
CORTEZA
CEREBRO SUPERIOR
CONCIENCIA ESPACIAL
MOVIMIENTO
SENTIDOS
PLANIFICACIÓN
TELENCÉFALO
RAZÓN
PROCESAMIENTO VISUAL
Lo que se ve y oye simultáneamente se procesa en conjunto en otra área
CEREBRO PRIMITIVO
JUICIO
El área de Wernicke procesa y entiende palabras
Lo que se ve se interpreta en la parte posterior del cerebro
TÁLAMO
SENTIMIENTO
CEREBELO
TRONCO DEL ENCÉFALO
SENTIDOS
Aquí se procesan los sonidos
Esta pequeña área se asocia a la emoción, pero los principales centros emocionales del cerebro están en la superficie interna del hemisferio, que aquí no aparece
Aquí se procesan los gustos
Aquí se procesan los olores
El habla se forma aquí, en el área de Broca
MÉDULA ESPINAL
El tronco del encéfalo controla y supervisa la respiración y los latidos del corazón
La médula espinal distribuye la información entre el cerebro y el cuerpo

Cerebro superior
La capa superficial del telencéfalo, la corteza cerebral, es donde el cerebro interpreta las sensaciones, ejecuta los movimientos voluntarios (en contraposición a los automáticos, como la respiración) y lleva a cabo todos los procesos para pensar y hablar. Ayuda a planificar y organizarse, tiene ideas originales y realiza juicios de valor. Aquí es también donde se forja la personalidad. Cada región de la corteza tiene su función principal. Por ejemplo, las habilidades que implican movimiento, como escribir, cantar, bailar o jugar al tenis, dependen de la acción de la corteza motora.

¿QUÉ PROVOCA EL DOLOR DE CABEZA?

Los nervios sensibles al dolor recubren los vasos sanguíneos de la cabeza. Los cambios del flujo sanguíneo hacia la cabeza en situaciones de estrés constriñen o dilatan los vasos, que presionan los nervios y causan dolor. Se puede notar dolor dentro del cerebro, ¡pero este no contiene nervios sensibles al dolor!

Red de comunicaciones

Cuando pensamos o actuamos, lo que se activa no es una única región del cerebro, sino una red de células de sus distintas regiones. Estos modelos de actividad son los que dirigen el cuerpo y la mente.

CUERPO CALLOSO

CEREBRO

Hemisferios cerebrales

El cerebro se divide en dos hemisferios. Aunque estructuralmente sean casi idénticos, cada mitad es responsable de unas tareas concretas. El hemisferio izquierdo controla la mitad derecha del cuerpo y (en la mayoría) es el responsable del habla y el lenguaje. El hemisferio derecho controla la mitad izquierda del cuerpo y se encarga de la conciencia del entorno, la información sensitiva y la creatividad. Las dos mitades cooperan y se comunican a través de una autopista nerviosa, el cuerpo calloso.

Conexión de los hemisferios
Los hemisferios están conectados físicamente por un gran haz de nervios, el cuerpo calloso, una autopista de unos 200 millones de neuronas muy apretadas que integran la información de ambos lados del cuerpo.

Control cruzado
Cada mitad del cuerpo envía la información al hemisferio opuesto del cerebro, que es el que la controla. La información viaja de un lugar a otro a través de una red de nervios que cubre hasta el último centímetro del cuerpo.

¿DIESTRO O ZURDO?

Los científicos creen que las personas diestras son más frecuentes porque la zona del cerebro que controla la mano derecha está muy relacionada con la que controla el lenguaje, que se encuentra en la parte izquierda del cerebro.

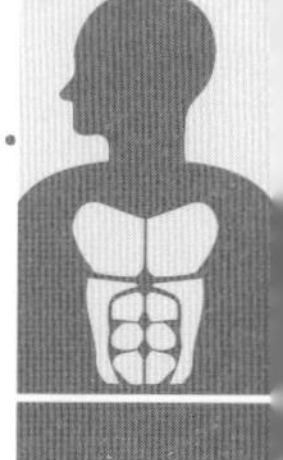

EL **CEREBRO** CONTIENE **86 000 MILLONES DE NEURONAS** CON **100 BILLONES DE CONEXIONES**, MÁS QUE ESTRELLAS HAY EN LA VÍA LÁCTEA

Vía nerviosa que conecta regiones cerebrales

Uno de varios puntos activos del cerebro al jugar al ajedrez.

Múltiples áreas en funcionamiento
En el ajedrez se usan varias regiones. Además de la región de procesamiento visual, también se activan las áreas de memoria y planificación para recordar partidas antiguas y preparar la estrategia.

Redes en el cerebro

Es muy raro utilizar solo una zona del cerebro para realizar una acción muy simple, como caminar, o una maniobra compleja, como bailar. De hecho, a menudo se activan redes de áreas conectadas por todo el cerebro a medida que avanza el día. Los investigadores se fijan en regiones que siempre se activan juntas para seguir el flujo de información del cerebro. Estas redes cambian a lo largo de la vida al aprender más cosas, y dan como resultado la aparición de nuevas vías nerviosas. A veces las vías nerviosas no utilizadas desaparecen al crecer.

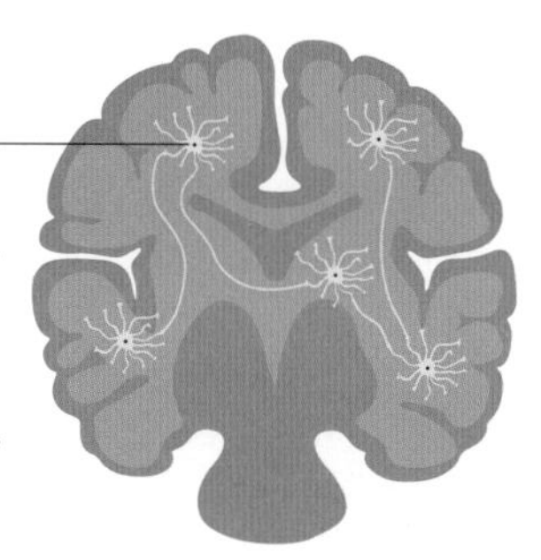

Esta neurona se conecta a cuatro más, y juntas forman una red por todo el cerebro

Conexiones físicas
Los científicos pueden seguir las conexiones físicas entre las neuronas del cerebro. La densidad de las vías nerviosas indica qué regiones se comunican más.

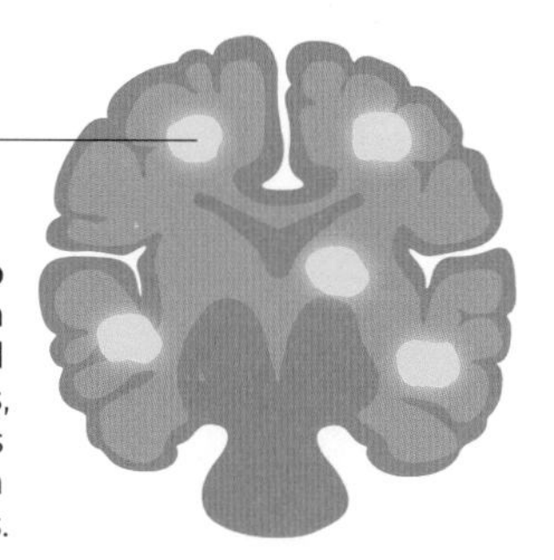

La actividad nerviosa aparece como áreas iluminadas en algunas exploraciones cerebrales

Áreas activas del cerebro
Determinados tipos de exploración cerebral detectan la actividad eléctrica que generan las neuronas, lo que puede ilustrar qué regiones presentan más actividad en determinadas tareas.

ACTIVIDAD EN REPOSO

Cuando se está relajado y sin fijarse en el entorno, el cerebro muestra un modelo de actividad específico que se conoce como actividad cerebral funcional en reposo. Se cree que esta actividad ayuda a generar pensamientos mientras la mente va deambulando, y se vincula a la creatividad, la introspección y el razonamiento moral.

PENSAMIENTOS CREATIVOS
EN LAS NUBES

La chispa de la vida

Los nervios transmiten mensajes eléctricos por el cuerpo en cuestión de milisegundos. Cada nervio es como un haz de cables aislados. Cada uno de estos cables es una fibra nerviosa, o axón, la parte principal de una única célula muy larga, una neurona, cuya función es pasar la señal.

¿Cómo envían mensajes las neuronas?

Las neuronas generan un impulso eléctrico ante un estímulo, como el dolor. Si el estímulo es bastante fuerte, abre los poros de la membrana de la neurona y los iones cargados entran y salen de la célula, lo que genera un impulso eléctrico, que se dispara por el axón. A continuación se cierran los poros a la espera del siguiente estímulo.

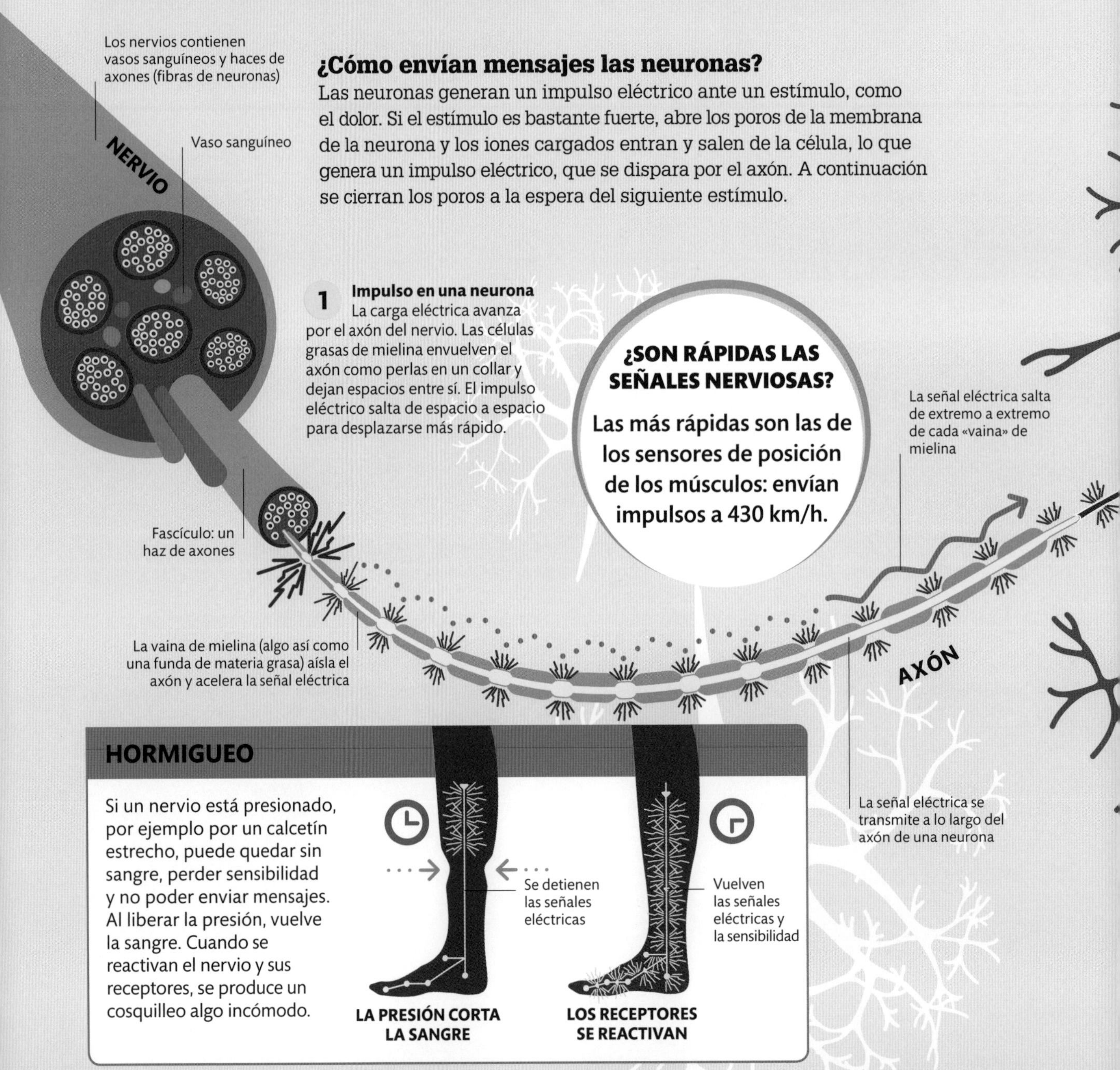

Los nervios contienen vasos sanguíneos y haces de axones (fibras de neuronas)
NERVIO
Vaso sanguíneo
1 Impulso en una neurona
La carga eléctrica avanza por el axón del nervio. Las células grasas de mielina envuelven el axón como perlas en un collar y dejan espacios entre sí. El impulso eléctrico salta de espacio a espacio para desplazarse más rápido.
¿SON RÁPIDAS LAS SEÑALES NERVIOSAS?
Las más rápidas son las de los sensores de posición de los músculos: envían impulsos a 430 km/h.
La señal eléctrica salta de extremo a extremo de cada «vaina» de mielina
Fascículo: un haz de axones
La vaina de mielina (algo así como una funda de materia grasa) aísla el axón y acelera la señal eléctrica
AXÓN
La señal eléctrica se transmite a lo largo del axón de una neurona
HORMIGUEO
Si un nervio está presionado, por ejemplo por un calcetín estrecho, puede quedar sin sangre, perder sensibilidad y no poder enviar mensajes. Al liberar la presión, vuelve la sangre. Cuando se reactivan el nervio y sus receptores, se produce un cosquilleo algo incómodo.
Se detienen las señales eléctricas
Vuelven las señales eléctricas y la sensibilidad
LA PRESIÓN CORTA LA SANGRE
LOS RECEPTORES SE REACTIVAN

EL ESPACIO ENTRE DOS NEURONAS ES INFERIOR A **LA BILLONÉSIMA PARTE** DEL GROSOR DE UN **PELO**

Las dendritas se conectan a otras neuronas
Cada neurona tiene diversas proyecciones cortas denominadas dendritas, que actúan como antenas: reciben señales de neuronas vecinas
NÚCLEO CELULAR
CUERPO DE NEURONA
La neurona tiene su maquinaria celular en el cuerpo
AXÓN
La señal avanza por el axón hacia la siguiente neurona
Neurotransmisor a punto para ser liberado y activar la siguiente neurona
El neurotransmisor queda liberado y cruza el espacio
El neurotransmisor se une a una proteína del canal y abre el paso hacia la siguiente neurona
Proteína del canal abierta
Proteína del canal cerrada
SIGUIENTE NEURONA

2 Comunicar el mensaje
La neurona, para pasar el mensaje a la siguiente célula nerviosa, convierte la señal eléctrica en una señal química: libera unos agentes químicos, los neurotransmisores, que cruzan el minúsculo espacio entre las neuronas. Al abrir el paso de la membrana de la siguiente neurona, hacen que esta célula lance su propio impulso.

ACCIÓN

Se dilatan las pupilas
En la oscuridad las pupilas se dilatan para mejorar la visión, pero también lo hacen cuando el sistema nervioso simpático prepara el cuerpo para la acción; los expertos desconocen el motivo.

Las vías aéreas se ensanchan
Los bronquiolos, las ramificaciones de los pulmones, se ensanchan para captar más aire (y más oxígeno, el combustible de los músculos) por si hay que escapar.

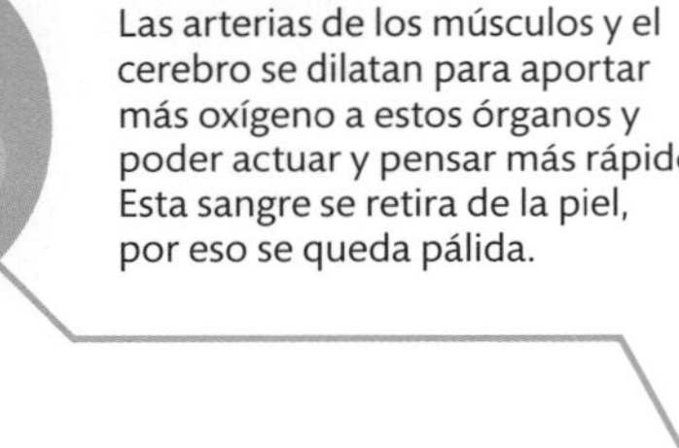

Las arterias se ensanchan
Las arterias de los músculos y el cerebro se dilatan para aportar más oxígeno a estos órganos y poder actuar y pensar más rápido. Esta sangre se retira de la piel, por eso se queda pálida.

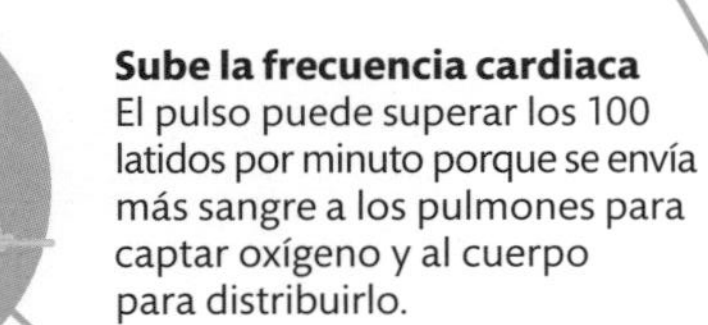

Sube la frecuencia cardiaca
El pulso puede superar los 100 latidos por minuto porque se envía más sangre a los pulmones para captar oxígeno y al cuerpo para distribuirlo.

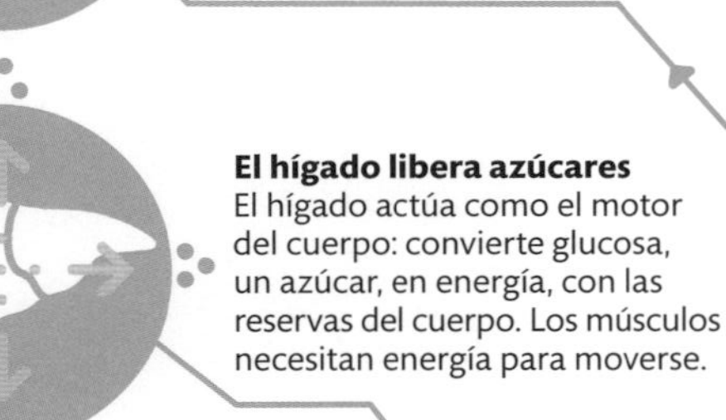

El hígado libera azúcares
El hígado actúa como el motor del cuerpo: convierte glucosa, un azúcar, en energía, con las reservas del cuerpo. Los músculos necesitan energía para moverse.

CEREBRO

TRONCO DEL ENCÉFALO

MÉDULA ESPINAL

RELAJACIÓN

Se constriñen las pupilas
Las pupilas controlan la luz que entra en el ojo. Las pupilas se constriñen o cierran cuando hay mucha luz, y se dilatan en la oscuridad.

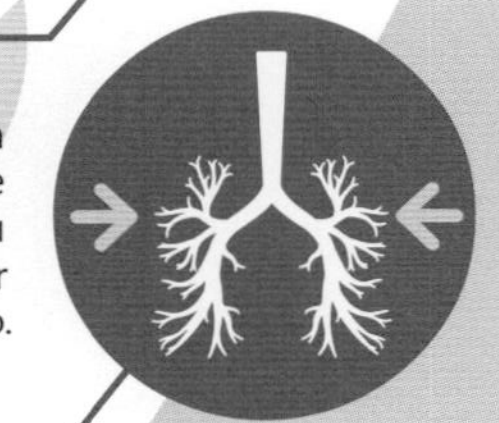

Las vías aéreas se estrechan
Al relajarse, las vías aéreas de los pulmones vuelven a su tamaño habitual para reanudar la captación normal de oxígeno.

Los vasos sanguíneos se estrechan
Las arterias vuelven a su tamaño normal al relajarse. El flujo sanguíneo se reparte por todo el cuerpo.

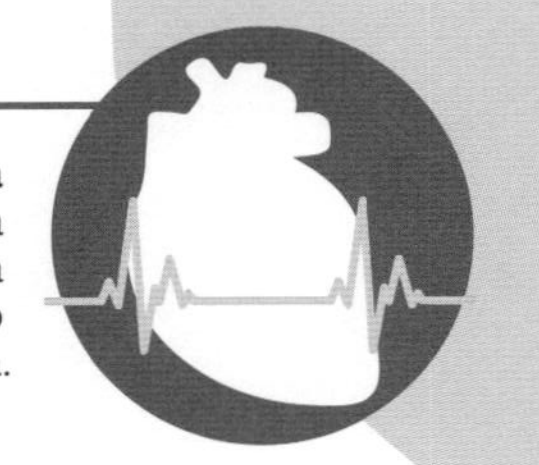

Baja la frecuencia cardiaca
La frecuencia cardiaca vuelve a su estado normal al relajarse. La frecuencia cardiaca en reposo depende de la forma física.

El hígado almacena azúcares
Al estar relajado, el hígado almacena energía. Cualquier exceso de azúcar ingerido se convierte en grasa para almacenarlo como tejido extra.

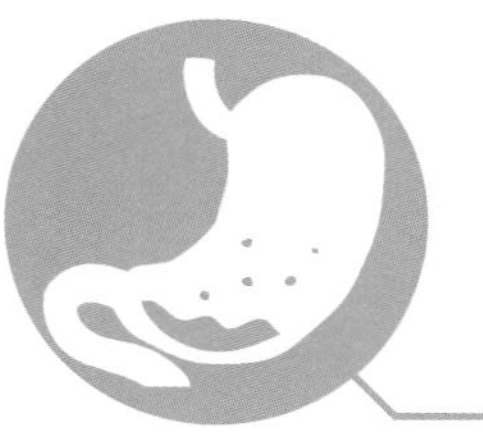

La digestión va más lenta
Se ordena al estómago que pare la digestión. En momentos de terror incluso se puede vomitar para detenerla. Con el estómago lleno no se corre tan rápido.

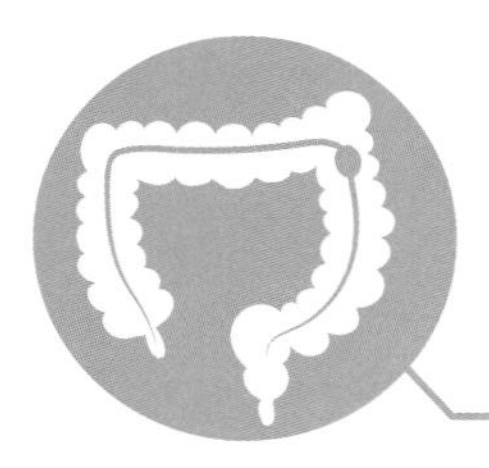

El intestino se ralentiza
Se retira la sangre del intestino, pues no es crucial en momentos de estrés, y sus movimientos se frenan o incluso llegan a detenerse.

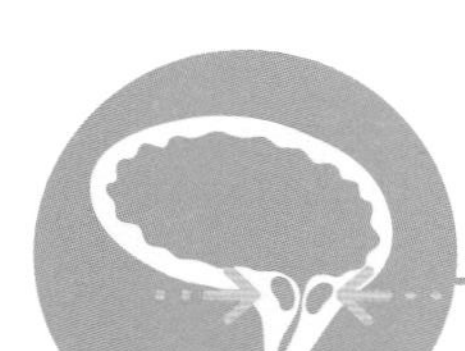

Se contrae la abertura de la vejiga
El sistema nervioso simpático cierra el músculo de la abertura de la vejiga y la mantiene cerrada. En momentos de tensión a veces no lo consigue.

Listo para la acción

El sistema nervioso simpático es el encargado de arrancar el cuerpo y estimularlo para la acción, para lo que usa diferentes nervios. Una vez se ha superado el objetivo, se activa el sistema parasimpático, que contrarresta los efectos simpáticos para que el cuerpo vuelva a su estado de relajación.

MARIPOSAS EN EL ESTÓMAGO

La sensación de mariposas antes de una entrevista importante o una actuación se debe a la falta de sangre en el estómago. Una respuesta fisiológica del cuerpo cuando se prepara para afrontar un peligro. El estómago tiene una densa red de nervios, que producen sensaciones de aleteo, o incluso náuseas, cuando recibe menos sangre.

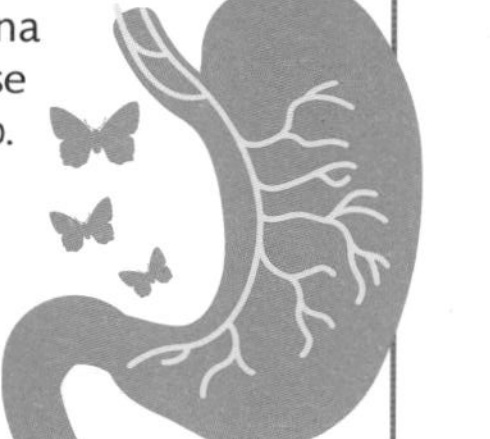

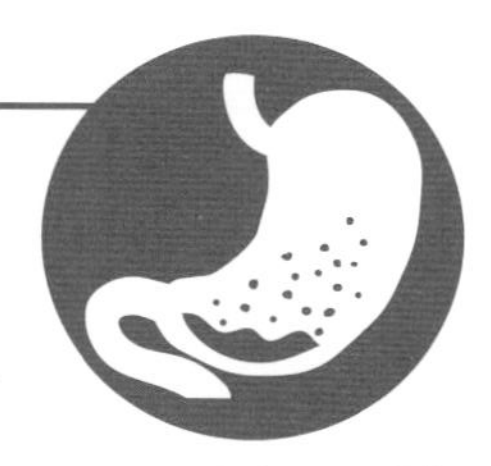

Se estimula la digestión
En ausencia de estrés, el estómago se contrae para iniciar el proceso de digestión: por eso se oye la barriga si estamos en un ambiente silencioso.

Actuar, relajar

Las partes «primitivas» del sistema nervioso central (la médula espinal y el tronco del encéfalo) controlan las funciones automáticas e inconscientes del cuerpo. No obstante, utilizan dos redes de nervios diferentes para controlar las partes del cuerpo según si estas deben moverse o relajarse.

Nada de nervios

Los sistemas nerviosos automáticos paralelos se dividen en simpático y parasimpático, y juntos forman el sistema nervioso autónomo. Los nervios parasimpáticos tienden a frenar nuestros sistemas corporales e iniciar la digestión. En general, sus efectos no se notan.

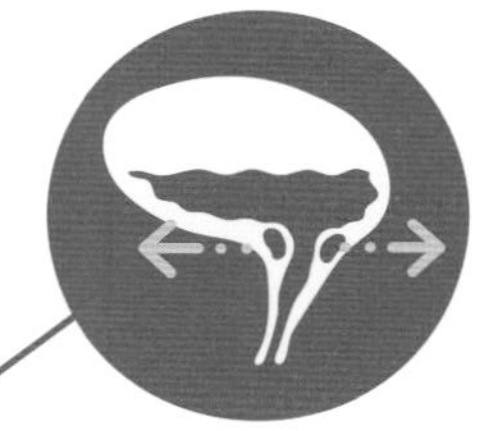

Se relaja la abertura de la vejiga
El sistema parasimpático contrae la pared de la vejiga y relaja la abertura para vaciar la vejiga.

El intestino se acelera
El intestino delgado absorbe los nutrientes, los movimientos intestinales hacen avanzar los residuos no digeridos, proceso que se realiza mejor quieto y tranquilo.

Golpes, torceduras y esguinces

Los tejidos blandos del cuerpo (nervios, músculos, tendones y ligamentos) también se lesionan y sufren moretones, hinchazones, inflamaciones y dolor. Algunas lesiones pueden ser deportivas o estar causadas por un sobreesfuerzo o un accidente, y son más habituales con la edad y si se tiene una baja forma física.

¿POR QUÉ SE LE LLAMA HUESO DE LA RISA?

Al recibir un golpe en el codo, se comprime el nervio cubital, que pasa por su exterior, contra el hueso y provoca una sensación parecida a una descarga eléctrica.

Problemas de nervios

Los nervios cubren grandes distancias y a menudo pasan por espacios estrechos entre huesos, que los guían y protegen. Si los pellizcan, provocan dolor, insensibilidad o cosquilleo. Estos pinzamientos pueden aparecer cuando los movimientos repetidos hinchan los tejidos, por mantener una posición rara mucho tiempo (por ejemplo, dormir con un codo doblado) o cuando se desalinean tejidos vecinos (por ejemplo, en una hernia discal).

Ligamento del carpo

Los músculos del brazo protegen a los nervios de golpes o presiones

Nervio mediano

Nervio cubital

Nervio cubital expuesto; aquí se golpea el «hueso de la risa»

Codo

Síndrome del túnel carpiano
El nervio mediano pasa entre los huesos de la muñeca y un potente ligamento que conecta la base del pulgar y el meñique. Si se pinza, causa un doloroso cosquilleo en mano, muñeca y antebrazo.

Latigazo

Esta lesión del cuello aparece cuando se sacude violentamente la cabeza hacia atrás y después hacia delante o viceversa. Suele ocurrirles a los pasajeros de un coche que recibe un impacto de otro vehículo por detrás.

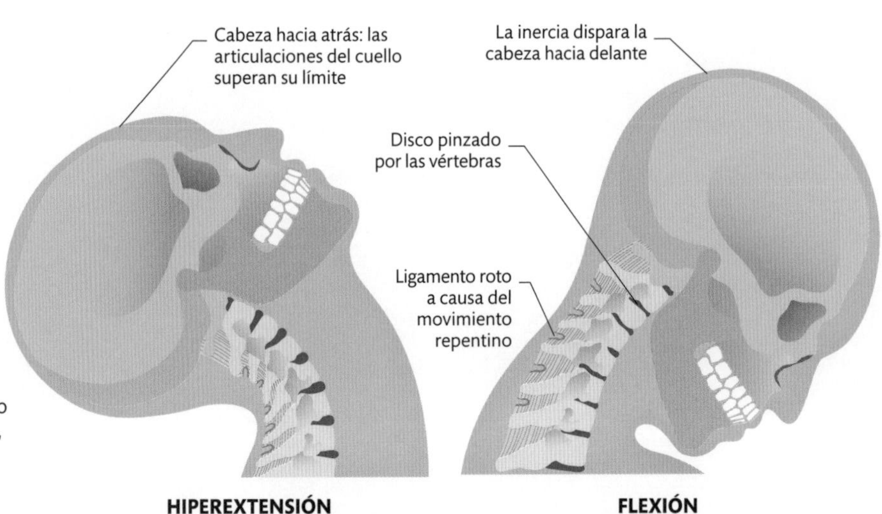

Cabeza hacia atrás: las articulaciones del cuello superan su límite
La inercia dispara la cabeza hacia delante
Disco pinzado por las vértebras
Ligamento roto a causa del movimiento repentino
HIPEREXTENSIÓN
FLEXIÓN

Discos contraídos y ligamentos rotos
El repentino movimiento desplaza el cuello y puede lesionar los huesos de la columna, comprimir los discos entre las vértebras, romper ligamentos y músculos y estirar los nervios del cuello.

Dolor de espalda

El dolor de espalda suele aparecer más a menudo en la parte baja de la misma, más vulnerable porque sostiene gran parte del peso del cuerpo. Se suele producir por levantar mucho peso sin tener la espalda recta. El esfuerzo excesivo puede causar una rotura y espasmos musculares, distensión de ligamentos e incluso una dislocación de una de las diminutas articulaciones (ver p. 40) entre las vértebras. La presión puede hacer que el gelatinoso centro de un disco intervertebral pierda su cubierta de fibra y presione un nervio. Se puede tratar mediante analgésicos, manipulación y conservando toda la movilidad que sea posible.

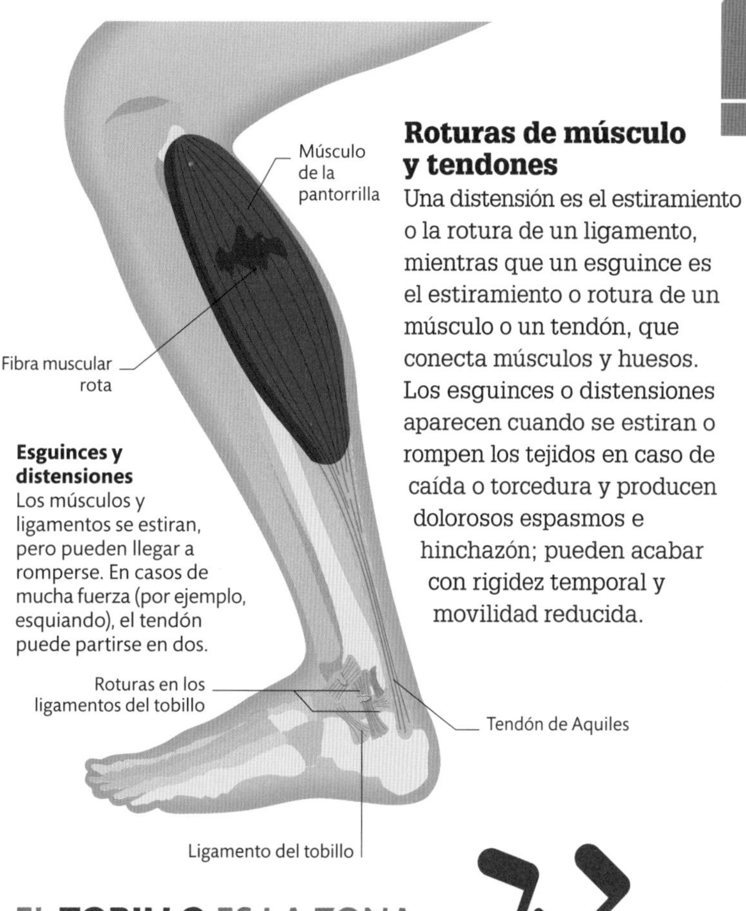
Músculo de la pantorrilla
Fibra muscular rota
Roturas en los ligamentos del tobillo
Tendón de Aquiles
Ligamento del tobillo

Esguinces y distensiones
Los músculos y ligamentos se estiran, pero pueden llegar a romperse. En casos de mucha fuerza (por ejemplo, esquiando), el tendón puede partirse en dos.

Roturas de músculo y tendones

Una distensión es el estiramiento o la rotura de un ligamento, mientras que un esguince es el estiramiento o rotura de un músculo o un tendón, que conecta músculos y huesos. Los esguinces o distensiones aparecen cuando se estiran o rompen los tejidos en caso de caída o torcedura y producen dolorosos espasmos e hinchazón; pueden acabar con rigidez temporal y movilidad reducida.

Las roturas musculares de la espalda son complicadas por su bajo flujo sanguíneo

Esguince muscular
En caso de baja forma física, los músculos tienen poco tono y se sobrecargan mucho por cargar, doblarse de manera rara o incluso por estar sentado mucho rato en la misma posición.

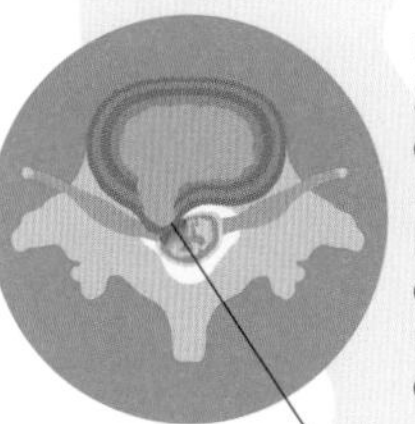

Hernia discal
Si un disco intervertebral estropeado presiona un nervio, causa espasmos, hormigueo y dolor de espalda. La irritación del nervio ciático provoca dolor agudo en una pierna.

Disco con hernia

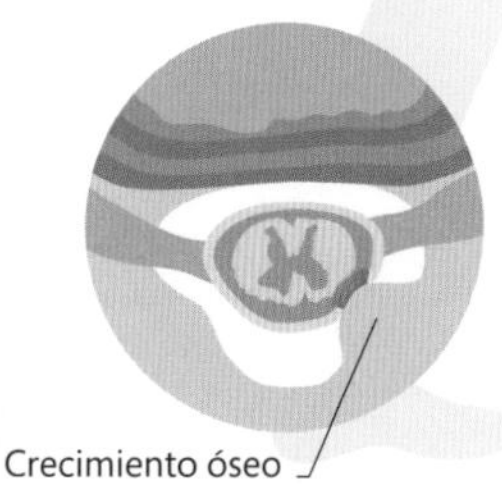

Espolones óseos
Al envejecer y gastarse las vértebras, una leve inflamación y los intentos del hueso por curarse producen crecimientos en forma de espolón que ejercen presión sobre los nervios y causan dolor.

Crecimiento óseo

EL **TOBILLO** ES LA ZONA EN LA QUE LOS **ESGUINCES** SON MÁS **FRECUENTES**

TÉCNICA «PRICE»

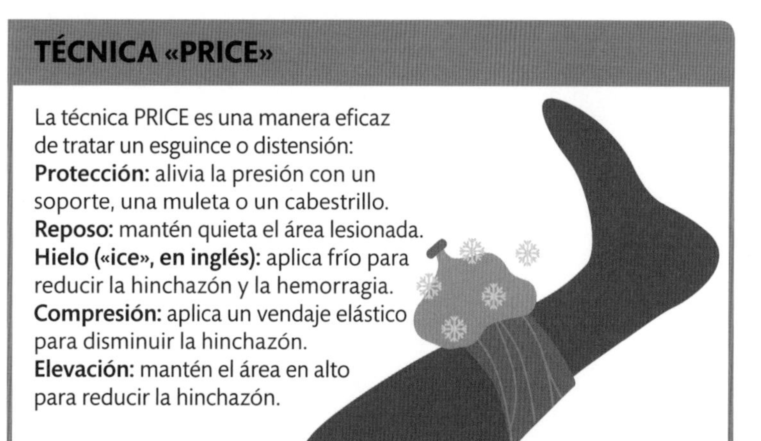

La técnica PRICE es una manera eficaz de tratar un esguince o distensión:
Protección: alivia la presión con un soporte, una muleta o un cabestrillo.
Reposo: mantén quieta el área lesionada.
Hielo («ice», en inglés): aplica frío para reducir la hinchazón y la hemorragia.
Compresión: aplica un vendaje elástico para disminuir la hinchazón.
Elevación: mantén el área en alto para reducir la hinchazón.

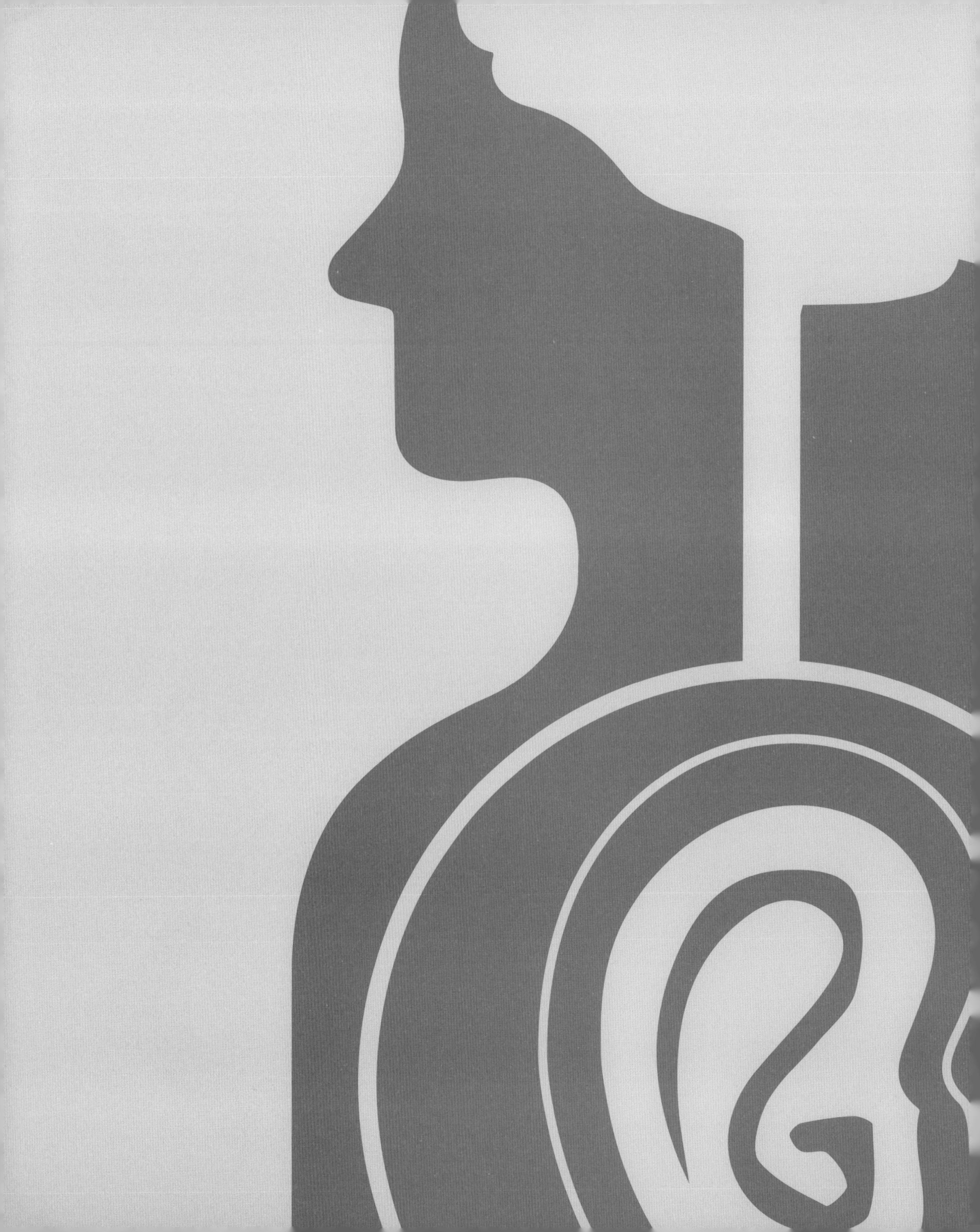

MATERIA SENSIBLE

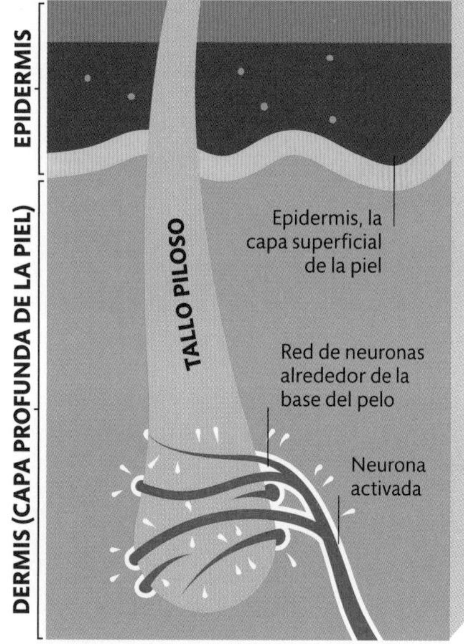
BRISA SUAVE
EPIDERMIS
DERMIS (CAPA PROFUNDA DE LA PIEL)
TALLO PILOSO
Epidermis, la capa superficial de la piel
Red de neuronas alrededor de la base del pelo
Neurona activada

Movimiento del pelo
Se pueden notar cosas sin que toquen la piel. Las corrientes de aire o un objeto que toca algún pelo distorsionan y activan los nervios alrededor de su base.

CAMBIO DE TEMPERATURA

CAPA MUERTA DE LA EPIDERMIS
Las terminaciones nerviosas libres pueblan la capa superficial de la piel

Temperatura y dolor
Los nervios sin una estructura especial a su alrededor son sensibles al frío, al calor y al dolor. Son los receptores menos profundos, justo en la capa superficial de la piel.

EL TOQUE DE UNA PLUMA

Los receptores del tacto están situados en la base de la epidermis

Toque muy ligero
Un poco por debajo de las terminaciones nerviosas libres, las células de Merkel son sensibles al tacto más leve. Son muy densas en las puntas de los dedos.

Sentir la presión

Lo que se considera el sentido del tacto realmente es un cúmulo de señales de diversos receptores de la piel, algunos concentrados en áreas determinadas como, por ejemplo, las sensibles puntas de los dedos.

Cómo nota la piel

La piel está repleta de sensores, o receptores, situados a diferentes profundidades encargados de responder a distintos tipos de tacto: desde contactos mínimos y breves hasta una presión sostenida. De hecho, cada uno representa un sentido ligeramente diferente. Los receptores trabajan respondiendo (disparando un impulso nervioso) cuando se les altera.

¿CÓMO SENTIMOS NUESTRO INTERIOR?

Casi todo el sentido del tacto se concentra en la piel y las articulaciones, pero también sentimos molestias en las tripas, gracias a los receptores de estiramiento y los sensores químicos de los intestinos.

TOQUE SUAVE
Estos receptores del tacto se sitúan en la parte superior de la dermis

MASAJE FIRME
Receptor de presión y estiramiento

VIBRACIÓN
Receptor de presión profunda y vibración

Toque ligero
Los receptores de toque ligero sirven para leer Braille, porque se agrupan con mucha densidad y se desactivan muy rápido, lo que ofrece una información precisa y de actualización rápida.

Presión y estiramiento
Si la presión estira o deforma la piel, se disparan los receptores de profundidad, que dejan de activarse al cabo de pocos segundos. Notifican cambios rápidos, y no de presión continua.

Vibración y presión
El tipo de receptor del tacto más profundo está en las articulaciones y también en la piel. Estos sensores no se desactivan, por lo que responden a la presión sostenida y también a la vibración.

DE LA PALMA A LAS YEMAS

Las palmas y los dedos son muy sensibles, pero la concentración máxima de terminaciones nerviosas en la piel la encontramos en las yemas de los dedos, que contienen miles de sensores de tacto fino. El esquema de activación que siguen indica la textura de las superficies que se tocan.

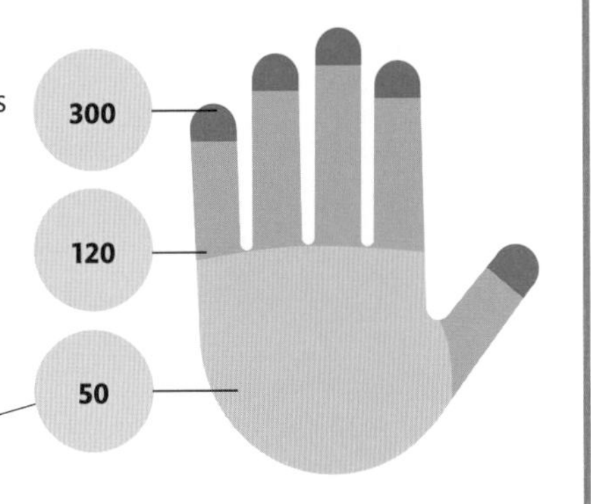
300
120
50

Número de terminaciones nerviosas por centímetro cuadrado

LA **PUNTA DE UN DEDO** ES CAPAZ DE DETECTAR DIFERENCIAS DE TEXTURA **10 000 VECES INFERIOR** AL **GROSOR DE UN PELO**

¿Cómo sentimos?

Los sensores microscópicos de la piel, la lengua, la garganta, las articulaciones y otras partes del cuerpo envían información táctil al cerebro a través de los nervios sensitivos. El destino de estos impulsos nerviosos está en la capa exterior del cerebro, la corteza sensitiva, que analiza la información táctil.

Cómo siente el cerebro

El cerebro tiene un mapa del cuerpo, y por eso podemos determinar dónde nos toca algo o alguien. El mapa forma parte de una tira de la capa exterior del cerebro denominada corteza sensitiva. Este mapa está distorsionado: dado que algunas partes son mucho más sensibles, con terminaciones nerviosas muy compactadas, ocupan un área muy exagerada del mapa. La corteza necesita esa área tan grande para registrar con precisión los datos táctiles. Combina la información para calcular si un objeto es blando o duro, áspero o suave, frío o caliente, rígido o flexible, mojado o seco...

Homúnculo
El homúnculo sensitivo es una figura que representa proporcionalmente el cuerpo con su área de corteza sensitiva correspondiente. Los colores de este coinciden con los de la ilustración del cerebro.

Cerebro sensible al tacto
La parte de la superficie del cerebro que recibe la información táctil es una banda estrecha si se mira de lado. Continúa adentro, hacia la profunda separación entre las dos mitades del cerebro.

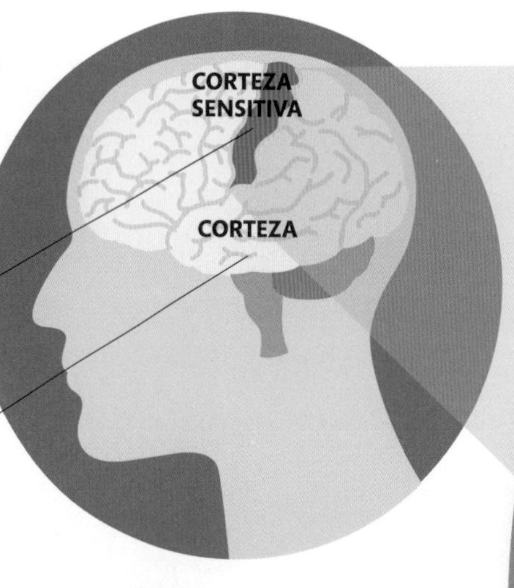
CORTEZA SENSITIVA
CORTEZA

Esta cinta rosa es la corteza sensitiva, la parte de la corteza que recibe la información táctil

La corteza, en amarillo, es la capa exterior del telencéfalo, la gigante estructura plegada que conforma casi todo el cerebro humano

Partes sensibles
La corteza tiene una cantidad de espacio desproporcionada para las partes del cuerpo que ofrecen la información táctil más detallada: labios, palmas, lengua, pulgar y puntas de los dedos.

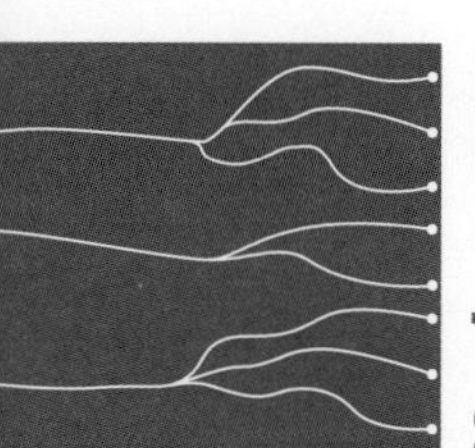

5 MILLONES
ES EL NÚMERO TOTAL DE **TERMINACIONES** NERVIOSAS **SENSORIALES** DE **LA PIEL**

HEMISFERIO IZQUIERDO
Recibe la información táctil de la mitad derecha del cuerpo

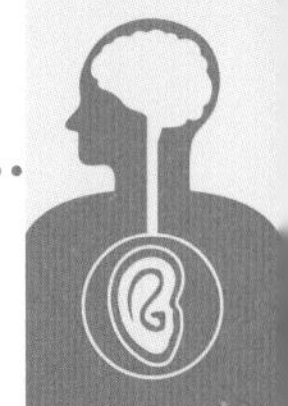

¿CÓMO NOTAMOS LA TEMPERATURA?

La piel tiene unas terminaciones nerviosas que son sensibles al frío o al calor. Entre los 5-45 °C siempre se activan ambos tipos, pero a distinto ritmo, con lo que el cerebro sabe si hace frío o calor. Fuera de estos límites actúan otras terminaciones nerviosas, que no registran calor, sino dolor.

PIERNA
TRONCO
CABEZA
BRAZO
MANO
DEDOS DE LAS MANOS
OJO
CARA
LABIOS
LENGUA
PIE
DEDOS DE LOS PIES
GENITALES

HEMISFERIO DERECHO
Recibe la información táctil de la mitad izquierda del cuerpo

¿Por qué no nos hacemos cosquillas nosotros mismos?

Al intentar hacerse cosquillas a uno mismo, el cerebro se fija en el tipo de movimiento que realizarán los dedos y envía la información a la parte del cuerpo que se tocará, para avisarla y arruinar las cosquillas. Eso es así porque al contrario que con las cosquillas ajenas, el cerebro es capaz de predecir el movimiento preciso de las propias manos e ignorarlo, un ejemplo de la capacidad del cerebro para filtrar datos sensitivos no deseados.

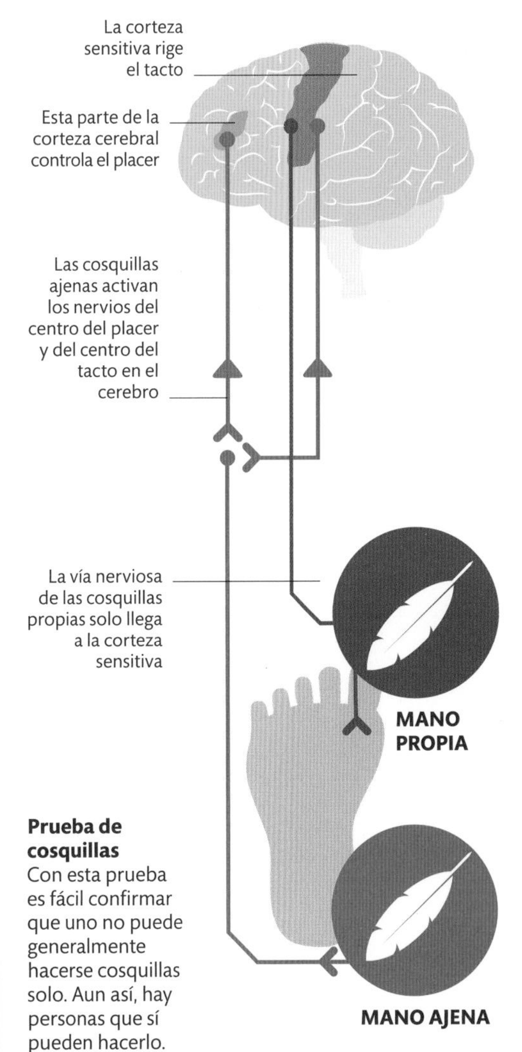
La corteza sensitiva rige el tacto
Esta parte de la corteza cerebral controla el placer
Las cosquillas ajenas activan los nervios del centro del placer y del centro del tacto en el cerebro
La vía nerviosa de las cosquillas propias solo llega a la corteza sensitiva
MANO PROPIA
MANO AJENA

Prueba de cosquillas
Con esta prueba es fácil confirmar que uno no puede generalmente hacerse cosquillas solo. Aun así, hay personas que sí pueden hacerlo.

Las vías del dolor

El dolor, a pesar de ser molesto, es increíblemente útil: indica dónde se ha dañado el cuerpo; además, el nivel de sufrimiento ayuda a actuar en consecuencia.

Sentir el dolor

Las señales de dolor viajan por los nervios desde los receptores neuronales del lugar de la lesión hacia la médula espinal, y a continuación al cerebro, el encargado de notificar del dolor. Los analgésicos sintéticos o naturales cortan este flujo de información.

DOLOR REFERIDO

Las vías nerviosas de los órganos internos avanzan junto a las vías nerviosas de la piel y músculos antes de llegar al cerebro. Por eso a veces el cerebro interpreta mal el dolor en un órgano, que se produce en los músculos o la piel a su alrededor, más frecuente y probable.

Señal de dolor cardiaco

Sensación de dolor en el brazo y mitad izquierda del pecho

Fibra C lenta

Fibra A rápida

Vaina de mielina

HAZ NERVIOSO

Bloqueo en el nervio
La anestesia local bloquea la conducción de los impulsos eléctricos por las fibras A y C, y por eso nunca consiguen llegar a la médula espinal.

3 ¿Rápido o lento?
Las cubiertas de mielina de los axones de fibra A permiten que las señales eléctricas se desplacen más rápido que en las fibras C. Los receptores de fibra A de la piel producen un dolor agudo y localizado. Las fibras C, más lentas, causan dolores sordos y candentes.

DOLOR SORDO, GENERAL

DOLOR AGUDO, LOCALIZADO

EL DOLOR VIAJA HASTA 15 VECES MÁS RÁPIDO POR LAS FIBRAS A QUE POR LAS FIBRAS C

2 Neurona estimulada
Las terminaciones nerviosas en la piel se activan en respuesta a las prostaglandinas. Los axones transportan las señales eléctricas del dolor por haces nerviosos.

Axón

Neurona

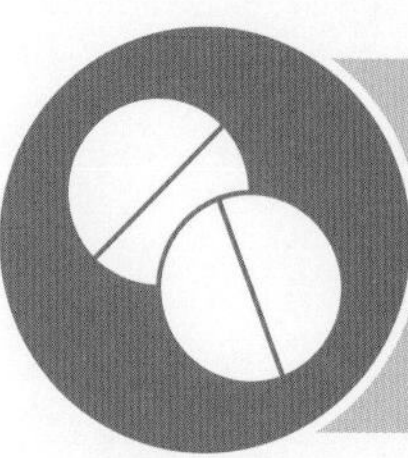

Bloqueo en la lesión
La aspirina bloquea la generación de prostaglandinas en el punto de la lesión y detiene la sensación.

1 Prostaglandinas
Al lesionarse, se estropean células de la piel. Estas células liberan unos agentes químicos, las prostaglandinas, que sensibilizan las neuronas cercanas.

Molécula de prostaglandina que libera la célula

Célula dañada

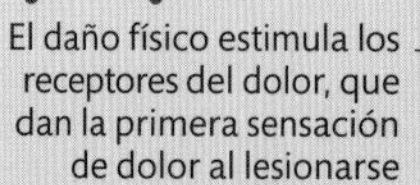

El daño físico estimula los receptores del dolor, que dan la primera sensación de dolor al lesionarse

PIEL

MORETÓN

CORTE

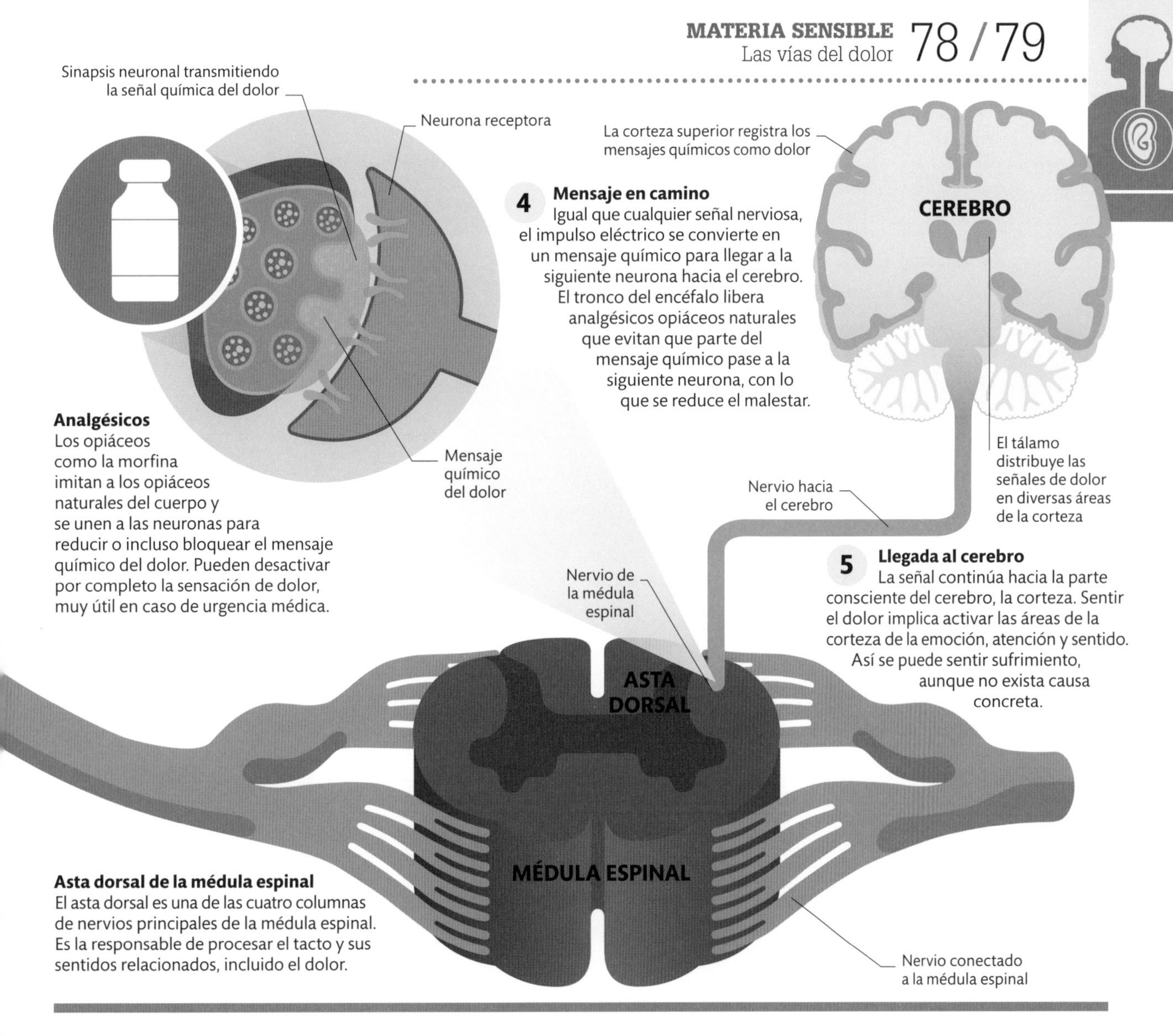
Sinapsis neuronal transmitiendo la señal química del dolor
Neurona receptora
Mensaje químico del dolor
La corteza superior registra los mensajes químicos como dolor
CEREBRO
El tálamo distribuye las señales de dolor en diversas áreas de la corteza
Nervio hacia el cerebro
Nervio de la médula espinal
ASTA DORSAL
MÉDULA ESPINAL
Nervio conectado a la médula espinal

4 Mensaje en camino
Igual que cualquier señal nerviosa, el impulso eléctrico se convierte en un mensaje químico para llegar a la siguiente neurona hacia el cerebro. El tronco del encéfalo libera analgésicos opiáceos naturales que evitan que parte del mensaje químico pase a la siguiente neurona, con lo que se reduce el malestar.

Analgésicos
Los opiáceos como la morfina imitan a los opiáceos naturales del cuerpo y se unen a las neuronas para reducir o incluso bloquear el mensaje químico del dolor. Pueden desactivar por completo la sensación de dolor, muy útil en caso de urgencia médica.

5 Llegada al cerebro
La señal continúa hacia la parte consciente del cerebro, la corteza. Sentir el dolor implica activar las áreas de la corteza de la emoción, atención y sentido. Así se puede sentir sufrimiento, aunque no exista causa concreta.

Asta dorsal de la médula espinal
El asta dorsal es una de las cuatro columnas de nervios principales de la médula espinal. Es la responsable de procesar el tacto y sus sentidos relacionados, incluido el dolor.

¿Por qué pica la piel?

El picor aparece cuando algo irrita la superficie de la piel o bien cuando el cuerpo libera agentes químicos porque una enfermedad ha inflamado alguna parte de la piel. Es probable que sea una evolución para proteger contra las picaduras de insectos. Los receptores del picor son diferentes a los del tacto o el dolor. Cuando se estimulan, una señal viaja a través de la médula espinal hasta el cerebro, que inicia la respuesta: rascarse. Al rascarse, se estimulan los receptores del tacto y el dolor, se bloquean las señales del receptor del picor y se distrae la necesidad de rascarse.

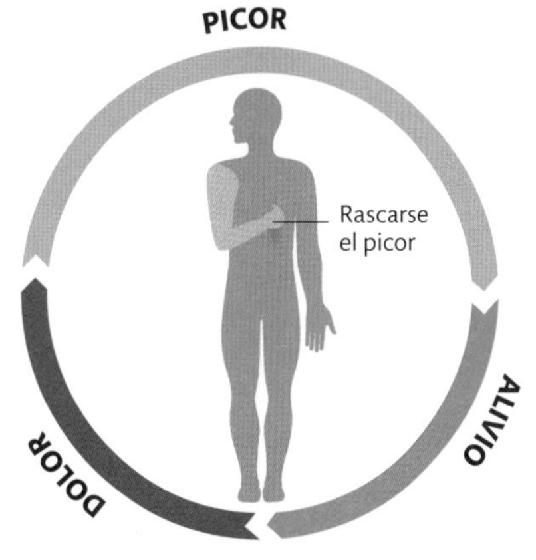
PICOR
Rascarse el picor
ALIVIO
DOLOR

Ciclo del picor
Rascarse irritará más la piel, lo que provocará que el picor sea aún más persistente. Al rascarse, el cerebro libera serotonina para aliviar el dolor y aportar un alivio temporal. No obstante, cuando la serotonina se haya agotado, la necesidad de rascarse volverá con más fuerza.

Cómo funciona el ojo

Las capacidades visuales son increíbles: se ven detalles y color, objetos cercanos y lejanos, y se intuyen la velocidad y la distancia. La primera etapa del proceso visual es la captura de la imagen, cuando se forma una imagen nítida en los receptores de luz del ojo, que después se convierte en señales nerviosas (ver pp. 82-83) para que el cerebro las procese (ver pp. 84-85).

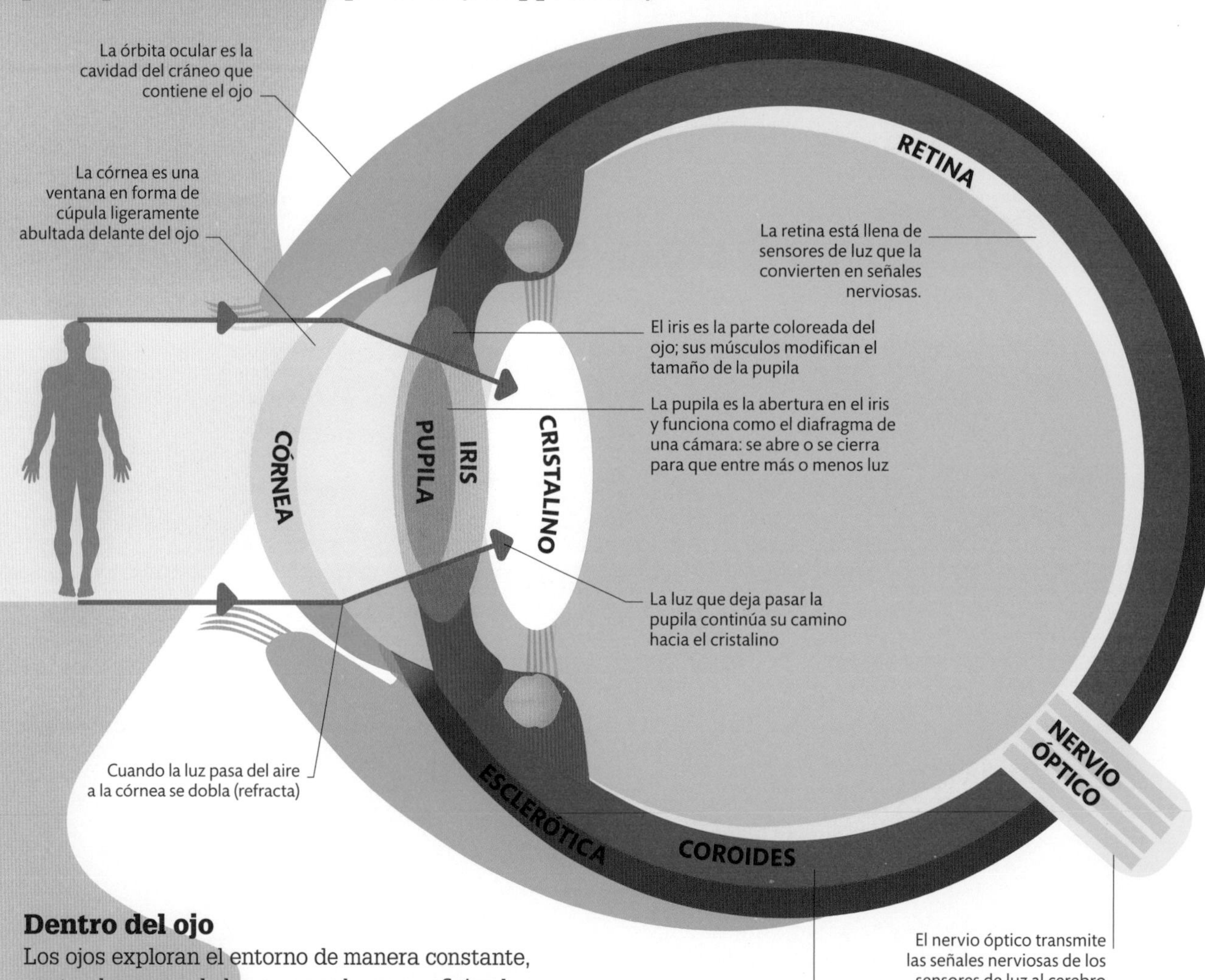
La órbita ocular es la cavidad del cráneo que contiene el ojo
La córnea es una ventana en forma de cúpula ligeramente abultada delante del ojo
RETINA
La retina está llena de sensores de luz que la convierten en señales nerviosas.
El iris es la parte coloreada del ojo; sus músculos modifican el tamaño de la pupila
La pupila es la abertura en el iris y funciona como el diafragma de una cámara: se abre o se cierra para que entre más o menos luz
CÓRNEA
PUPILA
IRIS
CRISTALINO
La luz que deja pasar la pupila continúa su camino hacia el cristalino
Cuando la luz pasa del aire a la córnea se dobla (refracta)
NERVIO ÓPTICO
ESCLERÓTICA
COROIDES
El nervio óptico transmite las señales nerviosas de los sensores de luz al cerebro
Los vasos sanguíneos de la coroides aportan sangre a la retina y la esclerótica

Dentro del ojo

Los ojos exploran el entorno de manera constante, captan los rayos de luz que producen o reflejan los objetos. Los rayos entran en el ojo por una ventana transparente y abultada, la córnea. La córnea refracta la luz, que pasa a través de la pupila (encargada de controlar su intensidad), y el cristalino la enfoca en la retina, cuyos millones de células fotorreceptoras forman la imagen que recibirá el cerebro.

1 Luz desviada
Gracias a la forma en cúpula de la córnea, la luz que refracta se desvía adentro a través de la pupila hacia un punto focal dentro del ojo. La pupila, que es el agujero del iris, controla la cantidad de luz que entra.

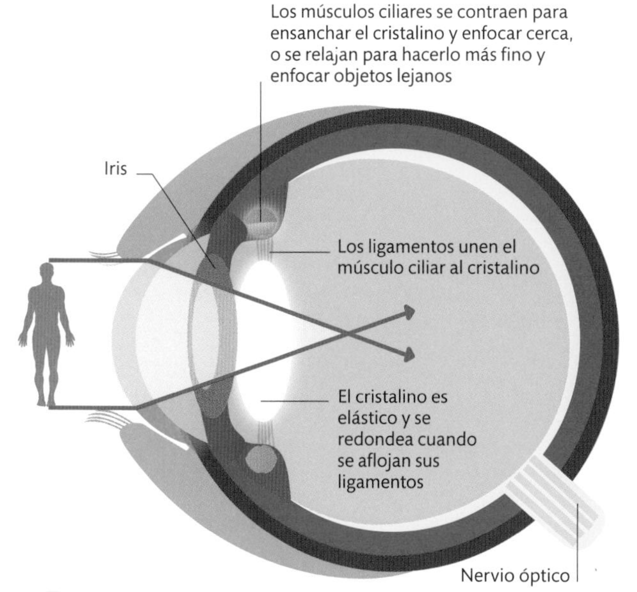
Los músculos ciliares se contraen para ensanchar el cristalino y enfocar cerca, o se relajan para hacerlo más fino y enfocar objetos lejanos
Iris
Los ligamentos unen el músculo ciliar al cristalino
El cristalino es elástico y se redondea cuando se aflojan sus ligamentos
Nervio óptico

2 Autofoco
Al pasar de mirar objetos cercanos a distantes, los ojos cambian de enfoque de manera inconsciente. Para ver de cerca, se contraen los músculos que tiran del cristalino, los ligamentos quedan flojos y el cristalino se abomba para aumentar el enfoque.

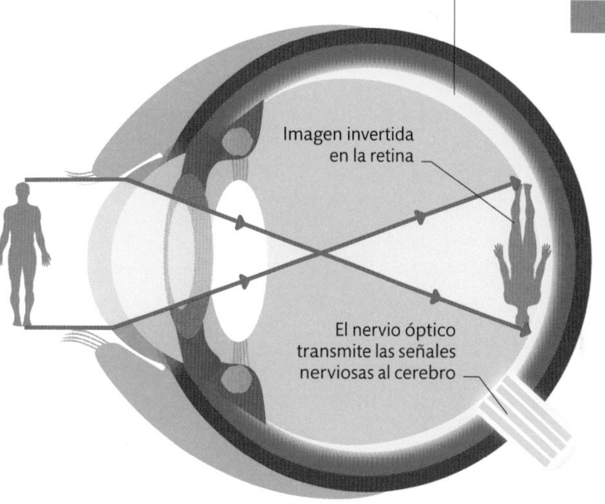
Los sensores de luz de la retina envían señales nerviosas cuando captan una imagen
Imagen invertida en la retina
El nervio óptico transmite las señales nerviosas al cerebro

3 Imagen en la retina
La luz llega a la retina y estimula más de 100 millones de receptores, igual que los píxeles del sensor de una cámara digital. El esquema de intensidad de luz y color en la imagen se convierte en señal eléctrica en el nervio óptico, que lo transmite al cerebro.

A plena luz

El iris es la parte coloreada del ojo con una abertura central, la pupila, que permite el paso de la luz. Sus músculos se contraen o relajan para cambiar el tamaño de la pupila y dejar pasar más o menos luz.

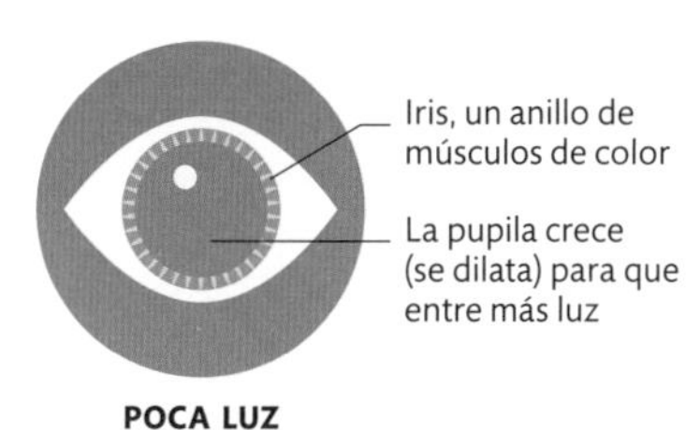
Iris, un anillo de músculos de color
La pupila crece (se dilata) para que entre más luz

POCA LUZ

La pupila se reduce (constriñe) para que entre menos luz

MUCHA LUZ

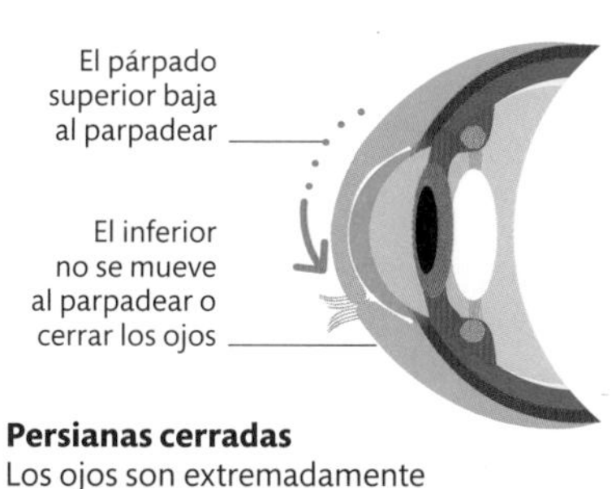
El párpado superior baja al parpadear
El inferior no se mueve al parpadear o cerrar los ojos

Persianas cerradas
Los ojos son extremadamente delicados. El reflejo de los párpados es cerrarse ante cualquier riesgo de que entre algo en los ojos.

Primera barrera

Las pestañas y los párpados protegen los ojos. Las pestañas no dejan que penetre el polvo u otras pequeñas partículas en los ojos. Los párpados protegen de objetos grandes y sustancias irritantes en el aire, y también esparcen las lágrimas por la superficie del ojo.

Lubricación
Las lágrimas, producidas por las glándulas lagrimales bajo el párpado superior, humedecen y lubrican el ojo, y retiran partículas pequeñas de la superficie. Siempre se producen, aunque solo se es consciente de ello al llorar.

La glándula lagrimal produce lágrimas, que llegan al ojo a través de los conductos lagrimales

Las lágrimas se forman cuando las glándulas lagrimales producen demasiado líquido lagrimal para retirarlo por la nariz

Este canal dirige las lágrimas hacia la nariz

Formar una imagen

La parte del ojo que crea imágenes, la retina, tiene el tamaño de la uña del pulgar, pero produce una imagen increíblemente nítida y detallada. Las células de la retina convierten los rayos de luz en imágenes.

¿QUÉ SON LAS MOSCAS VOLANTES?

El líquido en gel del interior del ojo puede a veces estropearse, bloquear los rayos de luz y proyectar sombras en la retina, que aparecen como destellos de luz o formas en la visión.

Cómo vemos

Las imágenes se forman en la parte posterior del ojo, en una capa conocida como retina, cuyas células son sensibles a la luz. Cuando estas reciben el impacto de los rayos de luz, emiten señales nerviosas que viajan hacia el cerebro para que elabore una imagen. La retina contiene dos tipos de células sensibles a la luz: los conos, que detectan el color (longitud de onda) de los rayos de luz, y los bastones, que no lo detectan.

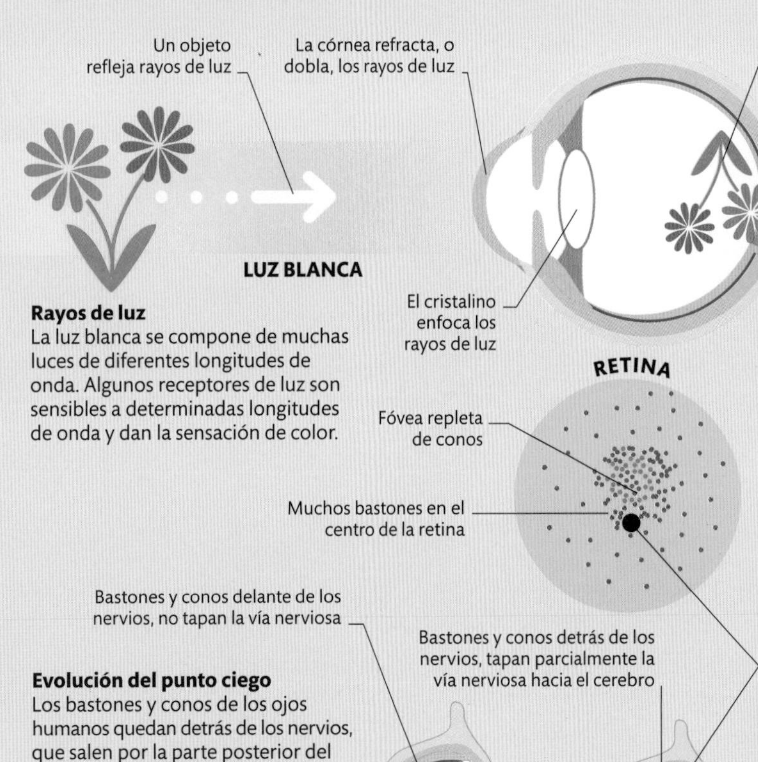

Un objeto refleja rayos de luz
La córnea refracta, o dobla, los rayos de luz
Imagen invertida
LUZ BLANCA
El cristalino enfoca los rayos de luz
RETINA
Fóvea repleta de conos
Muchos bastones en el centro de la retina
Bastones y conos delante de los nervios, no tapan la vía nerviosa
Bastones y conos detrás de los nervios, tapan parcialmente la vía nerviosa hacia el cerebro
Punto ciego donde el nervio óptico sale del final del ojo
OJO DE CALAMAR
OJO HUMANO

Rayos de luz
La luz blanca se compone de muchas luces de diferentes longitudes de onda. Algunos receptores de luz son sensibles a determinadas longitudes de onda y dan la sensación de color.

Bastones y conos
El centro de la retina tiene la máxima concentración de bastones, aunque ninguno está en la región central, o fóvea, repleta de conos. Esta pequeña área no tiene vasos sanguíneos y por ello produce una imagen nítida y detallada. El propio centro de la fóvea solo contiene conos rojos y verdes.

Evolución del punto ciego
Los bastones y conos de los ojos humanos quedan detrás de los nervios, que salen por la parte posterior del ojo hacia el cerebro, por un único sitio, donde se crea un punto ciego sin bastones ni conos. El cerebro lo compensa suponiendo qué falta ahí y rellenándolo. En cambio, los ojos del calamar tienen los nervios detrás de los bastones y los conos, y, por lo tanto, no tienen punto ciego.

20-100 MILISEGUNDOS
ES EL TIEMPO QUE TARDAN LOS OJOS EN MOVERSE CUANDO **LEEMOS RÁPIDO**

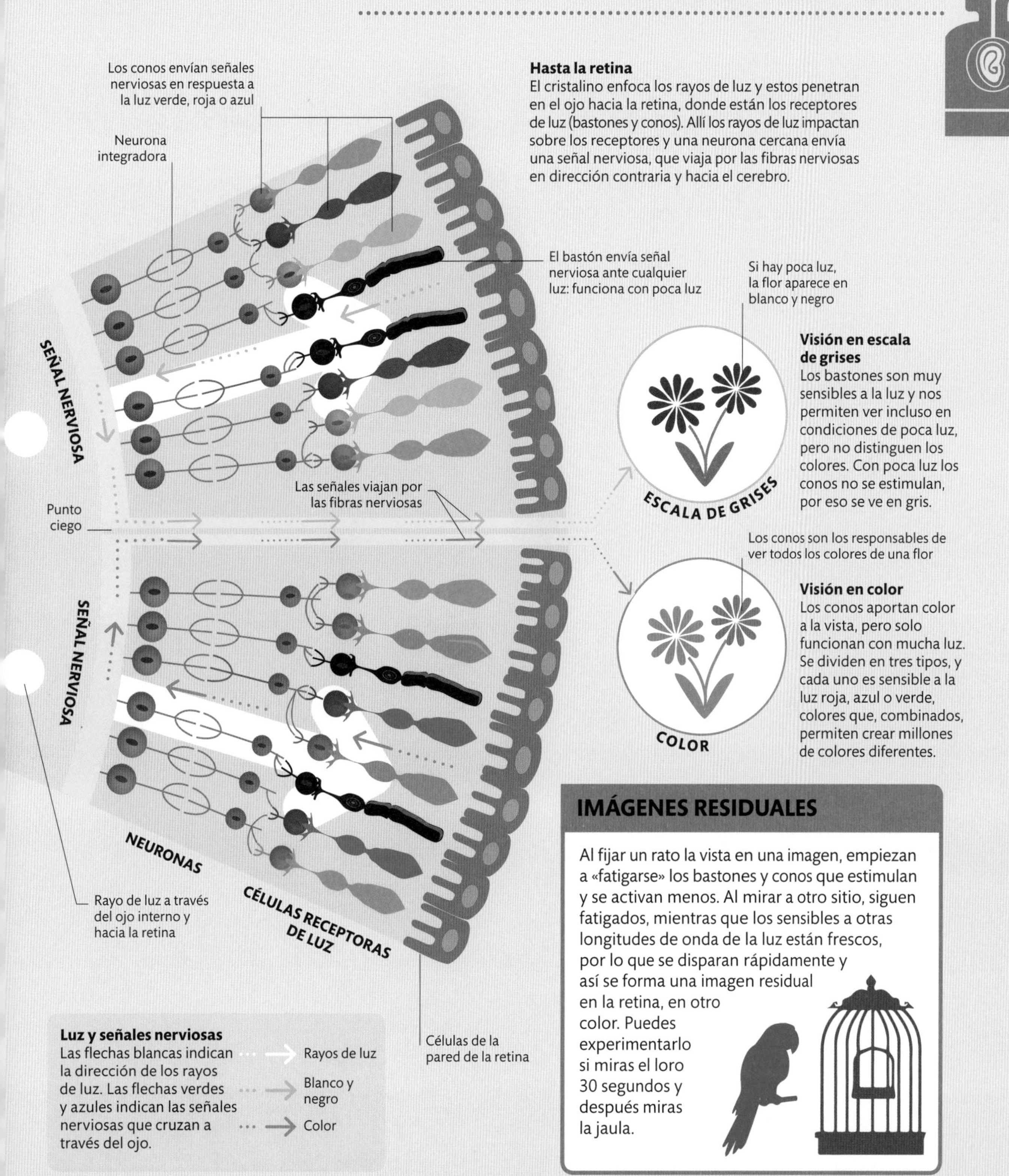
Los conos envían señales nerviosas en respuesta a la luz verde, roja o azul
Neurona integradora
El bastón envía señal nerviosa ante cualquier luz: funciona con poca luz
SEÑAL NERVIOSA
Las señales viajan por las fibras nerviosas
Punto ciego
SEÑAL NERVIOSA
NEURONAS
CÉLULAS RECEPTORAS DE LUZ
Rayo de luz a través del ojo interno y hacia la retina
Células de la pared de la retina
Si hay poca luz, la flor aparece en blanco y negro
ESCALA DE GRISES
Los conos son los responsables de ver todos los colores de una flor
COLOR
Luz y señales nerviosas
Las flechas blancas indican la dirección de los rayos de luz. Las flechas verdes y azules indican las señales nerviosas que cruzan a través del ojo.
Rayos de luz
Blanco y negro
Color

Hasta la retina

El cristalino enfoca los rayos de luz y estos penetran en el ojo hacia la retina, donde están los receptores de luz (bastones y conos). Allí los rayos de luz impactan sobre los receptores y una neurona cercana envía una señal nerviosa, que viaja por las fibras nerviosas en dirección contraria y hacia el cerebro.

Visión en escala de grises

Los bastones son muy sensibles a la luz y nos permiten ver incluso en condiciones de poca luz, pero no distinguen los colores. Con poca luz los conos no se estimulan, por eso se ve en gris.

Visión en color

Los conos aportan color a la vista, pero solo funcionan con mucha luz. Se dividen en tres tipos, y cada uno es sensible a la luz roja, azul o verde, colores que, combinados, permiten crear millones de colores diferentes.

IMÁGENES RESIDUALES

Al fijar un rato la vista en una imagen, empiezan a «fatigarse» los bastones y conos que estimulan y se activan menos. Al mirar a otro sitio, siguen fatigados, mientras que los sensibles a otras longitudes de onda de la luz están frescos, por lo que se disparan rápidamente y así se forma una imagen residual en la retina, en otro color. Puedes experimentarlo si miras el loro 30 segundos y después miras la jaula.

Vemos en el cerebro

Los ojos proporcionan datos visuales básicos sobre el mundo, pero el cerebro es el que extrae la información útil, modificándola selectivamente, produciendo la percepción visual del mundo (deduciendo el movimiento y la profundidad y teniendo en cuenta las condiciones de luz).

Visión binocular

La posición de los ojos permite ver en 3D. Ambos ojos miran en la misma dirección, pero están un poco separados, de manera que ven imágenes ligeramente diferentes al mirar un objeto. La diferencia entre estas imágenes depende de la distancia del objeto en relación con el observador, por eso se usa la disparidad entre las imágenes para juzgar la distancia hasta el objeto.

Vías visuales

La información de los ojos llega a la parte posterior del cerebro, donde se trata y convierte en visión consciente. Por el camino, las señales convergen en el quiasma óptico, donde la mitad de las señales pasan al otro hemisferio del cerebro.

CAMPO VISUAL IZQUIERDO

CAMPO VISUAL BINOCULAR

El cerebro forma esta imagen tras combinar las imágenes de los campos visuales de los ojos derecho e izquierdo

CAMPO VISUAL DERECHO

Visión en 3D

La manera en que el cerebro percibe la profundidad se utiliza para producir películas y televisores en 3D. Se filma una imagen con luz polarizada que oscile en vertical, y una imagen complementaria, filmada desde un ángulo diferente, oscilando en horizontal. Cada ojo recibe solo una de estas imágenes, ligeramente diferentes, que engañan al cerebro para que crea que está viendo en 3D.

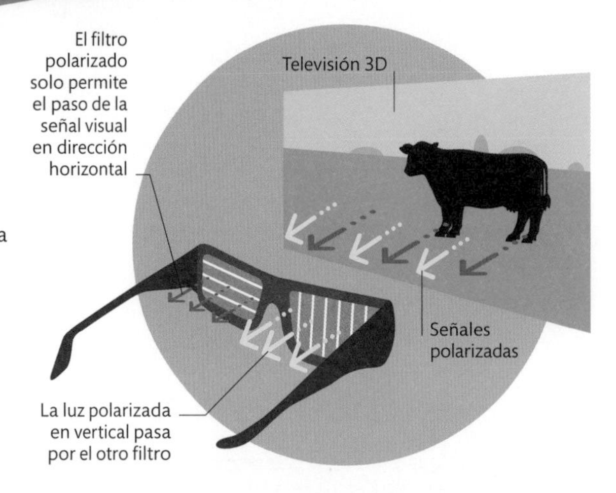
El filtro polarizado solo permite el paso de la señal visual en dirección horizontal
Televisión 3D
Señales polarizadas
La luz polarizada en vertical pasa por el otro filtro

24 EL NÚMERO DE **FOTOGRAMAS POR SEGUNDO** QUE SE **PROYECTAN EN LAS PELÍCULAS**

Perspectiva

La experiencia dice que dos líneas rectas, como las vías del tren, parece que converjan en la distancia. Así se percibe la profundidad de una imagen y, junto con otros detalles, como cambios de textura y la comparación de objetos de tamaño conocido, nos permite calcular las distancias. La imagen de la derecha crea una ilusión: interpretamos las líneas convergentes como distancia y comparamos los coches con el ancho del carril.

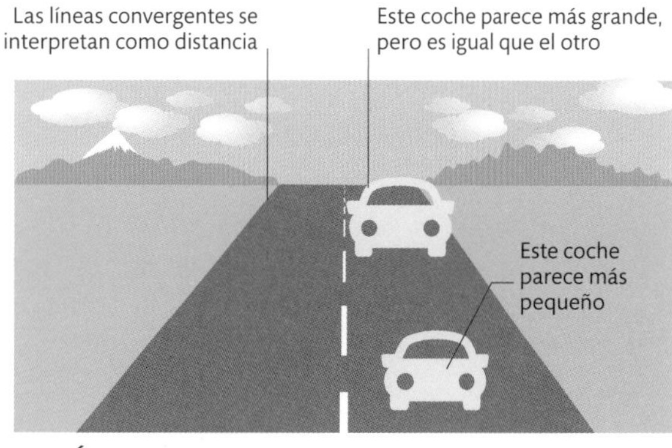
Las líneas convergentes se interpretan como distancia
Este coche parece más grande, pero es igual que el otro
Este coche parece más pequeño

ILUSIÓN DE PERSPECTIVA

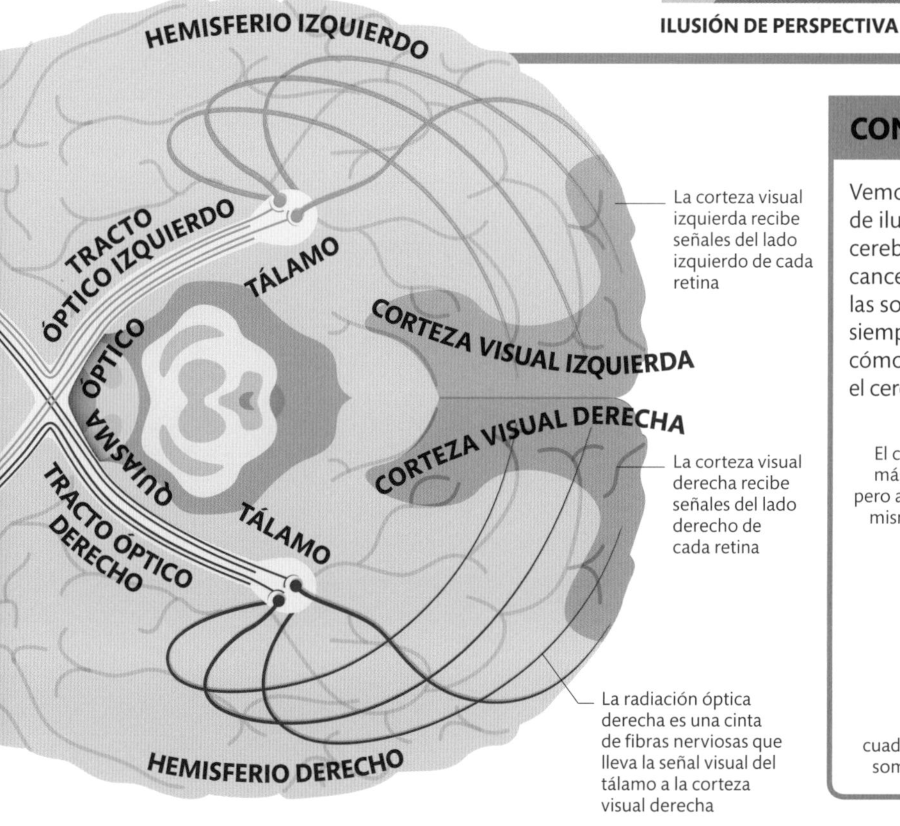
HEMISFERIO IZQUIERDO
TRACTO ÓPTICO IZQUIERDO
TÁLAMO
QUIASMA ÓPTICO
CORTEZA VISUAL IZQUIERDA
CORTEZA VISUAL DERECHA
TRACTO ÓPTICO DERECHO
TÁLAMO
HEMISFERIO DERECHO
La corteza visual izquierda recibe señales del lado izquierdo de cada retina
La corteza visual derecha recibe señales del lado derecho de cada retina
La radiación óptica derecha es una cinta de fibras nerviosas que lleva la señal visual del tálamo a la corteza visual derecha

CONSTANCIA DEL COLOR

Vemos los objetos en condiciones de iluminación diferentes; el cerebro lo tiene en cuenta para cancelar los efectos de las luces y las sombras. Es decir, un plátano siempre se ve amarillo, no importa cómo esté iluminado. Pero a veces el cerebro solo ve lo que espera ver.

El cuadro A parece más claro que el B, pero ambos tienen el mismo tono de gris
A
B
Esperamos que el cuadro B, que está en la sombra, sea más claro

Imágenes en movimiento

Por raro que parezca, los ojos no envían al cerebro un flujo continuo de información visual en movimiento, sino una serie de instantáneas, igual que una película. El cerebro crea la percepción del movimiento a partir de estas imágenes; por eso es fácil creer que los fotogramas de una película tienen movimiento. No obstante, a veces el proceso no funciona porque una secuencia de fotogramas fijos puede inducir al engaño.

FOTOGRAMA 1 FOTOGRAMA 2 Movimiento real entre fotogramas Movimiento percibido

FOTOGRAMA 3 FOTOGRAMA 4

Movimiento aparente

A veces, en la televisión, parece que las ruedas de un coche giren al revés. Es porque dan menos de una vuelta entre fotogramas y el cerebro lo reconstruye como un movimiento lento hacia atrás.

Problemas de vista

Los ojos son órganos complejos, delicados y, por lo tanto, vulnerables a trastornos causados por daños o degeneración natural con la edad. Casi todas las personas tienen problemas de vista durante su vida, pero por suerte la mayoría tienen fácil tratamiento.

¿Para qué sirven las gafas?

Cuando el cristalino y la córnea refractan la luz de un objeto y la enfocan en la retina, se producen imágenes nítidas y claras (ver pp. 80-81). Si el sistema no está bien calibrado, se producen imágenes borrosas. Las gafas corrigen la falta o el exceso de refracción y vuelven a enfocar la imagen. La miopía parece aumentar su prevalencia, posiblemente porque la vida moderna, sobre todo en entornos urbanos, hace fijarse más en objetos cercanos que lejanos.

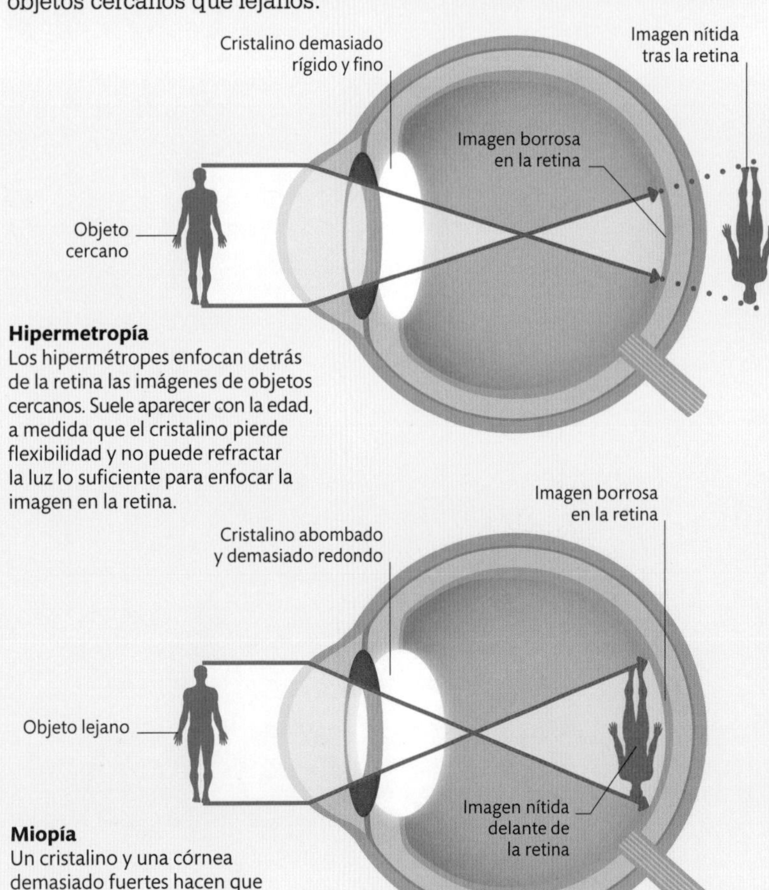

Cristalino demasiado rígido y fino
Imagen nítida tras la retina
Imagen borrosa en la retina
Objeto cercano
Imagen borrosa en la retina
Cristalino abombado y demasiado redondo
Objeto lejano
Imagen nítida delante de la retina

Hipermetropía
Los hipermétropes enfocan detrás de la retina las imágenes de objetos cercanos. Suele aparecer con la edad, a medida que el cristalino pierde flexibilidad y no puede refractar la luz lo suficiente para enfocar la imagen en la retina.

Miopía
Un cristalino y una córnea demasiado fuertes hacen que la imagen se enfoque delante de la retina y que los objetos lejanos queden borrosos.

90 %

PROPORCIÓN DE NIÑOS DE 16-18 AÑOS CON MIOPÍA EN ALGUNAS CIUDADES

Astigmatismo

El tipo de astigmatismo más habitual se produce cuando la córnea o el cristalino tiene forma de pelota de rugby y no de fútbol, así que aunque la imagen se enfoque de manera horizontal en la retina, el aspecto vertical se enfoca delante o detrás de la retina (o viceversa). Se corrige con gafas, lentes de contacto o cirugía ocular láser.

Cómo se ve
Los astigmáticos ven las líneas verticales u horizontales borrosas, y las otras enfocadas. A veces se alteran ambos ejes, y son miopes de un ojo e hipermétropes del otro.

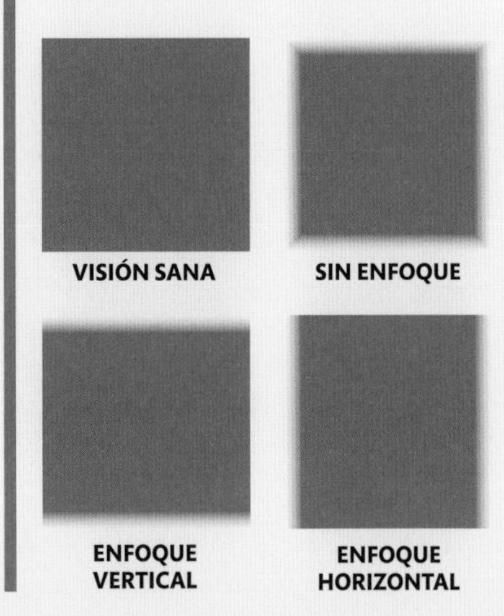

VISIÓN SANA
SIN ENFOQUE
ENFOQUE VERTICAL
ENFOQUE HORIZONTAL

Cataratas

Cuando el cristalino queda opaco y pierde visión se dice que tiene cataratas. Esto causa la mitad de los casos de ceguera en el mundo y es habitual en la vejez, pero también pueden deberse a otros factores, como la exposición a luz ultravioleta o a lesiones. Se tratan con una intervención quirúrgica, en la que se retira el cristalino y se sustituye por otro artificial.

SIN CATARATAS

Vista sana
Normalmente, la luz cruza el cristalino transparente y se forma una imagen clara.

CON CATARATAS

Vista borrosa
El cristalino parece nublado, los colores se difuminan y la imagen es borrosa porque la luz se dispersa.

Glaucoma

En general, un exceso de líquido ocular acaba en la sangre. En los casos de glaucoma, se bloquean los canales de salida del líquido, que se acumula en el ojo. Se desconocen sus causas, pero se sabe que la genética tiene parte de responsabilidad.

El líquido acuoso atrapado entre el cristalino y la córnea causa presión

La presión reduce el suministro sanguíneo del nervio óptico

Canal de drenaje bloqueado

Aumento de la presión

Nervio óptico

Presión en aumento
El aumento de presión que provoca la acumulación daña el nervio óptico y sus señales no llegan al cerebro. Si no se trata, puede causar ceguera total.

PRUEBA DE VISIÓN

Los optometristas realizan pruebas de visión para comprobar la capacidad de ver a distancias largas y cortas, para comprobar que los ojos trabajan juntos y que los músculos están sanos. También exploran el ojo por dentro y por fuera para detectar enfermedades como la diabetes y problemas de vista como el glaucoma o las cataratas. Otro tipo de problema de visión que se puede detectar es el daltonismo, causado por la falta o alteración de algún tipo de cono, de manera que los daltónicos no tienen tres tipos de conos como la mayoría y por eso confunden ciertos colores, especialmente el rojo y el verde.

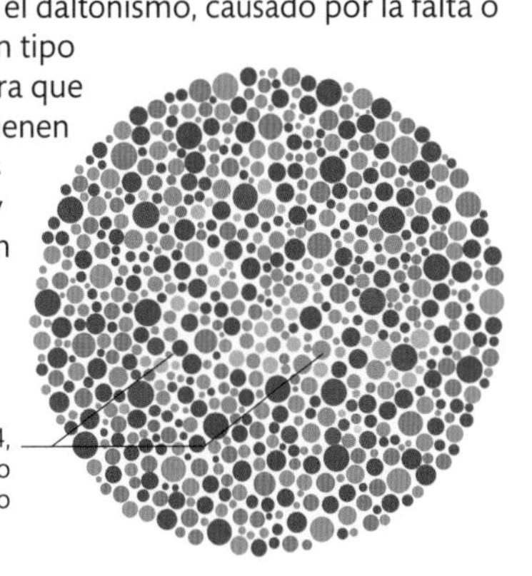

Algunos ven un 74, otros un 21 y otros no ven ningún número

Cómo funciona el oído

Los oídos tienen la complicada tarea de convertir las ondas de sonido del aire en señales nerviosas que el cerebro pueda interpretar. En este proceso, aseguran que se conserve la máxima información posible. También pueden ampliar señales leves y determinar de dónde vienen los sonidos.

Hacer entrar el sonido en el cuerpo

Cuando las ondas de sonido pasan del aire a un líquido, como ocurre cuando entran en el cuerpo, se reflejan parcialmente, por lo que pierden energía y volumen. La oreja evita que el sonido rebote haciendo que la energía de la onda entre de manera controlada. Cuando el tímpano vibra, mueve el primero de los tres huesecillos conocidos como osículos, que a su vez empujan la ventana oval y transmiten las ondas al líquido de la cóclea. Los osículos amplifican el sonido 20-30 veces.

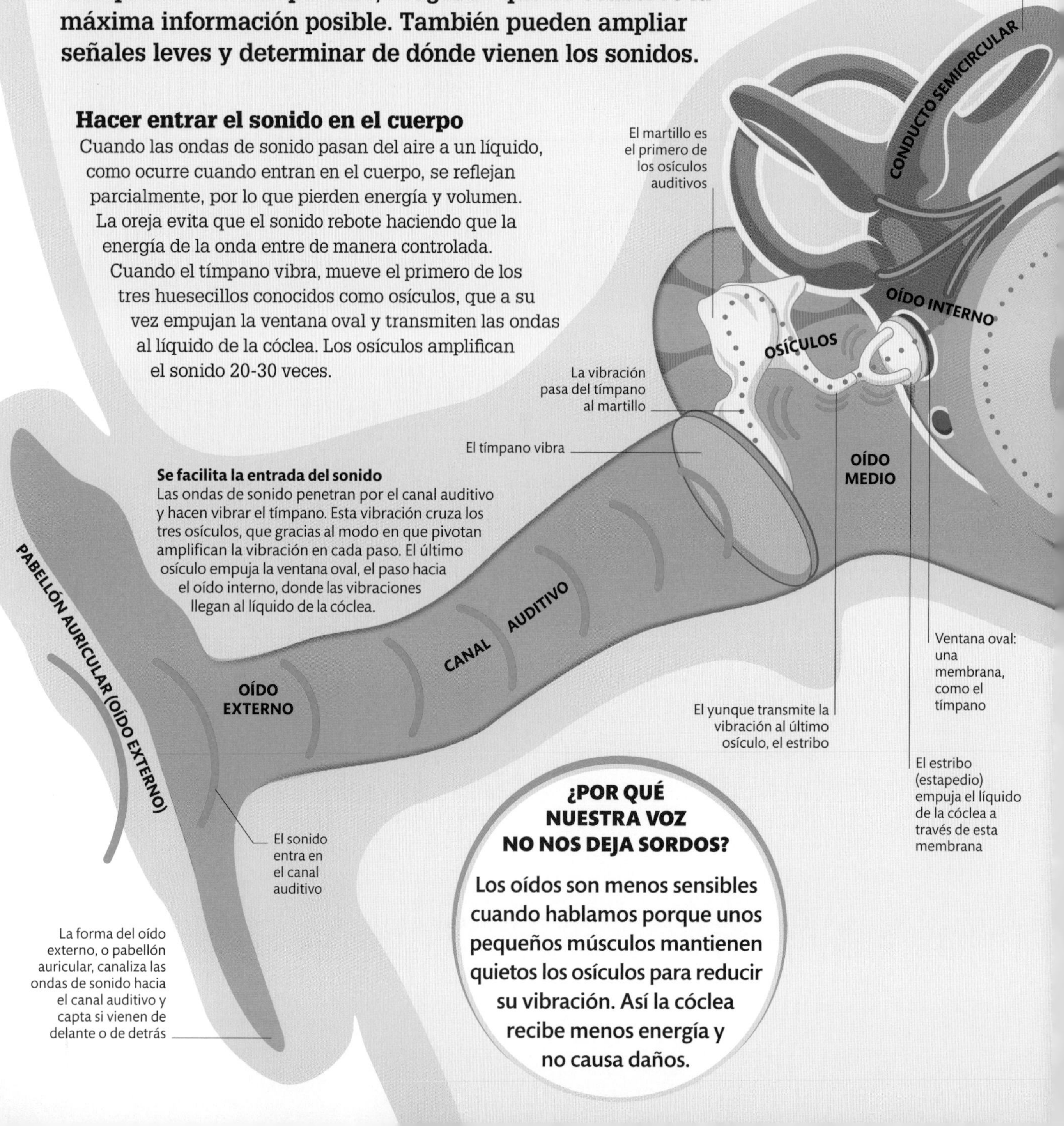

Los tres conductos semicirculares del oído interno son los órganos del equilibrio, y no sirven para oír

CONDUCTO SEMICIRCULAR

El martillo es el primero de los osículos auditivos

OÍDO INTERNO

OSÍCULOS

La vibración pasa del tímpano al martillo

El tímpano vibra

OÍDO MEDIO

Se facilita la entrada del sonido

Las ondas de sonido penetran por el canal auditivo y hacen vibrar el tímpano. Esta vibración cruza los tres osículos, que gracias al modo en que pivotan amplifican la vibración en cada paso. El último osículo empuja la ventana oval, el paso hacia el oído interno, donde las vibraciones llegan al líquido de la cóclea.

PABELLÓN AURICULAR (OÍDO EXTERNO)

CANAL AUDITIVO

OÍDO EXTERNO

Ventana oval: una membrana, como el tímpano

El yunque transmite la vibración al último osículo, el estribo

El estribo (estapedio) empuja el líquido de la cóclea a través de esta membrana

El sonido entra en el canal auditivo

La forma del oído externo, o pabellón auricular, canaliza las ondas de sonido hacia el canal auditivo y capta si vienen de delante o de detrás

¿POR QUÉ NUESTRA VOZ NO NOS DEJA SORDOS?

Los oídos son menos sensibles cuando hablamos porque unos pequeños músculos mantienen quietos los osículos para reducir su vibración. Así la cóclea recibe menos energía y no causa daños.

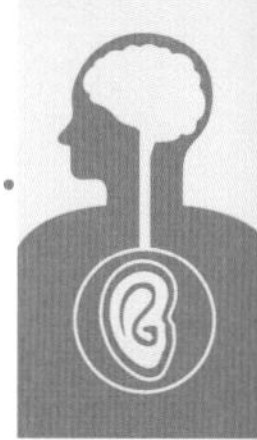

NERVIO VESTIBULAR
NERVIO AUDITIVO

El nervio auditivo envía señales eléctricas al cerebro

CÓCLEA

El sonido cruza el líquido de la cóclea

La trompa de Eustaquio conecta el oído con la nariz y la boca

TROMPA DE EUSTAQUIO

Sonidos con diferentes tonos

La cóclea contiene la membrana basilar, que está repleta de células ciliadas, que son muy sensibles. Cada apartado de la membrana vibra a una frecuencia concreta, porque su rigidez cambia a lo largo de la misma, y por eso los diferentes sonidos estimulan distintas células ciliadas. El cerebro deduce el tono del sonido a partir de la posición de las células alteradas.

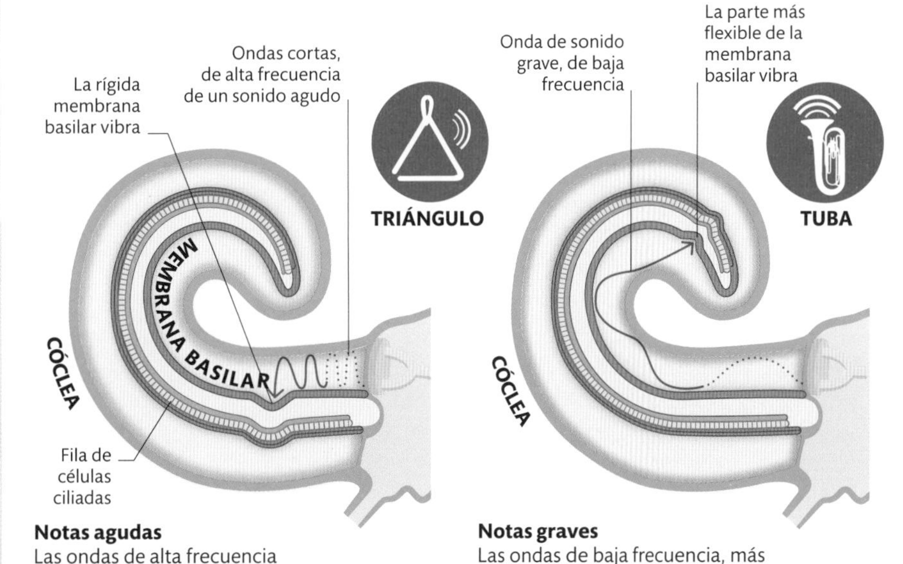
La rígida membrana basilar vibra
Ondas cortas, de alta frecuencia de un sonido agudo
TRIÁNGULO
MEMBRANA BASILAR
CÓCLEA
Fila de células ciliadas
Onda de sonido grave, de baja frecuencia
La parte más flexible de la membrana basilar vibra
TUBA
CÓCLEA

Notas agudas
Las ondas de alta frecuencia producen notas agudas y activan la membrana basilar cerca de la base, donde es más estrecha y rígida, y vibra más rápidamente.

Notas graves
Las ondas de baja frecuencia, más largas, penetran más en la cóclea para hacer vibrar la membrana basilar cerca de la punta, donde es más blanda y ancha.

De sonido a electricidad

La información del sonido, incluido el timbre, tono, ritmo e intensidad, se convierte en señales eléctricas para que el cerebro la pueda analizar. Se desconoce con exactitud cómo se codifica la información, pero se sabe que lo hacen las células ciliadas y los nervios auditivos.

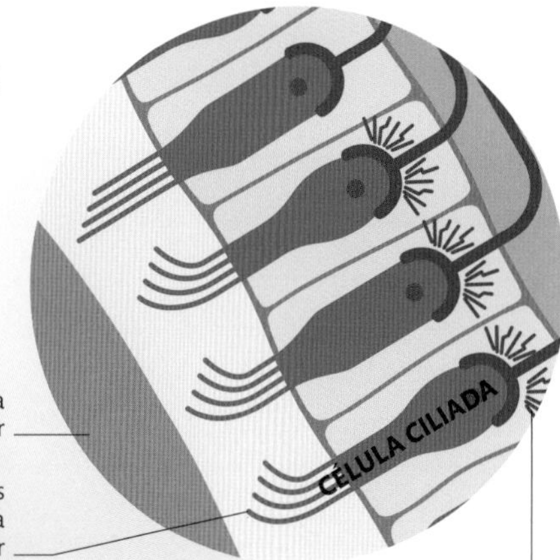
Borde de la membrana basilar
Los cilios de las células se doblan al moverse la membrana basilar
CÉLULA CILIADA
Neurona activada que envía la señal al cerebro

UBICACIÓN EN LA CÓCLEA

Activación nerviosa
Cuando la vibración de la membrana basilar mueve los sensibles pelos de las células ciliadas, estas liberan neurotransmisores que activan las neuronas de la base.

LA PALABRA **CÓCLEA** VIENE DEL **GRIEGO CARACOL,** POR SU **FORMA EN ESPIRAL**

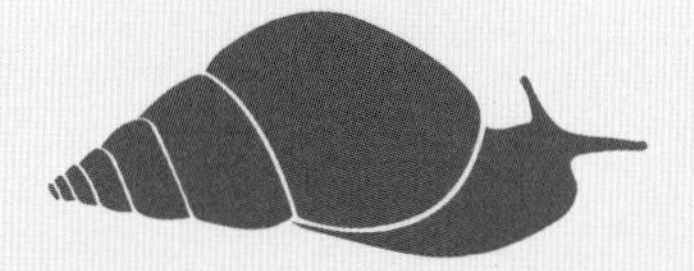

Cómo oye el cerebro

Se tiene que realizar un proceso complejo para extraer información de las señales que el oído manda al cerebro, encargado de determinar qué es el sonido, de dónde viene y qué hace sentir. El cerebro puede concentrarse en un sonido sobre otros o incluso ignorar por completo el ruido innecesario.

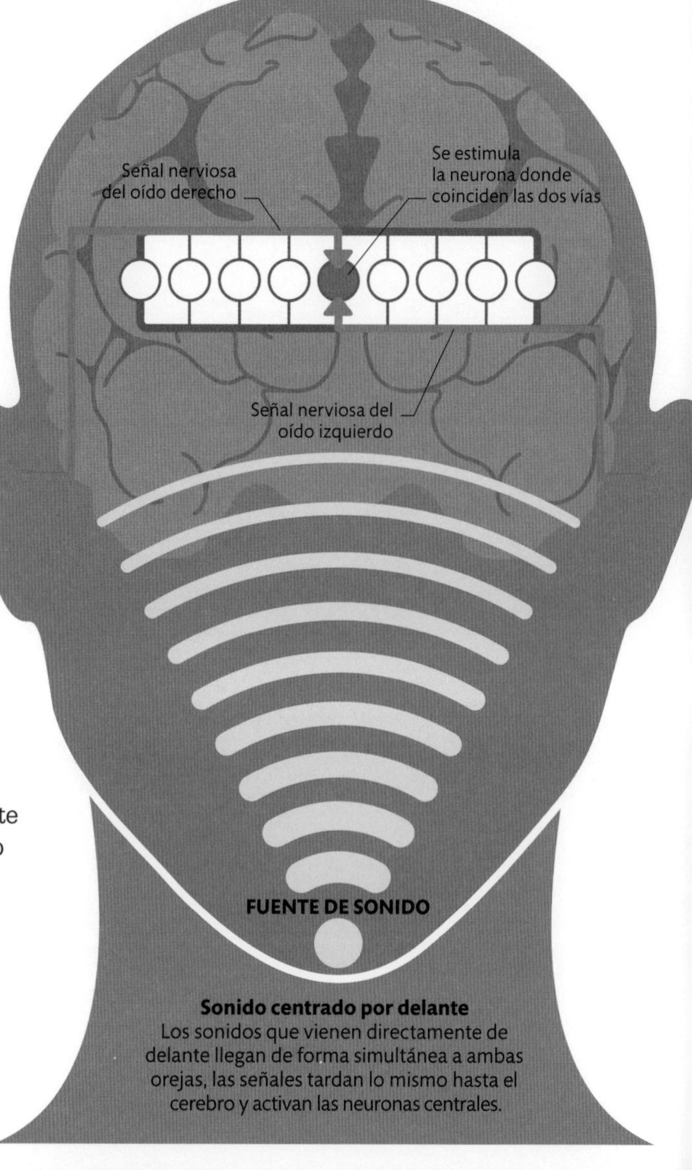

Señal nerviosa del oído derecho
Se estimula la neurona donde coinciden las dos vías
Señal nerviosa del oído izquierdo
FUENTE DE SONIDO

Sonido centrado por delante
Los sonidos que vienen directamente de delante llegan de forma simultánea a ambas orejas, las señales tardan lo mismo hasta el cerebro y activan las neuronas centrales.

Localizar el sonido

Se utilizan principalmente tres detalles para descubrir de dónde viene un sonido: el patrón de frecuencia, el volumen y la diferencia en el tiempo de llegada en cada oído. El patrón de frecuencia indica si el sonido está delante o detrás, porque la forma de la oreja hace que un sonido tenga por delante un patrón de frecuencia diferente al del mismo sonido por detrás. Sin embargo, los oídos no captan muy bien la altura de las fuentes de sonido. La localización a derecha o izquierda es más fácil: si viene por la izquierda, suena más alto en la oreja izquierda que en la derecha, especialmente en frecuencias altas. También llega a la izquierda unos milisegundos antes que a la derecha. Los diagramas de la derecha ilustran cómo el cerebro utiliza esta información.

Sintonizar

El cerebro puede «sintonizar» una única conversación entre el bullicio de una fiesta agrupando los sonidos en distintas secuencias, basándose en su frecuencia, timbre o fuente. La sensación es que no oímos el resto de las conversaciones, pero nos daremos cuenta si aparece nuestro nombre, porque los oídos envían señales de otras conversaciones al cerebro, que desactivará el proceso de filtrado si detecta algo importante.

PODEMOS ELEGIR UNA CONVERSACIÓN EN ENTORNOS CON RUIDO

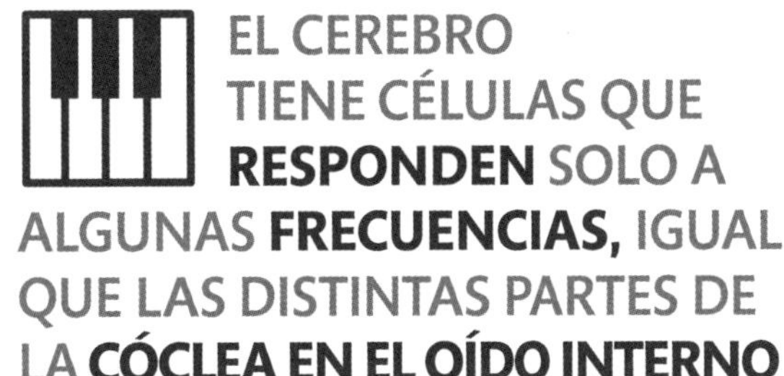

EL CEREBRO TIENE CÉLULAS QUE **RESPONDEN** SOLO A ALGUNAS **FRECUENCIAS,** IGUAL QUE LAS DISTINTAS PARTES DE LA **CÓCLEA EN EL OÍDO INTERNO**

La neurona que se dispara indica la distancia a derecha o izquierda hasta el sonido

La señal tarda más por este lado antes de coincidir con la vía del otro oído

El sonido llega antes a la primera oreja

Fuente de sonido a un lado
Se activan neuronas diferentes según el retraso que se produce entre la llegada a la oreja más cercana y la oreja más alejada; este retraso indica la dirección del sonido.

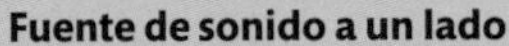

FUENTE DE SONIDO

Los sonidos de cualquier zona del «cono de la confusión» dan respuestas neuronales idénticas y es imposible distinguirlos

Un sonido fuera del cono produce una respuesta neuronal concreta y es fácil de localizar

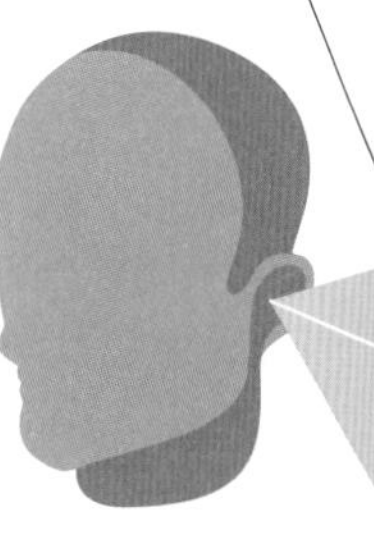

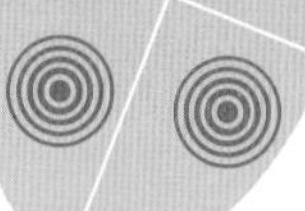

UBICAR LA FUENTE

El cono de la confusión
Las señales que se producen en una región en forma de cono delante de cada oreja son ambiguas y es difícil localizar los sonidos. Moviendo o inclinando la cabeza, la fuente de sonido sale de esta región y es más fácil localizarla.

La emoción de la música

La música causa reacciones emotivas potentes, por ejemplo en una banda sonora de una película de terror o una melodía fantasmagórica para potenciar el miedo. Se sabe que muchas áreas cerebrales tienen que ver con las emociones, pero no se sabe por qué la música crea unos sentimientos tan especiales en el oyente o por qué la misma canción afecta de manera diferente a las personas.

?

MÚSICA EN EL CEREBRO

¿POR QUÉ NOS PARAMOS A ESCUCHAR?

Es más fácil escuchar con atención estando totalmente quietos: se oye mejor porque nuestros movimientos dejan de generar ruido.

En equilibrio

Los oídos, además de para escuchar, sirven para que mantengamos el equilibrio y sepamos la dirección del movimiento. Para ello utilizan un conjunto de órganos del oído interno, uno en cada lado de la cabeza.

Giros y movimiento

Dentro de cada oído existen tres conductos llenos de líquido a unos 90° entre ellos. Uno responde al movimiento de las volteretas, el otro al de las ruedas y el tercero al de las piruetas. El movimiento relativo del líquido indica al cerebro la dirección del movimiento. Al girar de manera repetida en la misma dirección, el líquido acumula inercia y cuando alcanza la velocidad del giro, deja de alterar las células ciliadas y no se percibe movimiento. Sin embargo, al parar de moverse, el líquido sigue haciéndolo, y da así la sensación de continuar en movimiento, la sensación conocida como mareo.

Este conducto detecta el mismo movimiento que se experimenta al realizar ruedas
CONDUCTO SEMICIRCULAR
Una región al final de cada conducto, la ampolla, contiene las células ciliadas
CONDUCTO SEMICIRCULAR
AMPOLLA
Este conducto detecta movimientos adelante y atrás
CONDUCTO SEMICIRCULAR
AMPOLLA
Este conducto detecta movimientos de giro o rotación de la cabeza
AMPOLLA

¿POR QUÉ DA VUELTAS LA CABEZA AL EMBORRACHARSE?

El alcohol se acumula en las cúpulas del oído interno y hace que floten en sus conductos. Cuando nos tumbamos, las cúpulas se alteran y el cerebro cree que el cuerpo está girando.

Órganos de detección del giro
Cuando el cuerpo se mueve, también lo hace el líquido de los conductos, pero debido a la inercia tarda un poco en empezar a moverse. Este movimiento desplaza una masa gelatinosa, la cúpula, que altera las células ciliadas de su interior, y envía señales al cerebro. Cuando la cúpula se inclina en una dirección, los nervios se activan más. En cambio, si se inclina al otro lado, su activación queda inhibida; así el cerebro conoce la dirección del movimiento.

Material gelatinoso

CÚPULA

Célula ciliada

REPOSO

El movimiento desplaza la cúpula

Señal enviada al cerebro

Células ciliadas alteradas

GIRO

Mirada fija

El cerebro va ajustando cada mínimo movimiento de los músculos para mantener el equilibrio. Se combinan los datos de los ojos y músculos con los del oído interno para determinar la posición.

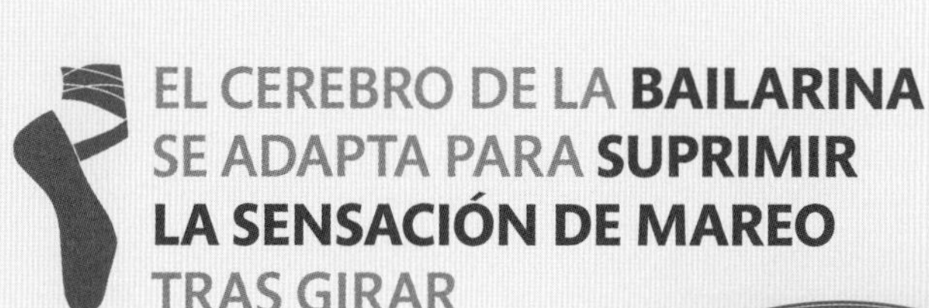
EL CEREBRO DE LA BAILARINA SE ADAPTA PARA SUPRIMIR LA SENSACIÓN DE MAREO TRAS GIRAR

ADELANTE

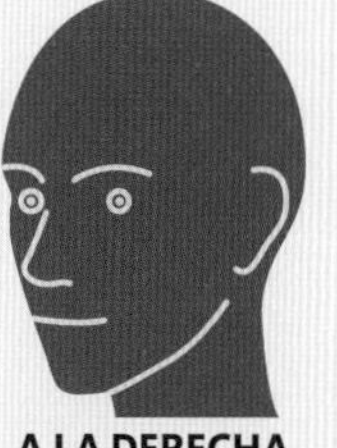
A LA DERECHA

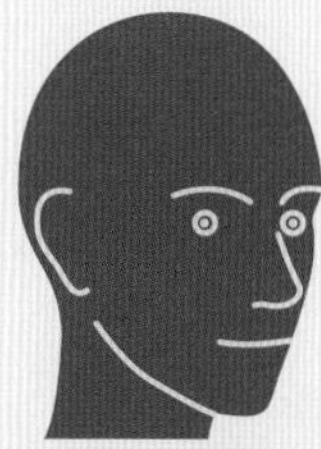
A LA IZQUIERDA

Reflejo de corrección
Los ojos compensan automáticamente los movimientos de la cabeza y mantienen la imagen fija en la retina. Sin este reflejo, sería imposible leer, ya que las palabras saltarían al mover la cabeza.

El utrículo es sensible a la gravedad y la aceleración horizontal

UTRÍCULO

SÁCULO

El sáculo detecta la gravedad y la aceleración vertical

Gravedad y aceleración

Además de giros y rotaciones, los oídos internos notan la aceleración en línea recta: adelante y atrás o arriba y abajo. Dos órganos la captan, son el utrículo, sensible a los movimientos horizontales, y el sáculo, que detecta la aceleración vertical (como el movimiento de un ascensor, por ejemplo). Ambos también detectan la dirección de la gravedad respecto de la cabeza e indican si está inclinada o a nivel.

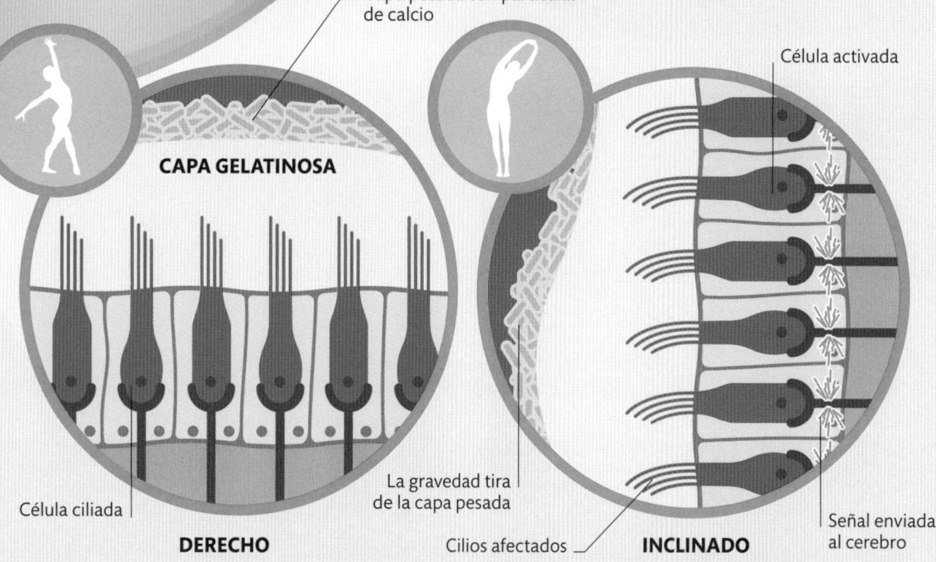
Capa pesada con partículas de calcio
CAPA GELATINOSA
Célula activada
Célula ciliada
La gravedad tira de la capa pesada
Cilios afectados
Señal enviada al cerebro
DERECHO
INCLINADO

Órganos de detección de la gravedad
Las células ciliadas del utrículo y el sáculo están en una capa gelatinosa, con una estructura en la parte superior que contiene minúsculas partículas de calcio. Por el peso de la estructura, la gravedad lo mueve al inclinar la cabeza, lo que a su vez mueve los pelos. Al acelerar, la capa de partículas tarda más en moverse porque tiene más masa. Si no se tienen más datos, es difícil distinguir si se inclina la cabeza o se está sufriendo una aceleración.

Problemas auditivos

La sordera o los problemas auditivos son frecuentes, pero se pueden tratar gracias a los avances tecnológicos. La mayoría de las personas sufrirá algún tipo de pérdida auditiva con la edad por daños en los componentes del oído interno.

Causas de los problemas auditivos

La sordera de nacimiento suele producirse por mutaciones genéticas que alteran el buen funcionamiento del oído. Los problemas auditivos ilustrados se producen por lesiones o afecciones durante la vida.

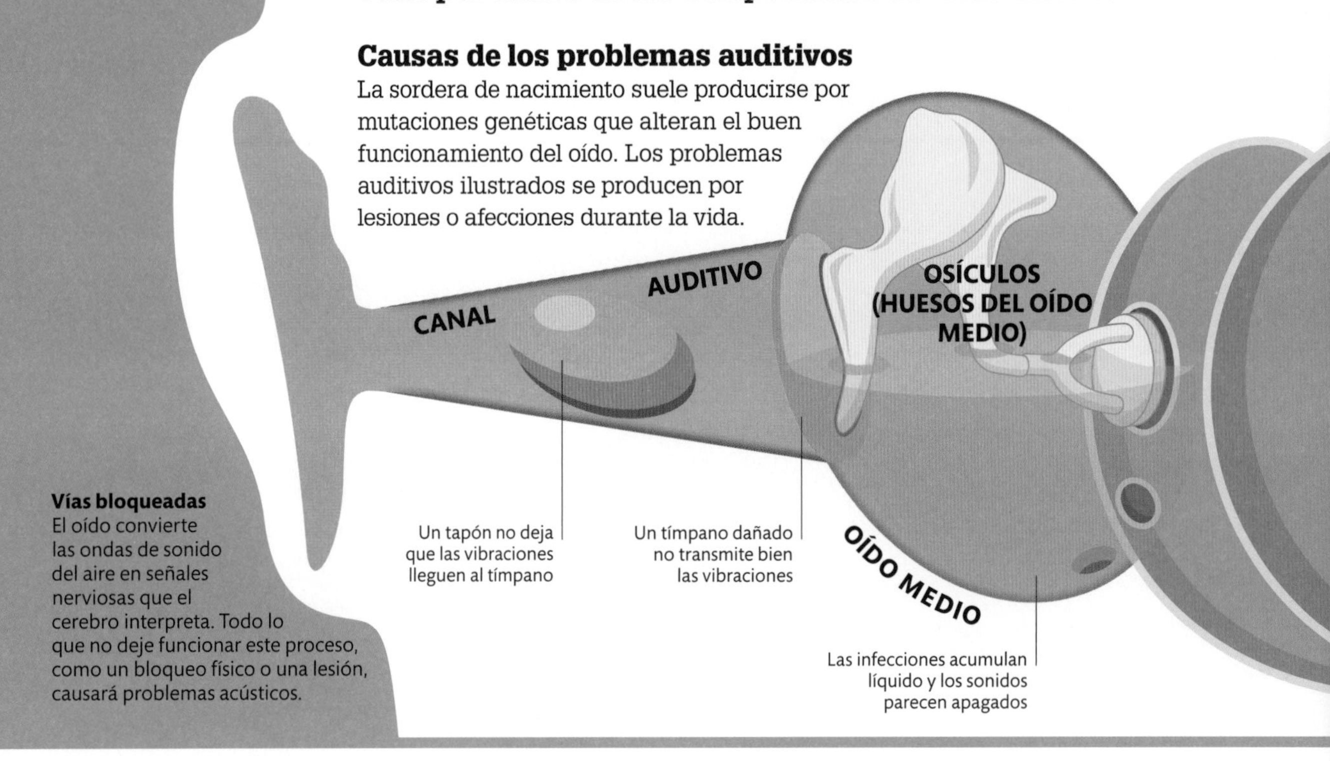

CANAL
AUDITIVO
OSÍCULOS (HUESOS DEL OÍDO MEDIO)
OÍDO MEDIO
Un tapón no deja que las vibraciones lleguen al tímpano
Un tímpano dañado no transmite bien las vibraciones
Las infecciones acumulan líquido y los sonidos parecen apagados

Vías bloqueadas
El oído convierte las ondas de sonido del aire en señales nerviosas que el cerebro interpreta. Todo lo que no deje funcionar este proceso, como un bloqueo físico o una lesión, causará problemas acústicos.

Cuando el volumen está demasiado alto

La escala de decibelios es logarítmica: la energía del sonido se dobla cada 6 dB. Los ruidos fuertes dañan las células ciliadas; por encima de un cierto nivel, las células no pueden repararse y se mueren. Si muere un gran número de células ciliadas, es posible que no se puedan captar determinadas frecuencias.

Daños
Cualquier sonido por encima de los 85 dB puede causar daños, según el tiempo de exposición.

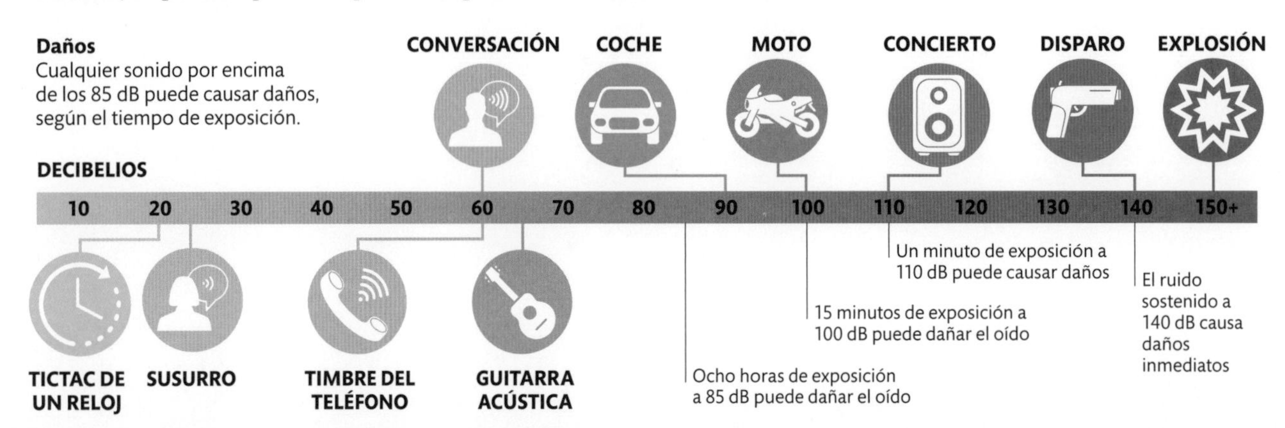

CONVERSACIÓN
COCHE
MOTO
CONCIERTO
DISPARO
EXPLOSIÓN
DECIBELIOS
10
20
30
40
50
60
70
80
90
100
110
120
130
140
150+
Un minuto de exposición a 110 dB puede causar daños
El ruido sostenido a 140 dB causa daños inmediatos
15 minutos de exposición a 100 dB puede dañar el oído
Ocho horas de exposición a 85 dB puede dañar el oído
TICTAC DE UN RELOJ
SUSURRO
TIMBRE DEL TELÉFONO
GUITARRA ACÚSTICA

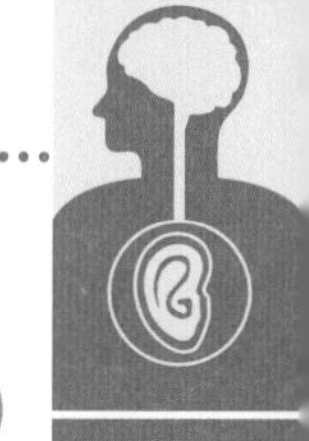

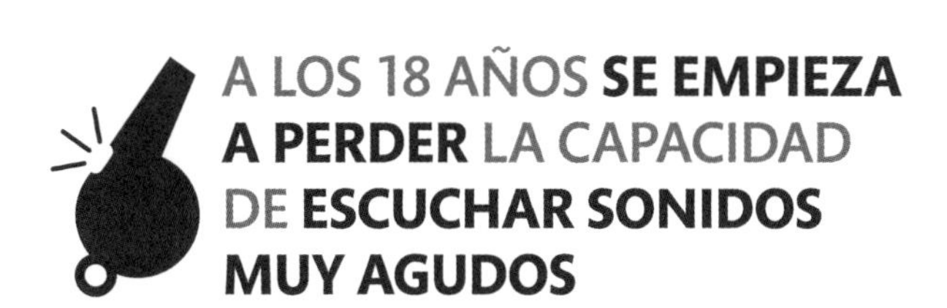

A LOS 18 AÑOS SE EMPIEZA A PERDER LA CAPACIDAD DE ESCUCHAR SONIDOS MUY AGUDOS

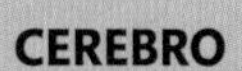

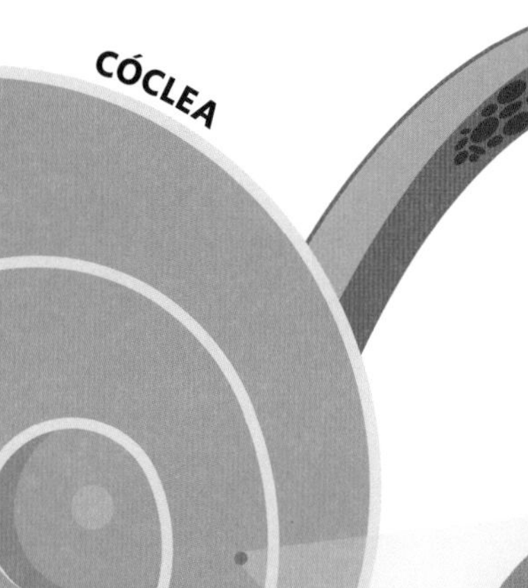
Las lesiones en la corteza auditiva pueden causar sordera, aunque el oído no esté dañado
CEREBRO
CÓCLEA
NERVIO
Una lesión en el nervio auditivo no deja que la señal llegue al cerebro
Si las células ciliadas quedan dañadas de forma permanente, dejarán de escucharse unas determinadas frecuencias
CÉLULAS CILIADAS DE LA CÓCLEA
Pelos largos de las células ciliadas sanas

¿POR QUÉ PITAN LOS OÍDOS CON LOS RUIDOS FUERTES?

Los ruidos fuertes hacen vibrar las células ciliadas con tanta violencia que pierden las puntas y estas envían señales al cerebro una vez que ha cesado el ruido. Las puntas vuelven a crecer en unas 24 horas.

Implantes cocleares

Los audífonos típicos solo amplifican el sonido y no sirven para personas con lesiones o que hayan perdido células ciliadas. Los implantes cocleares sustituyen la función de las células ciliadas y convierten las vibraciones sonoras en señales nerviosas que el cerebro aprende a interpretar. El paso de más corriente por los electrodos en la cóclea produce un sonido más alto, mientras que la posición de los electrodos activados determina el tono.

Cómo funcionan

Los micrófonos externos detectan sonidos y los envían al procesador. Después las señales llegan al receptor interno a través del transmisor para acabar en forma de corriente eléctrica hacia la matriz de electrodos en la cóclea. Las terminaciones nerviosas estimuladas envían señales al cerebro y se oye el sonido.

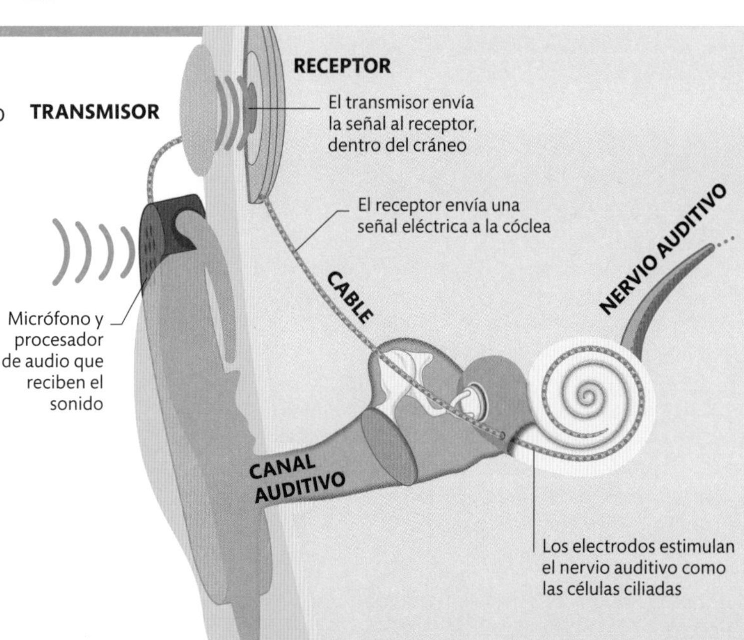
RECEPTOR
TRANSMISOR
El transmisor envía la señal al receptor, dentro del cráneo
El receptor envía una señal eléctrica a la cóclea
NERVIO AUDITIVO
CABLE
Micrófono y procesador de audio que reciben el sonido
CANAL AUDITIVO
Los electrodos estimulan el nervio auditivo como las células ciliadas

Captar un olor

Las células sensitivas de la nariz detectan partículas del aire y envían señales al cerebro para que las identifique como olores. Los olores pueden evocar potentes emociones o recuerdos gracias a los vínculos físicos con el centro emocional del cerebro.

Sentido del olfato

Cualquier cosa que huela libera diminutas partículas, o moléculas de olor, en el aire. Al inhalar, estas moléculas pasan por la nariz, donde unas neuronas especializadas detectan su olor. Cuando notamos un aroma, olfateamos de una manera automática: cuantas más moléculas se inhalen, más fácil será identificar un olor. Los sentidos del olfato y el gusto cooperan al comer, porque los alimentos liberan moléculas de olor, que pasan al fondo de la cavidad nasal.

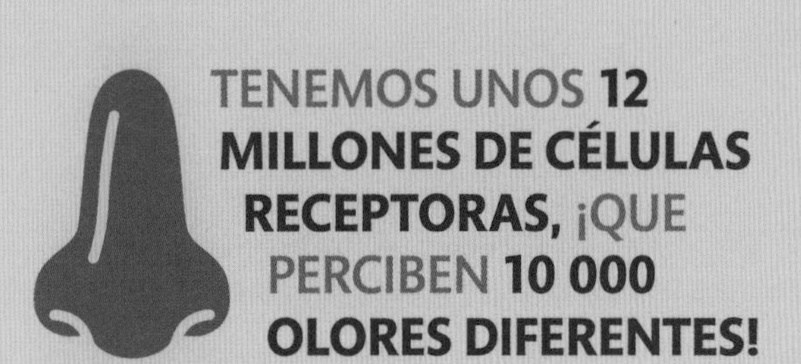
TENEMOS UNOS 12 MILLONES DE CÉLULAS RECEPTORAS, ¡QUE PERCIBEN 10 000 OLORES DIFERENTES!

2 Pelos nasales En la entrada de la nariz, hay pelos que capturan las partículas de polvo, pero dejan pasar las moléculas de olor, que son muy pequeñas.

POLVO

PAN CALIENTE

QUESO PODRIDO

Molécula de olor

HUMO

1 Tipos de olor Los objetos aromáticos, como el pan recién hecho, el queso pasado y las cosas quemadas, liberan moléculas de olor. El tipo de moléculas determina qué se huele, además de su intensidad, ya que se es mucho más sensible a algunas moléculas de olor que a otras.

PÉRDIDA DEL OLFATO

La anosmia es la pérdida completa del olfato. A veces la anosmia es de nacimiento, pero también puede aparecer tras una infección o una lesión en la cabeza. En estos casos se produce una rotura de las fibras nerviosas que reduce el número de señales nerviosas que llegan al cerebro. Los afectados de anosmia pierden el apetito y tienen más probabilidades de sufrir depresión, quizá por los vínculos entre el olor y el centro emocional del cerebro. El sentido se recupera de manera espontánea, con medicación o mediante intervención quirúrgica. En otros casos, se puede entrenar el olfato, pues es posible que ello provoque la regeneración de las células receptoras.

¿POR QUÉ SALE SANGRE DE LA NARIZ?

Las membranas nasales que recubren la cavidad nasal son finas y están llenas de minúsculos vasos sanguíneos, que se rompen con mucha facilidad, por ejemplo respirando aire seco, que reseca y rompe la fina membrana, o incluso sonándose muy fuerte.

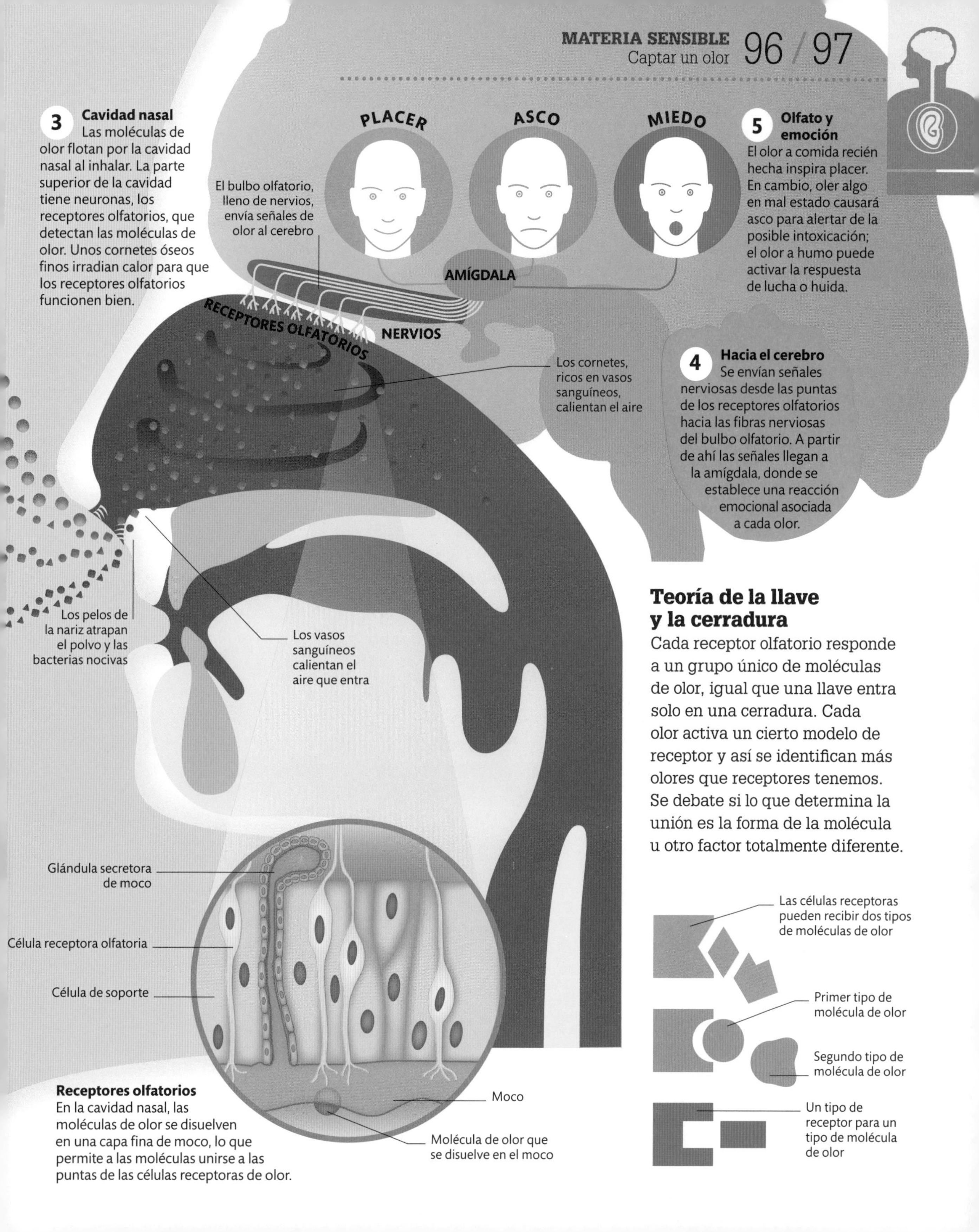
3 Cavidad nasal
Las moléculas de olor flotan por la cavidad nasal al inhalar. La parte superior de la cavidad tiene neuronas, los receptores olfatorios, que detectan las moléculas de olor. Unos cornetes óseos finos irradian calor para que los receptores olfatorios funcionen bien.
PLACER
ASCO
MIEDO
5 Olfato y emoción
El olor a comida recién hecha inspira placer. En cambio, oler algo en mal estado causará asco para alertar de la posible intoxicación; el olor a humo puede activar la respuesta de lucha o huida.
El bulbo olfatorio, lleno de nervios, envía señales de olor al cerebro
AMÍGDALA
RECEPTORES OLFATORIOS
NERVIOS
Los cornetes, ricos en vasos sanguíneos, calientan el aire
4 Hacia el cerebro
Se envían señales nerviosas desde las puntas de los receptores olfatorios hacia las fibras nerviosas del bulbo olfatorio. A partir de ahí las señales llegan a la amígdala, donde se establece una reacción emocional asociada a cada olor.
Los pelos de la nariz atrapan el polvo y las bacterias nocivas
Los vasos sanguíneos calientan el aire que entra
Glándula secretora de moco
Célula receptora olfatoria
Célula de soporte
Moco
Molécula de olor que se disuelve en el moco
Receptores olfatorios
En la cavidad nasal, las moléculas de olor se disuelven en una capa fina de moco, lo que permite a las moléculas unirse a las puntas de las células receptoras de olor.
Las células receptoras pueden recibir dos tipos de moléculas de olor
Primer tipo de molécula de olor
Segundo tipo de molécula de olor
Un tipo de receptor para un tipo de molécula de olor

Teoría de la llave y la cerradura

Cada receptor olfatorio responde a un grupo único de moléculas de olor, igual que una llave entra solo en una cerradura. Cada olor activa un cierto modelo de receptor y así se identifican más olores que receptores tenemos. Se debate si lo que determina la unión es la forma de la molécula u otro factor totalmente diferente.

En la punta de la lengua

La lengua posee miles de receptores químicos que detectan ingredientes químicos clave de la comida y los interpretan como una de las cinco principales sensaciones gustativas. Pero cada lengua es distinta, y de ahí la diferencia entre preferencias de comida.

¿POR QUÉ A LOS NIÑOS NO LES GUSTA EL CAFÉ?

Que a los niños no les gusten los sabores amargos quizá sea para que no se envenenen. Al crecer, se descubre que algunos sabores amargos, como el del café, son buenos.

Receptores del gusto

La lengua está cubierta de granitos minúsculos (papilas) que contienen los receptores del gusto encargados de captar los agentes químicos que aportan los cinco gustos básicos: ácido, amargo, salado, dulce y umami. Cada receptor se encarga de un único gusto; toda la superficie de la lengua tiene receptores de los cinco gustos. El sabor, en cambio, es una sensación más compleja, ya que mezcla el gusto con el olor, que se detecta cuando las moléculas suben hacia la nariz por el final de la garganta. Por eso las cosas saben a poco con la nariz tapada.

ÁCIDO

Papila: un granito visible en la lengua que contiene papilas gustativas sensibles al ácido, amargo, salado, dulce o umami

AMARGO

SALADO

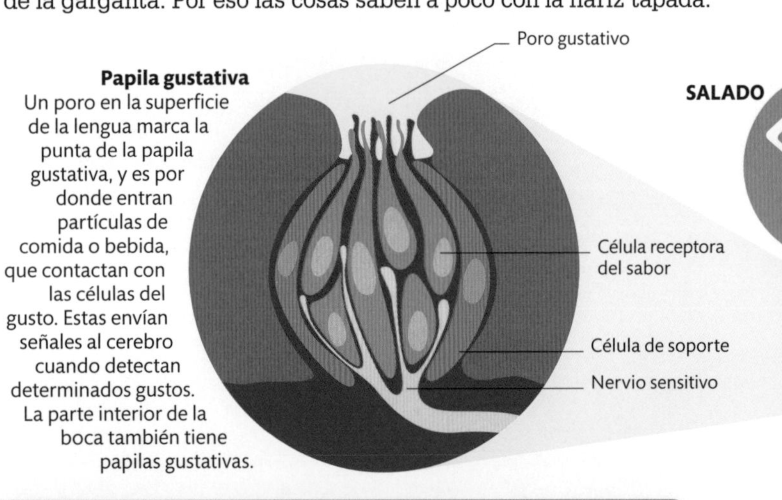
Poro gustativo
Célula receptora del sabor
Célula de soporte
Nervio sensitivo

Papila gustativa
Un poro en la superficie de la lengua marca la punta de la papila gustativa, y es por donde entran partículas de comida o bebida, que contactan con las células del gusto. Estas envían señales al cerebro cuando detectan determinados gustos. La parte interior de la boca también tiene papilas gustativas.

UMAMI

DULCE

SUPERDEGUSTADORES

Hay personas con muchas más papilas gustativas que otras. Estos superdegustadores detectan sustancias amargas que otros no notarán y, en general, no les gusta la verdura ni los alimentos grasos. Se cree que el 25 % de la población son superdegustadores.

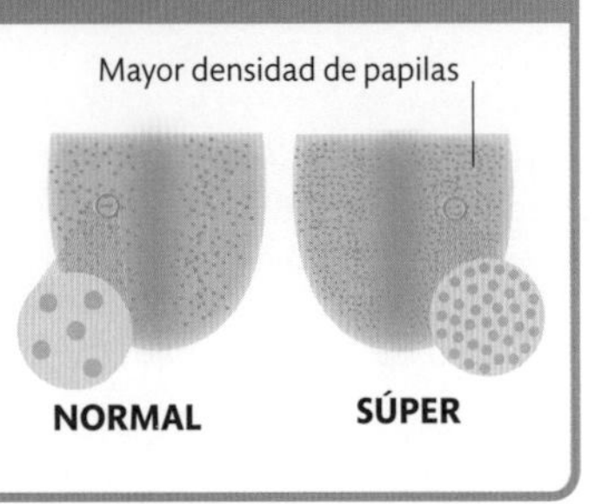
Mayor densidad de papilas
NORMAL
SÚPER

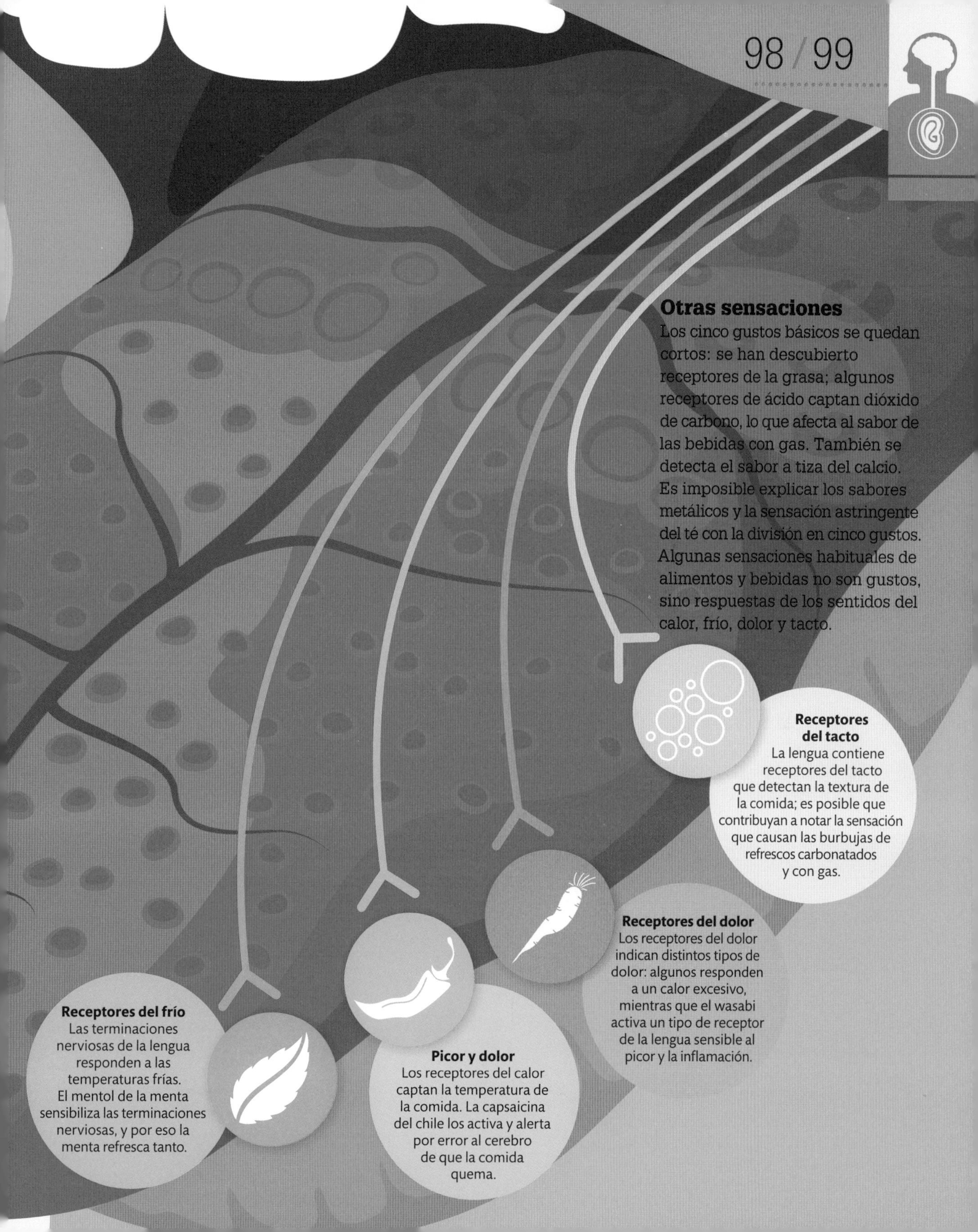
Receptores del tacto
La lengua contiene receptores del tacto que detectan la textura de la comida; es posible que contribuyan a notar la sensación que causan las burbujas de refrescos carbonatados y con gas.
Receptores del dolor
Los receptores del dolor indican distintos tipos de dolor: algunos responden a un calor excesivo, mientras que el wasabi activa un tipo de receptor de la lengua sensible al picor y la inflamación.
Picor y dolor
Los receptores del calor captan la temperatura de la comida. La capsaicina del chile los activa y alerta por error al cerebro de que la comida quema.
Receptores del frío
Las terminaciones nerviosas de la lengua responden a las temperaturas frías. El mentol de la menta sensibiliza las terminaciones nerviosas, y por eso la menta refresca tanto.

Otras sensaciones

Los cinco gustos básicos se quedan cortos: se han descubierto receptores de la grasa; algunos receptores de ácido captan dióxido de carbono, lo que afecta al sabor de las bebidas con gas. También se detecta el sabor a tiza del calcio. Es imposible explicar los sabores metálicos y la sensación astringente del té con la división en cinco gustos. Algunas sensaciones habituales de alimentos y bebidas no son gustos, sino respuestas de los sentidos del calor, frío, dolor y tacto.

TERAPIA EN EL ESPEJO

Muchos amputados sufren el dolor de un «miembro fantasma». El cerebro interpreta la falta de respuesta del miembro inexistente como una sensación de que los músculos están tensos y con calambres. Engañando al cerebro para que «vea» el miembro fantasma con un espejo, los movimientos de la otra extremidad suelen aliviar el dolor.

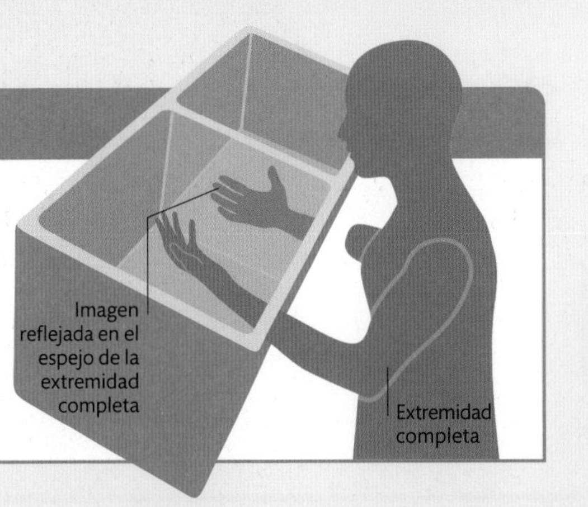
Imagen reflejada en el espejo de la extremidad completa
Extremidad completa

Información visual del ojo

Información del equilibrio del oído

Sentir la postura

¿Cómo sabemos dónde están las manos si no las vemos? Un grupo de receptores, conocidos a veces como sexto sentido, le comunica al cerebro la ubicación de cada parte del cuerpo en el espacio. También se tiene la sensación de que el cuerpo nos pertenece.

Receptor de la tensión
Unos órganos en los tendones detectan cuánta fuerza ejercen los músculos controlando la tensión muscular (ver pp. 56-57).

Músculo

El órgano tendinoso de Golgi nota los cambios en la tensión muscular

Tendón

Hueso

Sensores de posición

Existe una serie de receptores diferentes para que el cerebro calcule la posición del cuerpo. Para mover un miembro, una articulación debe cambiar de posición. Los músculos de la articulación se contraen o relajan y la longitud y la tensión cambian. Los tendones que unen músculos y huesos se estiran, igual que la piel de un lado de la articulación, y la del otro lado se relaja. Con toda esta información, el cerebro construye una imagen bastante exacta de los movimientos del cuerpo.

Receptor de tirones
Unos órganos sensitivos minúsculos dentro de los músculos detectan cambios en la longitud del músculo y le indican al cerebro su grado de contracción.

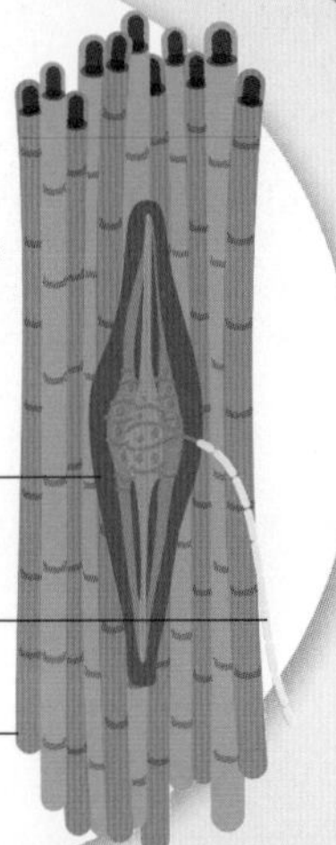
Unos órganos musculares detectan cambios en la longitud del músculo
El nervio envía una señal al cerebro
Músculo

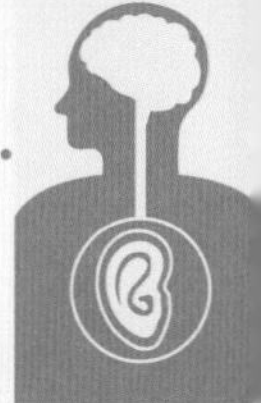

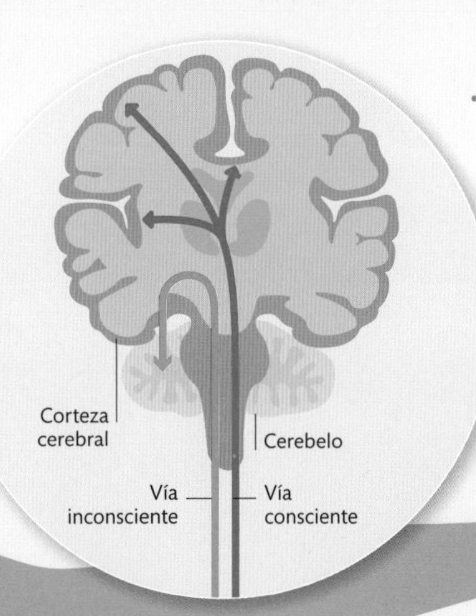
Corteza cerebral
Cerebelo
Vía inconsciente
Vía consciente

Integración

El cerebro combina información de los sensores ubicados en los músculos o cerca de ellos, además de los otros sentidos para interpretar cómo está el cuerpo. La corteza cerebral controla la parte consciente, para poder correr, bailar o atrapar cosas en el aire. En cambio, el cerebelo, en la base del cerebro, se encarga de los elementos inconscientes que mantienen el equilibrio sin tener que pensar en ello.

Hueso

Nervios sensibles al tacto

Receptores articulares
Los receptores de las articulaciones detectan su posición. Su máxima activación se produce cuando las articulaciones están en su posición límite, para evitar que se dañen. Pero también detectan su posición en el movimiento normal.

Receptores de los ligamentos

Ligamento

PROPIOCEPCIÓN

El sentido de la propia consciencia del cuerpo es más complicado y flexible de lo que parece. La ilusión de la mano de goma, aquí ilustrada, crea la sensación de tener una mano de mentira. Con un casco de realidad virtual se pueden vivir experiencias extracorporales. Esta flexibilidad permite superar la pérdida de una extremidad o considerar herramientas y prótesis como parte del cuerpo.

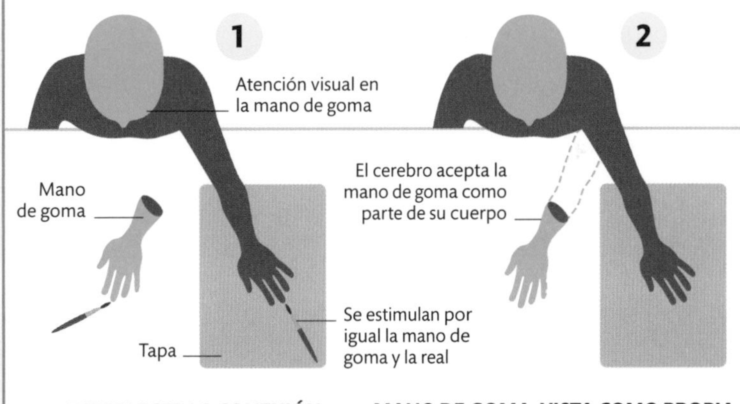
1
Atención visual en la mano de goma
Mano de goma
Tapa
Se estimulan por igual la mano de goma y la real
2
El cerebro acepta la mano de goma como parte de su cuerpo

ESTABLECER LA CONEXIÓN **MANO DE GOMA, VISTA COMO PROPIA**

Piel estirada
Unos receptores especiales de la piel (ver p. 75) detectan los tirones, para determinar el movimiento de una extremidad, sobre todo los cambios en el ángulo de una articulación, que hacen que la piel de un lado se tense mientras la otra queda floja.

LOS SENSORES DE POSICIÓN DE LOS MÚSCULOS DE LA MANDÍBULA Y LA LENGUA AYUDAN **A FORMAR LOS SONIDOS** AL HABLAR

Sentidos integrados

El cerebro logra que el mundo adquiera significado combinando información de todos los sentidos. Pero curiosamente en ocasiones un sentido puede alterar la información que nos llega a través de otro.

CEREBRO

Cómo interactúan los sentidos

Los sentidos interpretan todo lo que experimentamos. Al ver y agarrar algo, se nota su forma y textura. Se busca de dónde viene el sonido o el olor de la comida y «comemos con los ojos» antes de probar un plato. El cerebro realiza un complejo proceso para integrar esta información de manera correcta. A veces esta combinación de información provoca ilusiones multisensoriales. Si la información de diferentes sentidos genera un conflicto, el cerebro elige un sentido como principal y, según la situación, puede suponer una ayuda o confundir.

Sonido y vista
Se suele vincular todo lo que pasa simultáneamente, aunque los sentidos envíen mensajes diferentes. Al oír una alarma cerca del coche propio, no se tendrá en cuenta la ubicación del sonido (a no ser que sea muy diferente) y se creerá que la alarma es la del propio coche.

Si la alarma suena lejos del coche, se puede distinguir
ALARMA DEL COCHE
COCHE
La alarma suena cerca del coche
Creemos que la alarma viene de nuestro coche

REBLANDECIDAS
CRUJIENTES
Se reproduce un sonido crujiente al comer
PATATAS REBLANDECIDAS

Gusto y sonido
Si alguien oye algo que cruje mientras come patatas fritas reblandecidas, creerá que aún están crujientes. Por eso los fabricantes prefieren las bolsas de patatas que hagan ruido, así las patatas parecen más crujientes.

EN AMBIENTES RUIDOSOS **LEEMOS LOS LABIOS** Y USAMOS **LA VISTA** PARA **INTERPRETAR LA CONVERSACIÓN**

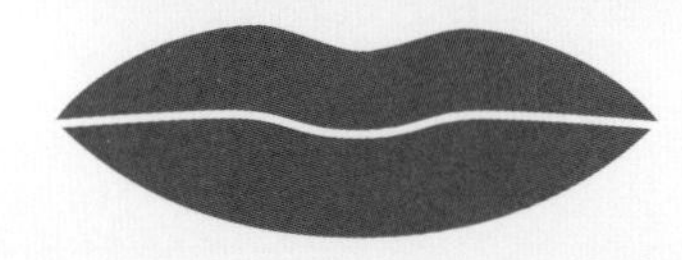

SONIDOS Y FORMAS

Cuando se muestran estas formas y se pide relacionar los nombres Bouba y Kiki con ellas, la mayoría de las personas elige Kiki para la forma con espinas, por su sonido puntiagudo, y Bouba, más suave, para la forma redondeada. Esto se produce en muchas culturas e idiomas, lo que indica un vínculo entre los sentidos del oído y la vista.

Olfato y gusto
El gusto es un sentido simple, compuesto por sensaciones sencillas como dulce o salado. La mayoría de lo que se considera sabor realmente se está oliendo. El olor también influye en el propio sentido del gusto: el olor a vainilla hace que la comida o bebida sepa más dulce, pero solo en sitios donde se utilice vainilla en alimentos dulces.

La vainilla emite su característico olor

El helado sin azúcar sabe más dulce

Imagen de la bola y el muelle rebotando en la versión virtual de la mano

La mano real nota la presión de la bola y el muelle

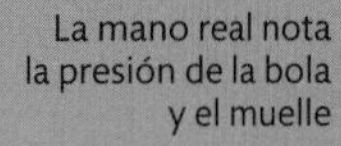

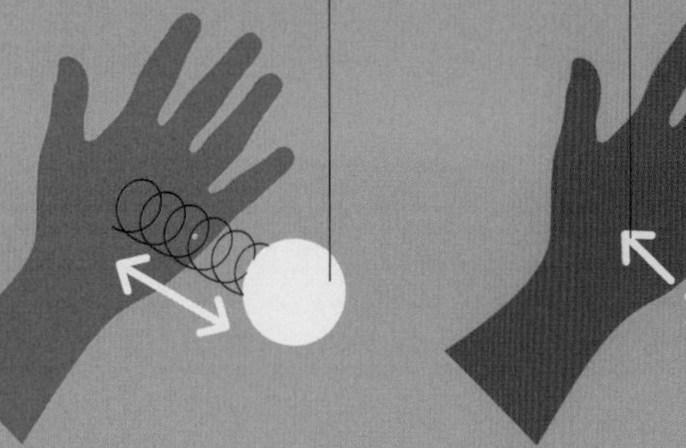
REALIDAD VIRTUAL
VIDA REAL

Tacto y vista
Cuando un jugador recoge objetos en realidad virtual, la información visual provoca sensaciones físicas, aunque el sentido del tacto no aporte esa información. Lo que ven los ojos influye en lo que se siente.

Usar la voz

Podemos hablar gracias a una red compleja pero flexible de vías nerviosas del cerebro y la coordinación física del cuerpo. El tono y la inflexión influye en el habla y añaden múltiples significados incluso a las frases más simples.

1 Pensamiento
Primero se decide qué palabras se quieren decir y así se activa una red de regiones en el hemisferio izquierdo del cerebro, incluida el área de Broca, con su almacén de vocabulario.

2 Inhalación
Los pulmones aportan el flujo constante de aire necesario para hablar. Cuando se inhala, las cuerdas vocales se abren para dejar pasar el aire en el momento en que empieza a subir la presión en los pulmones.

3 Producción del sonido
Al espirar, las cuerdas vocales vibran cuando pasa el aire por el medio y emiten sonido. La velocidad de vibración indica el tono de la voz, que controlan los músculos de la laringe. Para gritar hace falta un flujo de aire más potente.

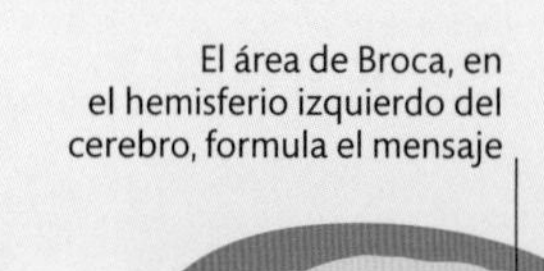
El área de Broca, en el hemisferio izquierdo del cerebro, formula el mensaje

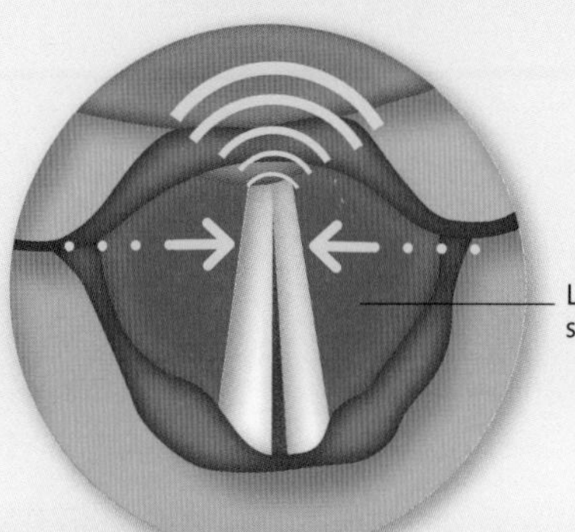
Las cuerdas crean sonido al vibrar

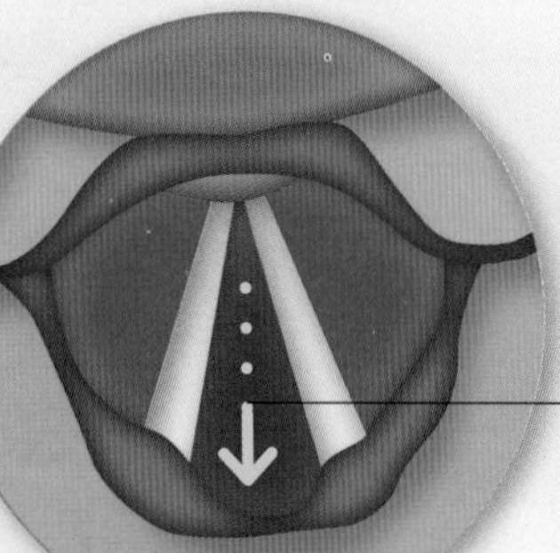

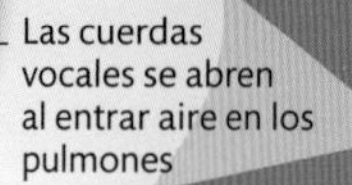
Las cuerdas vocales se abren al entrar aire en los pulmones

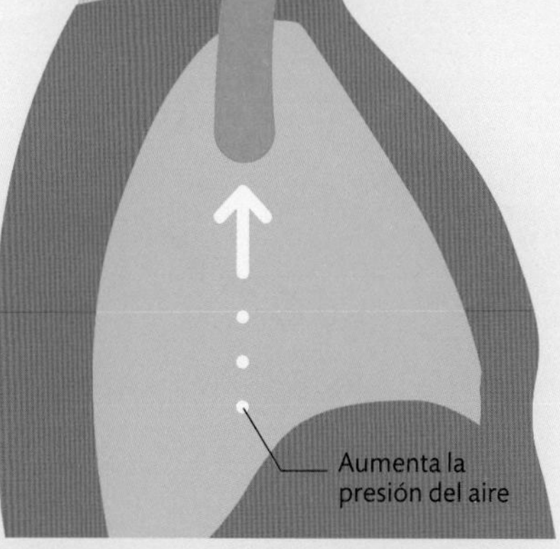
Laringe
Aumenta la presión del aire

4 Articulación
La nariz, garganta y boca funcionan como una caja de resonancia, mientras que los movimientos de los labios y la lengua introducen sonidos específicos al transformar la vibración de las cuerdas vocales en sonidos reconocibles.

SE EMITE EL SONIDO DE «A»
SE EMITE EL SONIDO DE «I>»
SE EMITE EL SONIDO DE «U»

Articulación de sonidos diferentes
La lengua se mueve para moldear el sonido que crean las cuerdas vocales, con la ayuda de los dientes y los labios. Cambiando la forma de la lengua y la boca se pronuncian vocales como «a» o «i»; los labios obstruyen el aire para pronunciar consonantes como «p» y «b».

¿Cómo hablamos?

El cerebro, los pulmones, la boca y la nariz tienen un papel principal en el habla, pero la laringe es el órgano más importante. Está situada en la garganta, por encima de la tráquea, y contiene dos láminas de membrana en su interior: las cuerdas vocales, las estructuras que producen el sonido para convertirlo en palabras.

Vía del habla
Todas las áreas del cerebro están conectadas por nervios. El haz de nervios entre las áreas de Wernicke y Broca, el fascículo arqueado, está compuesto por neuronas que transmiten a alta velocidad.

CORTEZA MOTORA

La corteza motora envía instrucciones a los músculos para que articulen una respuesta

ÁREA DE BROCA

El área de Broca elabora una respuesta según lo escuchado

Un haz de nervios une las áreas de Wernicke y Broca

ÁREA AUDITIVA

El área auditiva analiza el discurso

ÁREA DE WERNICKE

El área de Wernicke procesa el significado de las palabras

Discurso hacia el oído del receptor

Proceso del discurso

Las vibraciones del aire causadas por el habla llegan a la oreja y activan sus neuronas, que envían señales al cerebro para que las procese. El área de Wernicke es crucial para entender el significado básico de las palabras, mientras que el área de Broca interpreta la gramática y el tono. Estas regiones forman parte de una red superior que entiende y produce el discurso. Cualquier lesión en estas áreas causa problemas de habla.

¿CÓMO CANTAMOS?

Al cantar se utilizan las mismas redes físicas y cognitivas que al hablar, pero se precisa de mucho más control. La presión del aire es mayor, y se usan diversas cámaras, como los senos nasales, la boca, la nariz y la garganta, para que el sonido resuene y sea más rico.

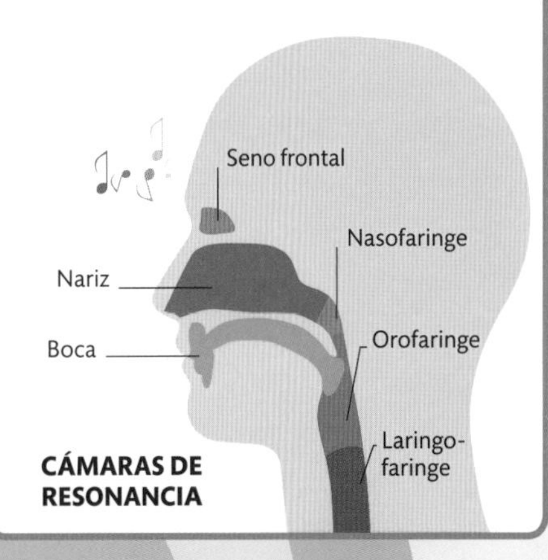
Seno frontal
Nasofaringe
Nariz
Boca
Orofaringe
Laringo-faringe
CÁMARAS DE RESONANCIA

Leer la expresión

Las personas somos una especie social, y reconocer y entender los rostros y las expresiones es crucial para poder sobrevivir. La evolución ha mejorado mucho nuestra percepción, incluso hasta el límite de ver caras donde realmente no las hay, ¡por ejemplo, en una tostada!

La importancia de entender las caras

Desde el nacimiento, los bebés están fascinados por los rostros, y les encanta mirarlos. Al crecer, se aprende rápidamente a reconocer caras hasta ser un experto y también a interpretar expresiones, para poder identificar posibles aliados o enemigos. Las caras individuales pueden permanecer en la memoria durante mucho tiempo, a pesar de que no veamos a la persona en años.

Pistas en la expresión facial
Para reconocer un rostro, nos fijamos en la proporción entre los ojos, la nariz y la boca, cuyos movimientos ayudan a detectar las emociones; por ejemplo, las cejas elevadas y la boca abierta indican sorpresa. Los ojos interpretan estas señales, que se envían para que las interprete en forma de señales nerviosas al giro fusiforme del cerebro.

Giro fusiforme
Esta área del cerebro, el giro fusiforme, se activa cuando miramos rostros. Se piensa que está especializada en el reconocimiento facial. No obstante, también se activa al mirar objetos familiares; por ejemplo, en los pianistas se activa al ver un teclado. Los científicos siguen debatiendo si se trata de una zona que está especializada en los rostros.

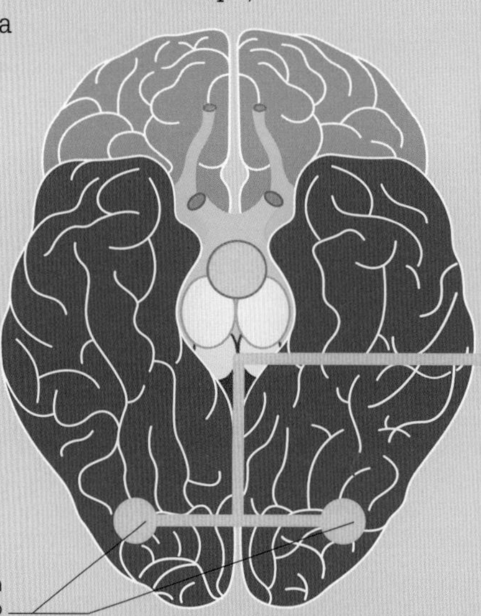

Ubicación del giro fusiforme en ambos hemisferios del cerebro

VISTA INFERIOR DEL CEREBRO

RECONOCER ROSTROS

Los humanos tendemos a ver caras en diseños y lugares de lo más diversos: en coches, en bocadillos de queso y hasta en trozos de madera. Para nuestros antepasados era vital interpretar los rostros de los demás para destacar en una jerarquía social compleja.

Músculos expresivos

La cara tiene músculos que tiran de la piel y cambian la forma de los ojos y la posición de los labios, haciendo que sea muy expresiva. La capacidad de identificar estas expresiones en otros rostros permite juzgar el humor y las intenciones de los demás. Los rostros indican cuándo se puede pedir un favor, dejar a alguien solo porque lo necesita u ofrecer ayuda. Captar incluso las pistas más sutiles, como fruncir el ceño o curvar el labio, nos ayuda a saber interpretar adecuadamente cuándo una expresión es una mueca seria o una sonrisa burlona.

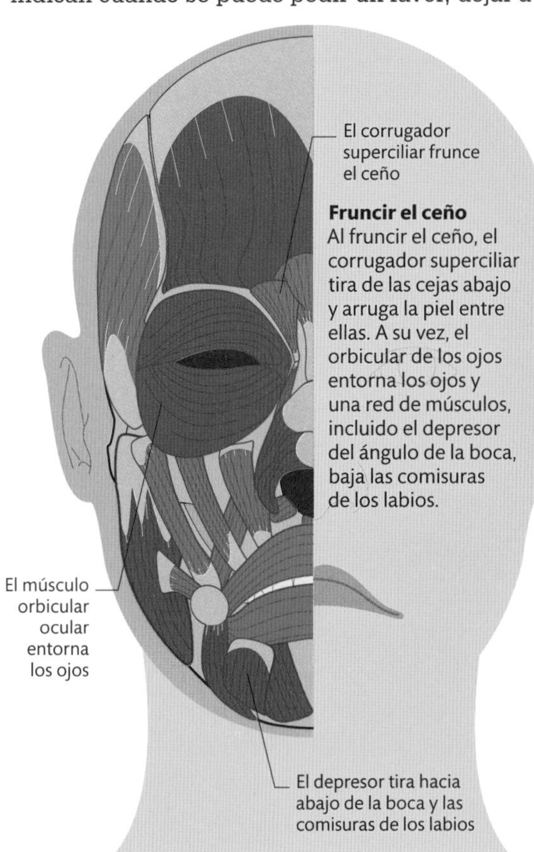
El corrugador superciliar frunce el ceño
El músculo orbicular ocular entorna los ojos
El depresor tira hacia abajo de la boca y las comisuras de los labios

Fruncir el ceño
Al fruncir el ceño, el corrugador superciliar tira de las cejas abajo y arruga la piel entre ellas. A su vez, el orbicular de los ojos entorna los ojos y una red de músculos, incluido el depresor del ángulo de la boca, baja las comisuras de los labios.

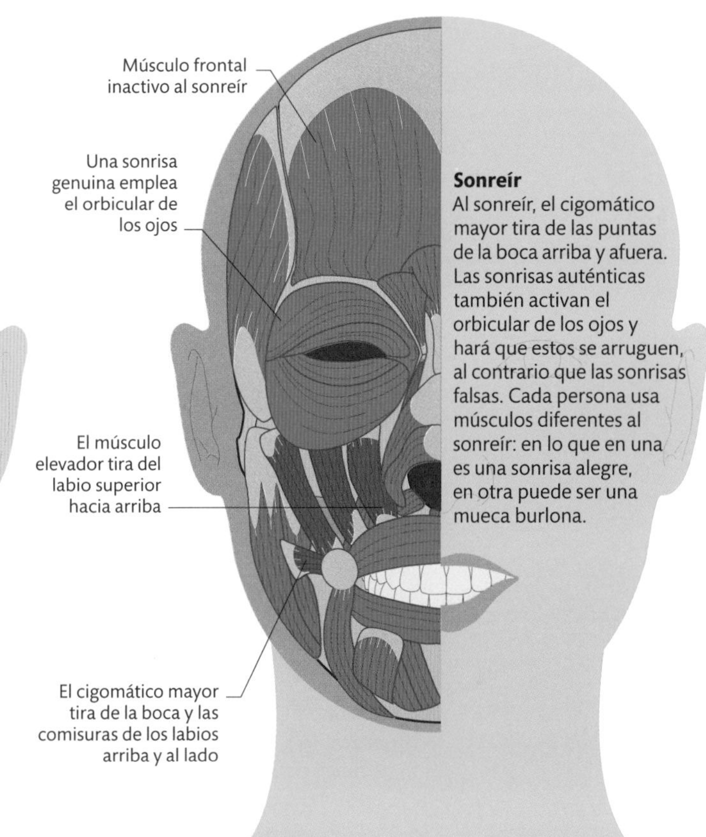
Músculo frontal inactivo al sonreír
Una sonrisa genuina emplea el orbicular de los ojos
El músculo elevador tira del labio superior hacia arriba
El cigomático mayor tira de la boca y las comisuras de los labios arriba y al lado

Sonreír
Al sonreír, el cigomático mayor tira de las puntas de la boca arriba y afuera. Las sonrisas auténticas también activan el orbicular de los ojos y hará que estos se arruguen, al contrario que las sonrisas falsas. Cada persona usa músculos diferentes al sonreír: en lo que en una es una sonrisa alegre, en otra puede ser una mueca burlona.

MIRADA Y CONTACTO VISUAL

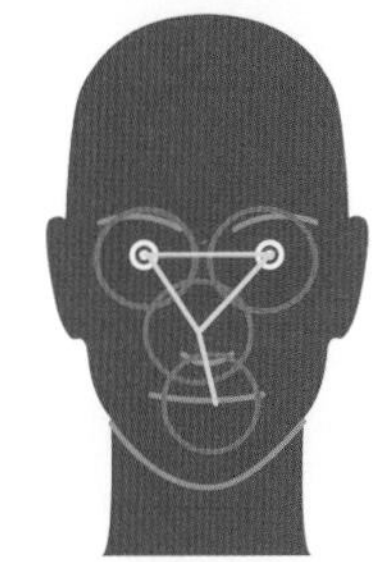

MIRADA HABITUAL

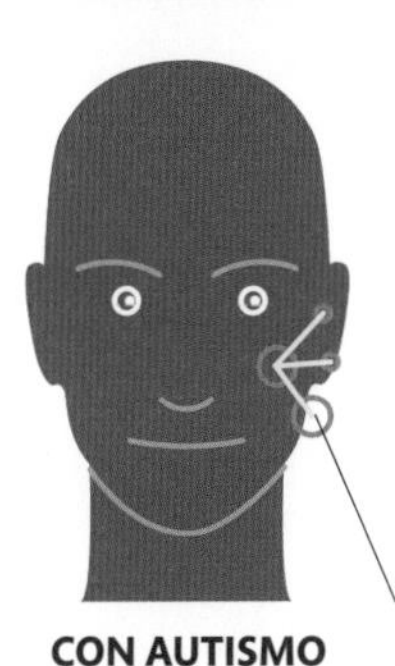

CON AUTISMO

Las personas con autismo (ver p. 246) no se suelen fijar en los ojos y la boca al mirar rostros. Les cuesta socializar y es posible que no detecten las pistas visuales de la comunicación. Detectar esta mirada perdida en bebés podría utilizarse como signo de alerta precoz del autismo.

Los afectados de autismo tienen pautas de observación distintas

LAS EXPRESIONES DE LOS CIEGOS DE NACIMIENTO SON LAS MISMAS QUE LAS DE LOS VIDENTES CUANDO MUESTRAN EMOCIONES

Lo que no decimos

La comunicación va más allá de las palabras: la cara, la voz y el movimiento de las manos aportan mucha información. Ser consciente de estas señales es crucial para entender el significado auténtico de un mensaje.

INVADIR EL ESPACIO PERSONAL PUEDE ASUSTAR, EXCITAR O INCOMODAR

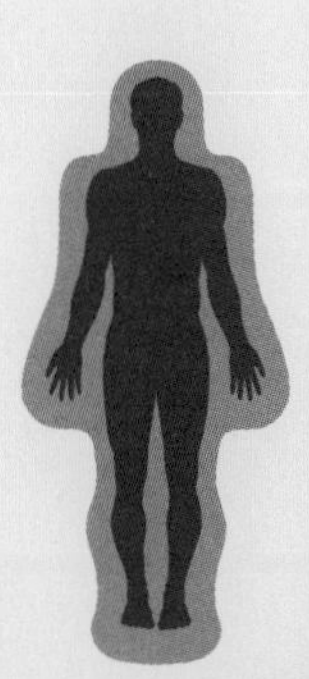

Comunicación no verbal

Al hablar con otra persona, se captan de manera inconsciente señales sutiles de la voz, el rostro y el cuerpo, cuya interpretación correcta es de vital importancia si las palabras son ambiguas. La mayoría de estas señales permiten descubrir el estado de ánimo de una persona o grupo según si se actúa de manera adecuada en sociedad. Por ejemplo, en una reunión de trabajo, evaluar el lenguaje corporal y el estado de ánimo de los colegas puede suponer una ventaja si se espera el momento adecuado para lanzar una gran idea.

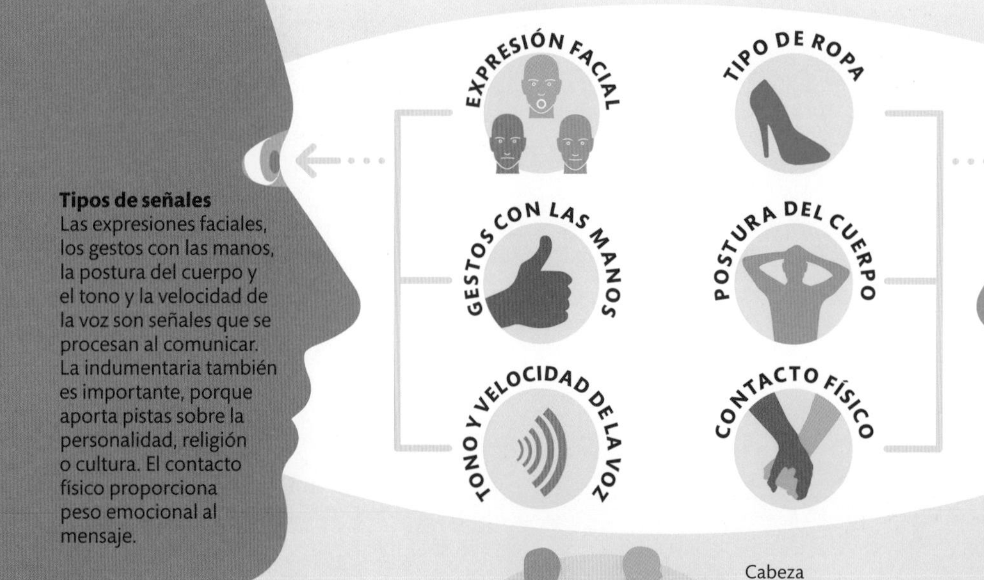

EXPRESIÓN FACIAL
TIPO DE ROPA
GESTOS CON LAS MANOS
POSTURA DEL CUERPO
TONO Y VELOCIDAD DE LA VOZ
CONTACTO FÍSICO

Tipos de señales
Las expresiones faciales, los gestos con las manos, la postura del cuerpo y el tono y la velocidad de la voz son señales que se procesan al comunicar. La indumentaria también es importante, porque aporta pistas sobre la personalidad, religión o cultura. El contacto físico proporciona peso emocional al mensaje.

Los brazos cruzados a modo de barrera
El cuerpo dando la espalda al resto del grupo
Cabeza inclinada
Contacto físico
Piernas simétricas
NEGATIVO
POSITIVO

Lenguaje corporal
Los movimientos del cuerpo al hablar pueden aportar tanta información como el propio discurso. Algunas señales positivas pueden ser mantener el contacto visual, imitar las expresiones faciales y la postura de otros, y el contacto físico. Las vibraciones negativas están garantizadas con los brazos cruzados, los hombros encogidos y una posición alejada del resto.

Microexpresión

1 SEGUNDO

Detectar mentiras

A veces puede ser útil engañar a alguien, pero quizá incluso es más útil identificar cuándo alguien quiere engañar. Al mentir es fácil que se escapen señales delatoras. Los mentirosos profesionales se convencen a sí mismos de que dicen la verdad: si creen su mentira, el lenguaje corporal no les va a delatar.

Pausas
Al mentir se hacen más pausas, pues se tarda más en pensar una respuesta inventada que una real. Aunque se explique una historia vivida y lo único que sea mentira sean los sentimientos hacia ese acontecimiento, la pausa suele ser un signo delator.

Microexpresiones
El rostro de un mentiroso presenta expresiones rapidísimas e inconscientes, normalmente muestran una emoción que se intenta esconder. Duran menos de medio segundo y en general pasan desapercibidas, salvo para alguien entrenado para detectarlas.

Los espasmos en las manos pueden delatar

Movimientos de las manos
La conciencia no es capaz de cambiar los movimientos del cuerpo y por eso suelen ser un indicador fiable de una mentira. Al mentir, se suelen frotar las manos, hacer gestos o presentar tics nerviosos.

Los dedos de los pies pueden moverse al mentir

¿SE PUEDE DETECTAR SIEMPRE LA MENTIRA?

No. Cada uno tiene su forma de mentir. Uno quizá hará pausas y otro moverá los dedos de los pies. Pero puede que esto tenga otra razón y no la mentira.

POSE DE SUPERMÁN

El lenguaje corporal es tan potente que puede hacer cambiar la percepción de uno mismo. Tan solo adoptando una postura de fuerza durante un minuto los niveles de testosterona de hombres y mujeres suben, y se reducen los niveles de la hormona del estrés, el cortisol, lo que aumenta la sensación de control y la probabilidad de arriesgar, y se da una mejor impresión en las entrevistas de trabajo. Esto demuestra que los movimientos del cuerpo influyen en las emociones, ¡y que lo de «querer es poder» resulta ser un buen consejo!

EN EL CORAZÓN DEL SISTEMA

A pleno pulmón

Los pulmones funcionan como un par de enormes fuelles: aspiran y espiran aire para obtener oxígeno y eliminar dióxido de carbono. Se respira unas 12 veces por minuto en reposo y 20 veces por minuto o más durante un esfuerzo, lo que suma unos 8,5 millones de respiraciones al año.

Control de la respiración

La frecuencia respiratoria aumenta o disminuye gracias a las señales de los receptores químicos en los vasos sanguíneos. Estos receptores comunican los vasos sanguíneos, el cerebro y el diafragma.

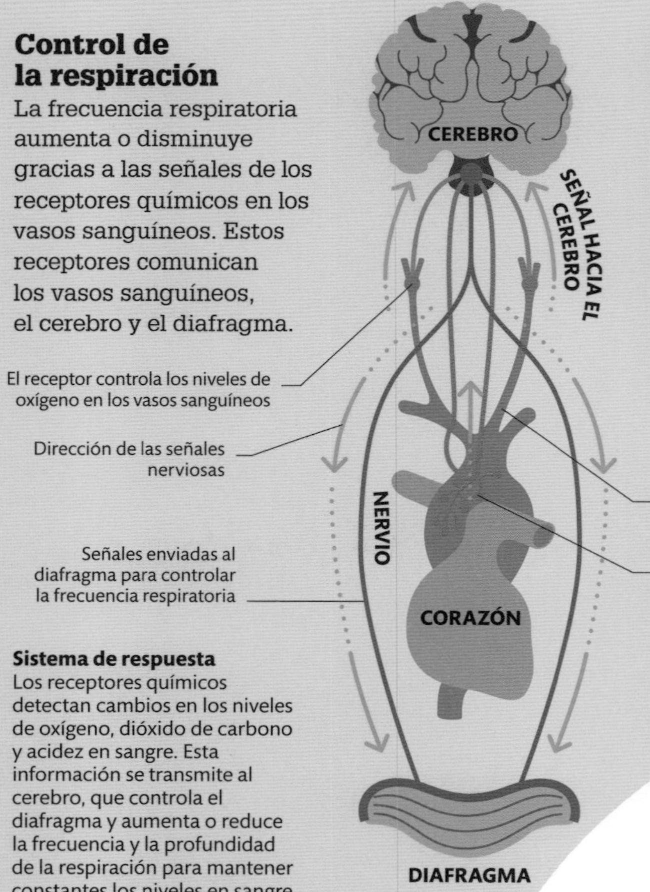

Tomar aire

El aire que entra por la nariz o la boca baja por la tráquea, se desvía hacia los bronquios y se reparte después por conductos cada vez más pequeños denominados bronquiolos. Las vías respiratorias se subdividen 23 veces entre la tráquea y los bronquiolos.

CEREBRO
SEÑAL HACIA EL CEREBRO
El receptor controla los niveles de oxígeno en los vasos sanguíneos
Dirección de las señales nerviosas
NERVIO
Vaso sanguíneo
Señales enviadas al diafragma para controlar la frecuencia respiratoria
Receptores que controlan los niveles de oxígeno en sangre del corazón
CORAZÓN
DIAFRAGMA

Sistema de respuesta
Los receptores químicos detectan cambios en los niveles de oxígeno, dióxido de carbono y acidez en sangre. Esta información se transmite al cerebro, que controla el diafragma y aumenta o reduce la frecuencia y la profundidad de la respiración para mantener constantes los niveles en sangre.

1 Inhalación
El aire se calienta al pasar por la nariz o por la boca. Los pelos de la nariz filtran las partículas de polvo que podrían irritar la tráquea o los pulmones y provocar un ataque de tos.

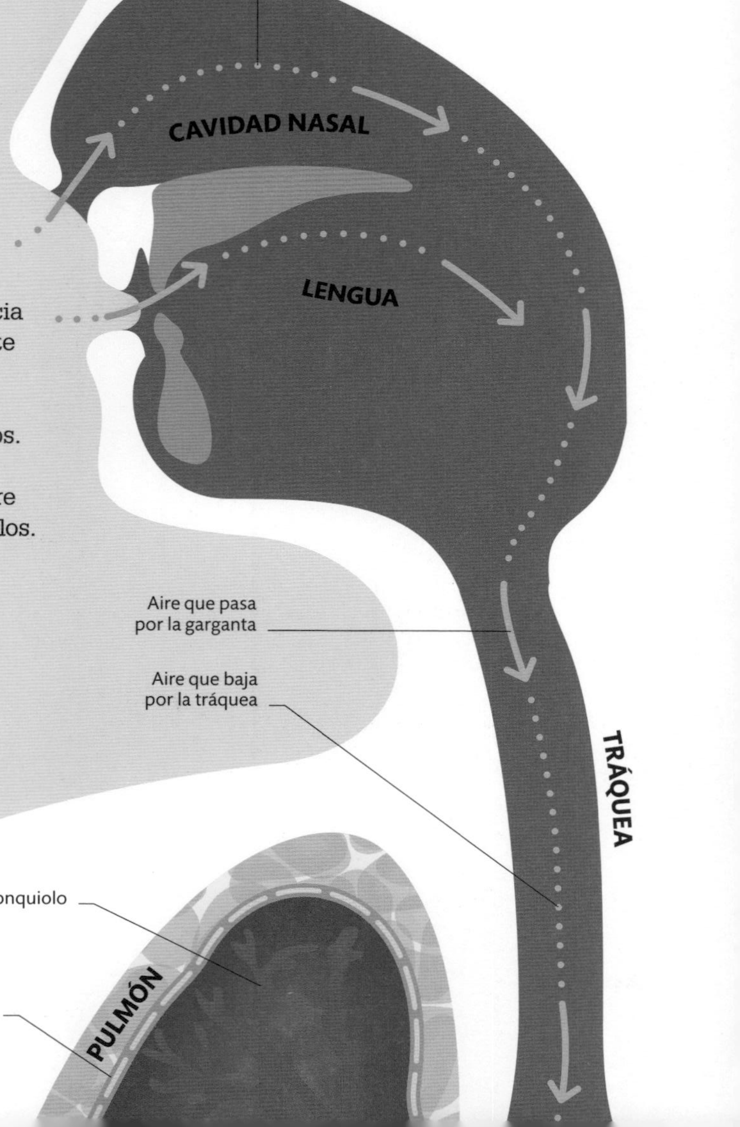

Aire inhalado
CAVIDAD NASAL
LENGUA
Aire que pasa por la garganta
Aire que baja por la tráquea
TRÁQUEA
Bronquiolo
Recubrimiento del pulmón derecho
PULMÓN

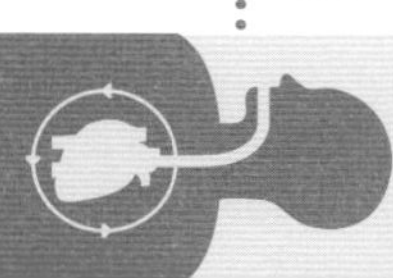

EL TAMAÑO IMPORTA

La superficie de las diminutas bolsas de aire (alveolos) alcanza nada menos que 70 m², ¡40 veces la superficie de la piel! Así no es extraño que absorban la máxima cantidad de oxígeno posible.

PIEL
PULMONES

Mecánica de la respiración

Los músculos y la caja torácica colaboran en la respiración, pero el diafragma es la pieza clave: este gran músculo en forma de cúpula separa el tórax de los órganos inferiores; para inhalar se contrae y desplaza abajo como un pistón. Simultáneamente se contraen los músculos entre las costillas para levantarlas y ampliar así los pulmones para que entre el aire. Cuando el diafragma y los músculos torácicos se relajan, el aire sale.

2 En los pulmones
El aire que baja por los bronquios pasa cada vez por vías más pequeñas hasta acabar en los alveolos. La cavidad pleural, llena de líquido pleural, separa los pulmones del tórax. Esta fina capa de líquido hace de lubricante pegajoso: los pulmones se deslizan por la pared torácica, pero no deja que se salgan al exhalar.

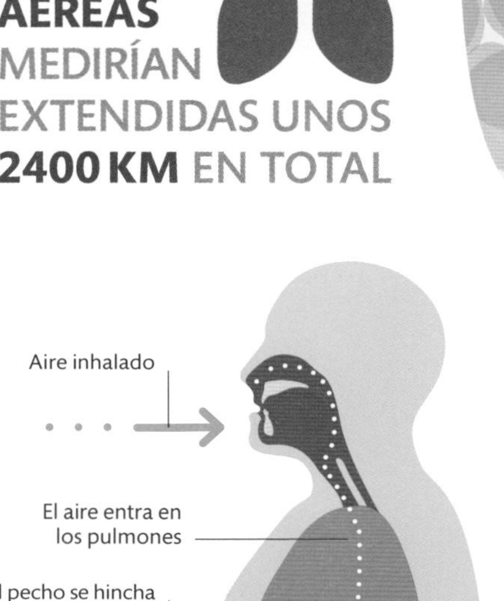
Cavidad pleural
BRONQUIO DERECHO
BRONQUIO IZQUIERDO
Los bronquiolos se ramifican en vías aéreas microscópicas

LAS VÍAS AÉREAS MEDIRÍAN EXTENDIDAS UNOS 2400 KM EN TOTAL

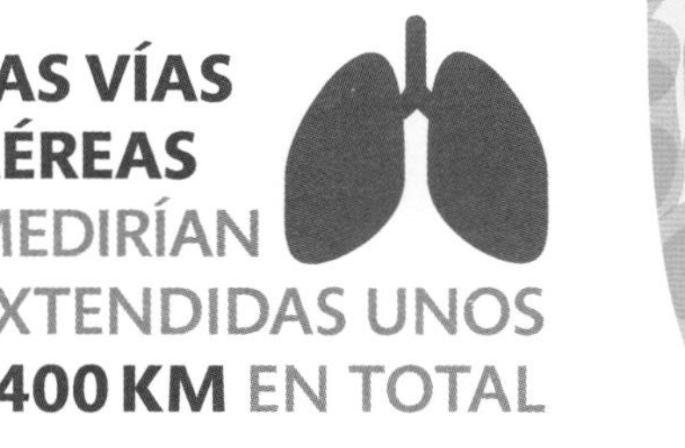

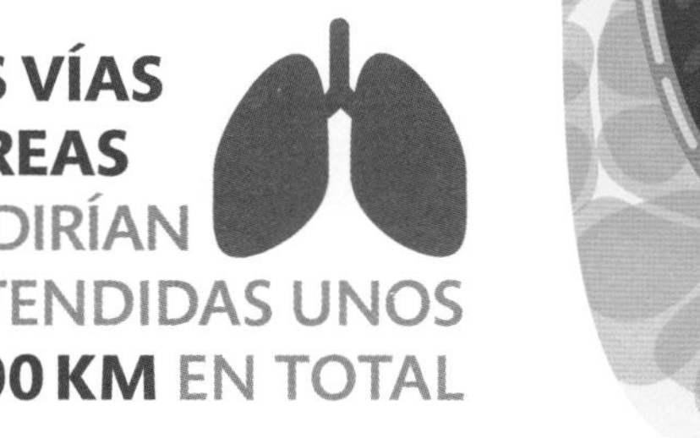

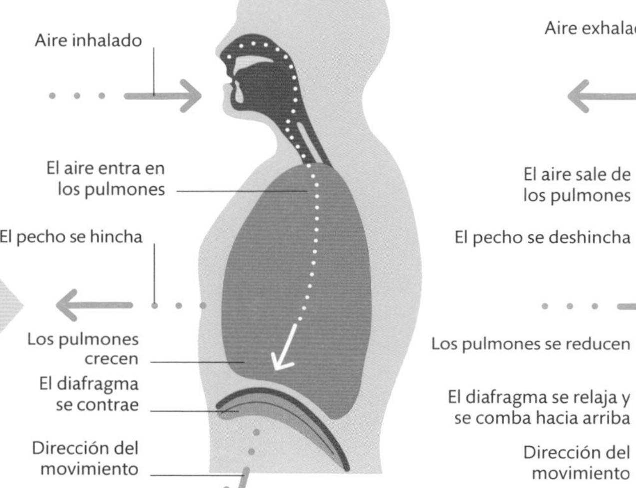
Aire inhalado
El aire entra en los pulmones
El pecho se hincha
Los pulmones crecen
El diafragma se contrae
Dirección del movimiento
INHALACIÓN
Aire exhalado
El aire sale de los pulmones
El pecho se deshincha
Los pulmones se reducen
El diafragma se relaja y se comba hacia arriba
Dirección del movimiento
EXHALACIÓN

Del aire a la sangre

Cualquier célula del cuerpo necesita oxígeno. La adaptación de los pulmones para extraer este gas vital de la atmósfera es extraordinaria. La extracción se realiza a través de 300 millones de diminutas bolsas de aire, o alveolos, que les dan su textura de esponja.

Más adentro

El aire inhalado pasa de la garganta hacia la tráquea por unas ramas pequeñas conocidas como bronquiolos, cubiertas de moco para conservar la humedad y atrapar las partículas inhaladas. Cada uno está cubierto de finas tiras de músculo. En los asmáticos, la constricción súbita de estos músculos cierra las vías respiratorias y causa la falta de aliento.

EL **AIRE EXHALADO** CONTIENE **UN 16% DE OXÍGENO**, ¡SUFICIENTE PARA **REANIMAR A ALGUIEN!**

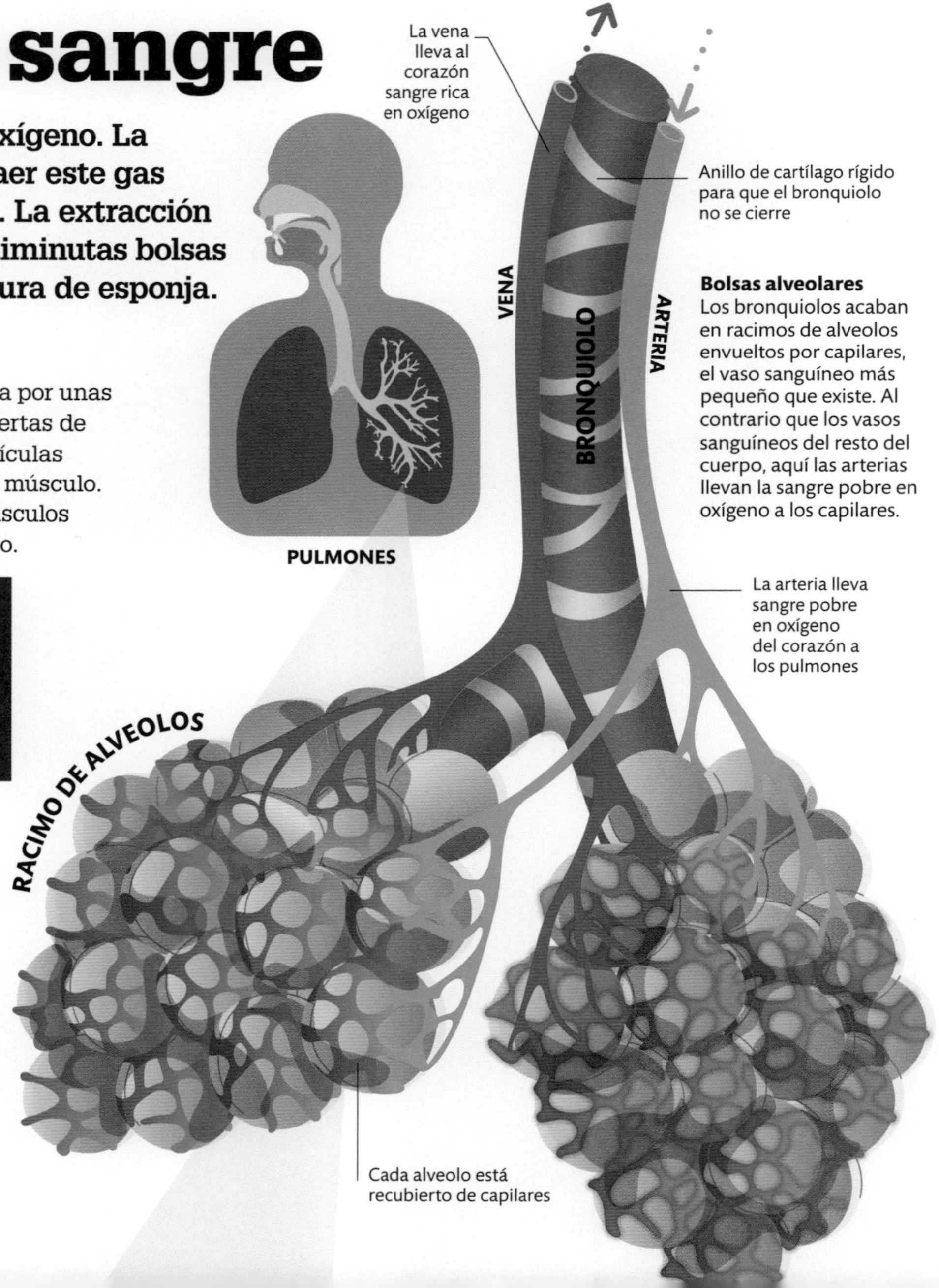

¿POR QUÉ CUANDO HACE FRÍO SE VE EL ALIENTO?

El aire respirado se calienta en los pulmones, por eso, al exhalar, el vapor de agua del aliento se condensa en forma de nubes de gotitas de agua.

La vena lleva al corazón sangre rica en oxígeno

PULMONES

VENA

BRONQUIOLO

ARTERIA

Anillo de cartílago rígido para que el bronquiolo no se cierre

Bolsas alveolares
Los bronquiolos acaban en racimos de alveolos envueltos por capilares, el vaso sanguíneo más pequeño que existe. Al contrario que los vasos sanguíneos del resto del cuerpo, aquí las arterias llevan la sangre pobre en oxígeno a los capilares.

La arteria lleva sangre pobre en oxígeno del corazón a los pulmones

RACIMO DE ALVEOLOS

Cada alveolo está recubierto de capilares

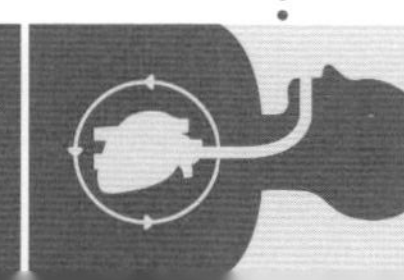

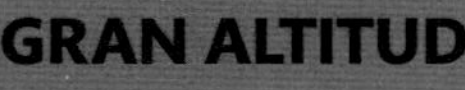

Tipos de gas
Oxígeno
Dióxido de carbono

El aire exhalado contiene 100 veces más dióxido de carbono que el inhalado

El aire inhalado contiene un 21 % de oxígeno

Pared del alveolo, del grosor de una célula

Pared del capilar, del grosor de una célula

Sangre de vuelta al corazón para bombearla por todo el cuerpo

ALVEOLO

CAPILAR

Plasma sanguíneo rico en dióxido de carbono

Glóbulo rojo pobre en oxígeno

Dióxido de carbono que pasa al aire

Glóbulo rojo oxigenado

Oxígeno que pasa al glóbulo rojo

1 Dióxido de carbono
El dióxido de carbono sale del plasma sanguíneo a través de las paredes del capilar y el alveolo. La sangre puede absorber oxígeno y deshacerse simultáneamente del dióxido de carbono.

2 Oxígeno
El oxígeno que se respira pasa del aire alveolar a la sangre, donde lo capturan los glóbulos rojos, que adquieren su vivo color rojo, igual que la sangre.

Intercambio de gases

Los capilares están tan cerca de los alveolos que los gases pueden pasar de unos a otros muy rápido. Se intercambia el dióxido de carbono que sale de la sangre por oxígeno; el corazón distribuye la sangre oxigenada por todo el cuerpo. No se exhala todo el aire inhalado en una única respiración, y en los pulmones se mezcla el aire pobre y el rico en oxígeno, por eso el aire exhalado contiene algo de oxígeno.

GRAN ALTITUD

A grandes altitudes, el aire es más ligero y contiene menos oxígeno. Automáticamente se respira más hondo, ya que el cuerpo detecta una cantidad de oxígeno inferior a la normal en el torrente circulatorio.

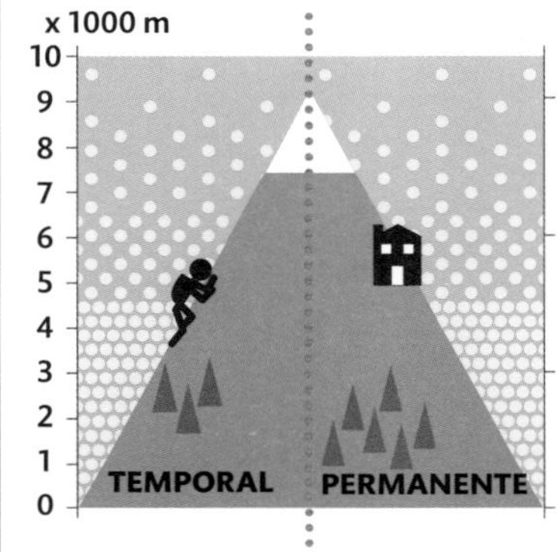
x 1000 m
10
9
8
7
6
5
4
3
2
1
0
TEMPORAL
PERMANENTE

Aclimatación
Quienes viajan a altitudes elevadas se adaptan con más glóbulos rojos que aporten oxígeno extra a la circulación. La adaptación tarda unos cuarenta días, pero no es permanente.

Adaptación
Quienes viven a altitudes elevadas heredan pulmones más grandes, tórax más anchos y genes que procesan mejor el oxígeno, que les permiten vivir sin problemas en ese entorno más duro.

¿Por qué respiramos?

El oxígeno que respiramos es vital para continuar vivos porque sirve para crear energía. Los diminutos capilares, el vaso sanguíneo más pequeño, transportan oxígeno a los 50 billones de células de nuestro cuerpo. Una persona cualquiera consume en promedio unos 550 litros de oxígeno al día.

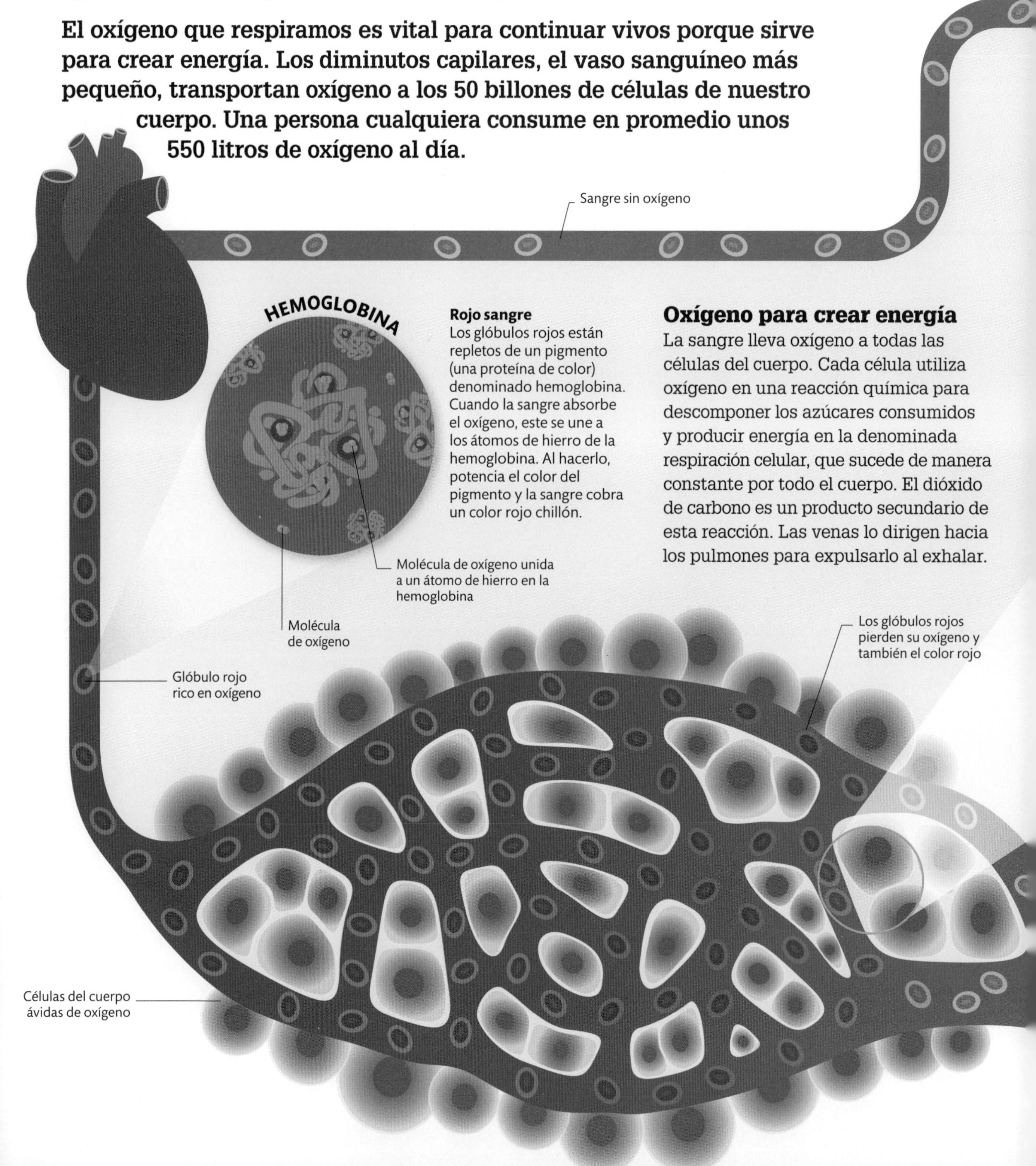

Sangre sin oxígeno
HEMOGLOBINA
Molécula de oxígeno unida a un átomo de hierro en la hemoglobina
Molécula de oxígeno
Glóbulo rojo rico en oxígeno
Los glóbulos rojos pierden su oxígeno y también el color rojo
Células del cuerpo ávidas de oxígeno

Rojo sangre
Los glóbulos rojos están repletos de un pigmento (una proteína de color) denominado hemoglobina. Cuando la sangre absorbe el oxígeno, este se une a los átomos de hierro de la hemoglobina. Al hacerlo, potencia el color del pigmento y la sangre cobra un color rojo chillón.

Oxígeno para crear energía

La sangre lleva oxígeno a todas las células del cuerpo. Cada célula utiliza oxígeno en una reacción química para descomponer los azúcares consumidos y producir energía en la denominada respiración celular, que sucede de manera constante por todo el cuerpo. El dióxido de carbono es un producto secundario de esta reacción. Las venas lo dirigen hacia los pulmones para expulsarlo al exhalar.

Intercambio de gases
El oxígeno pasa de lugares con concentraciones altas (los glóbulos rojos) a otros con concentraciones bajas (las células del cuerpo). El dióxido de carbono, en cambio, pasa de las células a la sangre.

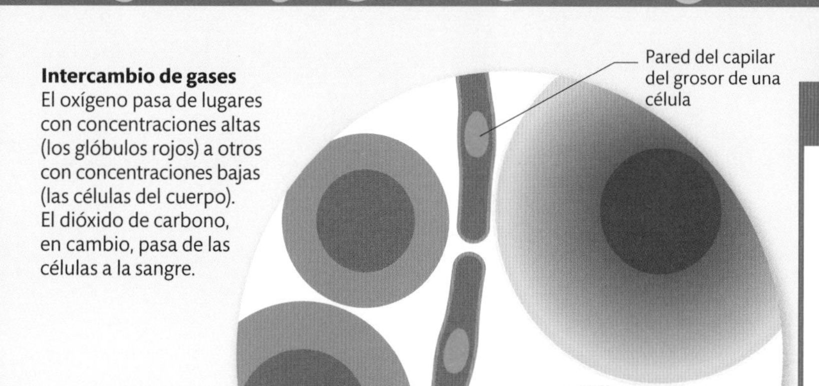
Pared del capilar del grosor de una célula
Glóbulo rojo
Célula del cuerpo

CAPILARES FINOS

Los capilares conectan minúsculas arterias (arteriolas) y venas (vénulas). Las finas paredes de los capilares permiten el intercambio de oxígeno y dióxido de carbono. Son lo bastante finas como para acceder a todos los tejidos del cuerpo, desde los huesos hasta la piel, y lo bastante anchas para permitir el paso de los glóbulos rojos, capaces de cambiar de forma para adaptarse a algunos capilares.

PELO HUMANO
0,08 MM

CAPILAR
0,008 MM

DESOXIHEMOGLOBINA

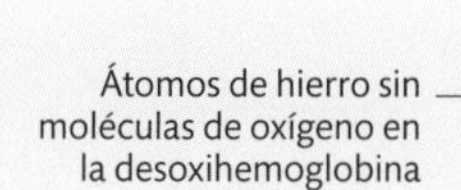

Átomos de hierro sin moléculas de oxígeno en la desoxihemoglobina

¿Sangre azul?
La oxihemoglobina es hemoglobina que transporta oxígeno. Cuando libera el oxígeno en los tejidos del cuerpo, se convierte en desoxihemoglobina y adquiere un color rojo oscuro, el color de la sangre sin oxígeno. La sangre no es realmente azul, aunque las venas parezcan azules bajo la piel.

SI **SE AGUANTA LA RESPIRACIÓN**, QUEDA SUFICIENTE **OXÍGENO** EN LA **SANGRE** PARA **SEGUIR CONSCIENTE** DURANTE **VARIOS MINUTOS**

Glóbulo rojo sin oxígeno

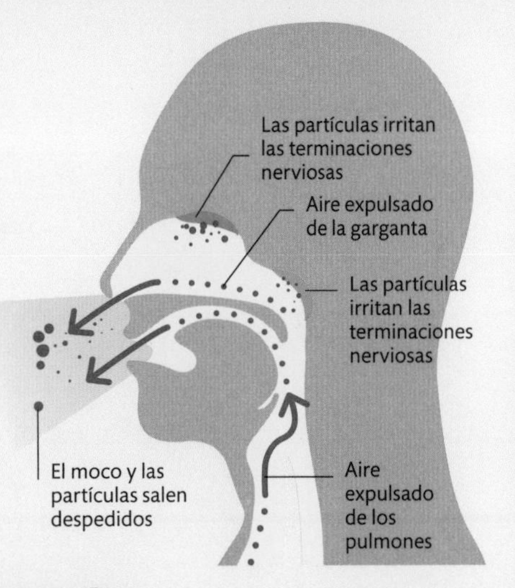
Las partículas irritan las terminaciones nerviosas
Aire expulsado de la garganta
Las partículas irritan las terminaciones nerviosas
El moco y las partículas salen despedidos
Aire expulsado de los pulmones

Estornudos

El objetivo de este reflejo es eliminar partículas irritantes de la cavidad nasal. Se produce si inhalamos partículas, por infección o alergias.

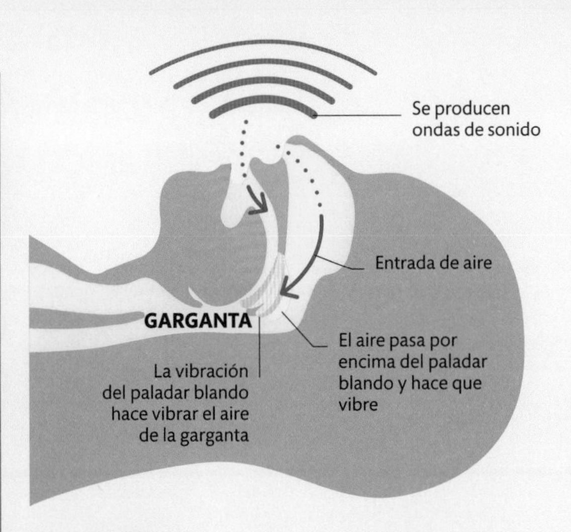
Se producen ondas de sonido
Entrada de aire
GARGANTA
El aire pasa por encima del paladar blando y hace que vibre
La vibración del paladar blando hace vibrar el aire de la garganta

Ronquidos

Los ronquidos se deben al cierre parcial de la vía aérea superior al dormir. La lengua cae atrás y el paladar blando vibra al respirar.

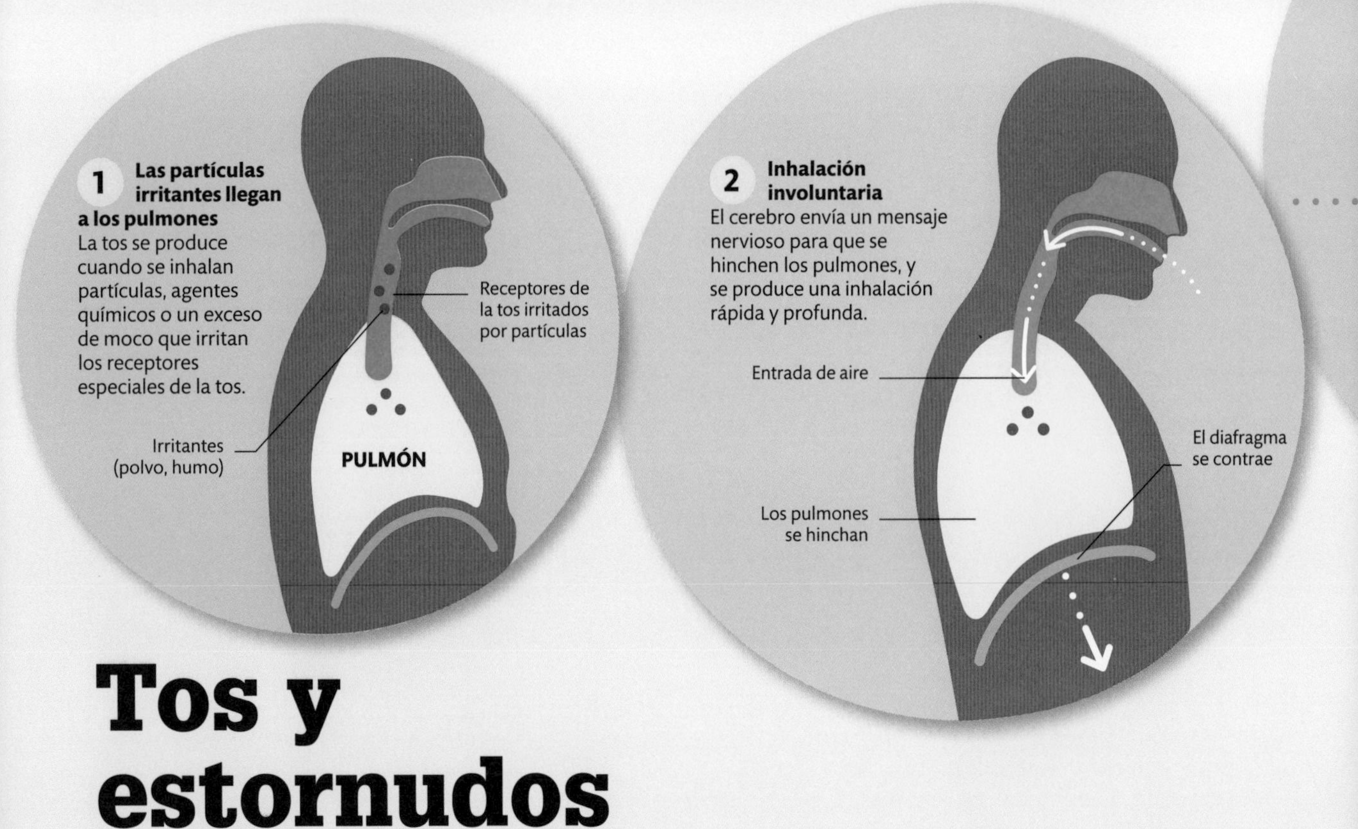
1 Las partículas irritantes llegan a los pulmones
La tos se produce cuando se inhalan partículas, agentes químicos o un exceso de moco que irritan los receptores especiales de la tos.
Receptores de la tos irritados por partículas
Irritantes (polvo, humo)
PULMÓN
2 Inhalación involuntaria
El cerebro envía un mensaje nervioso para que se hinchen los pulmones, y se produce una inhalación rápida y profunda.
Entrada de aire
El diafragma se contrae
Los pulmones se hinchan

Tos y estornudos

El sistema respiratorio entra de inmediato en acción sin necesidad de control consciente. La tos y los estornudos eliminan partículas de las vías respiratorias. En cambio, es un misterio para qué sirven el hipo y los bostezos.

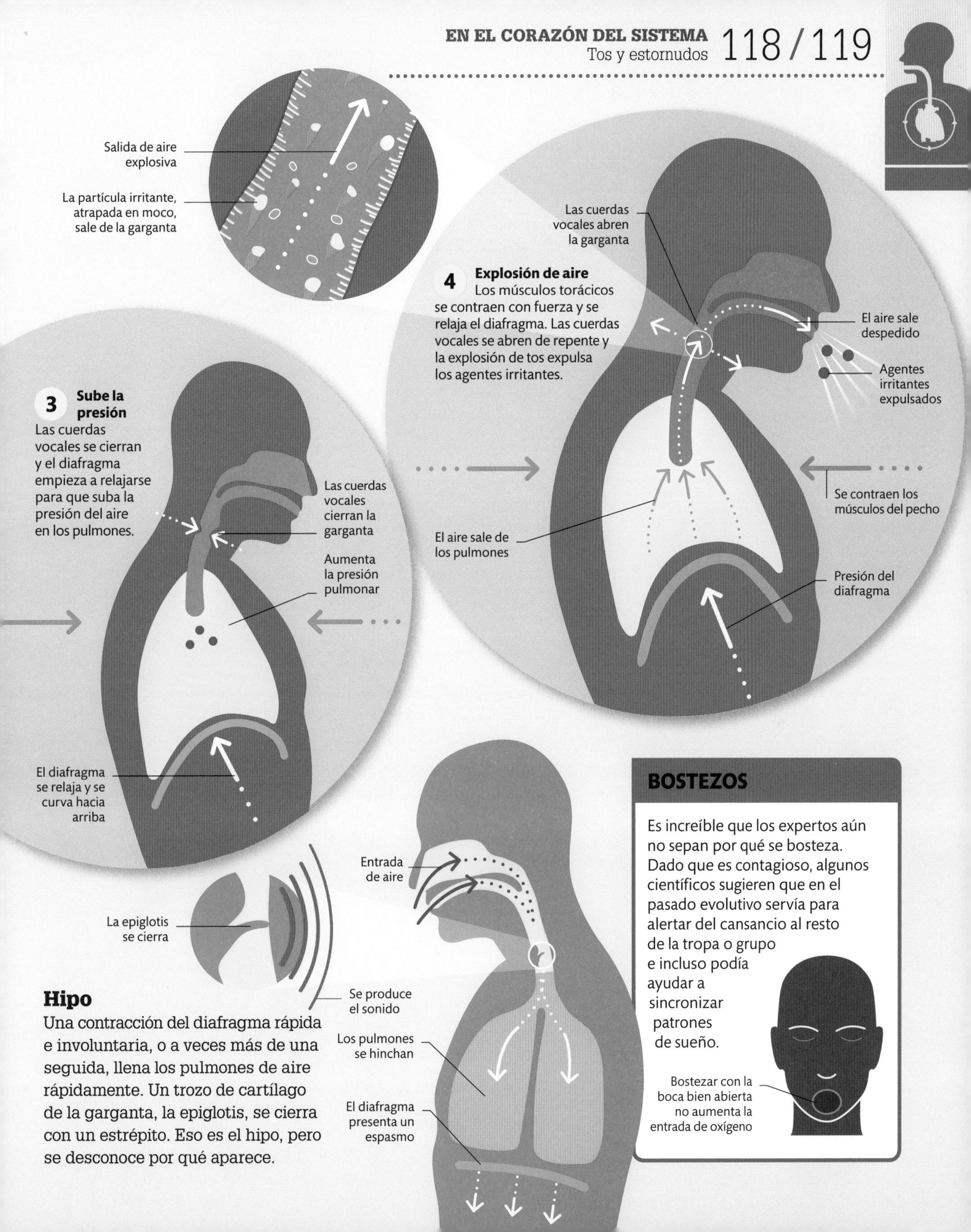
Salida de aire explosiva
La partícula irritante, atrapada en moco, sale de la garganta
Las cuerdas vocales abren la garganta
El aire sale despedido
Agentes irritantes expulsados
Se contraen los músculos del pecho
El aire sale de los pulmones
Presión del diafragma
Las cuerdas vocales cierran la garganta
Aumenta la presión pulmonar
El diafragma se relaja y se curva hacia arriba
Entrada de aire
La epiglotis se cierra
Se produce el sonido
Los pulmones se hinchan
El diafragma presenta un espasmo
Bostezar con la boca bien abierta no aumenta la entrada de oxígeno

3 Sube la presión
Las cuerdas vocales se cierran y el diafragma empieza a relajarse para que suba la presión del aire en los pulmones.

4 Explosión de aire
Los músculos torácicos se contraen con fuerza y se relaja el diafragma. Las cuerdas vocales se abren de repente y la explosión de tos expulsa los agentes irritantes.

Hipo

Una contracción del diafragma rápida e involuntaria, o a veces más de una seguida, llena los pulmones de aire rápidamente. Un trozo de cartílago de la garganta, la epiglotis, se cierra con un estrépito. Eso es el hipo, pero se desconoce por qué aparece.

BOSTEZOS

Es increíble que los expertos aún no sepan por qué se bosteza. Dado que es contagioso, algunos científicos sugieren que en el pasado evolutivo servía para alertar del cansancio al resto de la tropa o grupo e incluso podía ayudar a sincronizar patrones de sueño.

Las funciones de la sangre

El corazón y los vasos sanguíneos contienen unos cinco litros de sangre que transportan todo lo que las células necesitan o producen: oxígeno, hormonas, vitaminas y residuos. La sangre lleva los nutrientes de la comida al hígado para que los procese, las toxinas al hígado para que las expulse y los residuos y el exceso de líquido a los riñones para que los eliminen.

¿De qué se compone la sangre?

La sangre está compuesta por un líquido, el plasma, en el que flotan miles de millones de glóbulos rojos y blancos, además de plaquetas, los fragmentos de célula implicados en la coagulación de la sangre. La sangre también contiene residuos, nutrientes, colesterol, anticuerpos y factores de coagulación de proteínas que flotan en el plasma. El cuerpo controla muy bien la temperatura, acidez y nivel de sales de la sangre: si varían demasiado, las células sanguíneas y corporales pueden no funcionar bien.

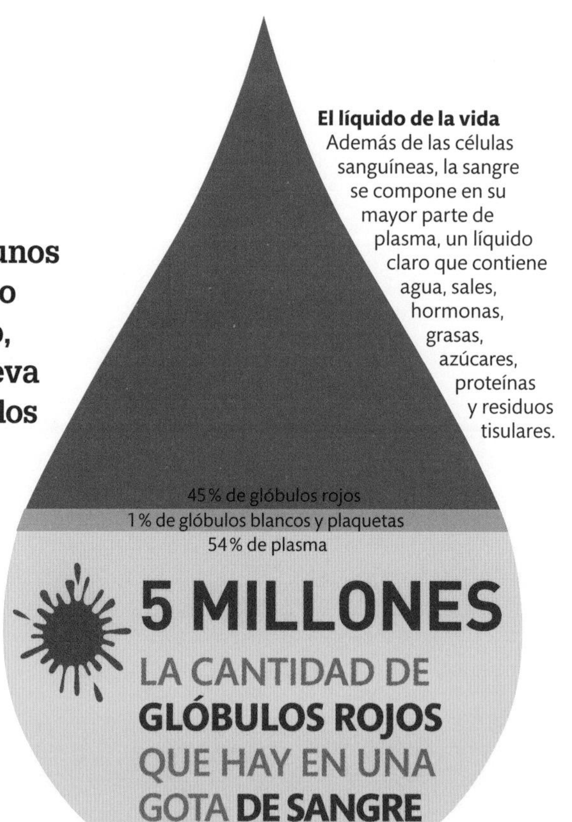

45% de glóbulos rojos
1% de glóbulos blancos y plaquetas
54% de plasma
5 MILLONES
LA CANTIDAD DE GLÓBULOS ROJOS QUE HAY EN UNA GOTA DE SANGRE

El líquido de la vida
Además de las células sanguíneas, la sangre se compone en su mayor parte de plasma, un líquido claro que contiene agua, sales, hormonas, grasas, azúcares, proteínas y residuos tisulares.

Transporte de oxígeno

Los glóbulos rojos se encargan de transportar la mayoría del oxígeno. Una pequeña cantidad de oxígeno también se disuelve en el plasma. Un glóbulo rojo recoge el oxígeno en los pulmones, y un minuto después ya ha completado su paso por el cuerpo; mientras lo hace, el oxígeno pasa a los tejidos y la sangre absorbe el dióxido de carbono. Los glóbulos sin oxígeno vuelven a los pulmones, donde la sangre se desprende del dióxido de carbono y el ciclo empieza de nuevo.

¿DÓNDE SE FABRICA LA SANGRE?

Curiosamente, la sangre se produce en la médula ósea de los huesos planos (como las costillas, el esternón y los omoplatos). ¡Cada segundo se producen millones de células sanguíneas!

Doble circulación
La sangre sin oxígeno viaja de la mitad derecha del corazón a los pulmones. La sangre rica en oxígeno de los pulmones pasa de la mitad izquierda del corazón al resto del cuerpo.

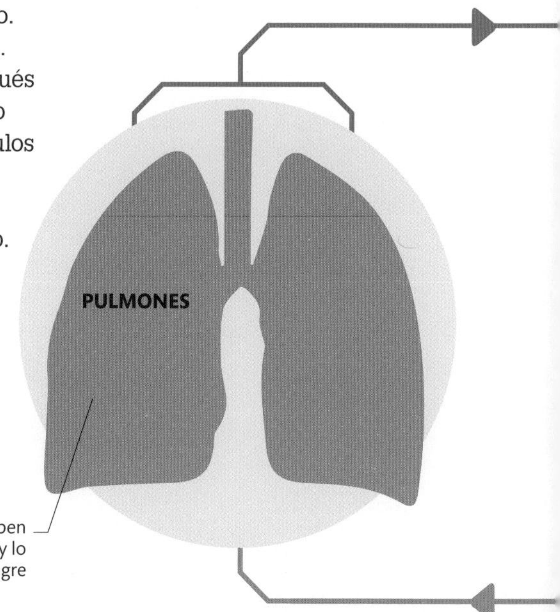

PULMONES

Los pulmones absorben el oxígeno del aire y lo liberan en la sangre

Qué necesita el cuerpo

Todas las células vivas del cuerpo necesitan algo para funcionar bien. La sangre transporta estos productos, como oxígeno, sales, combustible (en forma de glucosa o grasas) y los elementos básicos de las proteínas (los aminoácidos) para crecer y repararse; también lleva hormonas como la adrenalina, agentes químicos que afectan la conducta de las células.

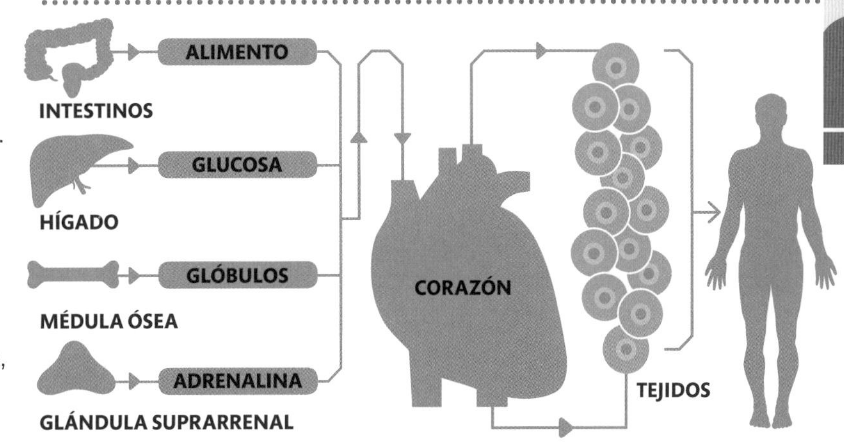
INTESTINOS
ALIMENTO
HÍGADO
GLUCOSA
MÉDULA ÓSEA
GLÓBULOS
GLÁNDULA SUPRARRENAL
ADRENALINA
CORAZÓN
TEJIDOS

Lo que el cuerpo no necesita

Durante la función celular normal se producen residuos en forma de productos secundarios, como el ácido láctico. La sangre retira rápidamente los residuos para evitar desequilibrios, y estos pueden ir a los riñones, que los expulsan en forma de orina, o al hígado, que los convierte en algo útil para las células.

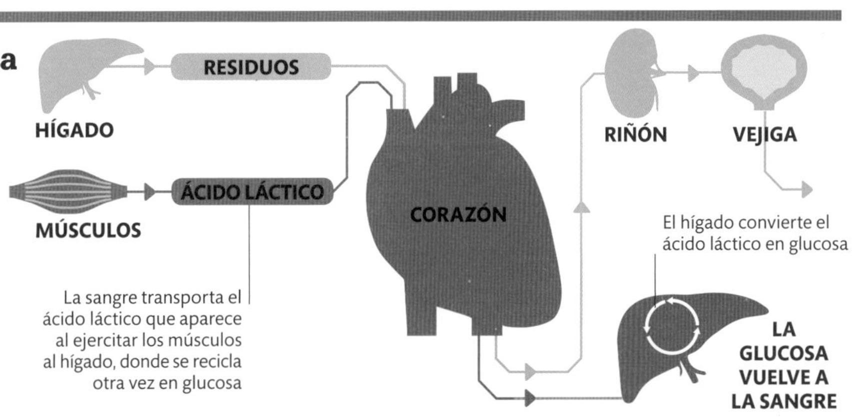
HÍGADO
RESIDUOS
MÚSCULOS
ÁCIDO LÁCTICO
CORAZÓN
RIÑÓN
VEJIGA
El hígado convierte el ácido láctico en glucosa
La sangre transporta el ácido láctico que aparece al ejercitar los músculos al hígado, donde se recicla otra vez en glucosa
LA GLUCOSA VUELVE A LA SANGRE

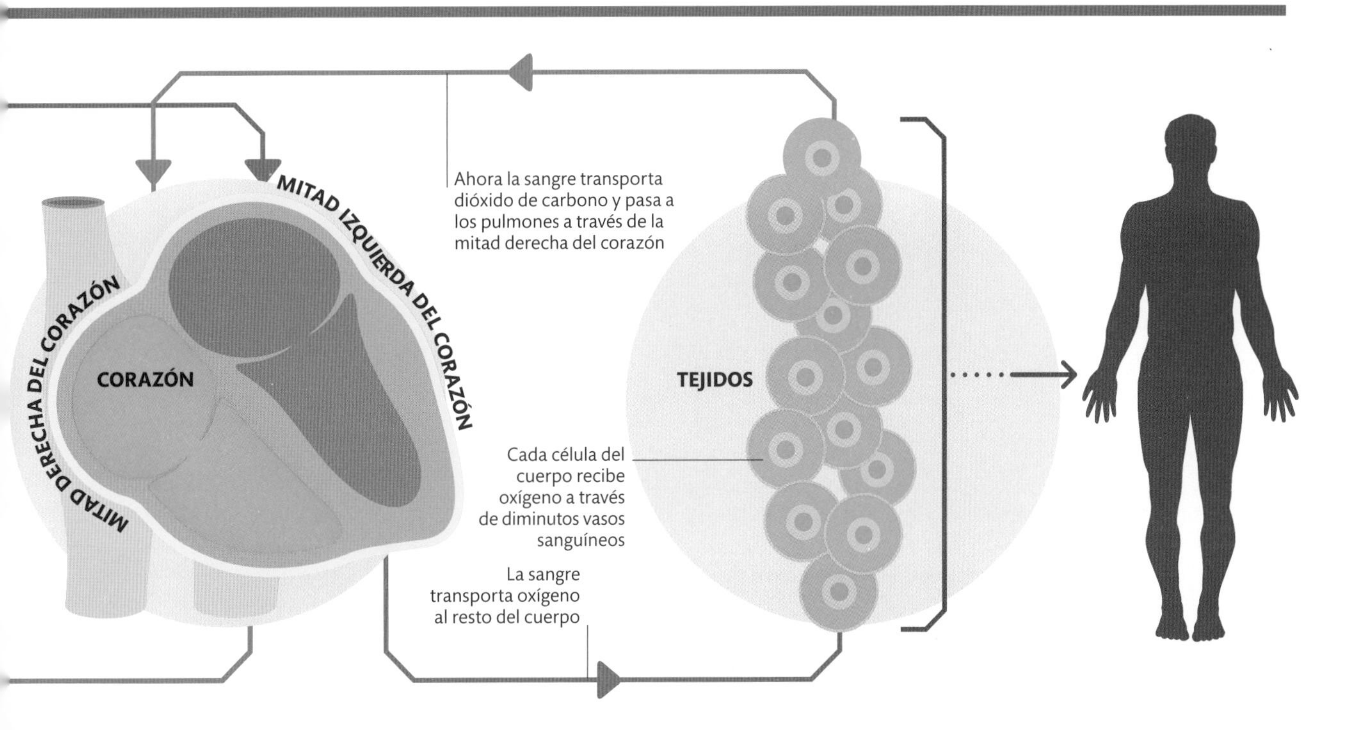
MITAD DERECHA DEL CORAZÓN
MITAD IZQUIERDA DEL CORAZÓN
CORAZÓN
Ahora la sangre transporta dióxido de carbono y pasa a los pulmones a través de la mitad derecha del corazón
TEJIDOS
Cada célula del cuerpo recibe oxígeno a través de diminutos vasos sanguíneos
La sangre transporta oxígeno al resto del cuerpo

Cómo late el corazón

El corazón es un órgano muscular del tamaño del puño que se contrae y relaja unas 70 veces por minuto para que la sangre cargada de oxígeno y nutrientes no deje de viajar por los pulmones y el cuerpo.

Ciclo cardiaco

El corazón es una bomba muscular dividida en dos mitades, derecha e izquierda. A su vez, cada mitad se divide en dos cavidades: una aurícula arriba y un ventrículo abajo. Unas válvulas se aseguran de que la sangre no vuelva atrás y avance en la dirección adecuada. Una zona del músculo cardiaco actúa como marcapasos natural y genera la señal eléctrica responsable del ciclo de contracción y relajación muscular. Las contracciones rítmicas del corazón bombean sangre de la mitad derecha hacia los pulmones y de la mitad izquierda hacia el resto del cuerpo.

Registro del ECG

Los impulsos eléctricos del corazón se pueden registrar con electrodos y producen un electrocardiograma (ECG). Cada latido origina una señal característica en el ECG, cuya forma se divide en cinco fases: P, Q, R, S y T. Cada letra marca una etapa concreta en el ciclo del latido cardiaco.

R

Los ventrículos se contraen

Segunda contracción
El mensaje eléctrico llega a la punta de los ventrículos y los recorre. El pico R se produce cuando los potentes ventrículos alcanzan la contracción máxima.

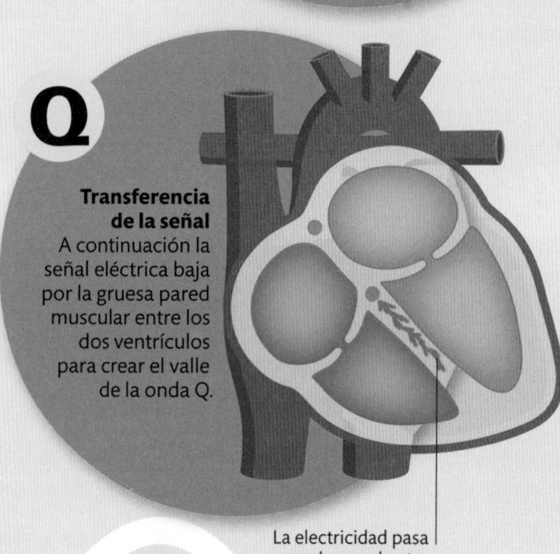

Q
Transferencia de la señal
A continuación la señal eléctrica baja por la gruesa pared muscular entre los dos ventrículos para crear el valle de la onda Q.

La electricidad pasa por la pared entre las cavidades

R

P

Q

P

Nódulo sinoauricular (marcapasos natural)

Primera contracción
La activación eléctrica de las células musculares contrae las aurículas, que empujan la sangre por las válvulas hacia los ventrículos y crean la onda P del ECG.

Las señales eléctricas viajan por las paredes de las cavidades superiores

Las aurículas se contraen

La sangre pasa a los ventrículos

¿CUÁL ES EL ORIGEN DEL SONIDO DE LOS LATIDOS?

El corazón tiene cuatro válvulas, y estas válvulas, al abrirse y cerrarse por parejas, producen el pum-pum de los latidos.

Cómo viajan las señales eléctricas

El nódulo sinoauricular, el marcapasos del corazón, es una región muscular de la aurícula superior derecha. Lanza un impulso eléctrico que cruza todo el corazón por fibras nerviosas especializadas. Las células cardiacas son expertas en transmitir estos mensajes rápidamente, por eso el músculo cardiaco se contrae de manera ordenada: primero las aurículas y después los ventrículos.

La sangre rica en oxígeno de los pulmones se bombea hacia el resto del cuerpo

Aurícula relajada

S

Vuelve la electricidad
La onda S y el segmento plano ST aparecen cuando los ventrículos se contraen y vacían de sangre. Las células auriculares se han recargado y están listas para la siguiente contracción.

La electricidad vuelve arriba, hacia las aurículas

La sangre de la mitad derecha del corazón se bombea a los pulmones

Los ventrículos siguen contraídos

Marcapasos natural

Células especializadas
Las células del marcapasos natural del corazón son permeables y permiten la entrada y salida de iones (partículas cargadas), lo que genera un impulso eléctrico regular que hace latir al corazón. Las células del músculo cardiaco tienen fibras ramificadas que distribuyen rápidamente los mensajes eléctricos a las células vecinas.

T

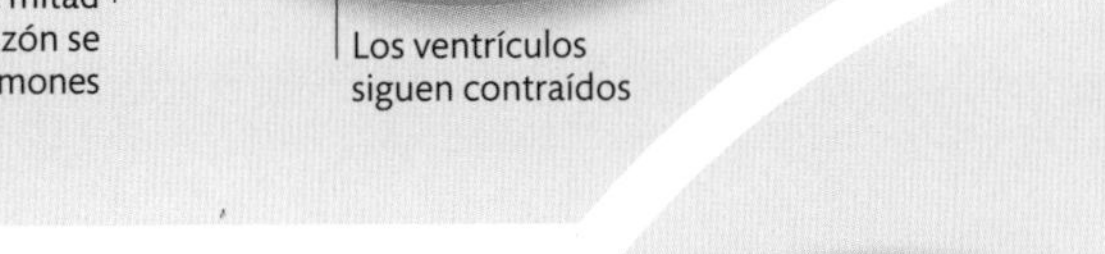

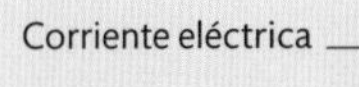

Corriente eléctrica

Célula de músculo cardiaco

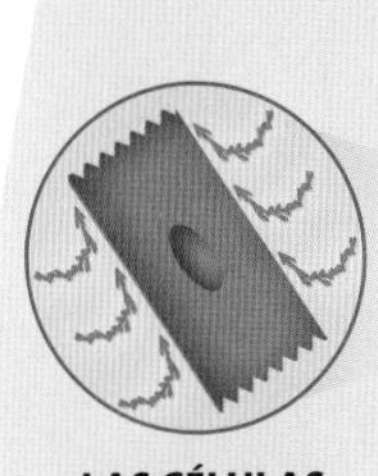

LAS CÉLULAS CARDIACAS SE RECARGAN

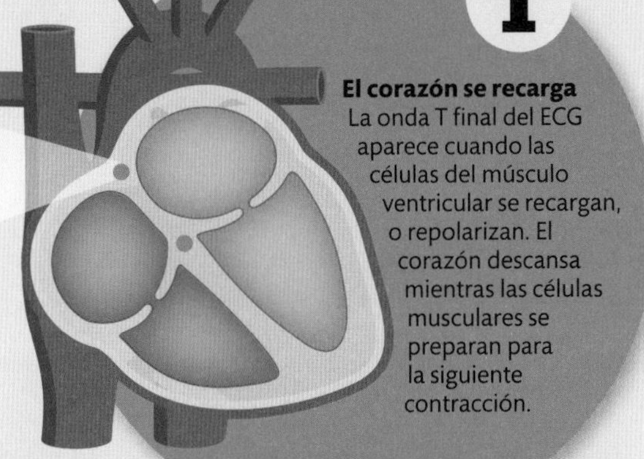
T

El corazón se recarga
La onda T final del ECG aparece cuando las células del músculo ventricular se recargan, o repolarizan. El corazón descansa mientras las células musculares se preparan para la siguiente contracción.

S

CON **CADA LATIDO,** CADA VENTRÍCULO **BOMBEA 70 ML** DE **SANGRE**, CASI UN QUINTO DE LO QUE CONTIENE UNA **BOLSA DE SANGRE**

Cómo se mueve la sangre

La sangre se mueve por las arterias, los capilares y las venas. Las arterias tienen paredes musculares elásticas que compensan las subidas de presión de cada latido. Las paredes de las venas son más finas y se distienden para bajar la presión, ya que, si es muy alta, aumenta el riesgo de infarto de miocardio o ictus.

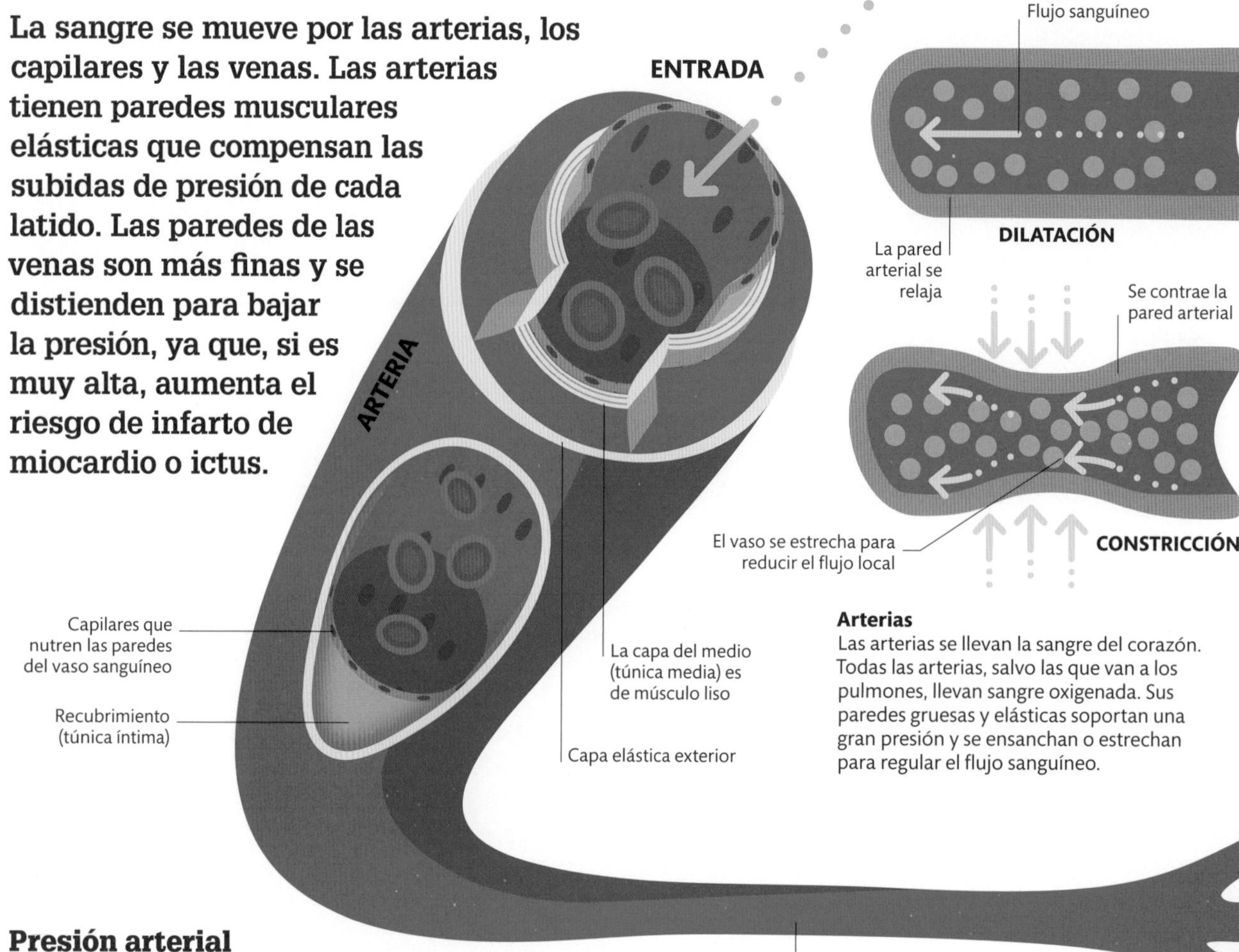

ENTRADA
ARTERIA
Flujo sanguíneo
DILATACIÓN
La pared arterial se relaja
Se contrae la pared arterial
CONSTRICCIÓN
El vaso se estrecha para reducir el flujo local
Capilares que nutren las paredes del vaso sanguíneo
Recubrimiento (túnica íntima)
La capa del medio (túnica media) es de músculo liso
Capa elástica exterior
La arteria se ramifica en arteriolas más estrechas

Arterias
Las arterias se llevan la sangre del corazón. Todas las arterias, salvo las que van a los pulmones, llevan sangre oxigenada. Sus paredes gruesas y elásticas soportan una gran presión y se ensanchan o estrechan para regular el flujo sanguíneo.

Presión arterial

La sangre de las arterias sigue el pulso del corazón y, por lo tanto, la presión en su interior sube y baja en forma de ondas. La presión en las arterias alcanza su punto máximo justo después de la contracción del corazón (presión arterial sistólica) y su punto mínimo cuando el corazón descansa entre latidos (presión arterial diastólica). La presión es muy inferior en los capilares: hay tantos que reparten muy bien la fuerza. La sangre presenta su presión mínima al llegar a las venas.

Límites de la presión
La presión arterial se mide en milímetros de mercurio (mmHg); en general, varía rítmicamente entre 120 y 80 mmHg. Aunque la presión es más baja en los capilares y las venas, la presión arterial nunca cae hasta 0 mmHg.

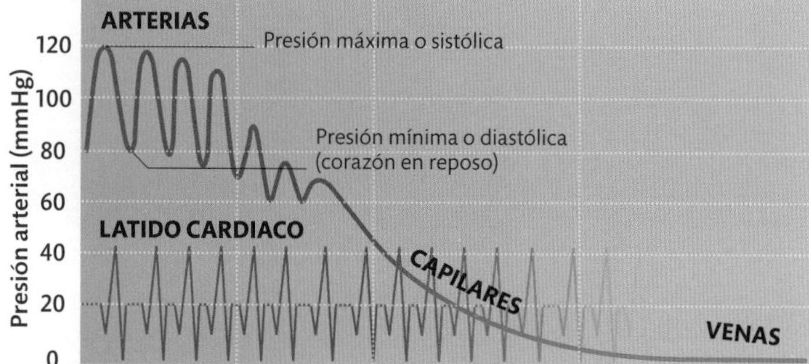

ARTERIAS
Presión máxima o sistólica
Presión mínima o diastólica (corazón en reposo)
LATIDO CARDIACO
CAPILARES
VENAS
Presión arterial (mmHg)
120
100
80
60
40
20
0

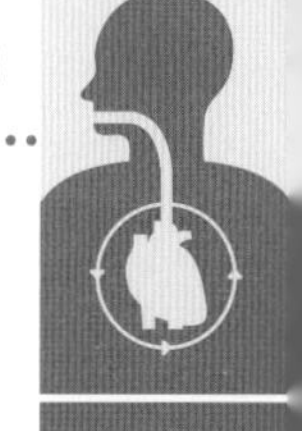

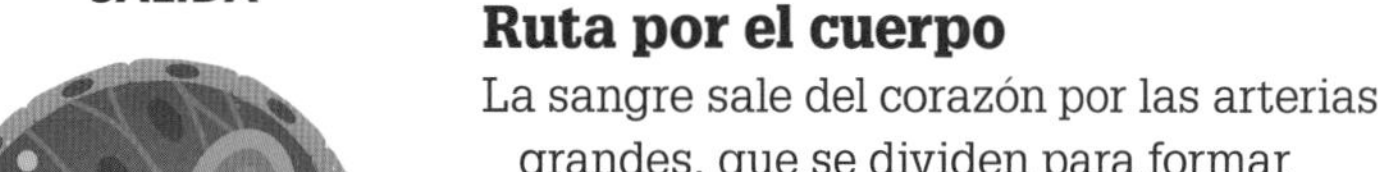

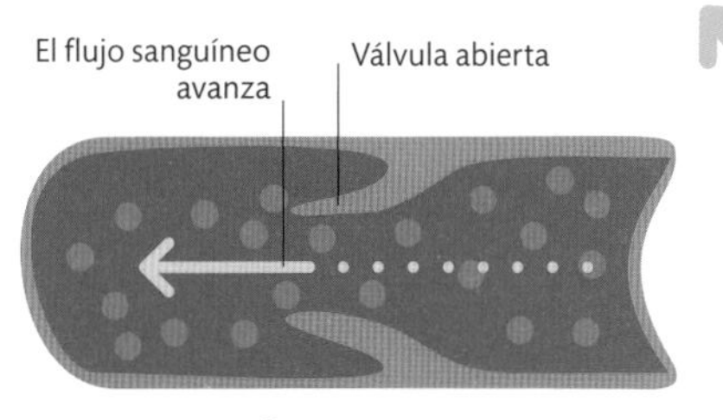
El flujo sanguíneo avanza
Válvula abierta

VÁLVULA ABIERTA

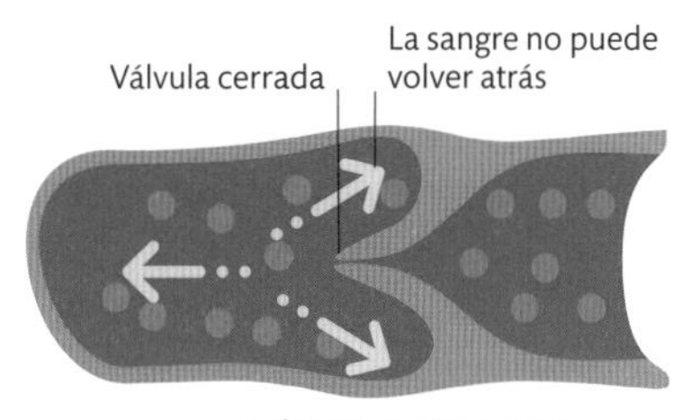
Válvula cerrada
La sangre no puede volver atrás

VÁLVULA CERRADA

Venas
Las venas devuelven la sangre al corazón. Tienen muy poca presión (5-8 mmHg); las largas venas de las piernas tienen un sistema unidireccional de válvulas para superar la gravedad.

SALIDA

VENA

Capa de músculo liso

Capa elástica exterior

Válvula

Túnica íntima

Ruta por el cuerpo

La sangre sale del corazón por las arterias grandes, que se dividen para formar arteriolas más pequeñas. A través de estas, la sangre pasa por una red de capilares. En los capilares pulmonares, la sangre recoge oxígeno y libera dióxido de carbono. En los capilares corporales, la sangre libera oxígeno y recoge dióxido de carbono. La sangre pasa a las vénulas, que se unen para formar venas que devuelvan la sangre al corazón.

Capilares
Los capilares forman una amplia red que se ramifica por los tejidos corporales. Algunas entradas de capilares disponen de anillos musculares (esfínteres) para cerrar esa parte de la red.

CAPILARES

Las vénulas pequeñas se unen y forman una vena más grande

Vénulas pequeñas

Medir la presión arterial
Para medir la presión, el personal sanitario hincha un manguito alrededor del brazo hasta que la presión detiene el paso de la sangre arterial. A continuación, la presión baja lentamente hasta que la sangre consigue superar el manguito y produce el sonido característico de la presión arterial sistólica. El manguito se deshincha hasta que se deja de oír el sonido cuando la sangre queda libre otra vez, ese punto marca la presión arterial diastólica.

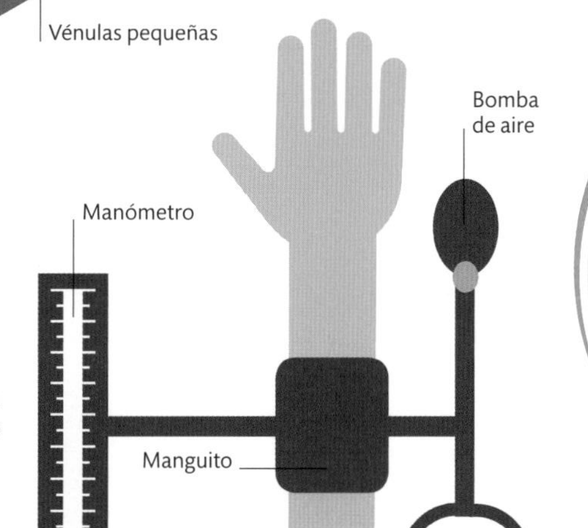
Bomba de aire
Manómetro
Manguito

¿POR QUÉ ES TAN PELIGROSO TENER LA PRESIÓN ARTERIAL ALTA?
La presión arterial elevada daña el recubrimiento de las arterias, lo que puede causar una acumulación de placas de colesterol y hacer que las arterias se endurezcan y se taponen.

Problemas circulatorios

Los tejidos tienen vasos sanguíneos, cuyas finas paredes dejan pasar oxígeno y nutrientes, pero también se dañan con facilidad. El sistema de reparación permite que la sangre se coagule para arreglar cualquier daño, pero a veces algún coágulo no deseado crea un tapón.

¿POR QUÉ SE SUFRE TROMBOSIS VENOSA PROFUNDA EN VUELOS LARGOS?

A veces la sangre fluye lenta y se coagula por error en un vaso sano, especialmente si se está sentado durante horas. Este coágulo, o trombosis, puede taponar una vena.

Moretones

A veces un golpe en alguna parte del cuerpo provoca la rotura de pequeños vasos sanguíneos y la sangre inunda los tejidos vecinos. Hay personas más propensas a tener moretones que otras, sobre todo los ancianos, y suele estar relacionado con trastornos de la coagulación o deficiencia de nutrientes como las vitaminas K (necesaria para crear factores de coagulación) o C (necesaria para crear el colágeno).

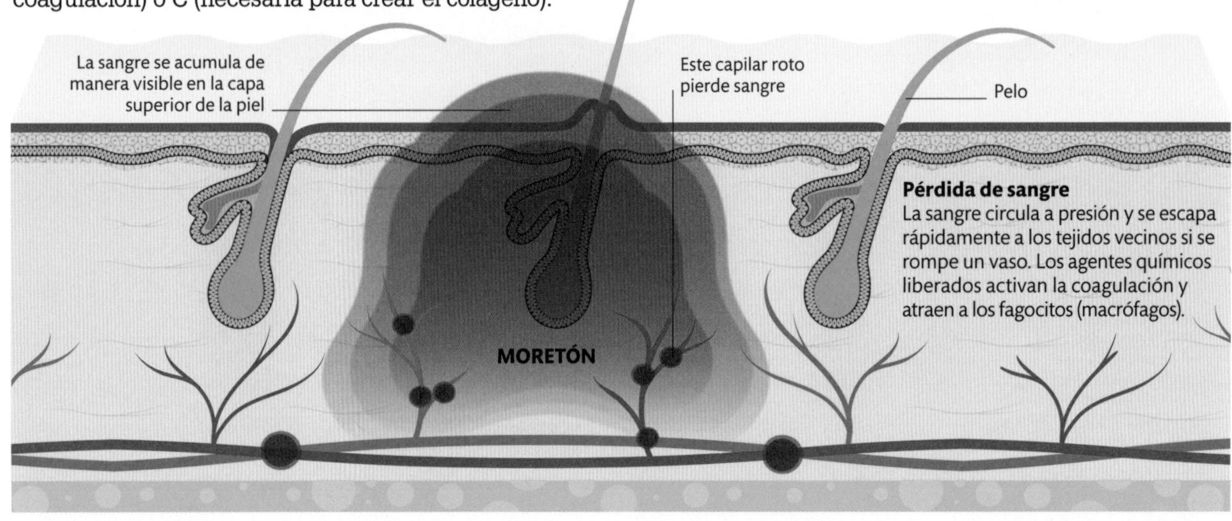

La sangre se acumula de manera visible en la capa superior de la piel
Este capilar roto pierde sangre
Pelo
MORETÓN

Pérdida de sangre
La sangre circula a presión y se escapa rápidamente a los tejidos vecinos si se rompe un vaso. Los agentes químicos liberados activan la coagulación y atraen a los fagocitos (macrófagos).

Coagulación

Cualquier daño en un vaso sanguíneo debe sellarse rápidamente para no perder sangre. Una secuencia compleja de reacciones provoca que las proteínas inactivas disueltas en la sangre se activen y taponen el daño. El vaso sanguíneo se constriñe para frenar el flujo sanguíneo y reducir la pérdida de sangre de la circulación.

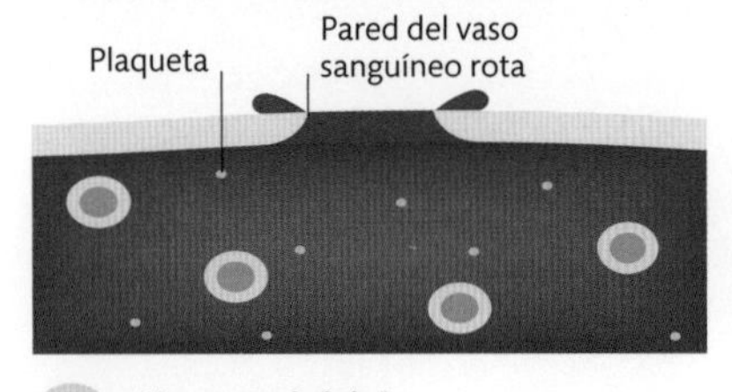

Plaqueta
Pared del vaso sanguíneo rota

1 Abertura inicial
La exposición de proteínas como el colágeno de una pared de vaso sanguíneo rota atrae inmediatamente las plaquetas.

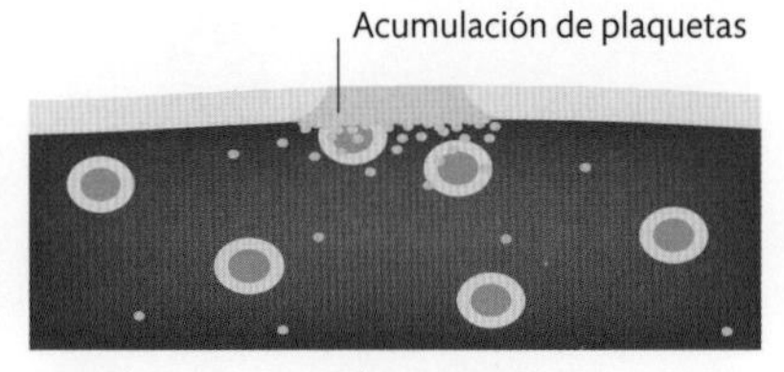

Acumulación de plaquetas

2 Formación del coágulo
Las plaquetas se unen y liberan agentes químicos para que la fibrina (una proteína de la sangre) forme fibras.

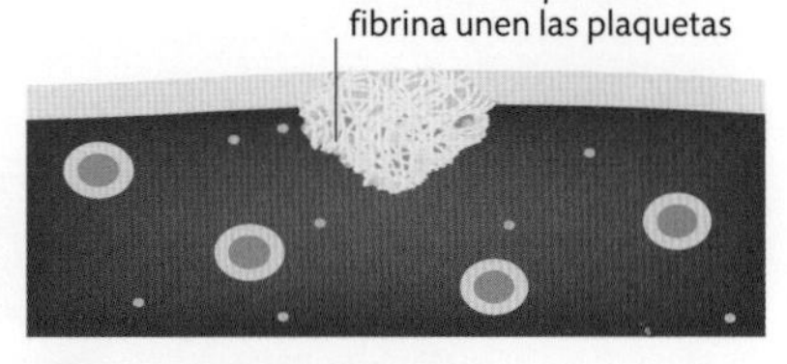

Las fibras de proteína fibrina unen las plaquetas

3 Fijación del coágulo
Una red pegajosa de fibras de fibrina une las plaquetas y captura glóbulos rojos para que formen un coágulo.

Cómo se curan los moretones
Al principio, son de color morado, el color de los glóbulos rojos sin oxígeno bajo la piel. Los macrófagos reciclan los glóbulos rojos al limpiar el área y convierten los pigmentos rojos de la sangre en pigmentos verdes y, al final, amarillos.

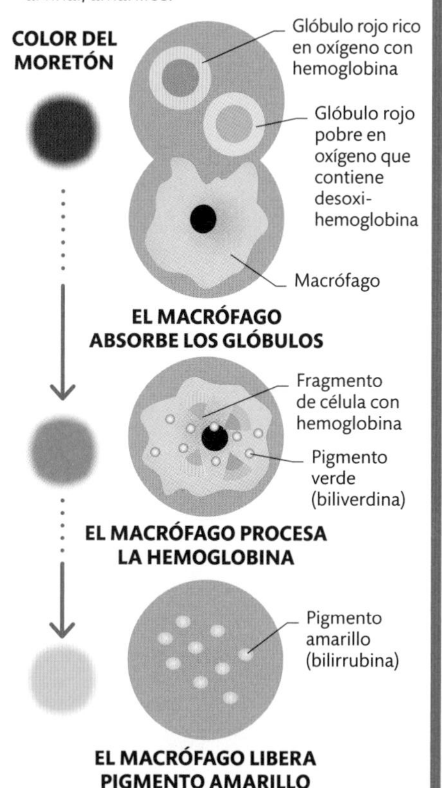
COLOR DEL MORETÓN
Glóbulo rojo rico en oxígeno con hemoglobina
Glóbulo rojo pobre en oxígeno que contiene desoxi-hemoglobina
Macrófago
EL MACRÓFAGO ABSORBE LOS GLÓBULOS
Fragmento de célula con hemoglobina
Pigmento verde (biliverdina)
EL MACRÓFAGO PROCESA LA HEMOGLOBINA
Pigmento amarillo (bilirrubina)
EL MACRÓFAGO LIBERA PIGMENTO AMARILLO

Venas varicosas

Las venas varicosas son el precio que pagamos por caminar erguidos y no a cuatro patas. Las válvulas de las largas venas de las piernas consiguen que la sangre venza la gravedad y suba. A veces se rompen estas válvulas de las venas superficiales y se acumula la sangre. Las venas varicosas quizá son hereditarias y también pueden aparecer por el aumento de presión durante el embarazo.

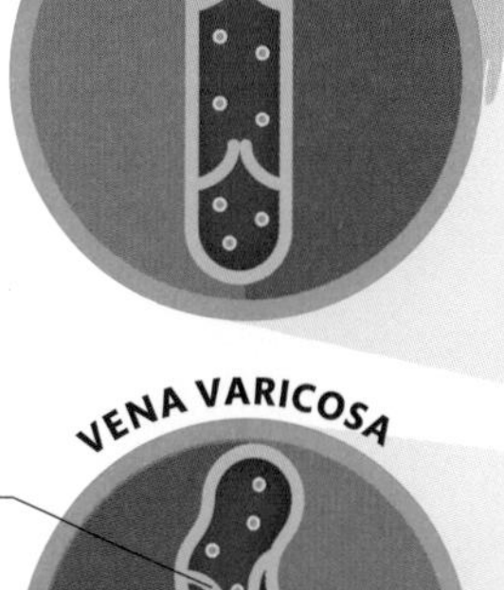
VENA SANA
La sangre no puede volver atrás

Válvulas sanas
Una serie de válvulas no dejan que la sangre vuelva atrás, y ayudan a que suba por la pierna en contra de la fuerza de la gravedad.

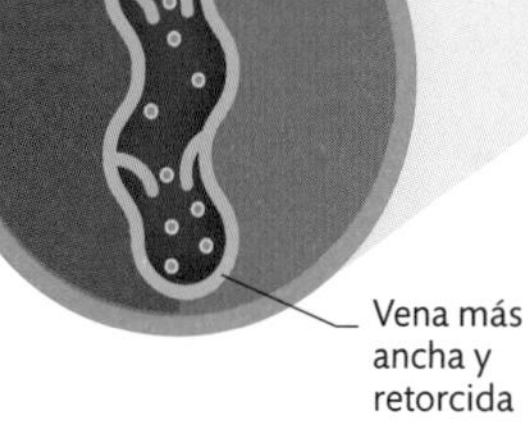
VENA VARICOSA
Esta válvula estropeada deja que la sangre vaya para atrás
Vena más ancha y retorcida

Aumento de la presión
Cuando las débiles válvulas ceden, la gravedad hace que la sangre vuelva atrás y se acumule en las venas. El aumento de presión dilata y retuerce las venas.

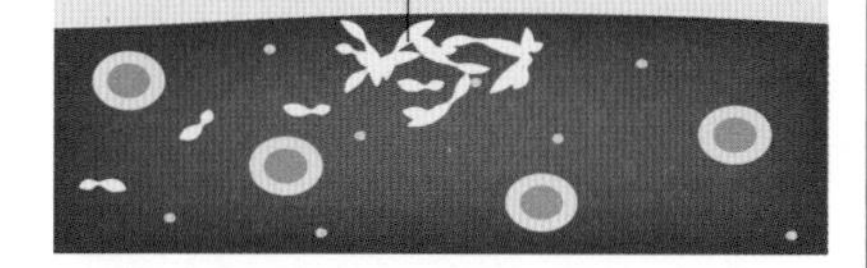
Coágulo descompuesto y dispersado por las enzimas
Pared de vaso sanguíneo reparada

4 Disolución del coágulo
Las células que reparan la herida liberan enzimas que deshacen lentamente el coágulo de plaquetas y fibrina; se trata de la fibrinólisis.

Vasos bloqueados

La presión arterial alta o un nivel elevado de glucosa dañan las paredes arteriales. Las plaquetas se pegan a las lesiones para repararlas. Si la sangre tiene mucho colesterol, este también copará las áreas afectadas y creará una placa que estrechará el paso de la sangre. Si afecta a las arterias del músculo cardiaco, provoca un infarto de miocardio. Al reducirse el flujo sanguíneo al cerebro, la memoria se ve afectada.

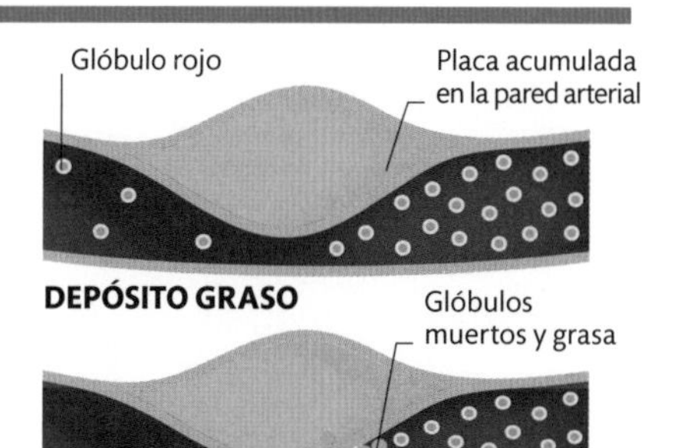
Glóbulo rojo
Placa acumulada en la pared arterial
DEPÓSITO GRASO
Glóbulos muertos y grasa
VASO SANGUÍNEO BLOQUEADO

Flujo sanguíneo limitado
A veces se acumulan depósitos grasos en áreas dañadas de las arterias y se forman placas. Esto estrecha y endurece las arterias, lo que reduce su flujo sanguíneo.

Problemas de corazón

El corazón es un órgano vital: si deja de bombear sangre, las células no reciben el oxígeno y los nutrientes que necesitan. Sin oxígeno ni glucosa, las células cerebrales no funcionan y se pierde la consciencia.

Vasos vulnerables

El músculo cardiaco es el músculo del cuerpo que necesita más oxígeno y tiene sus propias arterias, las coronarias, que se lo proporcionan, ya que no puede absorber el oxígeno de la sangre de sus cavidades. Las arterias coronarias derecha e izquierda son relativamente estrechas y propensas a endurecerse y taponarse. Este peligroso proceso se conoce como aterosclerosis.

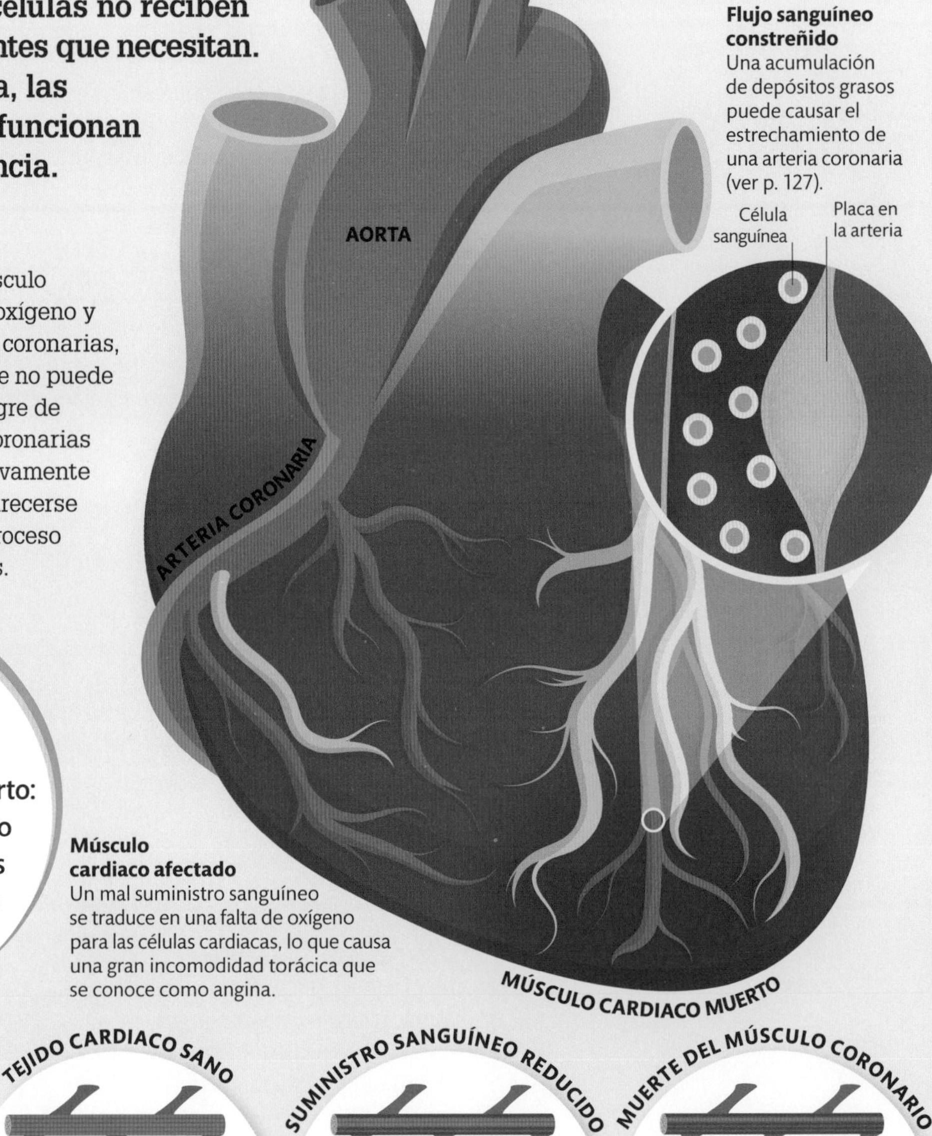

AORTA
ARTERIA CORONARIA
Célula sanguínea
Placa en la arteria
MÚSCULO CARDIACO MUERTO

Flujo sanguíneo constreñido
Una acumulación de depósitos grasos puede causar el estrechamiento de una arteria coronaria (ver p. 127).

Músculo cardiaco afectado
Un mal suministro sanguíneo se traduce en una falta de oxígeno para las células cardiacas, lo que causa una gran incomodidad torácica que se conoce como angina.

¿ES LA RISA REALMENTE LA MEJOR MEDICINA?

Puede muy bien ser cierto: la risa aumenta el flujo sanguíneo y relaja las paredes de los vasos sanguíneos.

Reducción del suministro de oxígeno
El corazón tiene unas células musculares cardiacas especializadas cuyas fibras ramificadas envían rápidamente los mensajes eléctricos. Los cambios característicos en un ECG (electrocardiograma) sirven para diagnosticar si el dolor torácico es por un mal suministro sanguíneo (angina) o por muerte celular muscular (infarto de miocardio).

TEJIDO CARDIACO SANO
Fibras rojas brillantes y oxigenadas
LATIDO NORMAL

SUMINISTRO SANGUÍNEO REDUCIDO
Fibras oscuras sin oxígeno
ANGINA

MUERTE DEL MÚSCULO CORONARIO
Quedan pocas fibras rojas brillantes
INFARTO DE MIOCARDIO

Problemas de ritmo cardiaco

Si el corazón late demasiado rápido o lento, o de manera irregular, se produce una arritmia, es decir, un ritmo cardiaco anormal. La mayoría son inofensivas, como los latidos adicionales, que parecen aleteos o latidos perdidos. La fibrilación auricular es el tipo más frecuente de arritmia grave: las dos cavidades superiores del corazón (las aurículas) laten de manera irregular y rápida; provoca mareo, falta de aliento y fatiga, además de aumentar el riesgo de sufrir un ictus. Algunas arritmias se tratan con fármacos; otras necesitan desfibrilación para reiniciarse y recuperar la actividad eléctrica normal.

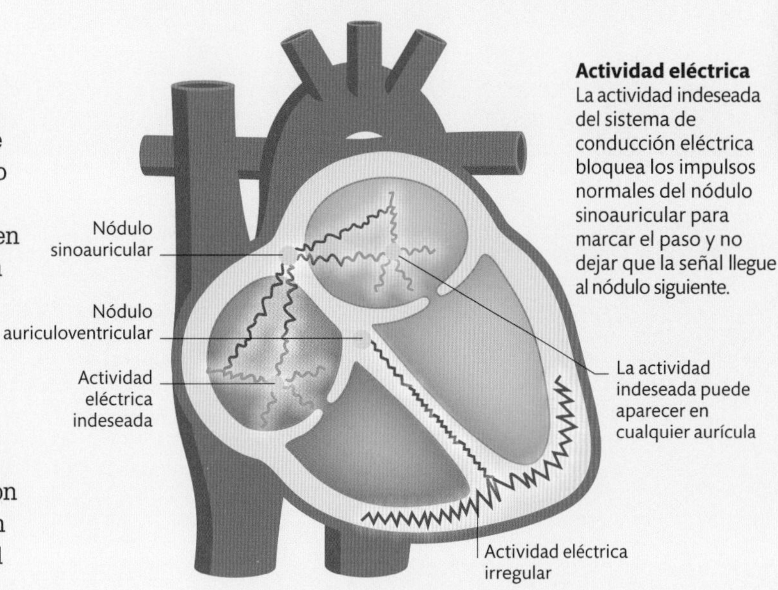
Nódulo sinoauricular
Nódulo auriculoventricular
Actividad eléctrica indeseada
La actividad indeseada puede aparecer en cualquier aurícula
Actividad eléctrica irregular

Actividad eléctrica
La actividad indeseada del sistema de conducción eléctrica bloquea los impulsos normales del nódulo sinoauricular para marcar el paso y no dejar que la señal llegue al nódulo siguiente.

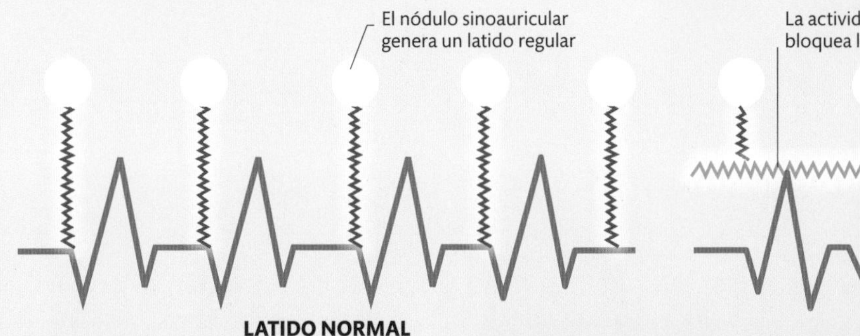
El nódulo sinoauricular genera un latido regular
LATIDO NORMAL

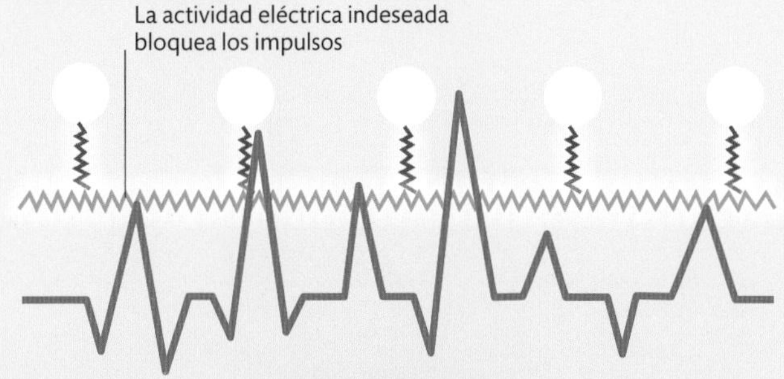
La actividad eléctrica indeseada bloquea los impulsos
LATIDO IRREGULAR

Interferencia eléctrica
El latido coordinado del corazón surge cuando llega la clara señal del nódulo sinoauricular a los ventrículos. Cualquier otra actividad eléctrica indeseada altera el ritmo de contracción del corazón, que puede tornarse irregular.

EL CORAZÓN **HUMANO LATE** MÁS DE **36 MILLONES** DE VECES AL AÑO, UNOS **2800 MILLONES DE VECES** DURANTE SU VIDA

DESFIBRILACIÓN

La desfibrilación puede tratar algunas arritmias letales. Se administra un choque eléctrico en el pecho para intentar restablecer la actividad eléctrica cardiaca y contracciones normales. La desfibrilación solo funciona si existe el ritmo adecuado, como el de la fibrilación ventricular. Es imposible reiniciar el corazón si no presenta actividad eléctrica (asistolia). La reanimación cardiopulmonar puede aportar actividad eléctrica y, por lo tanto, se puede intentar desfibrilar.

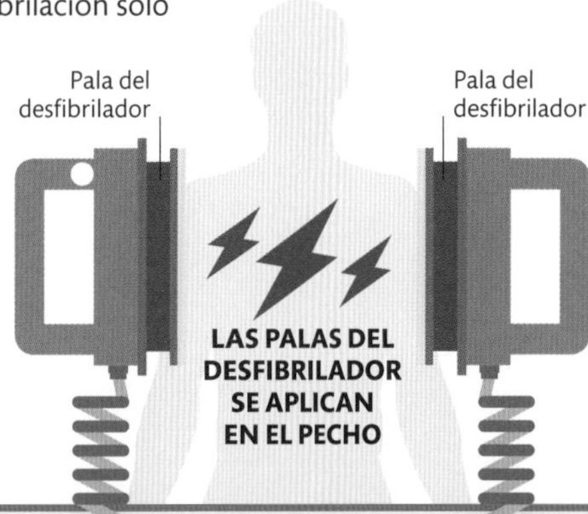
Pala del desfibrilador
Pala del desfibrilador
LAS PALAS DEL DESFIBRILADOR SE APLICAN EN EL PECHO

El ejercicio y sus límites

Al correr o esprintar, se bombea más sangre a los músculos para que tengan el ingrediente principal para crear energía: el oxígeno. La respiración profunda y regular recupera todo el oxígeno de los músculos y marca el ritmo.

Carrera aeróbica

Durante el ejercicio a un ritmo moderado, al cuerpo le basta el oxígeno respirado y las reservas de energía en los músculos. El oxígeno quema glucosa, un azúcar que conserva el cuerpo, para obtener energía. Las células musculares la usan para contraerse y mover el cuerpo. Esto es la respiración aerobia, la forma de ejercicio más estable; algunos ejemplos son carrera, ciclismo, remo, natación y baile.

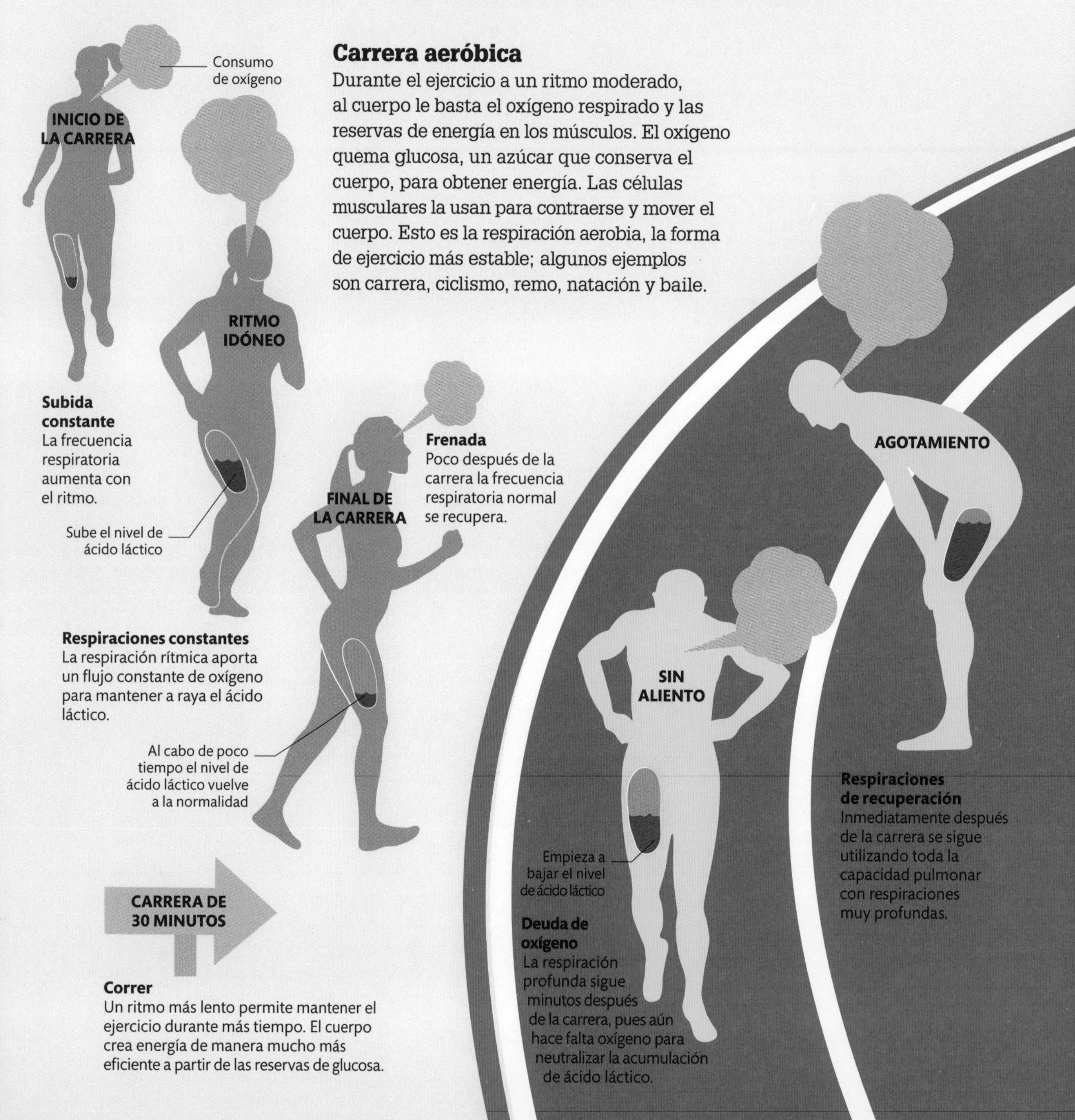

Consumo de oxígeno
INICIO DE LA CARRERA
RITMO IDÓNEO
Subida constante
La frecuencia respiratoria aumenta con el ritmo.
Sube el nivel de ácido láctico
FINAL DE LA CARRERA
Frenada
Poco después de la carrera la frecuencia respiratoria normal se recupera.
Respiraciones constantes
La respiración rítmica aporta un flujo constante de oxígeno para mantener a raya el ácido láctico.
Al cabo de poco tiempo el nivel de ácido láctico vuelve a la normalidad
CARRERA DE 30 MINUTOS
AGOTAMIENTO
SIN ALIENTO
Empieza a bajar el nivel de ácido láctico
Respiraciones de recuperación
Inmediatamente después de la carrera se sigue utilizando toda la capacidad pulmonar con respiraciones muy profundas.
Deuda de oxígeno
La respiración profunda sigue minutos después de la carrera, pues aún hace falta oxígeno para neutralizar la acumulación de ácido láctico.

Correr
Un ritmo más lento permite mantener el ejercicio durante más tiempo. El cuerpo crea energía de manera mucho más eficiente a partir de las reservas de glucosa.

Todo en marcha
El ácido láctico se acumula enseguida en los músculos. La entrada de oxígeno no es suficiente.
Listos
A punto para respirar de manera más profunda.
PREPARADOS, LISTOS...
ESFUERZO
LLEGANDO AL LÍMITE
ESPRINT DE 30 SEGUNDOS
Nivel alto de ácido láctico
Esprintar
Como consecuencia del ejercicio de poca duración, el cuerpo crea energía de manera ineficiente, lo que libera mucho ácido láctico y provoca el «ardor».
Punto de inflexión
Aparece el mareo y la sensación de «ardor». El ácido láctico llegará a un nivel en el que los músculos sencillamente no pueden contraerse. La respiración es muy profunda para obtener todo el oxígeno que se pueda absorber.

Esprint anaeróbico

Durante un ejercicio agotador, el cuerpo precisa energía más rápido que el oxígeno que se puede captar. No obstante, los músculos continúan procesando la glucosa sin oxígeno en un proceso denominado respiración anaeróbica, ideal para explosiones cortas de energía. Esto, sin embargo, genera un exceso de ácido láctico en los músculos y es insostenible. Se necesita oxígeno, pero no para quemar la glucosa, sino para convertir el ácido láctico acumulado en glucosa y tener energía en un futuro. Esto se conoce como la deuda de oxígeno y es lo que nos deja un rato sin aliento tras un esprint intenso.

Llegar al límite

La acumulación de ácido láctico en el cuerpo es el motivo por el que el ejercicio cansa. El ácido láctico interfiere en la contracción muscular (ver p. 57) y provoca agotamiento físico. Hace falta oxígeno para deshacerse del ácido láctico; por eso se respira rápido tras el ejercicio. La acumulación de ácido láctico aparece durante el ejercicio aeróbico y anaeróbico, pero es más rápida en este último. El único combustible de las células del cerebro es la glucosa; si al ejercitar los músculos se agotan las reservas de glucosa, también aparece la fatiga mental.

EFECTO DEL ÁCIDO LÁCTICO EN LOS MÚSCULOS

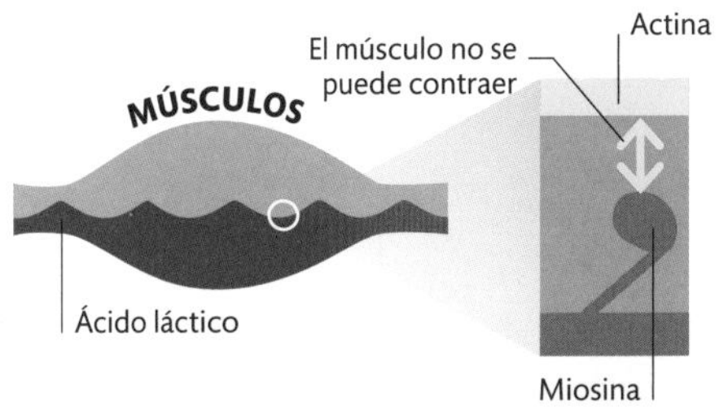
Actina
El músculo no se puede contraer
MÚSCULOS
Ácido láctico
Miosina

HIDRATACIÓN

Beber agua durante el ejercicio regula la temperatura del cuerpo a través del sudor y retira el ácido láctico. Al sudar el cuerpo pierde agua del plasma sanguíneo, lo que provoca que la sangre sea más espesa y al corazón le cueste más bombearla. Esto se llama deriva cardiovascular y es uno de los motivos por los que no se puede respirar a nivel aeróbico y correr de manera ilimitada.

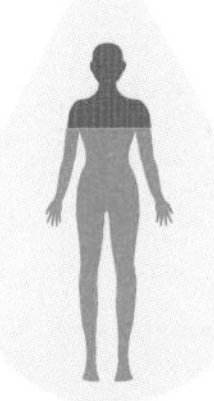

HIDRATACIÓN MÁXIMA: 75 %

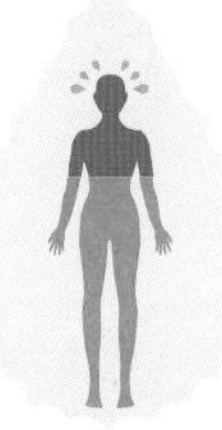

LÍMITE SEGURO DE DESHIDRATACIÓN: 70 %

Más fuerte y en forma

El ejercicio que acelera el corazón y hace trabajar mucho los pulmones se conoce como cardiovascular, y refuerza el corazón y mejora la resistencia. En cambio, el ejercicio que fuerza a los músculos a contraerse de manera repetida es el entrenamiento de resistencia, y hace crecer los músculos y los fortalece.

Ejercicio cardiovascular

Para entrenar el sistema cardiovascular se tiene que realizar ejercicio cardiovascular, por ejemplo correr, nadar, ir en bici o caminar con brío. La frecuencia cardiaca se acelera para bombear más sangre por el cuerpo, especialmente a los músculos torácicos que modifican la profundidad de la respiración. Cuando sube la demanda de oxígeno, también aumenta la frecuencia respiratoria y la profundidad. La sangre contiene el máximo oxígeno posible para aportar la energía necesaria al cuerpo.

Músculos torácicos
Los músculos del cuello, la pared torácica, el abdomen y la espalda se coordinan para aumentar y reducir el tamaño de la caja torácica, de manera que aumente el volumen de aire que inhalan y exhalan los pulmones.

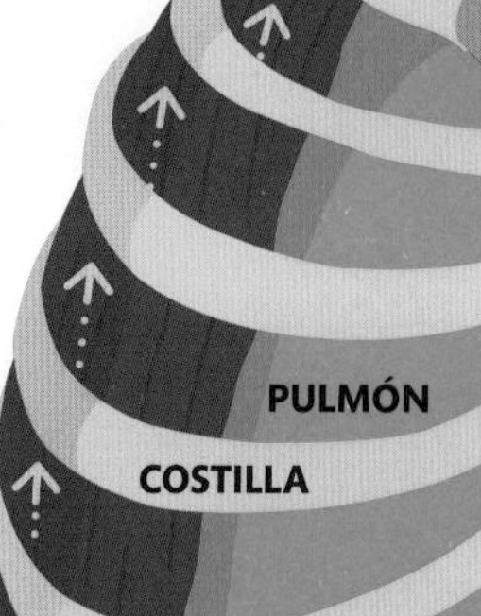

Los músculos escalenos se contraen para levantar las costillas superiores
Los músculos intercostales internos se contraen y tiran de las costillas hacia abajo
El volumen pulmonar se reduce cuando se contraen los músculos y giran las costillas
CLAVÍCULA
PULMÓN
COSTILLA
ESTERNÓN
Los músculos intercostales externos se contraen y tiran de las costillas hacia arriba
El músculo recto del abdomen tira de la caja torácica hacia abajo
El volumen pulmonar aumenta al subir las costillas
Los músculos oblicuos externos se contraen para tirar de las costillas hacia abajo
INHALACIÓN
EXHALACIÓN

La respiración profunda incluye las áreas roja y azul
CAPACIDAD VITAL
VOLUMEN CORRIENTE
VOLUMEN RESIDUAL
Aire que queda en los pulmones tras una respiración profunda
Respiración relajada

Capacidad pulmonar
El volumen corriente es el volumen de aire que pasa por los pulmones al respirar de manera relajada. Aunque se intente exhalar todo el aire de los pulmones, siempre queda algo, el volumen residual, que no se puede exhalar. La capacidad vital, la respiración más profunda que se puede realizar durante el ejercicio, se obtiene restando el volumen residual al volumen pulmonar.

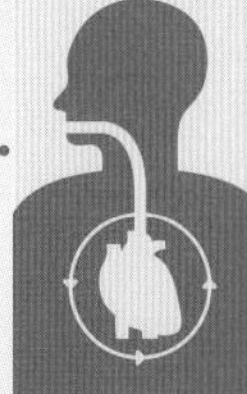

¿QUÉ EJERCICIO QUEMA MÁS GRASA?

Depende de cada persona, pero la combinación de entrenamiento cardiovascular y de resistencia aportará una mayor pérdida de grasa que solo uno de los dos.

Entrenamiento de resistencia

Las pesas refuerzan los músculos, así como el baile, la gimnasia y el yoga, otras formas de entrenamiento de resistencia. Cada repetición es un movimiento completo de ejercicio. Una serie es un grupo de repeticiones consecutivas para contraer uno o varios músculos de manera repetida. Se puede elegir qué músculos reforzar con un programa concreto de series y repeticiones durante un tiempo. Cuantas menos repeticiones se puedan hacer, más duro será el entrenamiento.

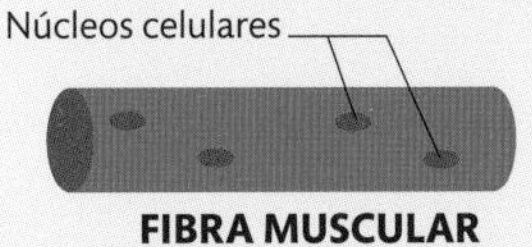
Núcleos celulares
FIBRA MUSCULAR ANTES DEL EJERCICIO

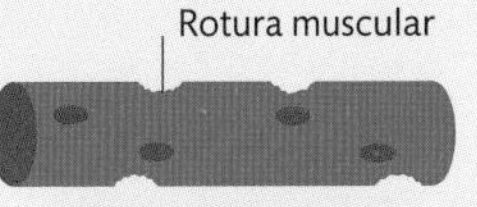
Rotura muscular
FIBRA MUSCULAR TRAS EL EJERCICIO

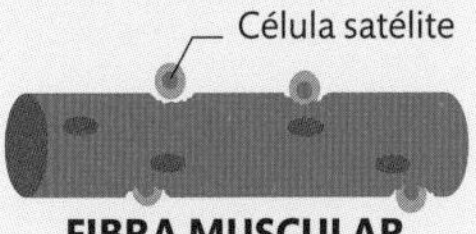
Célula satélite
FIBRA MUSCULAR EN REPOSO

REPETICIÓN

Músculo recto del abdomen

Postura del arco
El yoga es bueno para muscularse lentamente. La postura del arco provoca que el músculo recto del abdomen se contraiga y rompa un poquito. La repetición de esta postura inicia el proceso de crecimiento muscular.

Proceso de crecimiento muscular
El ejercicio rompe las fibras musculares que después reparan las células satélite. Aunque las fibras musculares son células individuales, tienen varios núcleos e incorporan las células satélite, junto con sus núcleos. Tras un tiempo sin ejercicio, las fibras musculares se encogen, pero retienen el núcleo de las células satélite y recuperan su tamaño poco después de retomar el entrenamiento.

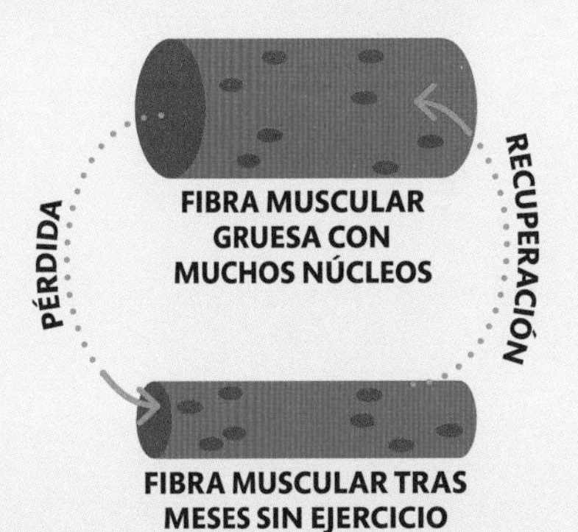
FIBRA MUSCULAR GRUESA CON MUCHOS NÚCLEOS
RECUPERACIÓN
PÉRDIDA
FIBRA MUSCULAR TRAS MESES SIN EJERCICIO

INTENSIDAD DEL EJERCICIO

La intensidad del ejercicio se puede expresar como porcentaje de la frecuencia cardiaca máxima. Al correr, el corazón funciona más o menos al 50% de su capacidad total. El corazón de los atletas en plena forma física funciona al máximo, al 100%. El entrenador del gimnasio puede establecer una frecuencia cardiaca objetivo (que varía con la edad) durante el entrenamiento para conseguir una buena forma física.

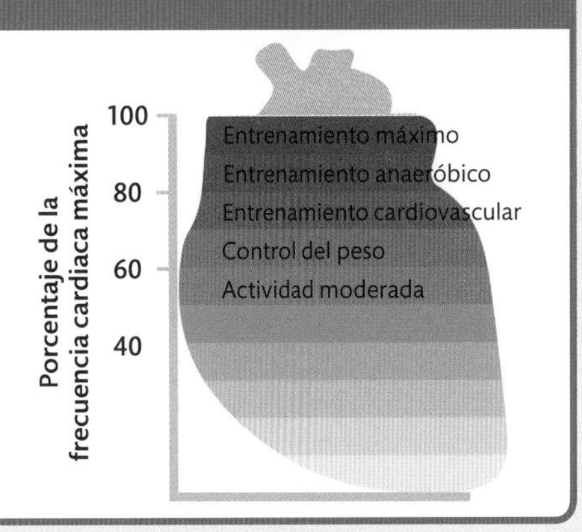
Porcentaje de la frecuencia cardiaca máxima
100
80
60
40
Entrenamiento máximo
Entrenamiento anaeróbico
Entrenamiento cardiovascular
Control del peso
Actividad moderada

LAS HORMONAS QUE ESTIMULAN EL CRECIMIENTO MUSCULAR SE LIBERAN AL DORMIR

Mejorar la forma física

El ejercicio es necesario para mantener la salud, pero un entrenamiento regular puede mejorar la forma física general. El cuerpo se adapta a duras pautas de preparación: los músculos crecen, la respiración se vuelve más profunda y mejora el estado de ánimo.

Resultados positivos del ejercicio regular

Realizar ejercicio de manera regular aporta muchas mejoras al cuerpo. Los adultos se benefician con tan solo 30 minutos de ejercicio vigoroso la mayoría de los días, mientras que los niños necesitan como mínimo 60 minutos corriendo arriba y abajo. Un estilo de vida activo es básico para mejorar órganos y músculos, y con ejercicio constante los sistemas orgánicos serán más eficientes y acabarán rindiendo al máximo.

CEREBRO
CORAZÓN
PULMÓN
HÍGADO

ENTRADA DE OXÍGENO

El ejercicio refuerza los músculos torácicos, lo que permite hinchar más los pulmones. Por lo tanto, aumenta la cantidad de aire en los pulmones, sube la frecuencia respiratoria, lo que da como resultado una mayor cantidad de oxígeno absorbido durante el ejercicio y en reposo.

La profundidad de cada respiración aumenta con el ejercicio

AUMENTA EL DIÁMETRO ARTERIAL

Durante el ejercicio, las señales nerviosas dilatan las arterias para aumentar el flujo sanguíneo y aportar más sangre oxigenada a los músculos. Si se realiza ejercicio regular, las arterias se dilatan hasta un diámetro más ancho y así los músculos reciben la máxima cantidad de oxígeno posible.

La arteria se vuelve más ancha

MEJORAN LOS SISTEMAS METABÓLICOS

Proceso metabólico en el hígado

La tasa metabólica es la velocidad a la que se producen los procesos químicos, como la digestión o la quema de grasa, en el cuerpo. El ejercicio genera calor, que acelera estos procesos en los órganos, incluso después de acabar el ejercicio.

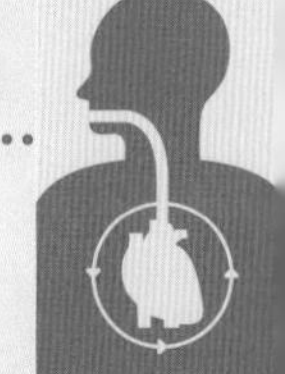

MEJORA COGNITIVA

El ejercicio regular aumenta el suministro de sangre, oxígeno y nutrientes al cerebro. A su vez, se estimulan nuevas conexiones entre neuronas y mejora la capacidad mental general. El ejercicio también dispara los niveles de neurotransmisores como la serotonina en el cerebro, lo que mejora el ánimo.

MÚSCULO CARDIACO MÁS FUERTE

Las fibras de músculo cardiaco aumentan de tamaño, pero no a través de las células satélite, como en el resto de los músculos, sino fortaleciéndose. Las contracciones del corazón también son más fuertes y distribuyen mejor la sangre, así que baja la frecuencia cardiaca en reposo.

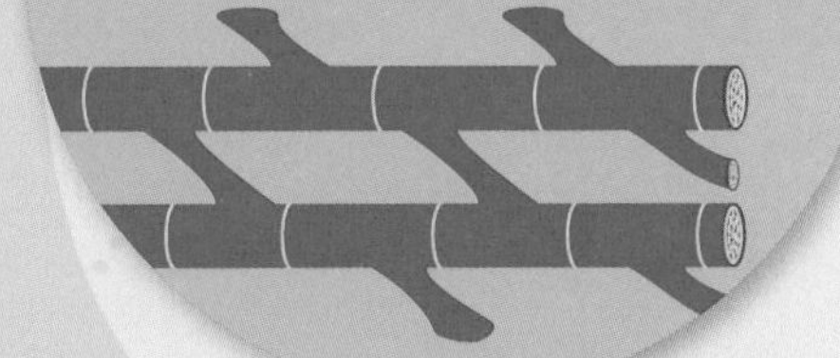

MÚSCULOS MÁS FUERTES

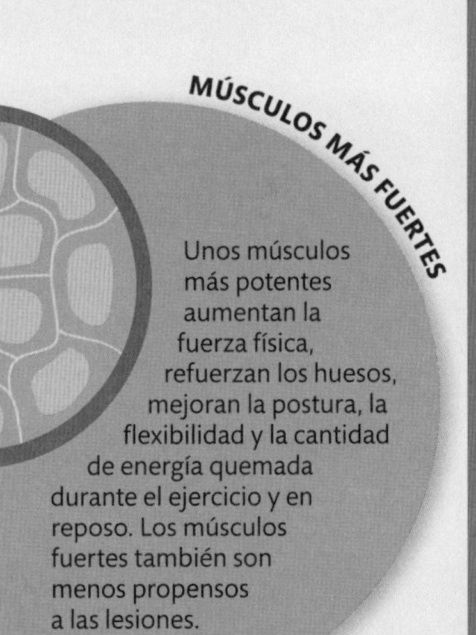

Unos músculos más potentes aumentan la fuerza física, refuerzan los huesos, mejoran la postura, la flexibilidad y la cantidad de energía quemada durante el ejercicio y en reposo. Los músculos fuertes también son menos propensos a las lesiones.

Llegar al límite

En la mayoría de las personas, en un programa de entrenamiento el esfuerzo dedicado reporta grandes beneficios al principio, ya que el nivel de forma física parte de cero. Cada vez es más complicado mejorar al acercarse a los límites fisiológicos, que dependen de la edad, el sexo y otros factores genéticos. Se llega antes al límite máximo con un programa de entrenamiento de alta intensidad. Los mejores atletas exploran sus límites en busca de oportunidades para romperlos.

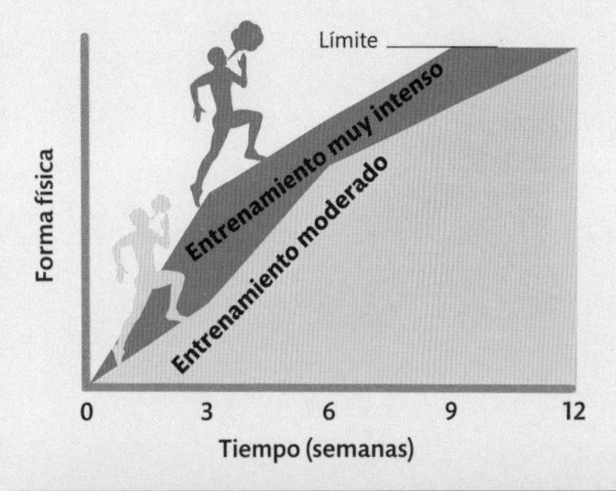
Límite
Entrenamiento muy intenso
Entrenamiento moderado
Forma física
0
3
6
9
12
Tiempo (semanas)

FRECUENCIA CARDIACA EN REPOSO

Un atleta tiene una frecuencia cardiaca baja en reposo porque el entrenamiento mejora la fuerza del músculo cardiaco. Al compararse con un corazón sin entrenar, las contracciones de un atleta son más potentes y la sangre se distribuye de manera más eficiente con cada latido. Un atleta en forma puede tener una frecuencia cardiaca de tan solo 30-40 latidos por minuto en reposo.

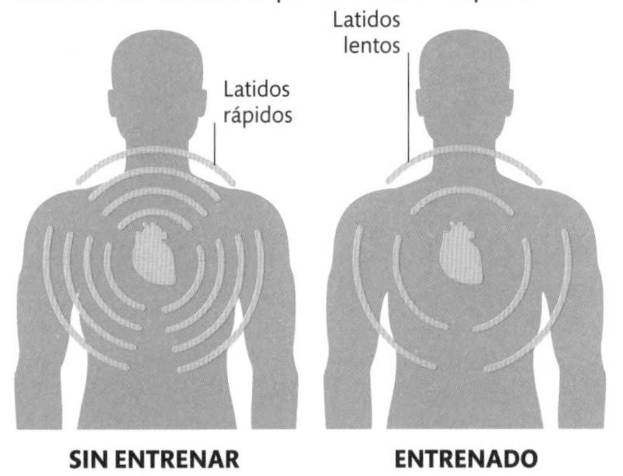
Latidos rápidos
Latidos lentos
SIN ENTRENAR
ENTRENADO

ENTRADA Y SALIDA

Nutrir el cuerpo

Aunque el cuerpo fabrique muchos agentes químicos vitales, gran parte de los materiales necesarios los obtenemos con la comida. La energía necesaria para que el cuerpo tenga combustible solo se consigue comiendo. Cuando los nutrientes pasan al torrente circulatorio, se transportan a las diferentes partes del cuerpo para que realicen una infinidad de tareas.

¿Y SI NO LOGRO OBTENER LO QUE NECESITO?

Los sistemas orgánicos empiezan a fallar y aparecen enfermedades por deficiencias. Así, por ejemplo, si la dieta no tiene suficientes minerales, los huesos no podrán crecer bien.

Hidratos de carbono
Los hidratos de carbono son la principal fuente de energía del cerebro. Los cereales integrales y las frutas y verduras ricas en fibra son fuentes saludables de hidratos de carbono.

Agua
Un 65% del cuerpo es agua, que se pierde de manera constante al respirar y sudar. Es crucial ir recuperándola.

Proteínas
Son los componentes estructurales principales de las células. Algunas fuentes de proteína sana son las legumbres, la carne magra, los lácteos y los huevos.

Azúcares

Amino-ácidos

Qué necesita el cuerpo

Existen seis tipos de nutrientes esenciales que el cuerpo necesita en la dieta para funcionar bien: grasas, proteínas, hidratos de carbono, vitaminas, minerales y agua. Estos tres últimos son tan pequeños que se absorben directamente a través del revestimiento del intestino, pero las grasas, proteínas e hidratos de carbono deben descomponerse químicamente en partículas más pequeñas antes de ser absorbidos. Estas partículas son los azúcares, los aminoácidos y los ácidos grasos, respectivamente.

TRACTO DIGESTIVO

Grasas
Las grasas son una rica fuente de energía que ayuda a absorber las vitaminas liposolubles. Algunas fuentes de grasa sana son los lácteos, los frutos secos, el pescado y los aceites vegetales.

Ácidos grasos

Vitaminas
Las vitaminas sirven para fabricar cosas en el cuerpo. La vitamina C, por ejemplo, es necesaria para crear colágeno, usado en diversos tejidos.

Minerales
Los minerales son vitales para crear huesos, pelo, piel y glóbulos. También potencian la función de los nervios y ayudan a convertir la comida en energía.

Crear un ojo

Los nutrientes que se absorben de la comida sirven para crear y mantener todos los tejidos del cuerpo. Los tejidos del ojo, por ejemplo, se crean a partir de aminoácidos y ácidos grasos, y funcionan con azúcares. Sus membranas y los espacios están llenos de líquidos y hacen falta vitaminas y minerales para convertir la luz en impulsos eléctricos, la visión en sí misma.

EL HÍGADO ALMACENA HASTA DOS AÑOS DE VITAMINA A

Membranas celulares
Todas las células del ojo (y del resto del cuerpo) están envueltas por membranas de ácidos grasos y proteínas.

Energía
Los ojos son una extensión del cerebro e, igual que este, necesita los azúcares de los hidratos de carbono para obtener energía.

Comer con los ojos
Igual que el resto de los órganos del cuerpo, el ojo utiliza los seis nutrientes esenciales; le aportan estructura y le permiten enviar información visual al cerebro.

Líquidos
El ojo está lleno de un líquido que mantiene la presión interna y aporta nutrientes y humedad a los tejidos internos. Este líquido está compuesto por un 98 % de agua.

Estructuras tisulares
Las pestañas son de queratina, una proteína hecha con aminoácidos. Otros tejidos del ojo son de otra proteína, el colágeno.

Vista
La vitamina A se une a las proteínas del ojo conocidas como pigmentos visuales. Cuando la luz impacta sobre las células, la vitamina A cambia de forma y envía un impulso eléctrico al cerebro.

Glóbulos rojos
Los glóbulos rojos oxigenan los tejidos del ojo; para hacerlo necesitan la proteína hemoglobina y el mineral hierro para transportar el oxígeno.

¿Cómo nos alimentamos?

La alimentación es el proceso de descomponer la comida en moléculas lo bastante pequeñas como para que puedan pasar a la circulación. En el caso de la comida, implica un viaje de 9 metros por una serie de órganos conocidos como el tracto gastrointestinal.

El viaje de la comida

La comida empieza en un plato (en general) apetitoso y acaba saliendo con una visita al lavabo. Durante el proceso, la comida realiza su función: libera los nutrientes en un proceso de cuatro fases: en la boca, el estómago, el intestino delgado y el intestino grueso. El hígado y el páncreas también ayudan, igual que las hormonas leptina y grelina. En general, la comida tarda 48 horas en completar el recorrido por el cuerpo.

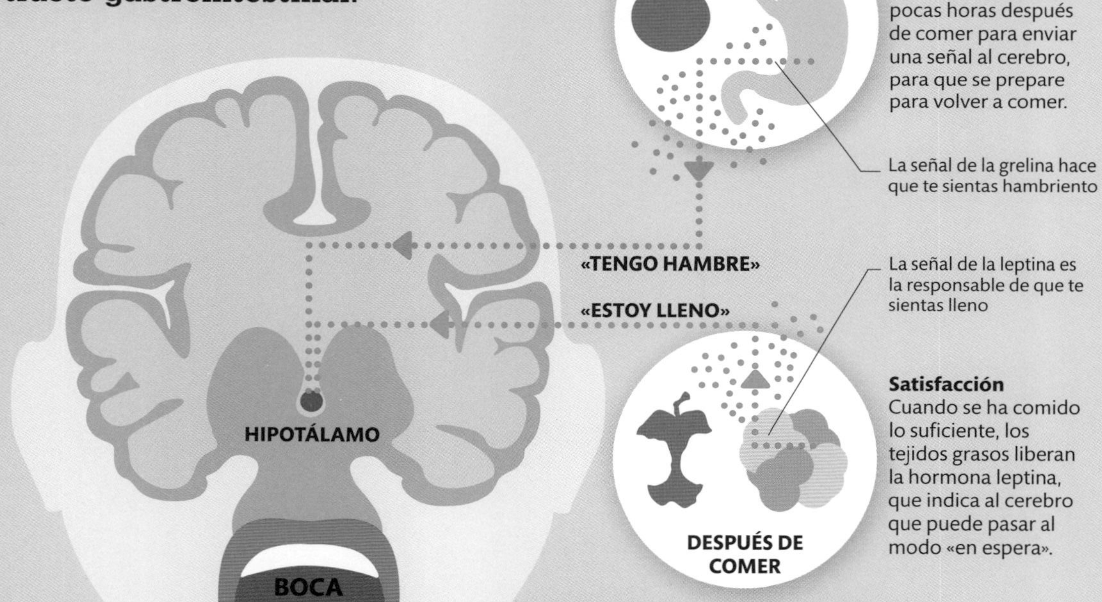

ANTES DE COMER
«TENGO HAMBRE»
«ESTOY LLENO»
DESPUÉS DE COMER
HIPOTÁLAMO
BOCA
ESÓFAGO
CIRCULACIÓN
La señal de la grelina hace que te sientas hambriento
La señal de la leptina es la responsable de que te sientas lleno

Hambre
El estómago segrega la hormona grelina pocas horas después de comer para enviar una señal al cerebro, para que se prepare para volver a comer.

Satisfacción
Cuando se ha comido lo suficiente, los tejidos grasos liberan la hormona leptina, que indica al cerebro que puede pasar al modo «en espera».

Absorción de nutrientes
Algunos nutrientes tardan más en absorberse que otros, pero la mayoría se absorben en el intestino delgado.

- Vitaminas
- Azúcares
- Aminoácidos
- Minerales
- Ácidos grasos
- Agua
- Flujo sanguíneo

1 Boca y esófago
La primera fase empieza con la masticación, la descomposición mecánica de la comida, que mezcla comida y saliva para empezar a digerirla a nivel químico. A continuación se traga y entra en el esófago (ver p. 142).

Hambre y satisfacción

Se come cuando se tiene hambre, y se deja de comer cuando se está lleno, pero estas sensaciones son totalmente involuntarias. Cuando baja el nivel de nutrientes, el estómago libera la hormona grelina para desencadenar el hambre; cuando se está lleno, los tejidos grasos liberan la hormona leptina para inhibir el apetito.

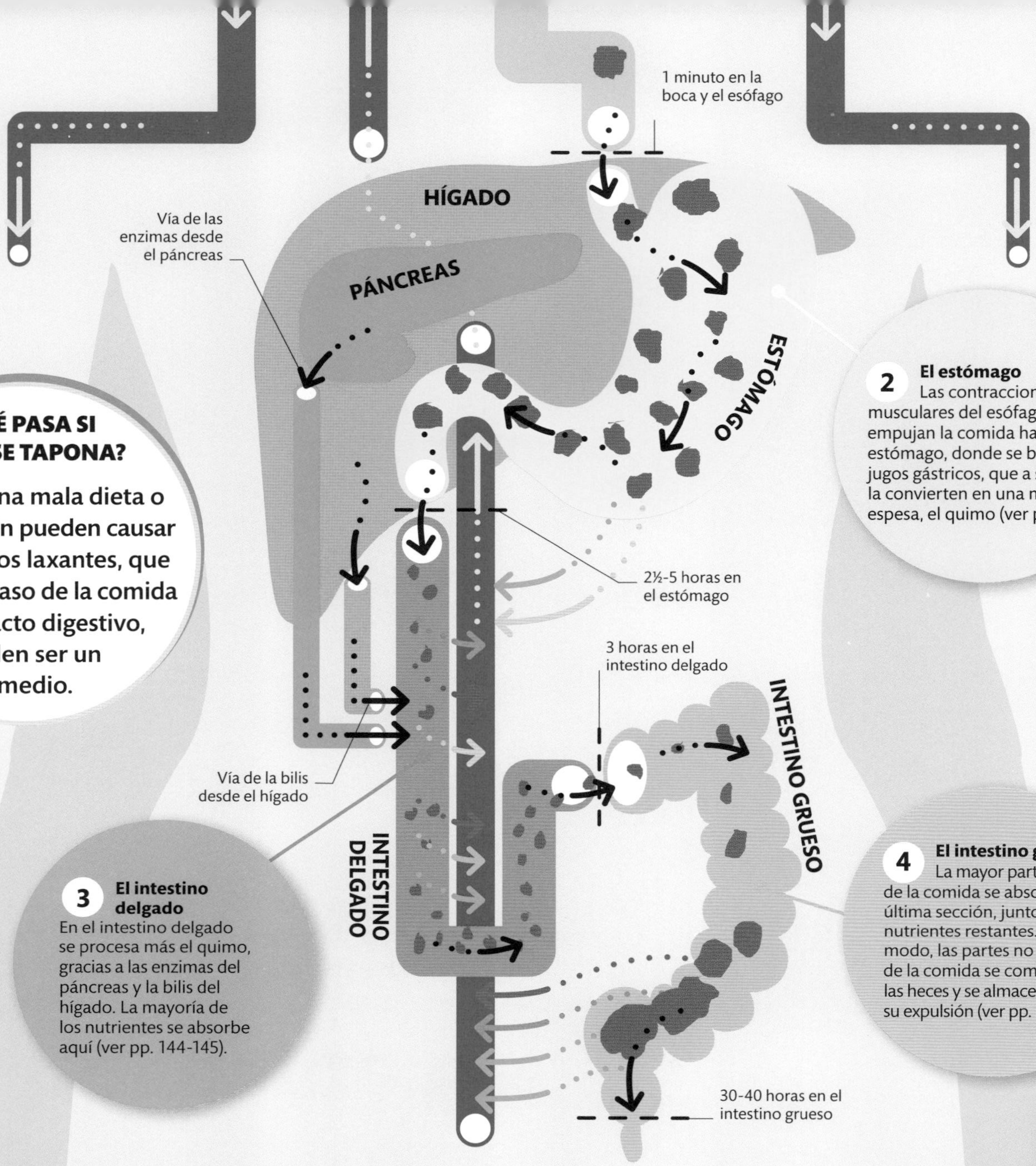

1 minuto en la boca y el esófago
HÍGADO
Vía de las enzimas desde el páncreas
PÁNCREAS
ESTÓMAGO
2½-5 horas en el estómago
3 horas en el intestino delgado
INTESTINO GRUESO
Vía de la bilis desde el hígado
INTESTINO DELGADO
30-40 horas en el intestino grueso

2 El estómago
Las contracciones musculares del esófago empujan la comida hacia el estómago, donde se baña en jugos gástricos, que a su vez la convierten en una mezcla espesa, el quimo (ver p. 143).

3 El intestino delgado
En el intestino delgado se procesa más el quimo, gracias a las enzimas del páncreas y la bilis del hígado. La mayoría de los nutrientes se absorbe aquí (ver pp. 144-145).

4 El intestino grueso
La mayor parte del agua de la comida se absorbe en la última sección, junto con los nutrientes restantes. De igual modo, las partes no digeribles de la comida se comprimen en las heces y se almacenan para su expulsión (ver pp. 146-147).

¿QUÉ PASA SI TODO SE TAPONA?

El estrés, una mala dieta o una infección pueden causar un tapón. Los laxantes, que facilitan el paso de la comida por el tracto digestivo, pueden ser un remedio.

Una boca que llenar

El largo y tortuoso viaje de la comida por el cuerpo empieza con un breve paso por la boca y un baño de ácido en el estómago. El objetivo de esta primera fase de la digestión es convertir la comida en quimo, una sopa de nutrientes que se procesa en el intestino delgado.

Hacia abajo

La ruta que va de la boca al estómago es vertical; están conectados por un tubo, el esófago. La comida baja gracias a la gravedad y las contracciones musculares del esófago, conocidas como movimientos peristálticos.

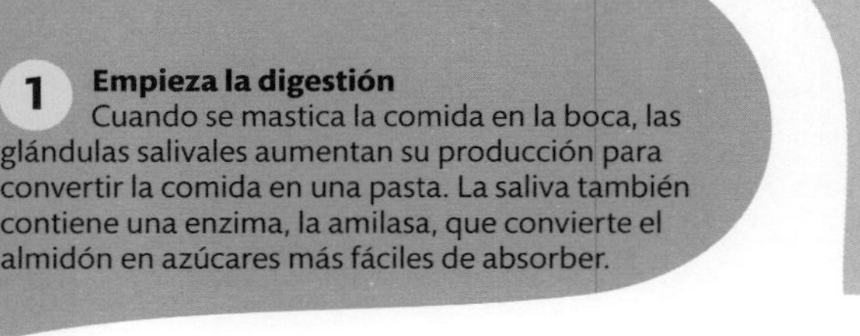

FOSA NASAL
LENGUA
GLÁNDULA SALIVAL
TRÁQUEA
ESÓFAGO
La masticación crea una bola de comida saturada de saliva
La glándula salival bajo la lengua produce una saliva espesa que tiene enzimas
Las glándulas salivales de las mejillas producen saliva
Otra glándula salival bajo la mandíbula libera saliva en la base de la lengua

1 Empieza la digestión
Cuando se mastica la comida en la boca, las glándulas salivales aumentan su producción para convertir la comida en una pasta. La saliva también contiene una enzima, la amilasa, que convierte el almidón en azúcares más fáciles de absorber.

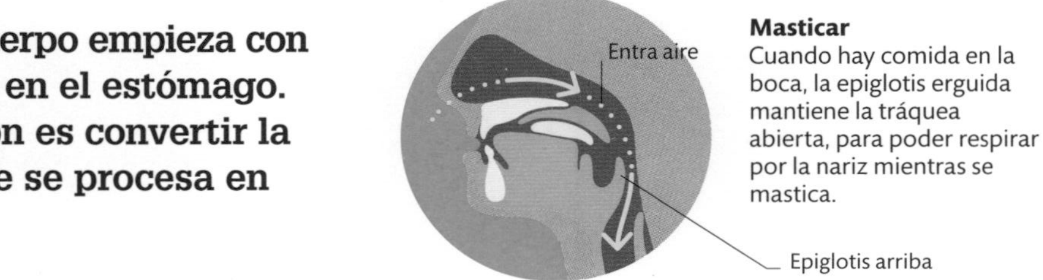

Entra aire
Epiglotis arriba
Sube el paladar blando
Epiglotis abajo
Epiglotis arriba

Masticar
Cuando hay comida en la boca, la epiglotis erguida mantiene la tráquea abierta, para poder respirar por la nariz mientras se mastica.

Tragar
Al tragar, la epiglotis baja para cerrar la tráquea y sube el paladar blando para cerrar la cavidad nasal.

Listos de nuevo
Cuando la comida ha pasado al esófago, la epiglotis y el paladar blando vuelven a la posición anterior, para poder volver a respirar y masticar.

Cómo no ahogarse

Dado que podemos comer y respirar por la boca, es crucial que la tráquea se cierre al tragar. Por suerte, el cuerpo tiene un par de dispositivos de seguridad incorporados: un pequeño trozo de cartílago en la garganta, la epiglotis, y un trozo de tejido flexible en la parte superior de la boca, el paladar blando.

¿POR QUÉ NOS EMPACHAMOS?

El empacho, o la acidez estomacal, es la inflamación del estómago por sus propios jugos gástricos. Se produce si comemos demasiado, sufrimos estrés o bebemos mucho alcohol.

2 En el estómago
La comida entra en el estómago a través de un anillo muscular. Durante varias horas tres músculos diferentes del estómago baten la comida. Este procedimiento violento del que apenas se es consciente mezcla la comida con los jugos gástricos que segregan las glándulas de la pared del estómago.

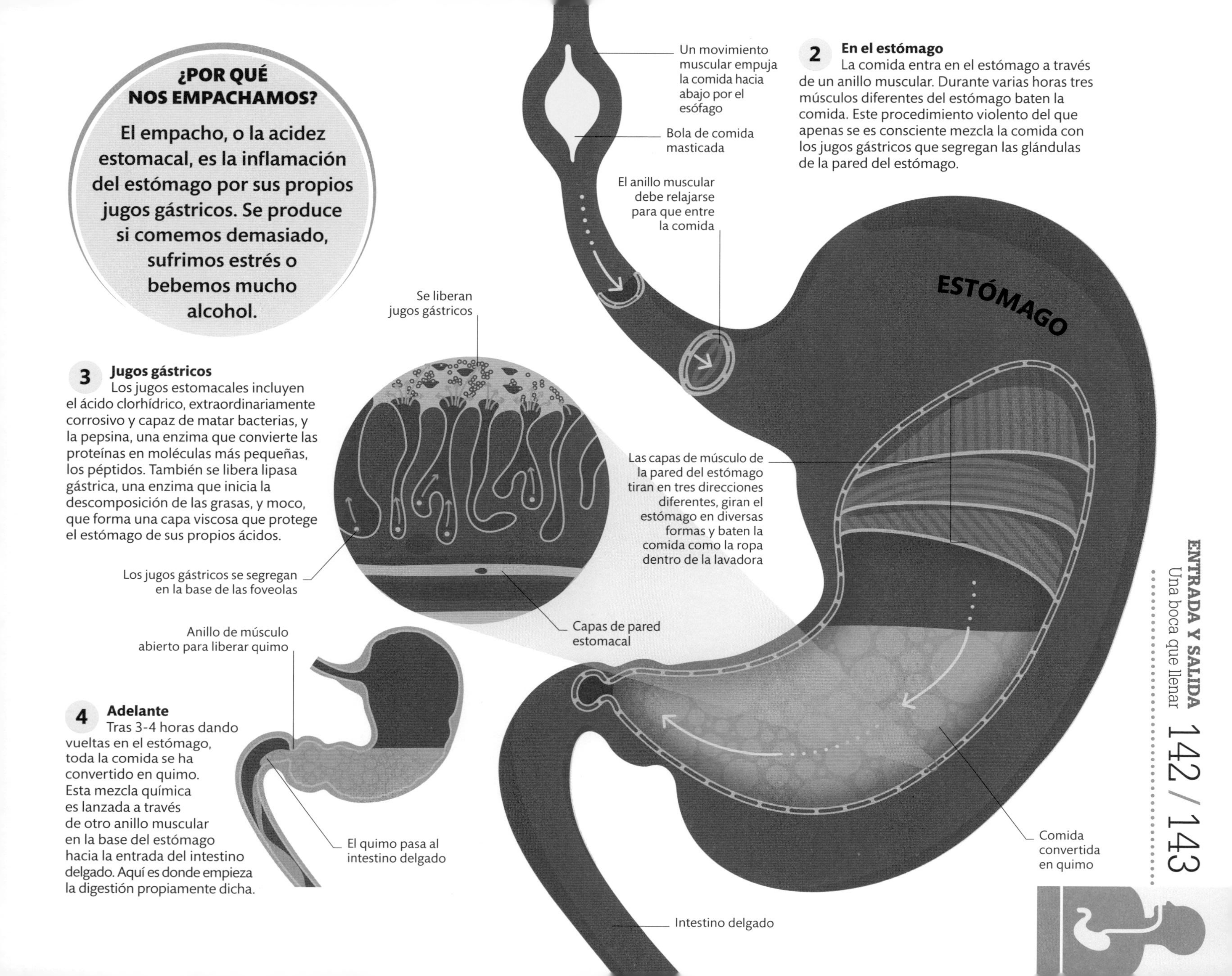
Un movimiento muscular empuja la comida hacia abajo por el esófago
Bola de comida masticada
El anillo muscular debe relajarse para que entre la comida
ESTÓMAGO
Se liberan jugos gástricos
Las capas de músculo de la pared del estómago tiran en tres direcciones diferentes, giran el estómago en diversas formas y baten la comida como la ropa dentro de la lavadora
Los jugos gástricos se segregan en la base de las foveolas
Capas de pared estomacal
Anillo de músculo abierto para liberar quimo
El quimo pasa al intestino delgado
Comida convertida en quimo
Intestino delgado

3 Jugos gástricos
Los jugos estomacales incluyen el ácido clorhídrico, extraordinariamente corrosivo y capaz de matar bacterias, y la pepsina, una enzima que convierte las proteínas en moléculas más pequeñas, los péptidos. También se libera lipasa gástrica, una enzima que inicia la descomposición de las grasas, y moco, que forma una capa viscosa que protege el estómago de sus propios ácidos.

4 Adelante
Tras 3-4 horas dando vueltas en el estómago, toda la comida se ha convertido en quimo. Esta mezcla química es lanzada a través de otro anillo muscular en la base del estómago hacia la entrada del intestino delgado. Aquí es donde empieza la digestión propiamente dicha.

Reacción intestinal

La comida, tras convertirse en quimo en el estómago, es lanzada al intestino delgado, donde se produce una actividad química frenética para descomponerlo más y acabar en la sangre. Cada día pasan unos 11,5 litros de comida, líquidos y jugos digestivos por el intestino delgado.

Órganos coordinados

Para una mejor digestión, el intestino delgado recibe la ayuda de tres órganos: el páncreas, que produce enzimas, el hígado, que produce bilis, y la vesícula biliar, el órgano que almacena la bilis.

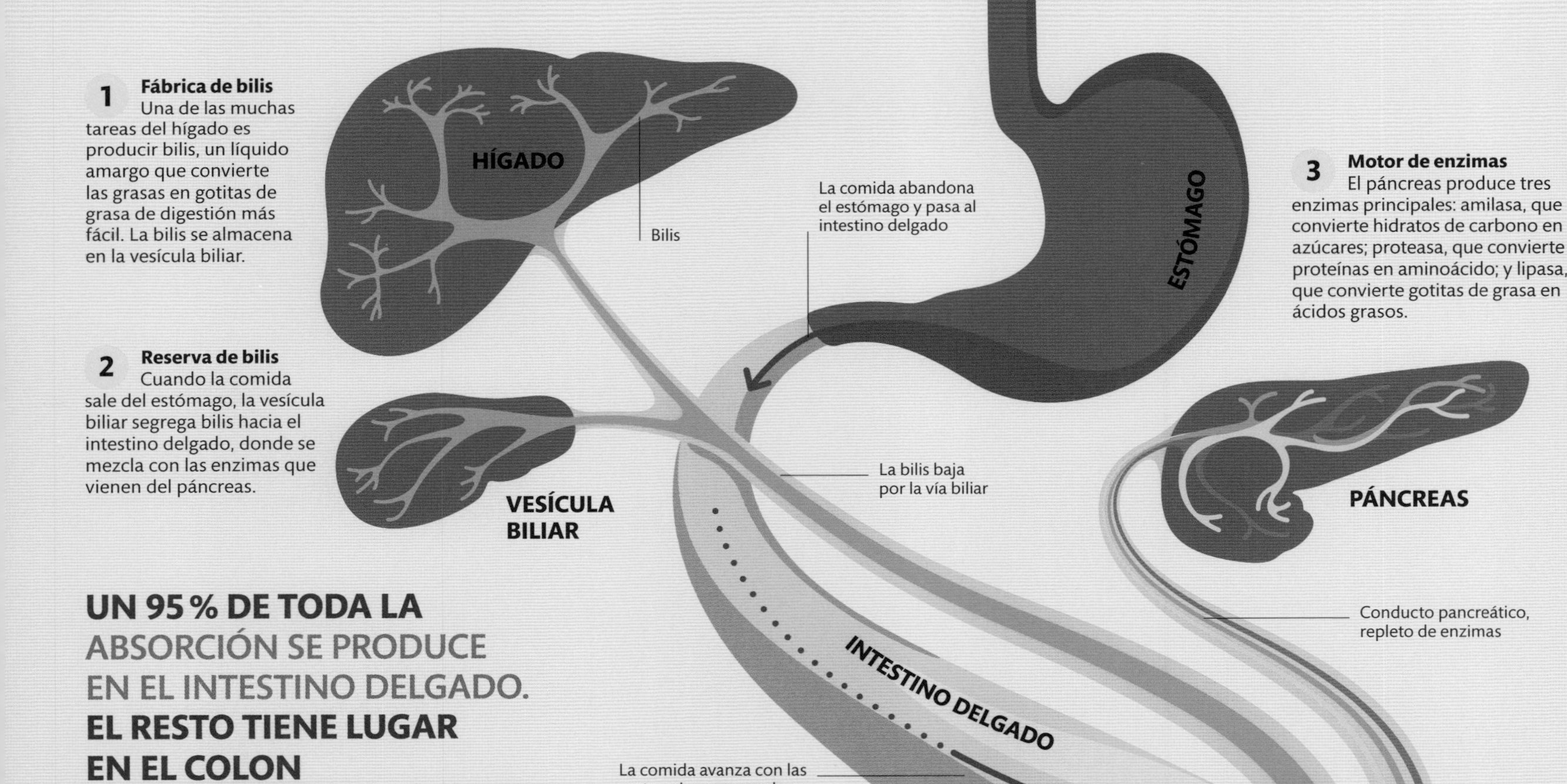

HÍGADO
Bilis
VESÍCULA BILIAR
ESTÓMAGO
La comida abandona el estómago y pasa al intestino delgado
La bilis baja por la vía biliar
PÁNCREAS
Conducto pancreático, repleto de enzimas
INTESTINO DELGADO
La comida avanza con las contracciones musculares de la pared intestinal

1 Fábrica de bilis
Una de las muchas tareas del hígado es producir bilis, un líquido amargo que convierte las grasas en gotitas de grasa de digestión más fácil. La bilis se almacena en la vesícula biliar.

2 Reserva de bilis
Cuando la comida sale del estómago, la vesícula biliar segrega bilis hacia el intestino delgado, donde se mezcla con las enzimas que vienen del páncreas.

3 Motor de enzimas
El páncreas produce tres enzimas principales: amilasa, que convierte hidratos de carbono en azúcares; proteasa, que convierte proteínas en aminoácido; y lipasa, que convierte gotitas de grasa en ácidos grasos.

UN 95 % DE TODA LA ABSORCIÓN SE PRODUCE EN EL INTESTINO DELGADO. **EL RESTO TIENE LUGAR EN EL COLON**

PROCESAR LA GRASA

Las grasas tienen una digestión muy complicada. Incluso tras el baño de ácido clorhídrico, las enzimas no son capaces de descomponerlas. Aquí es donde entra en juego la bilis. En un proceso conocido como emulsión, la bilis rompe las grasas en gotitas lo bastante pequeñas como para que las enzimas puedan atacarlas.

4 Inicio de la absorción
Bilis y enzimas colaboran durante 3-5 horas para reducir los nutrientes en formas más fáciles de absorber. Esta absorción se produce en la pared intestinal, recubierta por miles de proyecciones alargadas, las vellosidades, que aumentan muchísimo el área de superficie del intestino y por ende su capacidad para absorber nutrientes.

5 Hacia la sangre
Las vellosidades absorben nutrientes y los pasan a la sangre, donde se dirigen al hígado para ser distribuidos por el cuerpo. Mientras tanto, el resto del quimo entra en la parte final del tracto (ver pp. 146-147). Aunque no se ilustra aquí, la digestión de las grasas presenta otra complicación: al entrar en las vellosidades, los ácidos grasos pasan por el sistema linfático antes de entrar en circulación.

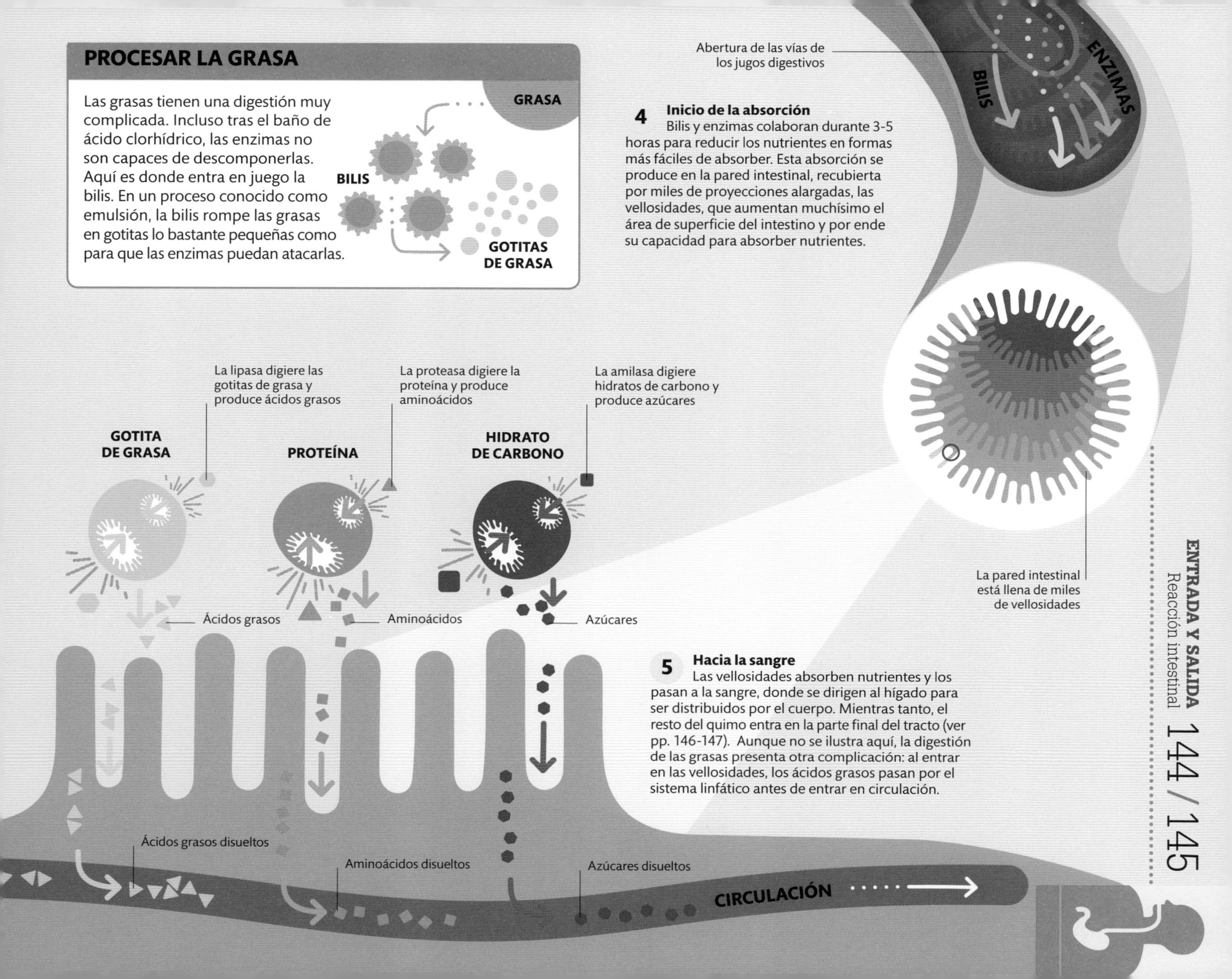
GRASA
BILIS
GOTITAS DE GRASA
Abertura de las vías de los jugos digestivos
BILIS
ENZIMAS
La pared intestinal está llena de miles de vellosidades
La lipasa digiere las gotitas de grasa y produce ácidos grasos
La proteasa digiere la proteína y produce aminoácidos
La amilasa digiere hidratos de carbono y produce azúcares
GOTITA DE GRASA
PROTEÍNA
HIDRATO DE CARBONO
Ácidos grasos
Aminoácidos
Azúcares
Ácidos grasos disueltos
Aminoácidos disueltos
Azúcares disueltos
CIRCULACIÓN

Arriba, abajo y fuera

La etapa final de la digestión tiene lugar en el intestino grueso, un tubo de 2,5 metros que envuelve el intestino delgado, donde trabajan bacterias fermentando hidratos de carbono y liberando nutrientes vitales para la salud humana. Simultáneamente se compacta, almacena y expulsa la materia fecal.

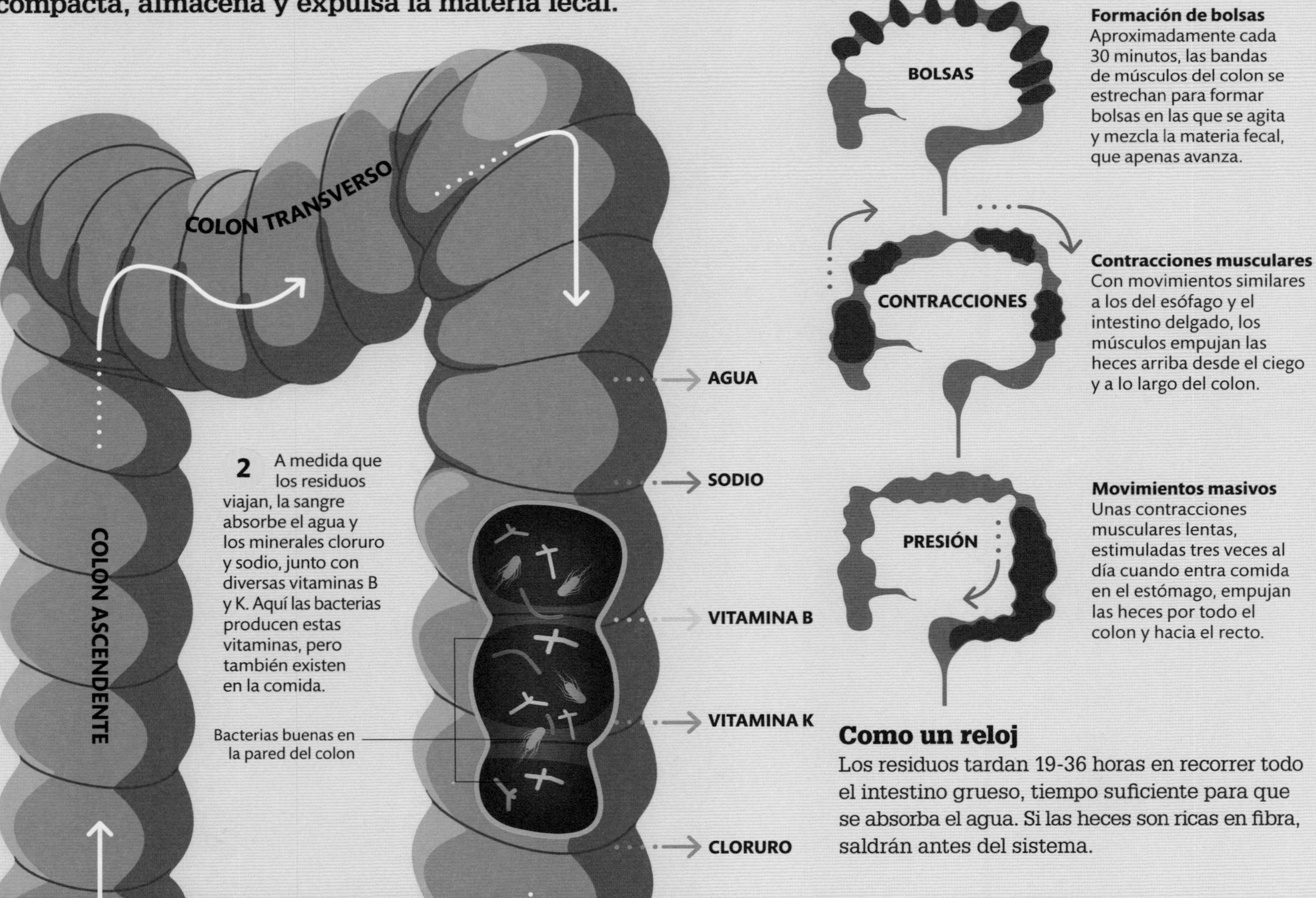

COLON TRANSVERSO
COLON ASCENDENTE
AGUA
SODIO
VITAMINA B
VITAMINA K
CLORURO
BOLSAS
CONTRACCIONES
PRESIÓN

2 A medida que los residuos viajan, la sangre absorbe el agua y los minerales cloruro y sodio, junto con diversas vitaminas B y K. Aquí las bacterias producen estas vitaminas, pero también existen en la comida.

Bacterias buenas en la pared del colon

Formación de bolsas
Aproximadamente cada 30 minutos, las bandas de músculos del colon se estrechan para formar bolsas en las que se agita y mezcla la materia fecal, que apenas avanza.

Contracciones musculares
Con movimientos similares a los del esófago y el intestino delgado, los músculos empujan las heces arriba desde el ciego y a lo largo del colon.

Movimientos masivos
Unas contracciones musculares lentas, estimuladas tres veces al día cuando entra comida en el estómago, empujan las heces por todo el colon y hacia el recto.

Como un reloj

Los residuos tardan 19-36 horas en recorrer todo el intestino grueso, tiempo suficiente para que se absorba el agua. Si las heces son ricas en fibra, saldrán antes del sistema.

CIEGO
INTESTINO DELGADO
COLON DESCENDENTE
Apéndice
RECTO
ANO

1 Tras dejar el intestino delgado, la materia residual inicia el ascenso vertical del ciego.

El colon absorbe el potasio y el bicarbonato para sustituir el sodio absorbido en el torrente sanguíneo

3 Las heces se compactan en la parte inferior del colon. El moco que segregan las paredes del colon las conserva húmedas.

4 El recto expulsa las heces. El 60 % de su volumen son bacterias; el resto es casi todo fibra no digerible.

El ano contiene dos esfínteres: uno exterior y otro interior

Fin del viaje

El intestino grueso se divide en tres secciones principales: el ciego, donde se recogen los residuos del intestino delgado; el colon, en cuyas tres partes se absorben los nutrientes; y el recto, por donde se expulsan las heces. La sección más larga es el colon, donde colonias de bacterias consumen almidones, fibra y azúcares que los humanos no pueden digerir (ver pp. 148-149).

¿PARA QUÉ SIRVE EL APÉNDICE?

Es posible que sea el vestigio de un órgano que ayudaba a nuestros antepasados humanos a digerir el follaje hace miles de años. Sin embargo, actualmente no parece que sirva de mucho, salvo para que las bacterias intestinales se refugien dentro.

FINAL DE TRAYECTO

Cuando las heces entran en el recto, los receptores de estiramiento activan un reflejo de «necesidad» enviando impulsos a la médula espinal. Las señales motoras de la columna indican al esfínter anal interno que se relaje. Los mensajes sensoriales que se mandan al cerebro provocan que la persona sea consciente de la necesidad de defecar y tome la decisión consciente de relajar el esfínter anal externo. Con una dieta sana, se produce entre tres veces al día y una vez cada tres días.

Proceso bacteriano

Más de 100 billones de bacterias, virus y hongos beneficiosos habitan en el tracto digestivo. Reciben el nombre de microbiota intestinal y aportan nutrientes, ayudan a digerir y defienden contra microbios nocivos (ver pp. 172-173).

Ingesta de microbios

Los primeros microbios llegan al nacer, y cada día entran más y más en el cuerpo, a través de la nariz y la boca. Viajan hasta el estómago, donde se dan condiciones demasiado ácidas para establecer una residencia permanente. El intestino delgado resulta también demasiado ácido, pero muchos microbios sobreviven lo suficiente para llegar al colon, donde desempeñan un papel crucial en la digestión.

Los lactobacilos son bacterias del estómago usadas en tratamientos probióticos. Se enfrentan a las bacterias causantes de la diarrea

ESTÓMAGO

El *Helicobacter pylori* es malo, provoca úlceras al perforar el recubrimiento del estómago

QUIMO

El 70% de toda la microbiota intestinal vive en el intestino grueso

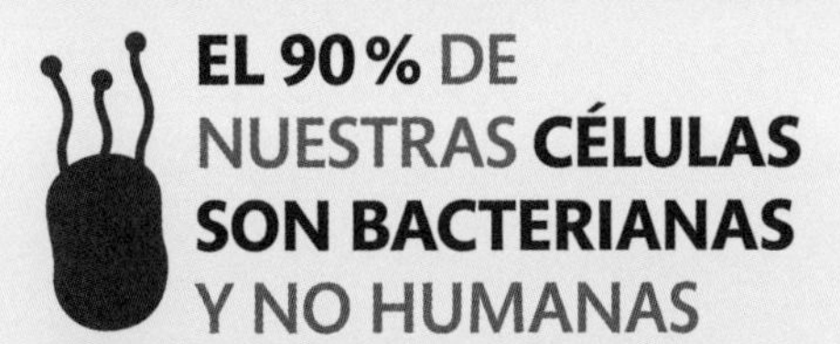
EL 90 % DE
NUESTRAS CÉLULAS
SON BACTERIANAS
Y NO HUMANAS

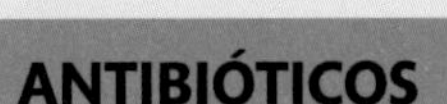
ANTIBIÓTICOS

Los antibióticos destruyen o frenan la proliferación de bacterias, pero no distinguen si las bacterias son buenas o malas; por eso los microbios buenos del intestino desaparecen al tomar antibióticos. La diversidad bacteriana del intestino cae cuando empieza la administración de antibióticos y alcanza su punto mínimo a los 11 días. No obstante, la población vuelve a subir tras el tratamiento; el mal uso de los antibióticos puede provocar daños permanentes.

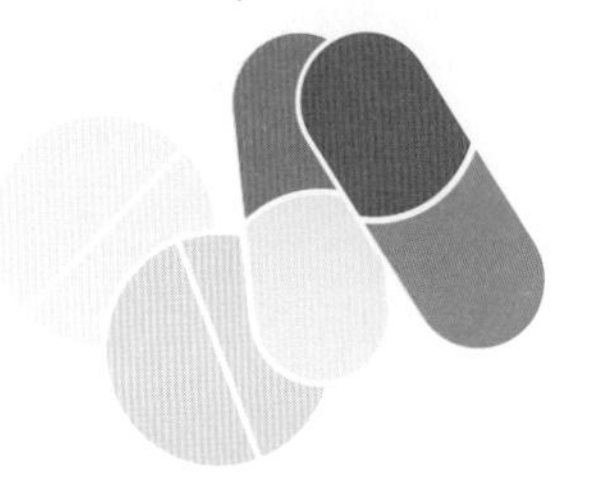

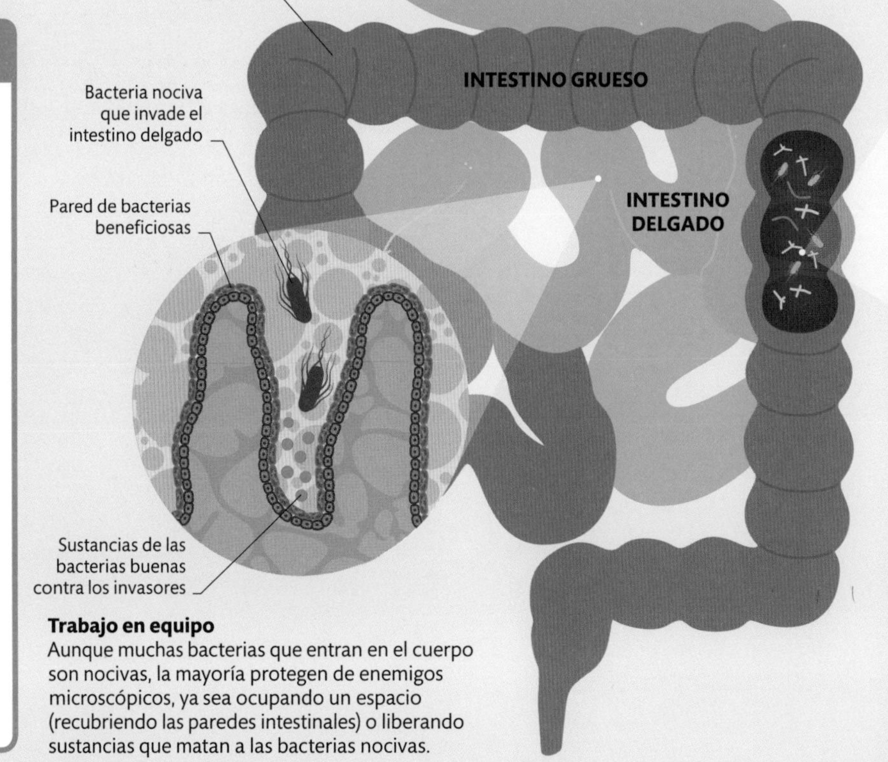
INTESTINO GRUESO
Bacteria nociva que invade el intestino delgado
INTESTINO DELGADO
Pared de bacterias beneficiosas
Sustancias de las bacterias buenas contra los invasores

Trabajo en equipo

Aunque muchas bacterias que entran en el cuerpo son nocivas, la mayoría protegen de enemigos microscópicos, ya sea ocupando un espacio (recubriendo las paredes intestinales) o liberando sustancias que matan a las bacterias nocivas.

Digiriendo lo que no se puede digerir

Los microbios del colon usan como energía los hidratos de carbono que no digiere la persona. Fermentan la fibra, como la celulosa, que ayuda a absorber minerales dietéticos, como el calcio y el hierro, utilizados para producir vitaminas; también aportan otros beneficios al cuerpo. Los propios microbios segregan vitaminas esenciales, como la vitamina K.

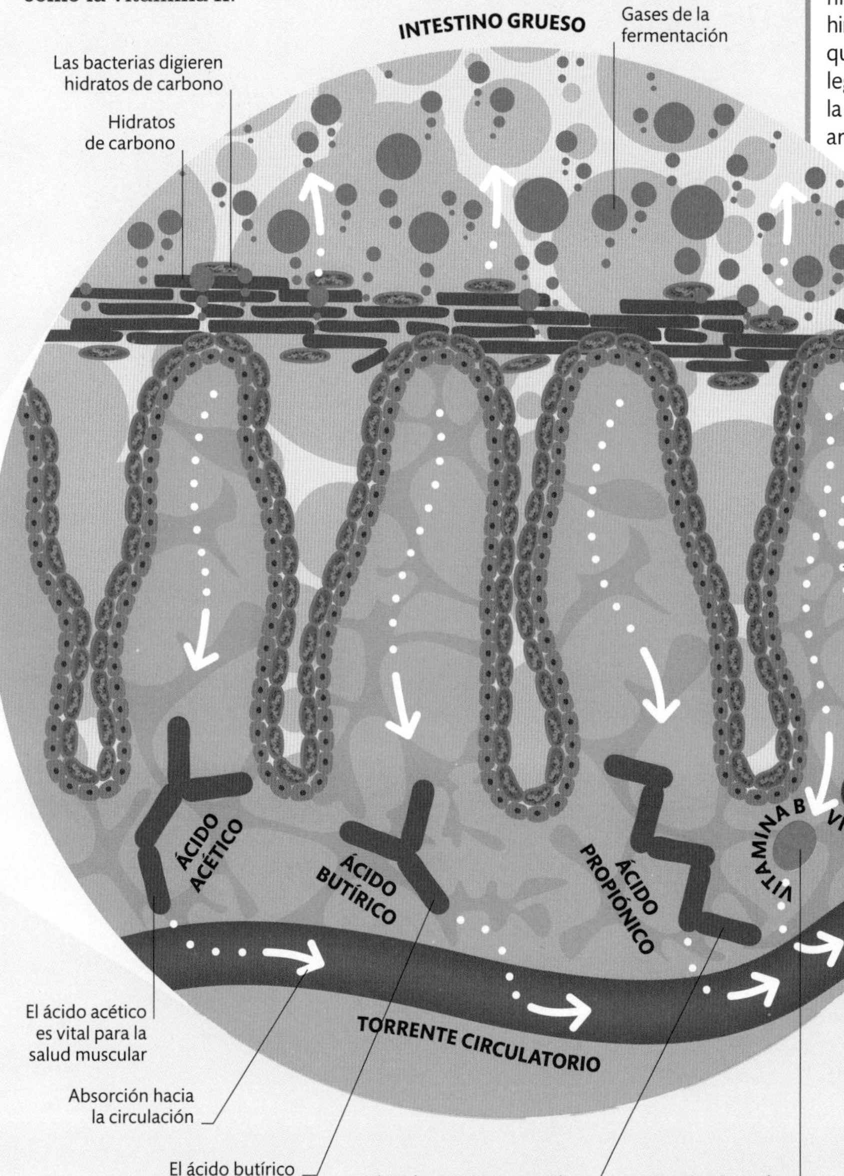
INTESTINO GRUESO
Gases de la fermentación
Las bacterias digieren hidratos de carbono
Hidratos de carbono
Nutrientes que son absorbidos en el intestino grueso
Pared de bacterias buenas
La vitamina K tiene un papel crucial en la coagulación de la sangre
ÁCIDO ACÉTICO
ÁCIDO BUTÍRICO
ÁCIDO PROPIÓNICO
VITAMINA B
VITAMINA K
TORRENTE CIRCULATORIO
El ácido acético es vital para la salud muscular
Absorción hacia la circulación
El ácido butírico produce energía para las células intestinales
El ácido propiónico ayuda a los tejidos a responder a la insulina
La vitamina B ayuda a convertir la comida en energía

¿QUIÉN HA SIDO?

Los microbios del intestino, al fermentar, producen todo tipo de gases: hidrógeno, dióxido de carbono, metano y sulfuro de hidrógeno. En gran cantidad causan hinchazón y flatulencias. Los alimentos que más gases provocan son las legumbres, el maíz y el brócoli, pero la cebolla, la leche y los edulcorantes artificiales no se quedan atrás.

MAÍZ

BRÓCOLI

¿QUÉ SON LOS PROBIÓTICOS?

Son lo contrario a los antibióticos: bacterias vivas que se consumen, en forma de yogur o de comprimido, para reforzar las bacterias intestinales afectadas por antibióticos o alguna enfermedad.

Sangre limpia

A medida que la sangre avanza por el cuerpo, también recoge una gran cantidad de residuos y exceso de nutrientes, cuyos niveles serían rápidamente una amenaza para la vida sin los riñones, los encargados de expulsarlos del sistema.

TODO EL TORRENTE CIRCULATORIO SE FILTRA EN LOS RIÑONES 20-25 VECES CADA DÍA

Planta depuradora

La sangre tarda cinco minutos en atravesar los riñones: entra cargada de residuos y sale limpia tras pasar por un sinfín de filtros microscópicos que convierten los residuos en orina, que pasa a la vejiga, momento en el que se siente la necesidad de orinar. Uno de los principales componentes de la orina es la urea, un producto de desecho fabricado en el hígado (ver pp. 156-157).

PIEDRAS EN EL CUERPO

Los riñones filtran tantos residuos que es posible que se acumule una mínima cantidad de mineral y se forme un cálculo. A veces estas «piedras» salen del cuerpo sin más, pero algunas crecen lo suficiente como para bloquear el uréter. Algunas causas de la aparición de estos cálculos incluyen la obesidad, una mala dieta y poco consumo de agua.

Cálculos renales

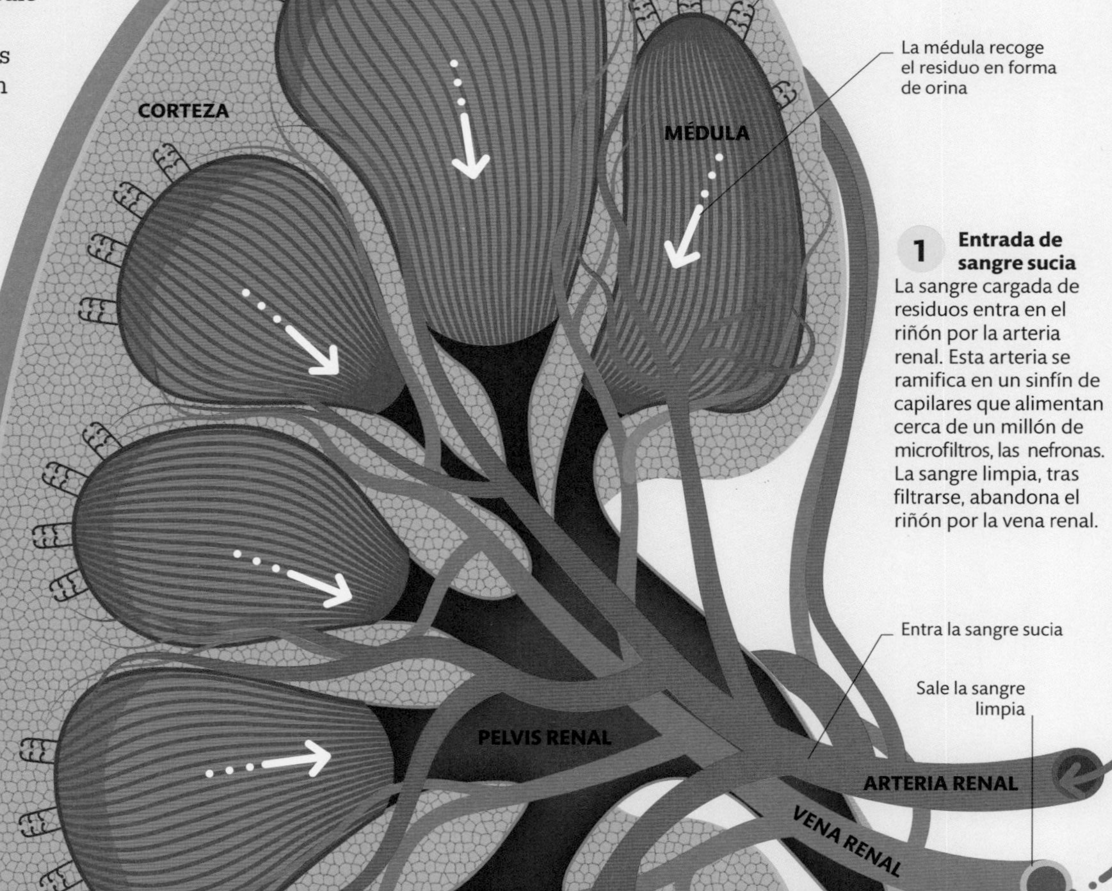

CORTEZA
MÉDULA
PELVIS RENAL
ARTERIA RENAL
VENA RENAL
Todas las nefronas están fijadas en la parte central del riñón, la médula
La médula recoge el residuo en forma de orina
Entra la sangre sucia
Sale la sangre limpia

1 Entrada de sangre sucia
La sangre cargada de residuos entra en el riñón por la arteria renal. Esta arteria se ramifica en un sinfín de capilares que alimentan cerca de un millón de microfiltros, las nefronas. La sangre limpia, tras filtrarse, abandona el riñón por la vena renal.

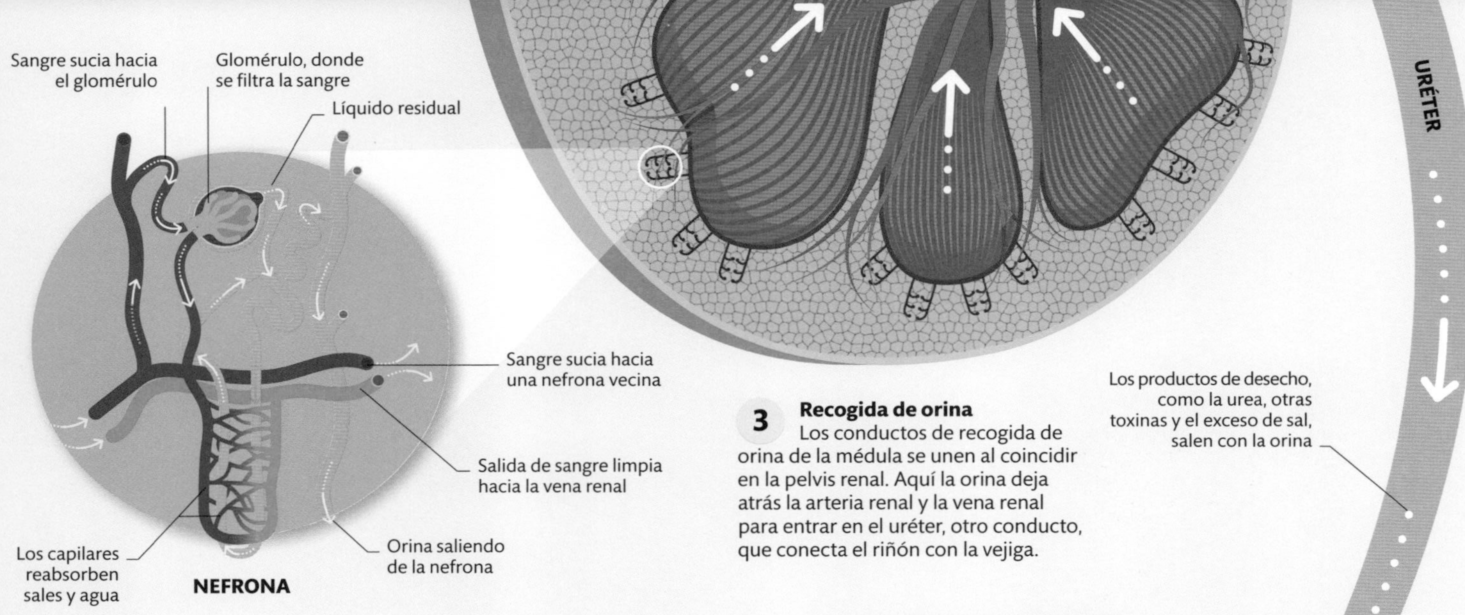
Sangre sucia hacia el glomérulo
Glomérulo, donde se filtra la sangre
Líquido residual
Sangre sucia hacia una nefrona vecina
Salida de sangre limpia hacia la vena renal
Orina saliendo de la nefrona
Los capilares reabsorben sales y agua
NEFRONA

2 Proceso de filtración
Cuando la sangre pasa por la nefrona, cruza un minúsculo filtro denominado glomérulo, que separa la urea y otros residuos de los glóbulos y las valiosas proteínas en el torrente circulatorio. En la otra punta, el líquido residual cruza una gran vuelta por el riñón, donde se afina la composición de sales y agua, antes de que pase a los conductos de recogida de orina.

3 Recogida de orina
Los conductos de recogida de orina de la médula se unen al coincidir en la pelvis renal. Aquí la orina deja atrás la arteria renal y la vena renal para entrar en el uréter, otro conducto, que conecta el riñón con la vejiga.

URÉTER
Los productos de desecho, como la urea, otras toxinas y el exceso de sal, salen con la orina

4 Eliminación de residuos
Las contracciones musculares empujan la orina por el uréter; por eso la vejiga continúa llenándose aunque el cuerpo esté estirado. Cuando está llena, las paredes musculares continúan empujando la orina, pero un anillo de músculo de la base de la vejiga impide que salga. Cuando se aprende a controlar este músculo, se puede decidir cuándo se orina.

PARED MUSCULAR DE LA VEJIGA
Vejiga llena de orina
VEJIGA
Uretra

¿Y SI LOS RIÑONES NO FUNCIONAN?

Si alguien tiene los riñones muy débiles para filtrar la sangre, puede usar una máquina de diálisis para sustituirlos. La sangre sale de la persona, pasa por una máquina, que la limpia y filtra, para después volver al cuerpo.

El agua justa

Los niveles de agua en la sangre deben mantenerse dentro de unos límites concretos; en caso contrario, las células del cuerpo se encogen (deshidratan) o hinchan (sobrehidratan) y no funcionan bien. Por eso, los riñones, el sistema endocrino y el sistema circulatorio colaboran para mantener el equilibrio adecuado en el torrente circulatorio.

PERDER EL EQUILIBRIO

Todo tipo de sustancias de consumo habitual alteran el equilibrio de líquidos. El alcohol, por ejemplo, no deja que la hipófisis libere vasopresina y por eso los riñones, que se esfuerzan para retirar el alcohol del torrente circulatorio, retiran más agua hacia la orina. Bebiendo una única copa de vino, el cuerpo puede perder el equivalente a cuatro copas de agua. Las sustancias que aumentan la producción de orina se denominan diuréticos. La cafeína tiene también un efecto diurético.

Poca agua

Siempre se pierde agua, pero hay momentos en los que se pierde muy rápido; por ejemplo, a través de sudor, vómitos o diarrea. Esto provoca una reducción del volumen sanguíneo y un aumento del nivel de sal respecto del nivel de agua en sangre. En tal caso, el cuerpo reacciona para recuperar el equilibrio.

Mucha agua

Menos frecuente que la deshidratación es la hiperhidratación causada por un consumo extremo de agua tras el ejercicio, drogas o enfermedad. Hace aumentar el volumen sanguíneo y reduce la sal respecto del nivel de agua en sangre.

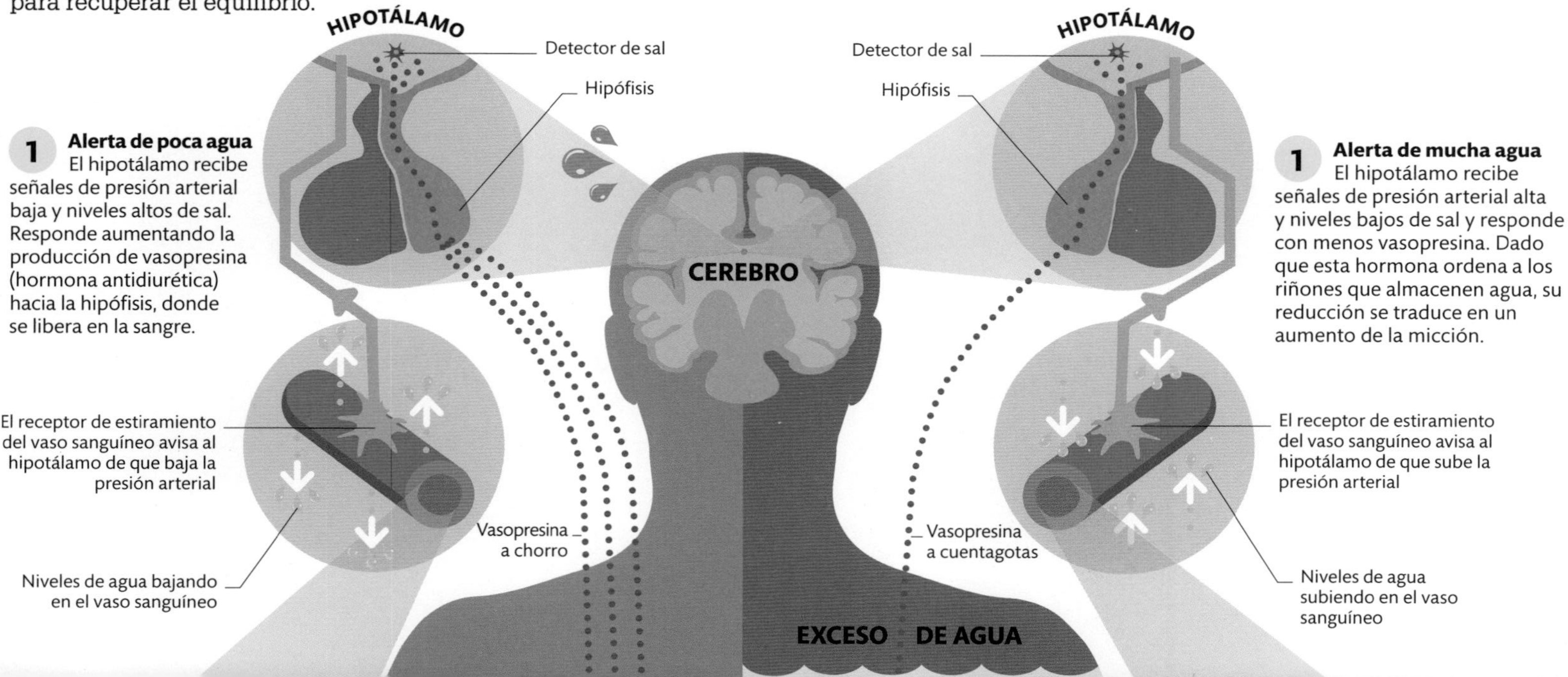

HIPOTÁLAMO
Detector de sal
Hipófisis
1 Alerta de poca agua El hipotálamo recibe señales de presión arterial baja y niveles altos de sal. Responde aumentando la producción de vasopresina (hormona antidiurética) hacia la hipófisis, donde se libera en la sangre.
El receptor de estiramiento del vaso sanguíneo avisa al hipotálamo de que baja la presión arterial
Niveles de agua bajando en el vaso sanguíneo
Vasopresina a chorro
CEREBRO
HIPOTÁLAMO
Detector de sal
Hipófisis
1 Alerta de mucha agua El hipotálamo recibe señales de presión arterial alta y niveles bajos de sal y responde con menos vasopresina. Dado que esta hormona ordena a los riñones que almacenen agua, su reducción se traduce en un aumento de la micción.
El receptor de estiramiento del vaso sanguíneo avisa al hipotálamo de que sube la presión arterial
Niveles de agua subiendo en el vaso sanguíneo
Vasopresina a cuentagotas
EXCESO DE AGUA

VASO SANGUÍNEO
Contracción de los músculos del vaso sanguíneo
FALTA DE AGUA
«¡ACUMULAR AGUA!»
«¡LIBERAR AGUA!»
VASO SANGUÍNEO
Relajación de los músculos del vaso sanguíneo

2 Se contraen los vasos sanguíneos
Un nivel alto de vasopresina ordena a los músculos de las paredes de los vasos sanguíneos que se contraigan. Esto compensa el menor volumen de sangre, con lo que se recupera la presión arterial normal.

2 Se dilatan los vasos sanguíneos
Un nivel bajo de vasopresina ordena a los músculos de la pared del vaso sanguíneo que se relajen. Esto ensancha los vasos sanguíneos y alivia la presión arterial provocada por el exceso de agua.

RIÑÓN
La reabsorción de agua se acelera en los riñones
URÉTER
URÉTER
VEJIGA
RIÑÓN
La liberación de agua se acelera en los riñones

3 Reabsorción del agua
Los niveles elevados de vasopresina también indican a los riñones que reabsorban agua y retengan las sales que se pierden al sudar o vomitar.

3 Liberación de agua
Un nivel bajo de vasopresina también indica a los riñones que reduzcan la cantidad de agua reabsorbida, para que se añada más agua a la orina y salga por la vejiga.

ORINA
ORINA

4 Orina concentrada
Como el cuerpo retiene la máxima cantidad de agua posible, la vejiga se llena más lentamente, y por eso la orina es más concentrada y de color más oscuro.

4 Orina diluida
Como el cuerpo reabsorbe menos agua, la vejiga se llena rápidamente y se produce orina más diluida. Cuanto más diluida, más clara será.

El hígado en marcha

Cuando los nutrientes llegan a la sangre (a través de la boca, el estómago y los intestinos), esta los transporta directamente al hígado, donde se almacenan, se metabolizan o se convierten en algo nuevo. En cualquier momento del día, el hígado contiene el 10 % de toda la sangre del cuerpo.

Lobulillo hepático

El hígado está compuesto por miles de fábricas diminutas, los lobulillos, que contienen miles de procesadores químicos conocidos como hepatocitos. Son los que realizan todo el trabajo del hígado, ayudados por las células de Kupffer y las células estrelladas. Cada lobulillo de planta hexagonal tiene una vena central de salida; cada vértice presenta dos vías de entrada de sangre y una vía de salida de la bilis.

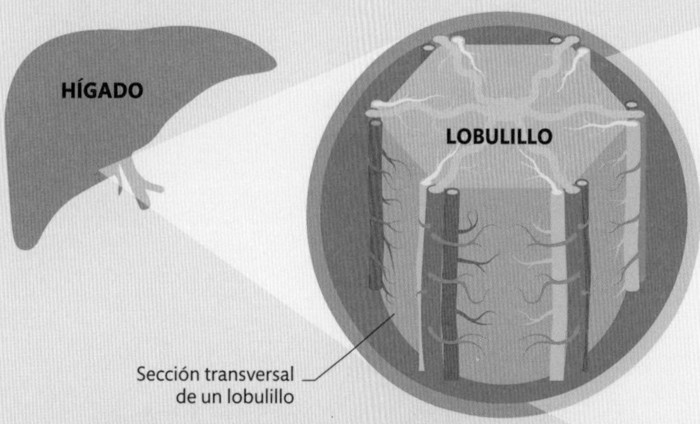

HÍGADO
LOBULILLO

Sección transversal de un lobulillo

Entradas y salidas del hígado
La sangre entra en el hígado por dos sitios y sale de él a través de la vena hepática; la bilis se va por la vía biliar.

- Sangre de los intestinos
- Sangre del corazón
- Sangre hacia el corazón
- Bilis hacia la vesícula biliar

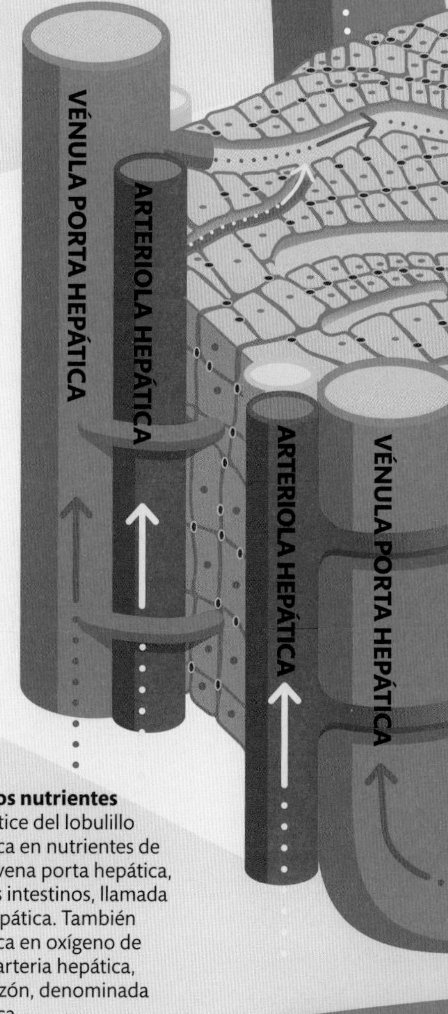

VENA HEPÁTICA
VÉNULA PORTA HEPÁTICA
ARTERIOLA HEPÁTICA
ARTERIOLA HEPÁTICA
VÉNULA PORTA HEPÁTICA

SANGRE POR DOS VÍAS

El hígado curiosamente recibe sangre por dos vías: como el resto de los órganos, recibe sangre oxigenada del corazón para tener energía, pero también la recibe de los intestinos para limpiarla, almacenarla y procesarla.

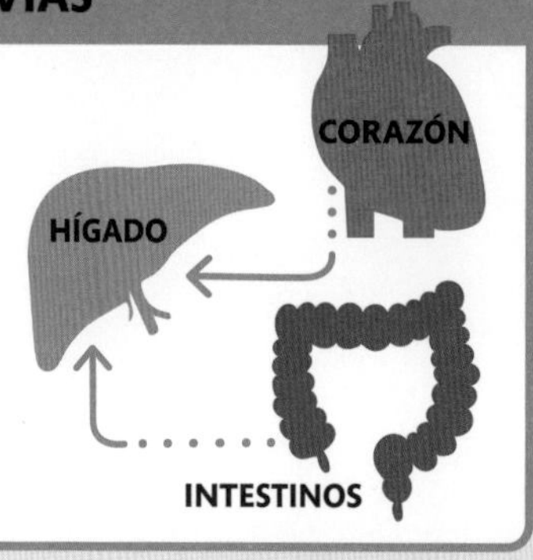

CORAZÓN
HÍGADO
INTESTINOS

1 Entran los nutrientes
Cada vértice del lobulillo recibe sangre rica en nutrientes de una rama de la vena porta hepática, que viene de los intestinos, llamada vénula porta hepática. También recibe sangre rica en oxígeno de una rama de la arteria hepática, directa del corazón, denominada arteriola hepática.

3 Salen los nutrientes
La sangre se procesa y después sale por la vena central, por donde abandona el hígado para ir al corazón, a los pulmones, de vuelta al corazón y, finalmente, hacia los riñones, donde la orina expulsa las toxinas.

La célula de Kupffer retira bacterias, residuos y glóbulos rojos viejos

¿A QUÉ VELOCIDAD TRABAJA EL HÍGADO?

El hígado filtra aproximadamente 1,4 litros de sangre por minuto. También crea hasta 1 litro de bilis al día.

VENA INTERLOBULAR

Un microconducto lleva la bilis a las vías biliares

VÉNULA PORTA HEPÁTICA

VÍA BILIAR

VENA CENTRAL

ARTERIOLA HEPÁTICA

Filas y columnas de hepatocitos

La célula estrellada es un almacén de vitamina A

Las ramas de estas vénulas porta hepáticas cubren todo el lobulillo

Las ramas de las arteriolas hepáticas cubren el lobulillo entero

VENA PORTA HEPÁTICA

2 Nutrientes procesados
Los hepatocitos trabajan día y noche almacenando, metabolizando y reconstruyendo nutrientes. Además, producen bilis, un agente químico para procesar la grasa (ver pp. 144-145). La bilis se envía de manera constante a la vesícula biliar para su almacenaje.

Qué hace el hígado

El hígado se entiende mejor si se ve como si fuera una fábrica, una planta de proceso con tres departamentos principales: procesamiento, producción y almacenaje. Su materia prima son los nutrientes que absorbe la sangre durante la digestión. El departamento al que se dirigen depende de las prioridades del cuerpo.

¿QUÉ MÁS HACE EL HÍGADO?

Produce proteínas de coagulación de la sangre para detener las hemorragias. Los que tienen el hígado poco sano suelen sangrar con facilidad.

Glucosa de los hidratos de carbono
En un proceso de glucogenólisis, el hígado produce glucosa a partir de hidratos de carbono cuando el cuerpo tiene poca energía.

Metaboliza la grasa
El exceso de hidratos de carbono y proteínas se convierte en ácidos grasos y se libera en la sangre para crear energía, un paso vital cuando se acaba la glucosa.

Limpia la sangre
Los contaminantes, las toxinas bacterianas y las defensas químicas de las plantas se convierten en compuestos menos peligrosos y se envían a los riñones para expulsarlos.

Procesamiento

El hígado está la mayor parte del tiempo procesando nutrientes. También se asegura de enviar los nutrientes adecuados donde hagan falta y de enviar las reservas necesarias. Otra importante función del hígado es retirar sustancias tóxicas.

EL ÓRGANO REGENERATIVO

Al contrario que otros órganos, que crean tejido cicatrizado en las lesiones, el hígado crea células nuevas cuando las necesita. Es una suerte puesto que el hígado recibe un bombardeo constante de agentes químicos tóxicos y nocivos, entre los que hay algunas medicaciones legales, que dañan el hígado a menudo. Sin embargo, se regenera para seguir al pie del cañón. Por increíble que parezca, puede perder el 75 % de la masa y volver después a crecer por completo... en cuestión de semanas.

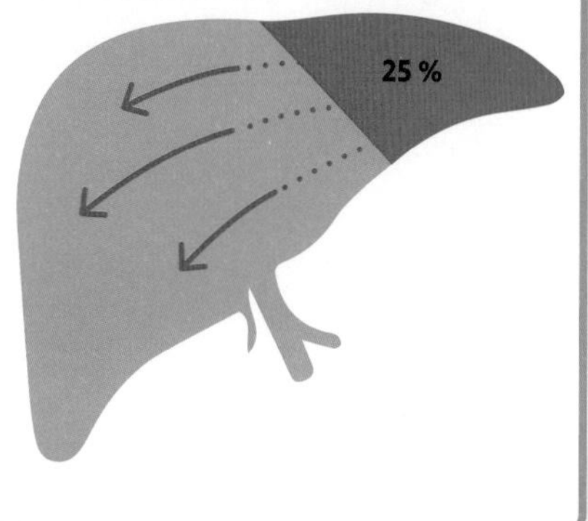
25 %

Produce bilis
Produce bilis constantemente y la envía a la vesícula biliar para que la almacene. La produce con la hemoglobina que se libera al descomponer glóbulos rojos viejos.

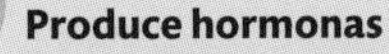

Produce hormonas
Segrega al menos tres hormonas, y es uno de los principales actores del sistema endocrino (ver pp. 190-191). Sus hormonas estimulan el crecimiento celular, favorecen la producción de médula ósea y ayudan a controlar la presión arterial.

Producción

El hígado es un centro de producción clave donde se convierten nutrientes simples en mensajeros químicos (hormonas), componentes de tejidos corporales (proteínas) y un líquido digestivo vital (bilis), entre otras cosas. Como es un órgano en constante funcionamiento, también produce otro bien codiciado: una enorme cantidad de calor.

Sintetiza proteínas
Produce muchas proteínas que después pasan a la sangre, sobre todo cuando la dieta no contiene ciertos aminoácidos (elementos básicos de las proteínas).

Vitaminas
Puede almacenar vitamina A para dos años, vital para el sistema inmunitario. También almacena vitaminas B12, D, E y K para su uso posterior.

Almacenaje

Es un magnífico almacén, especialmente de vitaminas, minerales y glucógeno (glucosa almacenada), con el que el cuerpo puede sobrevivir sin comida durante días y semanas, y garantiza que se pueda cubrir cualquier falta de nutrientes dietéticos.

Minerales
Conserva dos minerales vitales: hierro, que transporta el oxígeno por el cuerpo; y cobre, que mantiene la salud del sistema inmunitario o crea glóbulos rojos.

Glucógeno
Almacena energía en forma de glucógeno. Cuando el cuerpo se queda sin energía (ver pp. 158-159), el hígado lo convierte en glucosa que pone en circulación.

EL HÍGADO REALIZA UNAS **500 FUNCIONES QUÍMICAS** EN TOTAL

DAÑO HEPÁTICO

El hígado es el único órgano del cuerpo capaz de regenerarse. No obstante, la exposición repetida a agentes nocivos, como alcohol, drogas o virus, puede acabar lesionándolo, especialmente si queda inundado de toxinas y nunca tiene la oportunidad de regenerarse. Este estado acaba por provocar una cicatriz; este trastorno se conoce como cirrosis, cuya causa habitual suele ser un consumo excesivo de alcohol.

Equilibrio energético

La mayoría de las células del cuerpo utilizan glucosa o ácidos grasos como energía. Para mantener un suministro constante, el cuerpo alterna períodos de absorción de energía (comiendo) y de liberación (tras los que se vuelve a tener hambre). En situaciones ideales este ciclo se repite cada pocas horas.

Llenar el depósito

La glucosa y los ácidos grasos entran en el cuerpo con la comida. A medida que sube el nivel de glucosa en sangre, el páncreas libera la hormona insulina, que indica a las células de músculos, grasa e hígado que absorban y almacenen la glucosa y los ácidos grasos para tener energía en el futuro.

Comida rica en azúcar

Muchas moléculas de azúcar indican un nivel alto de azúcar en sangre tras comer

Molécula de ácido graso

Molécula de glucosa

Ácidos grasos almacenados en una célula grasa

3 Se almacena el exceso de glucosa
La mayoría de los ácidos grasos se almacenan en células grasas, las reservas energéticas del cuerpo que también absorben el exceso de glucosa para convertirla en moléculas de ácido graso.

Exceso de glucosa que se almacena en una célula grasa

¡ABSORBER!

2 El músculo quema glucosa
Las células musculares, entre otras, convierten la glucosa en energía para contraerse. Las células musculares también absorben ácidos grasos, que queman cuando bajan los niveles de glucosa.

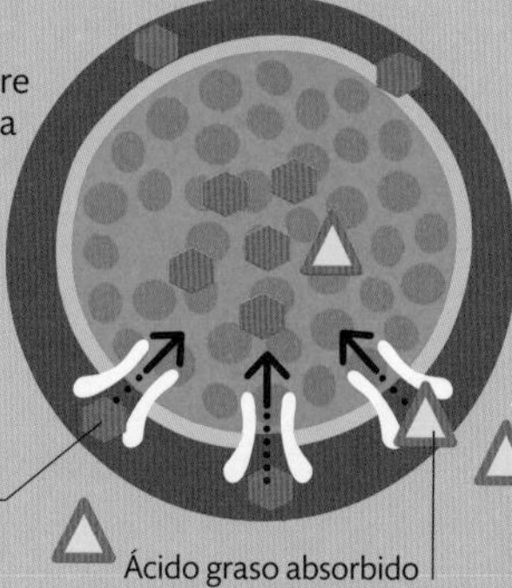

Glucosa absorbida por una célula muscular

Ácido graso absorbido por una célula muscular

¡ABSORBER!

1 Señal de «¡Absorber!»
Tras la comida, el páncreas detecta niveles de azúcar en sangre elevados. Además, libera insulina para que circule por la sangre y prepare las células del cuerpo para abrirse y recibir nutrientes. El más importante es la glucosa, que las células usan como energía.

PÁNCREAS

¿LA GRASA ENGORDA?

Solo si se come con alimentos azucarados o hidratos de carbono. Estos alimentos contienen glucosa, que indica al cuerpo que almacene nutrientes y, por lo tanto, que suba de peso.

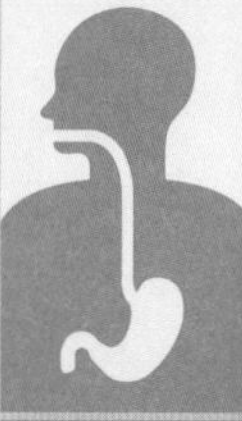

Quemar el combustible

A medida que las células del cuerpo absorben nutrientes, el nivel de glucosa en sangre empieza a caer. A no ser que se digiera más comida, este nivel baja hasta un punto en el que el cuerpo quema grasa en lugar de glucosa como energía. Una vez más, el páncreas organiza este proceso.

Pocas moléculas de azúcar indican un nivel bajo de azúcar en sangre

Ácidos grasos quemados en una célula muscular

3 La célula muscular quema grasa
Aquí una célula muscular recibe ácidos grasos de una célula grasa y los descompone para obtener energía.

Ácidos grasos liberados en el torrente circulatorio

¡QUEMAR!

2 Grasa enviada al músculo
El glucagón también ordena a las células grasas que liberen los ácidos grasos en el torrente circulatorio, para que otras células lo utilicen como fuente de energía.

¡QUEMAR!

PÁNCREAS

1 Señal de «¡Quemar!»
Pocas horas después de comer, el páncreas detecta una caída en el nivel de glucosa en sangre y libera la hormona glucagón en el torrente circulatorio para indicar al hígado que ponga en circulación glucosa almacenada en forma de glucógeno (ver pp. 156-157).

OFERTA Y DEMANDA ENERGÉTICA

La energía se mide en calorías. Un filete contiene unas 500 calorías, como una bolsa grande de patatas fritas o diez manzanas. En reposo necesitas unas 1800 calorías al día para mantener el peso. El equilibrio se pierde si entra o sale más energía.

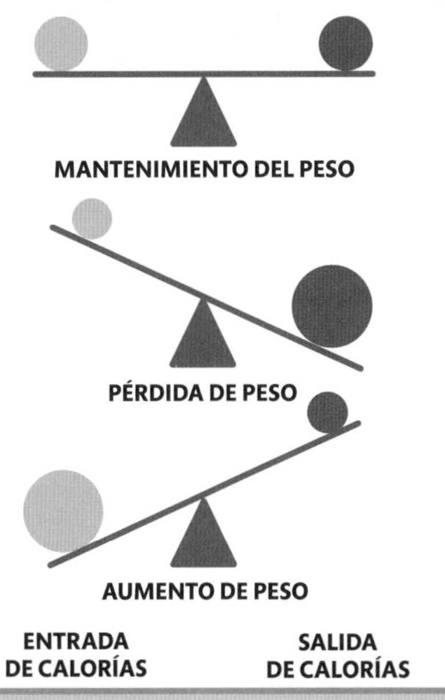
MANTENIMIENTO DEL PESO
PÉRDIDA DE PESO
AUMENTO DE PESO
ENTRADA DE CALORÍAS
SALIDA DE CALORÍAS

La trampa dulce

Si bien todas las calorías aportan la misma cantidad de energía, su origen (grasa, proteína o hidrato de carbono) determina cómo las utiliza el cuerpo. Algunos alimentos aportan energía de manera paulatina y otros nos llevan en un viaje por la montaña rusa de las hormonas.

¿SON MALAS LAS CALORÍAS?

Una caloría es la cantidad de energía que obtiene el cuerpo de los alimentos; así que no es mala: ¡la necesitamos para vivir! Sin embargo, el cuerpo almacena el exceso de calorías en forma de grasa.

La persistencia de la insulina

Los alimentos que se transforman rápidamente en azúcares causan un máximo en el nivel de glucosa en sangre (ver p. 158): aumenta la insulina y cae el nivel de glucosa. El bajón del azúcar deja cansado y con ganas de más azúcar, pero la insulina sigue en la sangre y no permite que se queme grasa.

Arriba y abajo
Subidas y bajadas repentinas del nivel de glucosa y paulatina del de insulina en sangre durante las comidas de la mañana.

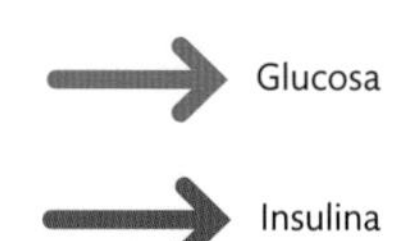

Glucosa
Insulina

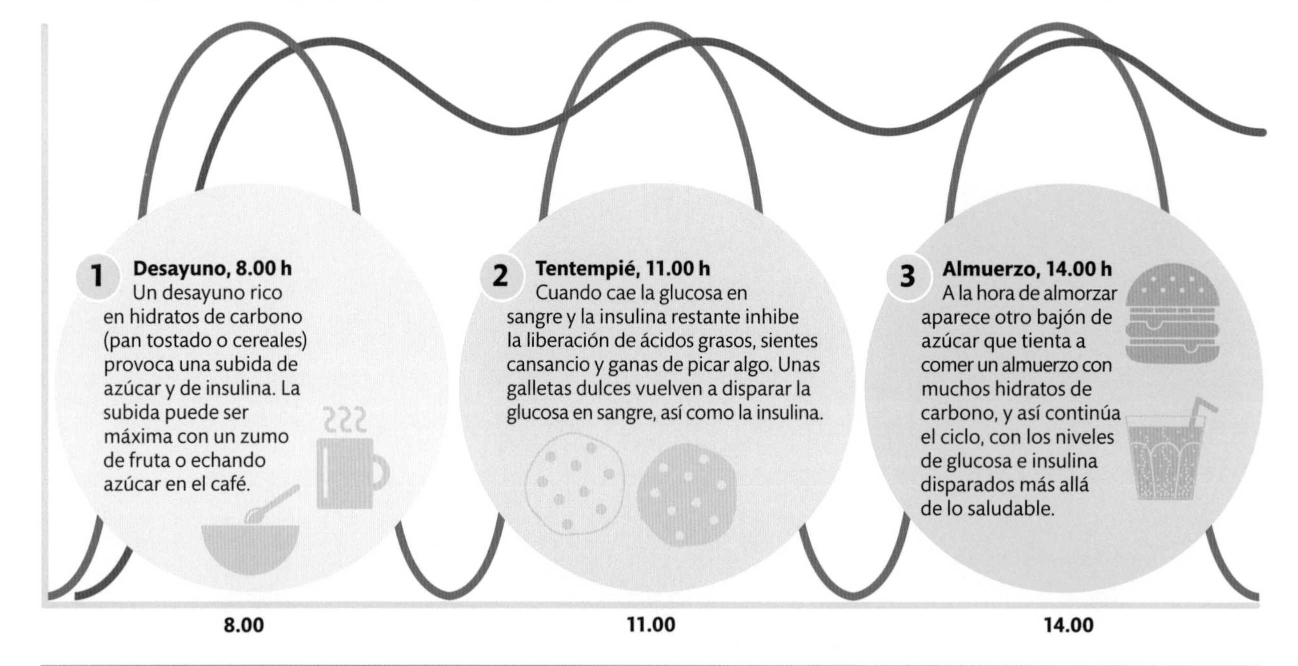

8.00
11.00
14.00

1 Desayuno, 8.00 h
Un desayuno rico en hidratos de carbono (pan tostado o cereales) provoca una subida de azúcar y de insulina. La subida puede ser máxima con un zumo de fruta o echando azúcar en el café.

2 Tentempié, 11.00 h
Cuando cae la glucosa en sangre y la insulina restante inhibe la liberación de ácidos grasos, sientes cansancio y ganas de picar algo. Unas galletas dulces vuelven a disparar la glucosa en sangre, así como la insulina.

3 Almuerzo, 14.00 h
A la hora de almorzar aparece otro bajón de azúcar que tienta a comer un almuerzo con muchos hidratos de carbono, y así continúa el ciclo, con los niveles de glucosa e insulina disparados más allá de lo saludable.

Ganar kilos

La trampa del azúcar hace ganar peso rápidamente. El sobrepeso puede causar problemas de salud, como la sensibilidad a la insulina, resistencia a la insulina, diabetes tipo 2 (ver p. 201), cardiopatías, algunos tipos de cáncer e ictus. Lo básico para evitar la obesidad es mantener bajo el nivel de insulina, y una manera de hacerlo es una dieta baja en hidratos de carbono.

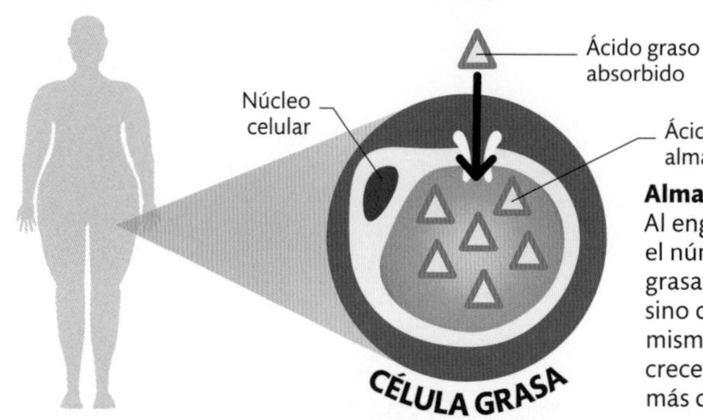

Ácido graso absorbido
Núcleo celular
Ácido graso almacenado
CÉLULA GRASA

Almacenar grasa
Al engordar no sube el número de células grasas del cuerpo, sino que se tienen las mismas células, que crecen al acumular más depósitos grasos.

DIETA ALTA EN PROTEÍNAS

Para reducir los hidratos de carbono, algunos dietistas recomiendan consumir calorías de proteínas y grasas saludables. Se puede seguir una dieta en fases diseñada para enseñar al cuerpo a quemar grasa y depender menos de los hidratos de carbono.

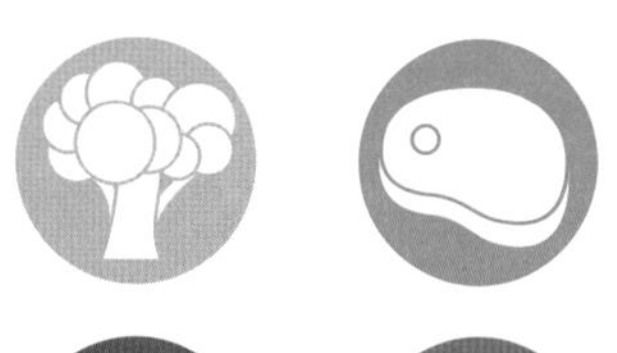

Dieta baja en hidratos de carbono
Una manera popular, aunque controvertida, de escapar de la trampa del azúcar es limitar el consumo de hidratos de carbono, que acaban descompuestos como azúcares y almacenados en forma de grasa. Al hacerlo se evita la montaña rusa de glucosa-insulina que acaba en deseos de comer azúcar y acumulación de grasa. Con los niveles de azúcar e insulina dentro de los límites sanos, se usa grasa en lugar de glucosa como fuente de energía.

AHORA SE CREE QUE EL AZÚCAR ES MÁS ADICTIVO QUE LA COCAÍNA

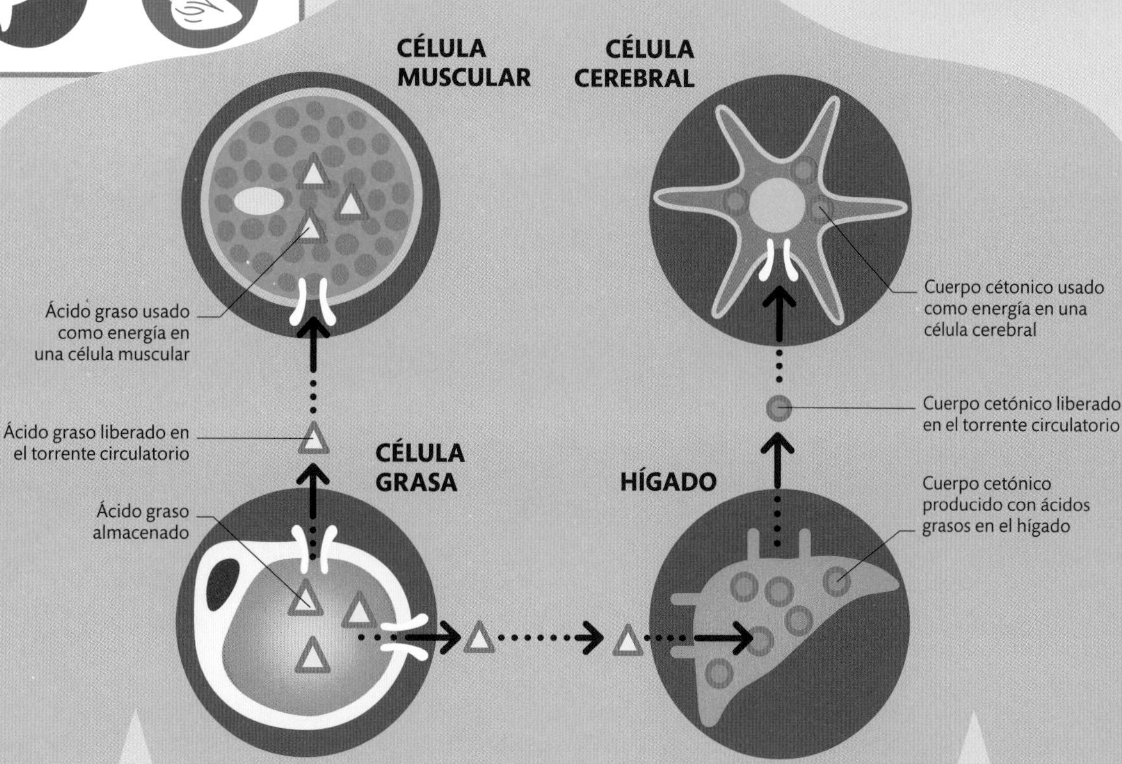
CÉLULA MUSCULAR
CÉLULA CEREBRAL
Ácido graso usado como energía en una célula muscular
Cuerpo cétonico usado como energía en una célula cerebral
Ácido graso liberado en el torrente circulatorio
Cuerpo cetónico liberado en el torrente circulatorio
CÉLULA GRASA
HÍGADO
Ácido graso almacenado
Cuerpo cetónico producido con ácidos grasos en el hígado

Liberar ácidos grasos
Con un nivel sano de glucosa en sangre, los niveles de insulina se mantienen bajos, lo que permite que las células grasas liberen los ácidos grasos; un nivel alto de insulina inhibiría este proceso.

Producción de cuerpos cetónicos
El cerebro no puede usar ácidos grasos como fuente de energía. Por eso, si disminuye el nivel de glucosa en sangre, el hígado convierte ácidos grasos en cuerpos cetónicos, moléculas que aportan energía a las células cerebrales.

¿Comer o ayunar?

Dos de las dietas más populares en la actualidad no cuentan calorías: la paleodieta propone volver a comer como antes, sin los alimentos tan procesados de la actualidad. Por otro lado, el ayuno intermitente se divide en fases de comer y ayunar, y restringe cuándo se come en lugar de qué se come.

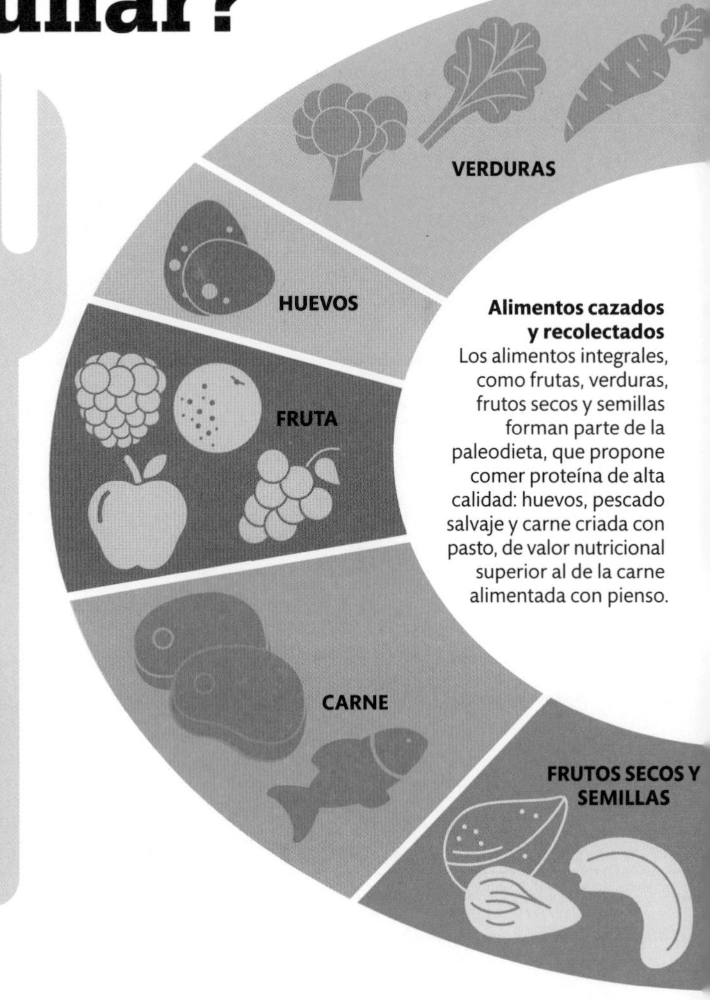
VERDURAS
HUEVOS
FRUTA
CARNE
FRUTOS SECOS Y SEMILLAS

Alimentos cazados y recolectados
Los alimentos integrales, como frutas, verduras, frutos secos y semillas forman parte de la paleodieta, que propone comer proteína de alta calidad: huevos, pescado salvaje y carne criada con pasto, de valor nutricional superior al de la carne alimentada con pienso.

Vuelta a lo esencial

La teoría que defiende la dieta paleo es que el cuerpo no ha evolucionado para consumir los alimentos altamente procesados, azucarados y ricos en hidratos de carbono que copan los supermercados de hoy. Esta dieta potencia los alimentos a los que se cree que tenían acceso los humanos cazadores recolectores que vivieron antes de la aparición de la agricultura, hace 10 000 años; este estilo de vida no incluye volver a vivir en cuevas. Los que obtienen el calcio a partir de lácteos deben encontrar alternativas ricas en este mineral o se arriesgan a sufrir una deficiencia del mismo.

Ayuno intermitente

El ayuno intermitente consiste en dejar de comer cada cierto tiempo, para que el cuerpo obtenga toda la energía de la grasa almacenada. No pueden ser pausas muy largas o el cuerpo consumirá su proteína muscular para obtener energía. Los métodos más populares son el 16:8 y el 5:2.

El método 16:8
Los entusiastas de esta dieta comen durante un período de ocho horas cada día (por ej., entre el mediodía y las 20.00) y ayunan las otras 16 horas restantes. Por suerte, parte de este tiempo se duerme y así es más fácil.

24 2 4 6 8 10 12 14 16 18 20 22

Clave Comer Ayunar

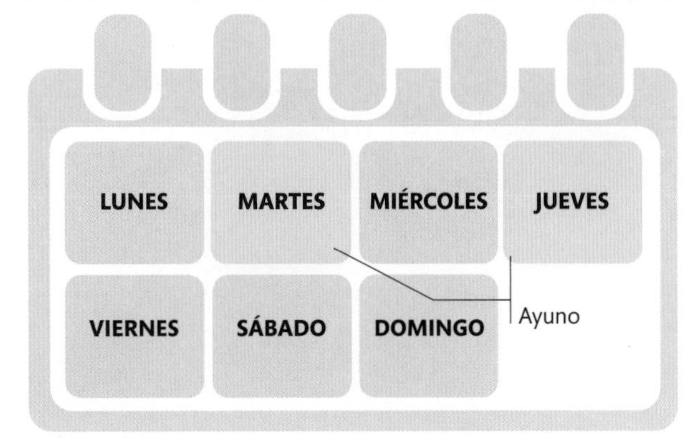
LUNES
MARTES
MIÉRCOLES
JUEVES
VIERNES
SÁBADO
DOMINGO
Ayuno

El método 5:2
Esta dieta restringe el consumo diario de energía a unas 500 calorías (una comida) por día dos días por semana. Los cinco días restantes de la semana se puede comer lo que se quiera (dentro de lo razonable).

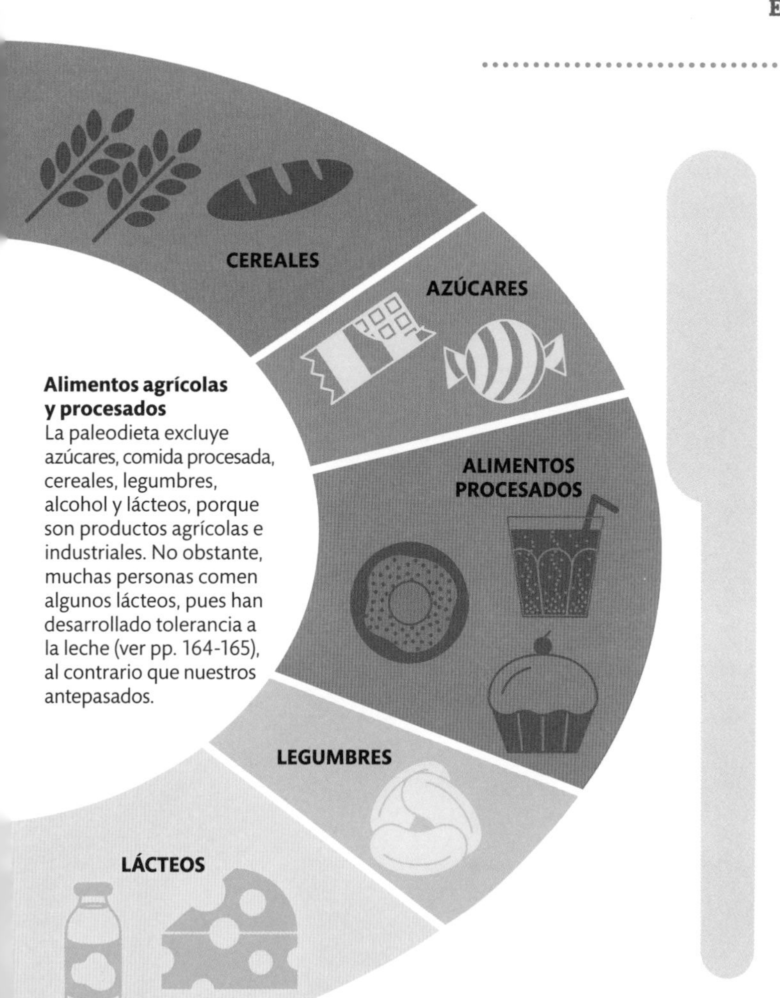
CEREALES
AZÚCARES
ALIMENTOS PROCESADOS
LEGUMBRES
LÁCTEOS

Alimentos agrícolas y procesados
La paleodieta excluye azúcares, comida procesada, cereales, legumbres, alcohol y lácteos, porque son productos agrícolas e industriales. No obstante, muchas personas comen algunos lácteos, pues han desarrollado tolerancia a la leche (ver pp. 164-165), al contrario que nuestros antepasados.

UN TERCIO DE LOS ADULTOS YA PRODUCEN LA ENZIMA QUE DIGIERE EL AZÚCAR DE LOS LÁCTEOS

El índice glucémico

El índice glucémico (IG) mide la velocidad a la que los alimentos con hidratos de carbono suben los niveles de glucosa en la sangre. Cuanto menor sea el IG de un alimento, menos afectará a los niveles de azúcar en sangre. El atractivo de la dieta paleo es que se centra en alimentos con IG bajos.

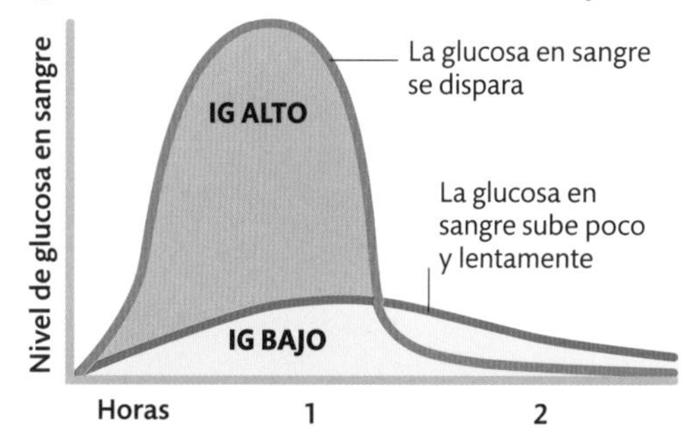
Nivel de glucosa en sangre
La glucosa en sangre se dispara
IG ALTO
La glucosa en sangre sube poco y lentamente
IG BAJO
Horas
1
2

Niveles de glucosa en sangre
Los alimentos con IG alto disparan el nivel de azúcar en sangre, pero este baja muy rápido y vuelve el hambre. Los alimentos con IG bajo aumentan ese nivel de forma gradual y la sensación de estar lleno dura más.

Quemagrasas natural

Hacer ejercicio cuando el cuerpo ya está quemando grasa puede marcar la diferencia. Correr antes del desayuno, por ejemplo, es mejor porque el cuerpo ya está quemando grasa tras el ayuno nocturno. En cambio, al correr por la noche es más probable que se gaste la glucosa en sangre de la comida de todo el día. Por eso el ejercicio matutino en general es más eficaz para perder peso.

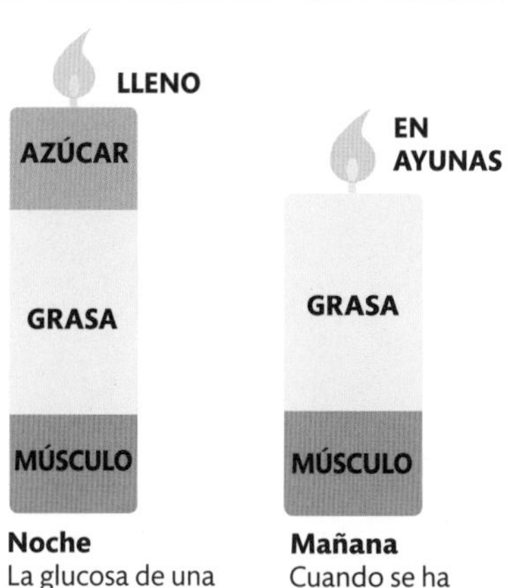
LLENO
AZÚCAR
GRASA
MÚSCULO
EN AYUNAS
GRASA
MÚSCULO

Noche
La glucosa de una comida dura unas 3-5 horas

Mañana
Cuando se ha gastado la glucosa, el cuerpo quema depósitos de grasa.

SALUD CEREBRAL

Existen pruebas de que el ayuno mejora la salud cerebral. El ayuno intermitente en particular hace que las neuronas sufran algo de tensión, igual que los músculos sufren esfuerzo al ejercitarlos. Esta tensión libera agentes químicos que estimulan el crecimiento y mantenimiento de las neuronas.

CEREBRO EN AYUNAS
Neurona

Problemas digestivos

Los problemas digestivos van desde molestias puntuales tras comer hasta trastornos crónicos. En la mayoría de los casos el tratamiento se centra en evitar los alimentos que causan los síntomas.

Intolerancia a la lactosa

Muchos adultos no tienen la enzima lactasa, necesaria para descomponer la lactosa, el azúcar de la leche. Todos los bebés sanos la tienen, pero la mayoría dejan de producirla tras el período de lactancia. Solo un 35 % de la población mundial presenta una mutación que les permite producir lactasa como adultos.

¿QUIÉN NO ES INTOLERANTE A LA LACTOSA?

Los países con mucha tradición de granjas lecheras suelen tener poblaciones adultas adaptadas a beber leche. La mayoría de estos países están en Europa.

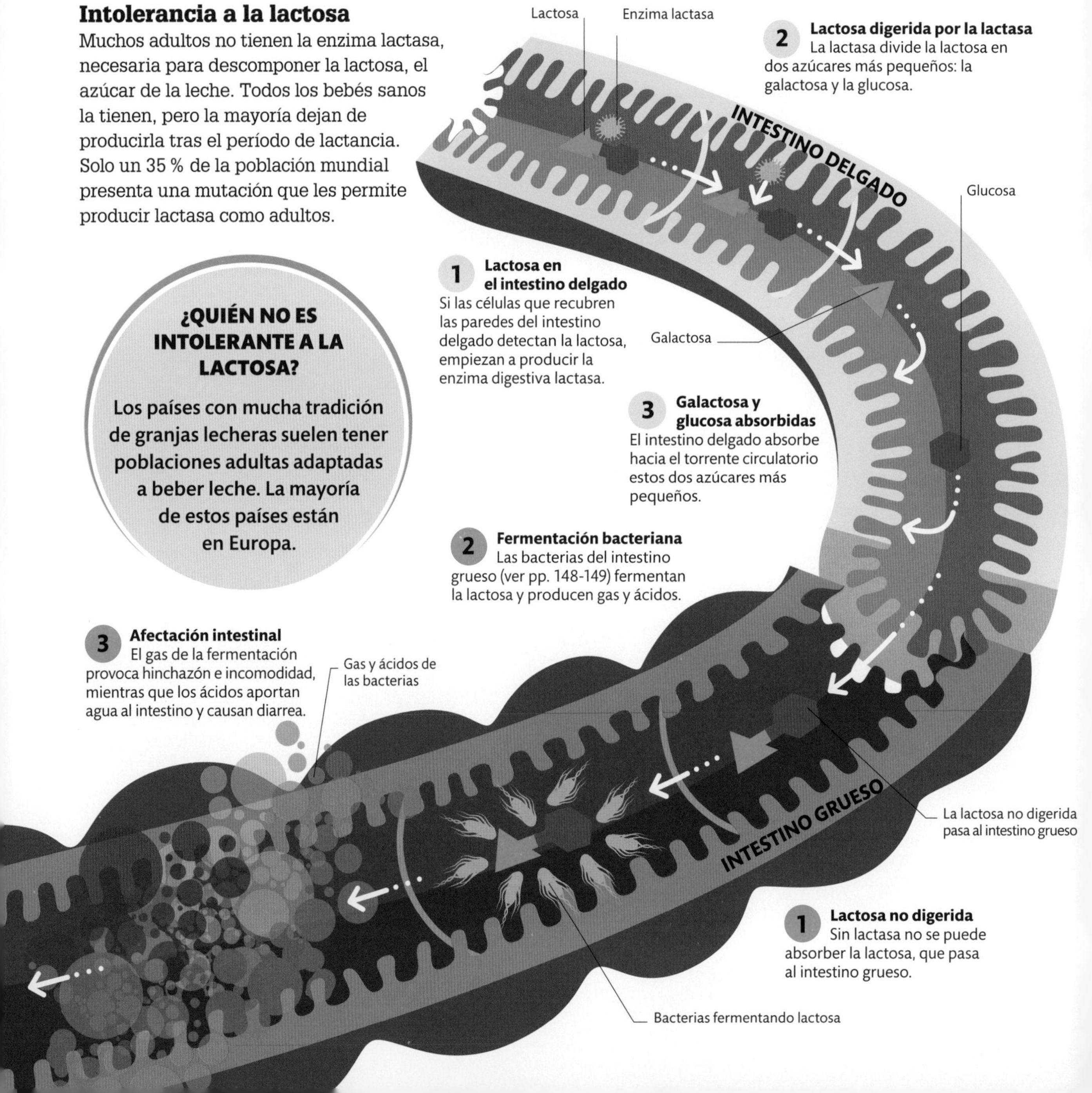

Lactosa

Enzima lactasa

INTESTINO DELGADO

1 Lactosa en el intestino delgado
Si las células que recubren las paredes del intestino delgado detectan la lactosa, empiezan a producir la enzima digestiva lactasa.

2 Lactosa digerida por la lactasa
La lactasa divide la lactosa en dos azúcares más pequeños: la galactosa y la glucosa.

Glucosa

Galactosa

3 Galactosa y glucosa absorbidas
El intestino delgado absorbe hacia el torrente circulatorio estos dos azúcares más pequeños.

INTESTINO GRUESO

1 Lactosa no digerida
Sin lactasa no se puede absorber la lactosa, que pasa al intestino grueso.

La lactosa no digerida pasa al intestino grueso

2 Fermentación bacteriana
Las bacterias del intestino grueso (ver pp. 148-149) fermentan la lactosa y producen gas y ácidos.

Bacterias fermentando lactosa

3 Afectación intestinal
El gas de la fermentación provoca hinchazón e incomodidad, mientras que los ácidos aportan agua al intestino y causan diarrea.

Gas y ácidos de las bacterias

TODO FUERA

A veces el cuerpo vomita para evitar problemas digestivos. Al comer algo podrido o tóxico, el estómago, el diafragma y los músculos abdominales se contraen para que la comida suba por el esófago y salga fuera a través de la boca.

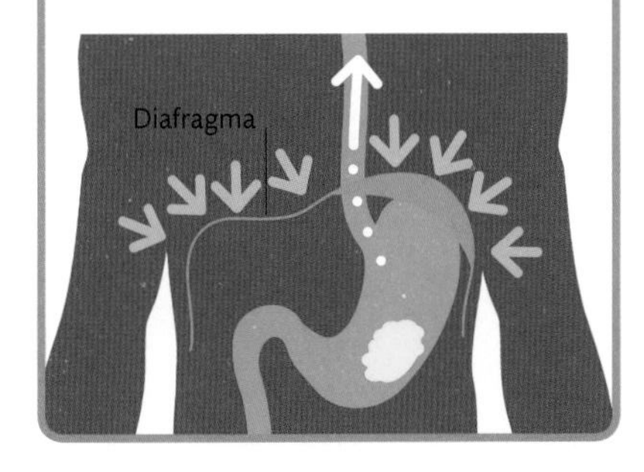
Diafragma

Síndrome del colon irritable

Causa a largo plazo calambres estomacales, hinchazón, diarrea y estreñimiento. Se desconocen los motivos, pero parece provocado por el estrés, el estilo de vida y determinados tipos de comida.

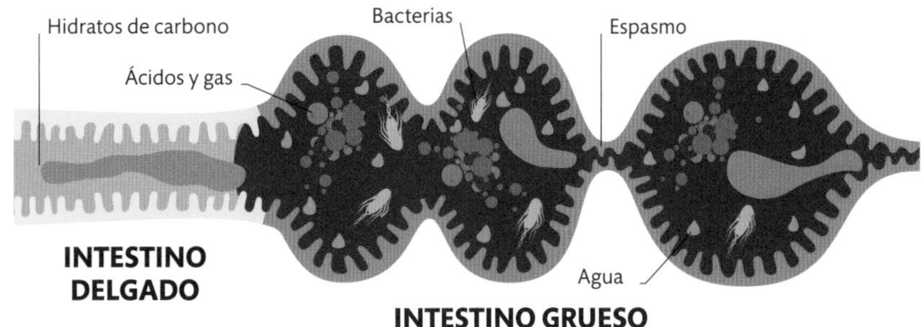
Hidratos de carbono
Ácidos y gas
Bacterias
Espasmo
INTESTINO DELGADO
Agua
INTESTINO GRUESO

1 Fermentación bacteriana
Los hidratos de carbono mal absorbidos aumentan la cantidad de agua en el tracto intestinal. Cuando llegan al intestino grueso, las bacterias fermentan estos hidratos de carbono y producen ácidos y gas.

2 Espasmos intestinales
El síndrome causa espasmos intestinales capaces de bloquear el paso de residuos y gases. O provoca que los residuos avancen demasiado rápido, no se absorba bien el agua y se sufra diarrea.

Intolerancia al gluten

Muchos experimentan dolor abdominal, fatiga, dolores de cabeza e incluso insensibilidad en las extremidades tras comer gluten, una proteína presente en cereales como el trigo, la cebada y el centeno. Estos síntomas indican diversos trastornos relacionados con el gluten, desde la sensibilidad al gluten hasta la celiaquía.

PAN DE CENTENO | CERVEZA | PASTA

Sensibilidad al gluten
Algunos síntomas de sensibilidad al gluten son fatiga mental, calambres y diarrea; solo se curan evitando todos los productos con gluten, incluido el pan de centeno, la cerveza y la pasta. Al contrario que la celiaquía, la sensibilidad al gluten no daña los intestinos.

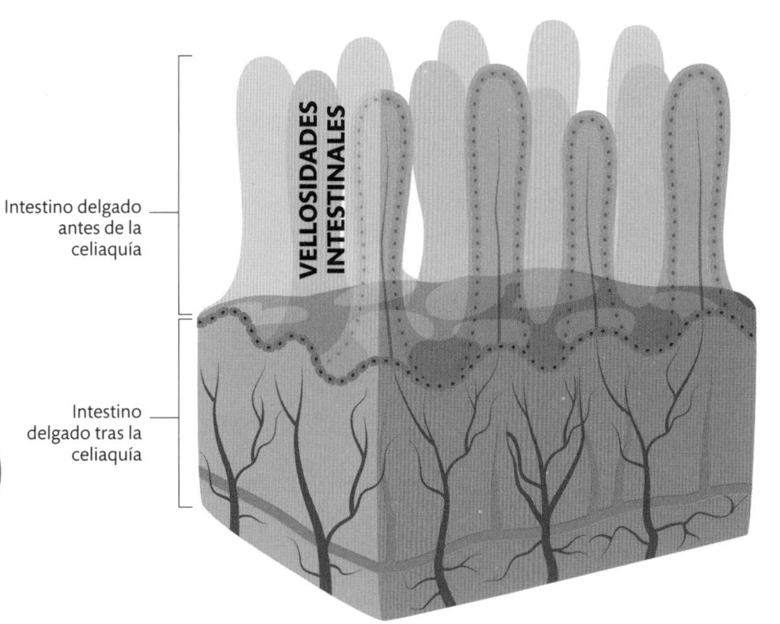
VELLOSIDADES INTESTINALES
Intestino delgado antes de la celiaquía
Intestino delgado tras la celiaquía

Celiaquía
La celiaquía es un trastorno genético grave que hace que el sistema inmunitario del cuerpo se ataque a sí mismo al detectar gluten. Esta respuesta inmunitaria daña el revestimiento del intestino delgado e inhibe la absorción de nutrientes. Si no se trata, puede arrasar con las diminutas proyecciones o vellosidades del intestino delgado.

SANO Y
EN FORMA

El campo de batalla

Todo tipo de invasores atacan cada día a nuestro cuerpo, pues les resulta ideal para alimentarse y reproducirse. Las fuerzas de defensa del cuerpo se dedican a evitarlo. Cualquier microbio nocivo o patógeno que consigue atravesar las barreras exteriores se encuentra con una rápida respuesta local en el punto de la infección. Si con eso no es suficiente, se envía a un segundo equipo.

Invasores

Bacterias y virus son las principales causas de enfermedad en humanos. Los parásitos, hongos y toxinas también pueden activar el sistema inmunitario. Todos estos microbios no dejan de adaptarse y evolucionar para encontrar nuevas maneras de evitar que el sistema inmunitario los detecte y destruya.

Hongos
Muchos no son peligrosos, pero algunos incluso pueden causar la muerte.

Animales parásitos
Viven sobre los humanos o en su interior y pueden transmitir otros patógenos al anfitrión.

Bacterias
Diminutos organismos unicelulares que entran en el cuerpo al comer, respirar o por cortes en la piel.

Virus
Los virus necesitan otras células vivas para multiplicarse; pueden estar mucho tiempo latentes en las células del anfitrión.

Toxinas
Sustancias capaces de causar enfermedades o una reacción letal en el cuerpo humano.

Secreciones
Los líquidos (moco, lágrimas, aceites, saliva o ácido digestivo) pueden atrapar a los patógenos o destruirlos con enzimas.

EPITELIO

SECRECIONES

Proteínas del complemento
Hasta 30 proteínas diferentes circulan por la sangre para ayudar en la respuesta inmunitaria marcando patógenos para su destrucción o haciendo que exploten.

Células dendríticas
Estos fagocitos (devoradores de microbios) rodean a los patógenos y desempeñan una función importante activando las células B y T.

Barricadas

Las células epiteliales son la principal defensa física del cuerpo contra los patógenos. Están muy apretadas entre sí para impedir que entre nada. Además, segregan un líquido que funciona como barrera contra los patógenos.

Epitelio
Las células epiteliales componen la piel y las membranas que recubren todas las aberturas del cuerpo, como la boca, la nariz, el esófago y la vejiga.

En primera línea de fuego

Los patógenos que cruzan las barreras se encuentran con la respuesta inmediata del sistema inmunitario innato, un grupo de células y proteínas que responden a las señales de alarma de células dañadas o infectadas. Algunas identifican y marcan a los invasores para su destrucción, mientras que otras (los fagocitos) devoran a los patógenos.

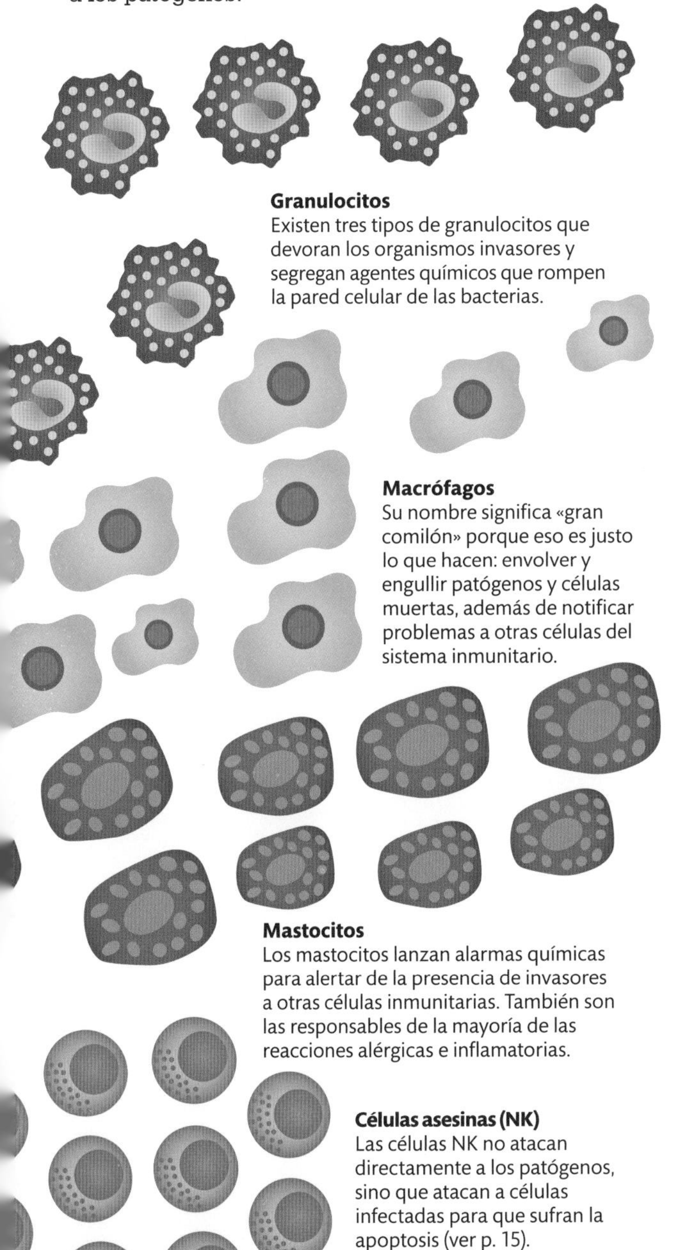

Granulocitos
Existen tres tipos de granulocitos que devoran los organismos invasores y segregan agentes químicos que rompen la pared celular de las bacterias.

Macrófagos
Su nombre significa «gran comilón» porque eso es justo lo que hacen: envolver y engullir patógenos y células muertas, además de notificar problemas a otras células del sistema inmunitario.

Mastocitos
Los mastocitos lanzan alarmas químicas para alertar de la presencia de invasores a otras células inmunitarias. También son las responsables de la mayoría de las reacciones alérgicas e inflamatorias.

Células asesinas (NK)
Las células NK no atacan directamente a los patógenos, sino que atacan a células infectadas para que sufran la apoptosis (ver p. 15).

¿A CUÁNTAS INFECCIONES PUEDE ENFRENTARSE NUESTRO SISTEMA INMUNITARIO?

Se cree que las células B solas pueden producir anticuerpos para enfrentarse hasta a mil millones de patógenos.

Caballería letal

Si la respuesta inicial no puede contener la infección en 12 horas, entra en acción el sistema inmunitario adquirido, que recuerda exposiciones previas al patógeno y lanza una respuesta específica a medida.

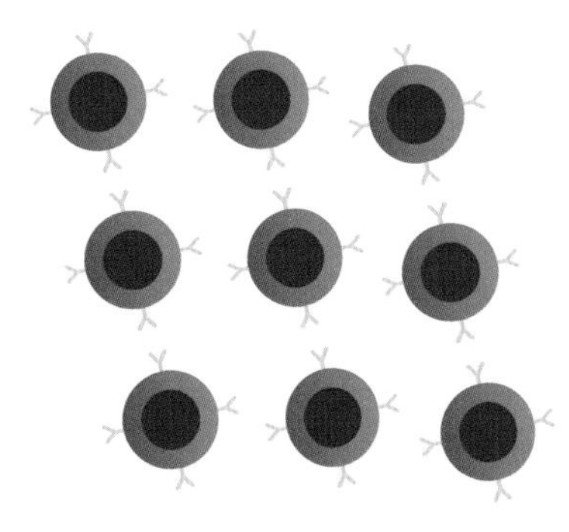

Células B
Las células B son un tipo de célula especial que aprende a producir anticuerpos ante la presencia de un patógeno concreto. Pueden multiplicarse rápidamente para aumentar su respuesta.

Anticuerpos
Los anticuerpos son proteínas en forma de Y producidas por las células B. Se unen a la superficie de los invasores y los marcan para que los fagocitos los destruyan.

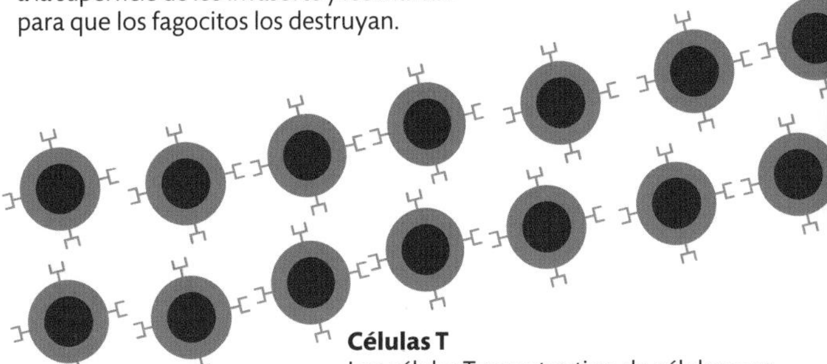

Células T
Las células T son otro tipo de células que aprenden a atacar directamente células infectadas o cancerosas y hacer que los fagocitos se coman los patógenos. Algunas también estimulan a las células B para que produzcan anticuerpos.

¿Bueno o malo?

El sistema inmunitario debe distinguir entre los patógenos nocivos que invaden el cuerpo y las propias células del cuerpo y los microbios buenos; es decir, quién es bueno y quién es malo. Nuestras células inmunitarias más potentes, las células B y T, tienen que superar unos controles de seguridad para evitar que nos ataquen.

Propio y ajeno

Todas las células del cuerpo están cubiertas por grupos de moléculas exclusivos de cada persona. La función básica de estas moléculas es mostrar fragmentos de proteína hechos por el propio cuerpo y microbios buenos, de manera que el sistema inmunitario aprenda a tolerarlas y reconocerlas como propias.

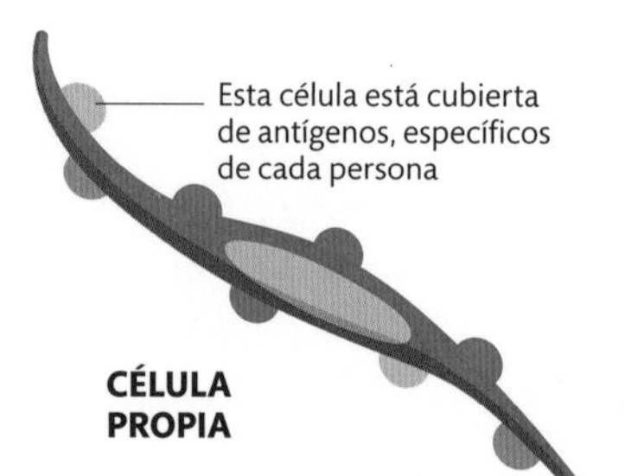
Esta célula está cubierta de antígenos, específicos de cada persona
CÉLULA PROPIA

Antígeno de forma diferente. Cada antígeno tiene su forma característica, o epítopo

CÉLULA AJENA

Tolerancia propia
Todas las células del cuerpo tienen antígenos, proteínas que las marcan como propias, para que convivan con otras. Cuando el sistema inmunitario no reconoce estos marcadores, aparecen las enfermedades autoinmunes.

Marcadores ajenos
Las células forasteras tienen sus propios antígenos, que provocan una respuesta inmune. Incluso las proteínas que se comen se identifican como ajenas hasta que el sistema digestivo las procesa.

TRASPLANTES

Antes de realizar un trasplante se estudia la compatibilidad: si las proteínas no se parecen lo suficiente, el sistema inmunitario del receptor lanzará un ataque sobre el tejido donado para destruirlo. Es posible que los receptores de trasplantes reciban fármacos inmunodepresores para minimizar este riesgo.

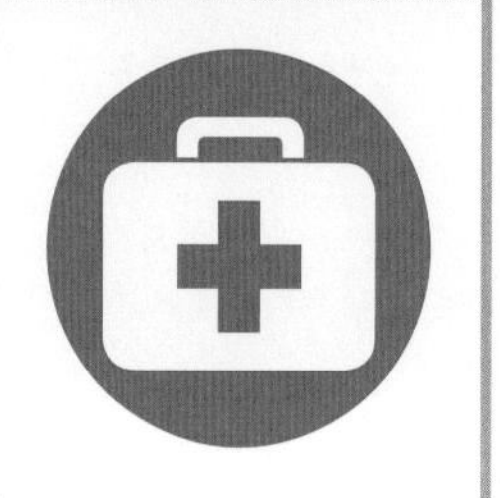

Punto de partida
Las células B (que producen anticuerpos para destruir invasores, ver pp. 178-179) y las T (que directamente los destruyen, ver pp. 180-181) empiezan como células madre en la médula ósea.

1 Médula ósea
En la médula ósea las células B maduran y se ponen a prueba: las que se unen a proteínas propias en la médula se desactivan y mueren por apoptosis (ver p. 15).

HUESO

Receptor de célula B

CÉLULA B

2 Célula B
Cuando una célula B supera la prueba, pasa de la médula ósea al sistema linfático, una red de vasos paralela a los vasos sanguíneos que transporta a las células inmunitarias por el cuerpo.

SOLO **EL 2 %** DE LAS **CÉLULAS T PASAN LA PRUEBA.** ¡EL RESTO SE RECHAZA PORQUE **PODRÍA ATACARNOS!**

¿LOS GEMELOS IDÉNTICOS TIENEN IGUAL SISTEMA INMUNITARIO?

No. Las vicisitudes de la vida de cada individuo modifican el sistema inmunitario. Por eso cada individuo tiene el suyo propio.

Examen destructivo

Al formarse las células T y B del sistema inmunitario, se generan receptores aleatorios que se colocan en la superficie. Dado que es un proceso aleatorio, es posible que estos receptores formen uniones potentes con antígenos propios o buenos. Por eso estas células deben superar pruebas duras antes de entrar en circulación. Los que se unen a las propias proteínas del cuerpo se destruyen.

1 Timo
Las células T se desplazan al timo (una glándula linfática especializada situada delante del corazón) para madurar. Se ponen a prueba sus receptores para que no se formen uniones potentes con las proteínas propias.

TIMO

Receptor de célula T

CÉLULA T

Gran parte de los ganglios linfáticos, en forma de judía (poroto), se acumulan en las axilas y las ingles, y son los depósitos de células B, células T y otras inmunitarias

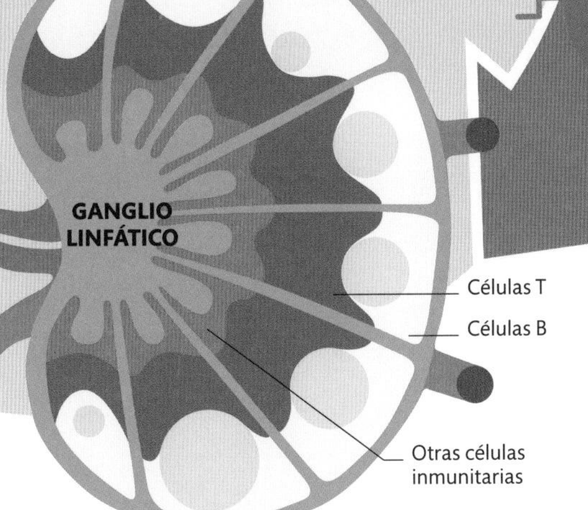
GANGLIO LINFÁTICO
Células T
Células B
Otras células inmunitarias

2 Célula T
Las células T maduras se liberan en la linfa y la sangre. Las células T reguladoras son un subtipo que aporta una comprobación adicional a la tolerancia propia de otras células T.

Destino
Cualquier invasor que circule por el cuerpo acabará pasando por los ganglios linfáticos, donde le esperan las células B y T. Estas células se activan cuando encuentran un antígeno ajeno que coincida con sus receptores.

Compatibilidad

Las pruebas de compatibilidad calculan la probabilidad de que el sistema inmunitario del receptor ataque al tejido donado. Los glóbulos rojos tienen más identificadores, los grupos sanguíneos. Dos grupos, el ABO y Rhesus (o Rh), provocan una reacción inmunitaria a la sangre donada de un grupo diferente. Los portadores del grupo sanguíneo 0, por ejemplo, responderán a la sangre de cualquier otro grupo porque tienen anticuerpos anti-A y anti-B.

Grupo sanguíneo A
Los glóbulos rojos presentan antígenos A en la superficie y anticuerpos contra los antígenos B en el plasma sanguíneo.

Antígeno A
Anticuerpo anti-B

Grupo sanguíneo B
Los glóbulos rojos presentan antígenos B en la superficie y anticuerpos contra los antígenos A en el plasma.

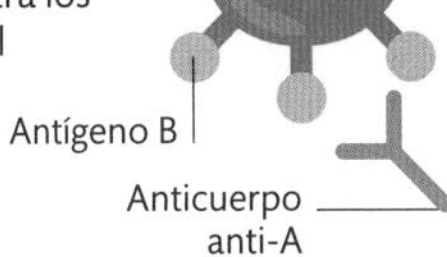
Antígeno B
Anticuerpo anti-A

Grupo sanguíneo AB
Los glóbulos rojos presentan antígenos A y B en la superficie, pero el plasma sanguíneo no contiene anticuerpos.

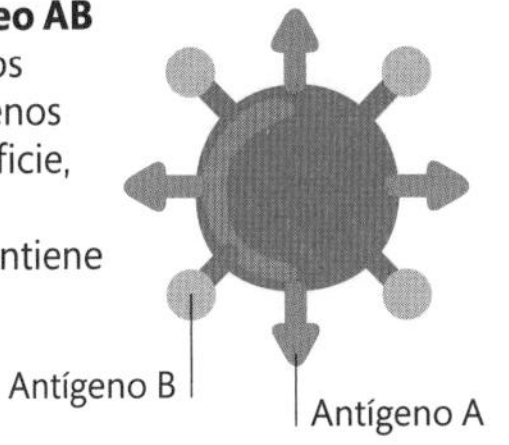
Antígeno B
Antígeno A

Grupo sanguíneo O
Los glóbulos rojos no presentan antígenos A ni B en la superficie, pero el plasma sanguíneo contiene ambos tipos de anticuerpos.

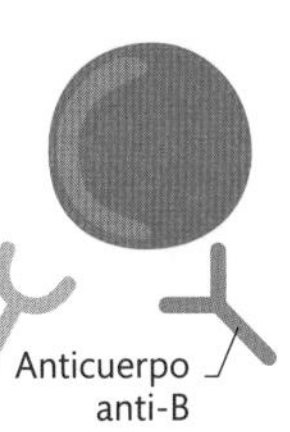

Anticuerpo anti-A
Anticuerpo anti-B

Somos gérmenes

Los microbios beneficiosos dentro y fuera del cuerpo contribuyen en gran medida a conservar la salud. Estos microbios, principalmente bacterias y hongos, aportan ventajas, como mantener la salud de la piel al comerse las células muertas o ayudar a digerir la comida.

El vecindario local

Igual que las ciudades se erigen alrededor de un recurso concreto, los microbios se concentran en áreas específicas del cuerpo. En la piel, por ejemplo, abundan más cerca de las glándulas sudoríparas y folículos pilosos, donde es más probable que encuentren los nutrientes necesarios. Las condiciones de cada zona del cuerpo (seca, húmeda, ácida) determinan qué especie alberga. La mayor diversidad de microbios está en la piel; los de detrás, en la espalda, más grasa, son diferentes a los de delante, más seco.

¿ESTAMOS LLENOS DE FAUNA SALVAJE?

Es bastante probable. En un estudio de 90 ombligos, se descubrieron 1400 especies de bacterias que nunca antes se habían hallado en el cuerpo humano; incluso se detectó alguna aún no descrita científicamente.

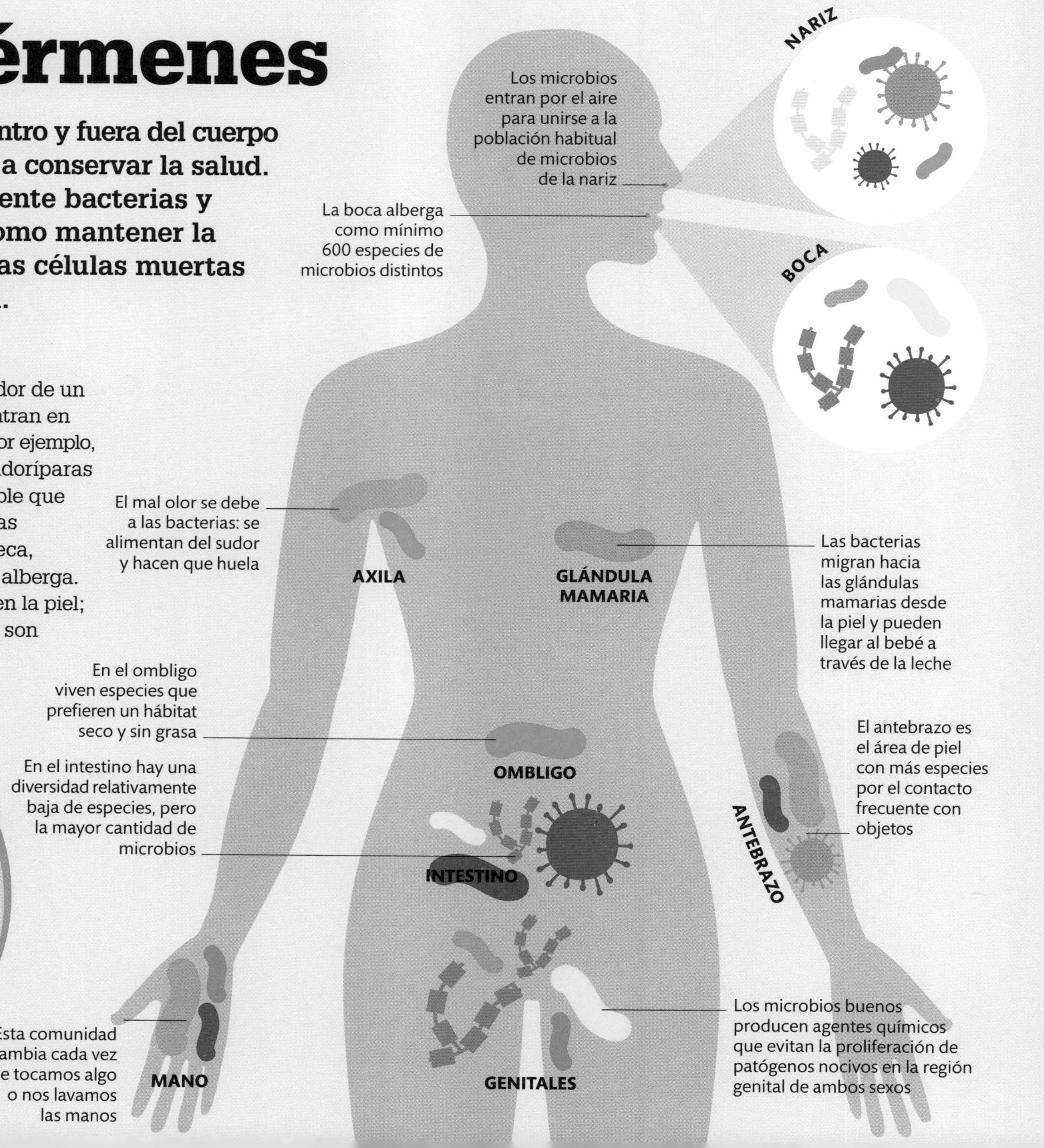

NARIZ
Los microbios entran por el aire para unirse a la población habitual de microbios de la nariz
BOCA
La boca alberga como mínimo 600 especies de microbios distintos
AXILA
El mal olor se debe a las bacterias: se alimentan del sudor y hacen que huela
GLÁNDULA MAMARIA
Las bacterias migran hacia las glándulas mamarias desde la piel y pueden llegar al bebé a través de la leche
OMBLIGO
En el ombligo viven especies que prefieren un hábitat seco y sin grasa
INTESTINO
En el intestino hay una diversidad relativamente baja de especies, pero la mayor cantidad de microbios
ANTEBRAZO
El antebrazo es el área de piel con más especies por el contacto frecuente con objetos
GENITALES
Los microbios buenos producen agentes químicos que evitan la proliferación de patógenos nocivos en la región genital de ambos sexos
MANO
Esta comunidad cambia cada vez que tocamos algo o nos lavamos las manos

Quién vive dónde
El gráfico muestra los principales tipos de organismos hallados en las regiones del cuerpo. Los iconos grandes indican especies que comprenden más del 50% de la población total.

Bacterias
- Bacteroidetes
- Proteobacterias
- Estafilococos
- Firmicutes
- Corinebacterias
- Actinobacterias

Hongos
- *Malassezia*
- *Candida*
- *Aspergillus*
- Otros hongos

Virus
- En bacterias
- En las células del cuerpo

PIEL
DETRÁS DE LA RODILLA
PLANTAS DE LOS PIES

En la piel habitan grandes cantidades de microbios, la mayoría inofensivos

Los puntos calientes y húmedos están copados de especies que proliferan en condiciones templadas y húmedas

Los pies están llenos de hongos: unas 100 especies proliferan en este entorno fresco y húmedo

LAS CÉLULAS MICROBIANAS SUPERAN A LAS HUMANAS POR 10 A 1

Microbios beneficiosos

La ciencia aún desconoce todas las especies que forman el microbioma humano, igual que sus muchos beneficios. Algunas ventajas son directas, como consumir la piel muerta y cambiar el entorno químico para que no se reproduzcan microbios nocivos. Otras son menos obvias, como el efecto calmante de algunas bacterias sobre el sistema inmunitario al reducir la inflamación. Las medicinas, como por ejemplo los antibióticos, pueden ser devastadoras y acabar con todos los microbios, buenos y malos.

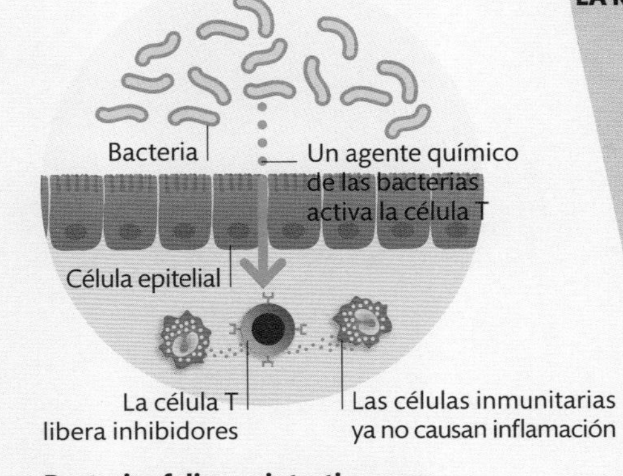
Bacteria
Un agente químico de las bacterias activa la célula T
Célula epitelial
La célula T libera inhibidores
Las células inmunitarias ya no causan inflamación

Bacterias felices = intestino sano
Una dieta adecuada hace que proliferen las bacterias buenas, que producen agentes químicos para frenar la inflamación del intestino, lo que permitiría que bacterias malas cruzasen la pared epitelial.

¿SOMOS DEMASIADO LIMPIOS?

Es posible que la obsesión por acabar con las bacterias cueste la vida a los microbios buenos. Algunos estudios demuestran que lavarse demasiado las manos provoca la proliferación de más microbios nocivos, aunque este hecho es controvertido, ya que otros estudios demuestran lo contrario.

Obsequio de nacimiento

Los bebés empiezan a desarrollar su propio microbioma al nacer, recogiendo algunos de los microbios de la madre al pasar por el canal del parto. Estas bacterias comienzan a producir agentes químicos que animan a otros microbios beneficiosos a colonizar. Muchos factores influyen en el desarrollo del microbioma: aparecerán colonias de diferentes especies según cómo haya sido el parto (los bebés que nacen por cesárea tienen bacterias diferentes), si toma leche materna y con quién entra en contacto.

Limitar los daños

Cuando se daña una barrera física como la piel, el sistema inmunitario se apresura a repararla y defender el cuerpo de cualquier infección. Las células inmunitarias locales entran en acción contra los primeros invasores y solicitan refuerzos más especializados si se ven superadas.

HAY 375 000 CÉLULAS INMUNITARIAS EN CADA GOTA DE SANGRE

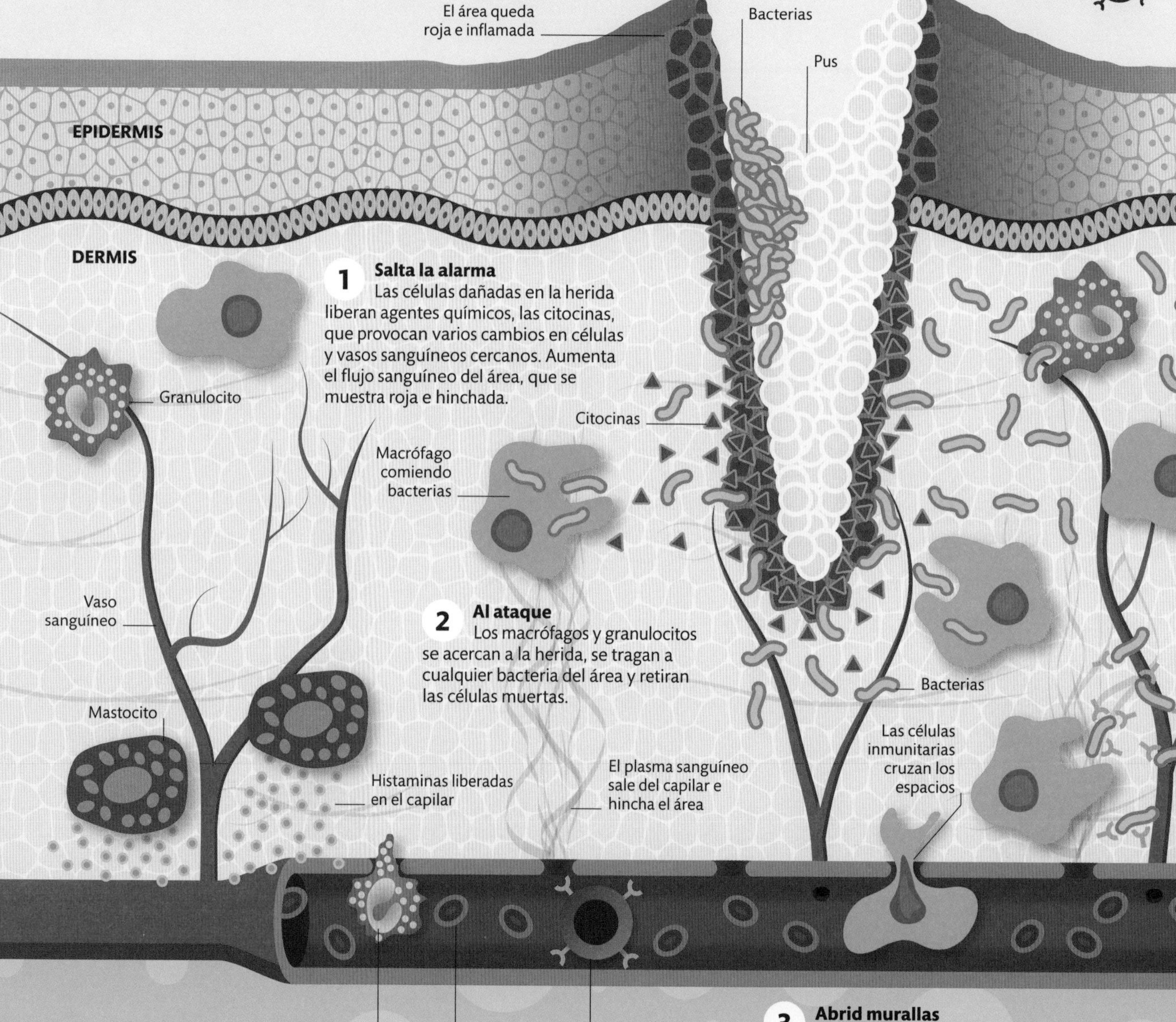

El área queda roja e inflamada
Bacterias
Pus
EPIDERMIS
DERMIS
Granulocito
Citocinas
Macrófago comiendo bacterias
Vaso sanguíneo
Mastocito
Histaminas liberadas en el capilar
El plasma sanguíneo sale del capilar e hincha el área
Bacterias
Las células inmunitarias cruzan los espacios
Granulocito
Glóbulo
Célula B

1 Salta la alarma
Las células dañadas en la herida liberan agentes químicos, las citocinas, que provocan varios cambios en células y vasos sanguíneos cercanos. Aumenta el flujo sanguíneo del área, que se muestra roja e hinchada.

2 Al ataque
Los macrófagos y granulocitos se acercan a la herida, se tragan a cualquier bacteria del área y retiran las células muertas.

3 Abrid murallas
Los agentes químicos liberados por las células dañadas y las células inmunitarias locales vuelven más permeables las paredes de los capilares, lo que facilita que las células inmunitarias de la sangre crucen.

A las armas

En la dermis viven diversas células inmunitarias, como macrófagos, mastocitos y granulocitos. Si se produce un corte en la piel, los mastocitos detectan las células afectadas y liberan histaminas para que se hinchen los vasos sanguíneos y aumentar el flujo sanguíneo en el área (por eso la herida se calienta); también hace que se acerquen rápido otras células inmunitarias. La formación de pus indica que han entrado bacterias en la herida, ya que son los restos de células inmunitarias muertas.

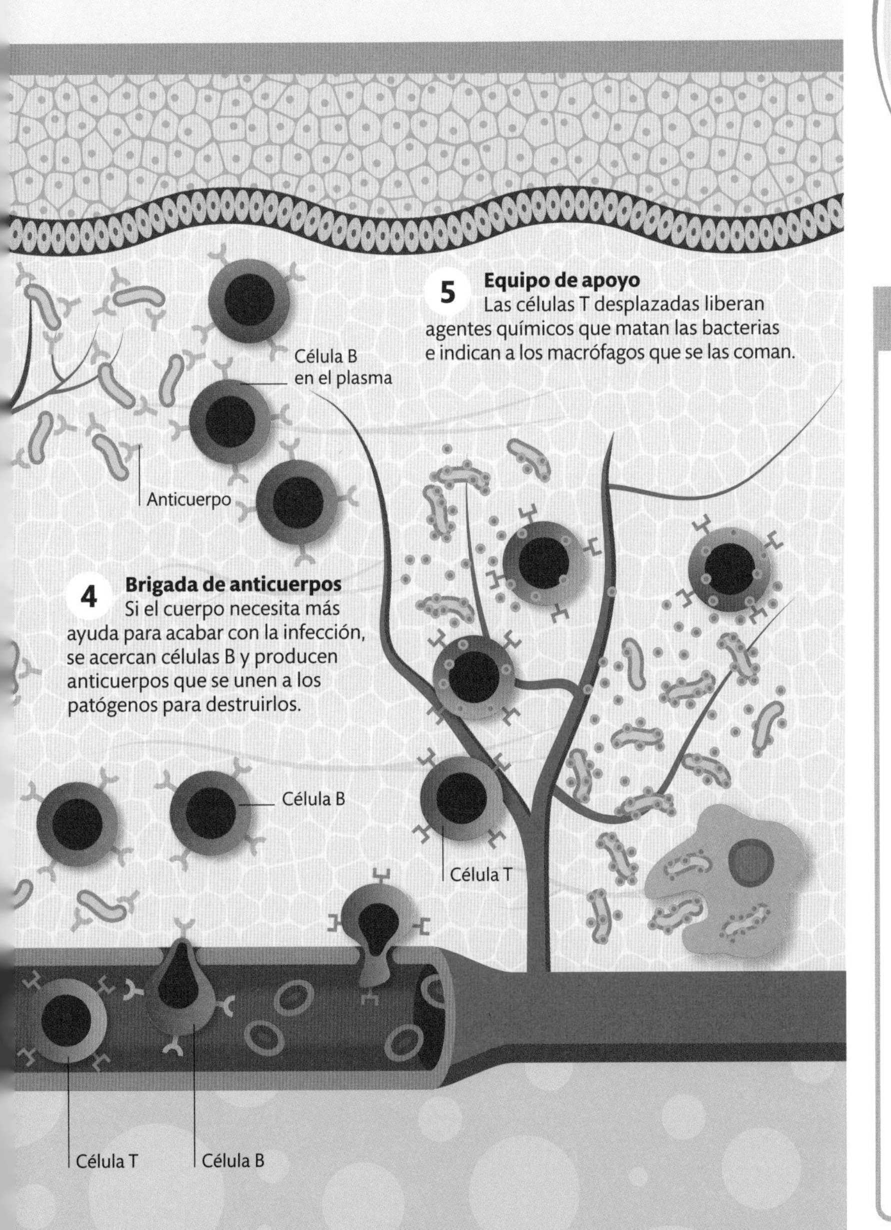
5 Equipo de apoyo
Las células T desplazadas liberan agentes químicos que matan las bacterias e indican a los macrófagos que se las coman.
Célula B en el plasma
Anticuerpo
4 Brigada de anticuerpos
Si el cuerpo necesita más ayuda para acabar con la infección, se acercan células B y producen anticuerpos que se unen a los patógenos para destruirlos.
Célula B
Célula T
Célula T
Célula B

¿POR QUÉ ES MÁS DIFÍCIL CURAR UN CORTE EN PERSONAS MAYORES?

Los vasos sanguíneos son más frágiles con la edad, por lo que es más difícil acercar las células inmunitarias a la herida.

TERAPIA CON LARVAS

Si una herida en la piel no se cura adecuadamente ni responde al tratamiento convencional, las larvas pueden ser la solución. Las pequeñas larvas de mosca digieren células muertas y no tocan las células sanas con precisión quirúrgica. A medida que van comiendo, las larvas también segregan agentes químicos antimicrobianos para protegerse a sí mismas, pero que también sirven para matar bacterias, incluso las resistentes a los antibióticos. Estas secreciones inhiben asimismo la inflamación de la herida y facilitan el proceso de curación.

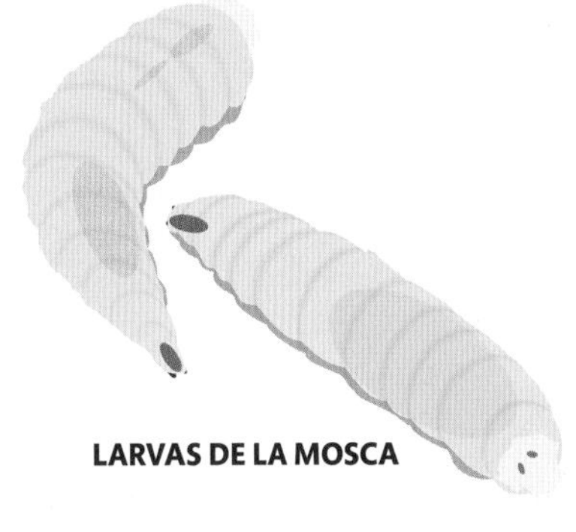
LARVAS DE LA MOSCA

Bacterias
En general, son organismos microscópicos e inofensivos, pero a veces pueden ser nocivos. Las bacterias son las responsables de enfermedades importantes en todo el planeta, como la tuberculosis y la neumonía.

Flagelo

SALMONELA
(intoxicación alimentaria)

VIBRIO
(cólera)

TREPONEMA
(pian, sífilis)

ESTREPTOCOCO
(neumonía, bronquitis)

Antibióticos
Los antibióticos se suelen utilizar en el caso de infecciones bacterianas, ya que rompen las membranas celulares o interrumpen su crecimiento, pero no distinguen entre bacterias buenas y malas.

Virus
Son los organismos más pequeños y simples: un envoltorio de proteína que protege su material genético (ADN o ARN). Al contrario que otros patógenos, necesitan las células del huésped para vivir y replicarse.

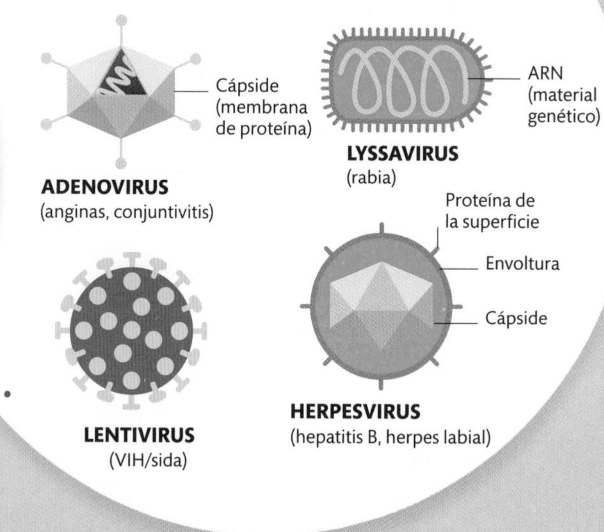
Cápside (membrana de proteína)
ADENOVIRUS
(anginas, conjuntivitis)
ARN (material genético)
LYSSAVIRUS
(rabia)
Proteína de la superficie
Envoltura
Cápside
LENTIVIRUS
(VIH/sida)
HERPESVIRUS
(hepatitis B, herpes labial)

Vacunación
El mejor modo de evitar la proliferación de las infecciones virales son las vacunas, que preparan al sistema inmunitario para que reconozca al virus y lance un ataque inmediato (ver pp. 184-185).

Enfermedades infecciosas

Estamos plagados de bacterias, virus, parásitos y hongos. La mayoría son inocuos, pero algunas especies son patógenas y nos causan enfermedades si proliferan. Otras enfermedades, en cambio, se contagian entre personas o de animales. La fiebre casi siempre es una señal de que se produce una infección.

Visitas no deseadas

Los organismos que viven de las células o tejidos de otro cuerpo se denominan parásitos y se dividen en cinco tipos: bacterias, virus, hongos, animales y protozoos. En condiciones favorables, se multiplican rápidamente y producen productos nocivos o efectos que nos hacen sentir mal y que activan el sistema inmunitario.

UN ESTORNUDO
CONTIENE UNOS
100 000 GÉRMENES

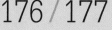

Animales y protozoos
También nos enfrentamos a ataques de animales minúsculos y organismos unicelulares, los protozoos, que viven en el cuerpo. Algunos son bastante grandes y se ven a simple vista, como los gusanos, y otros son microscópicos, como Giardia, el protozoo que provoca diarrea.

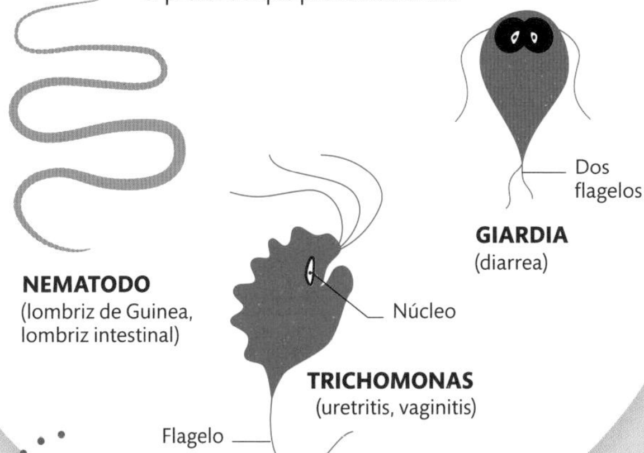
Dos flagelos
GIARDIA
(diarrea)
NEMATODO
(lombriz de Guinea, lombriz intestinal)
Núcleo
TRICHOMONAS
(uretritis, vaginitis)
Flagelo

Hongos
El cuerpo siempre cuenta con hongos, pero a veces algunas especies patógenas se hacen fuertes y causan enfermedades como el pie de atleta o la candidiasis bucal.

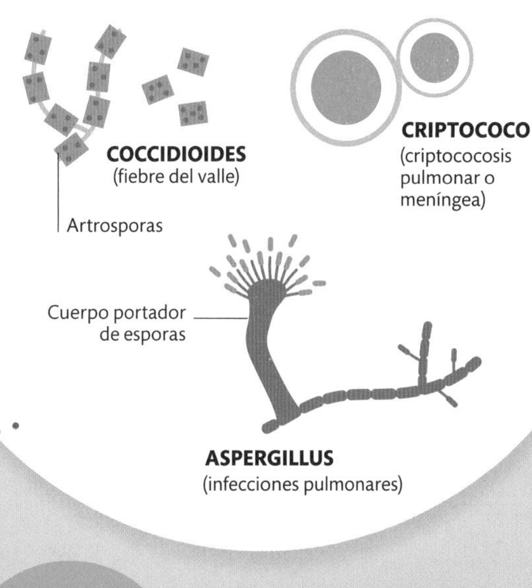
COCCIDIOIDES
(fiebre del valle)
CRIPTOCOCO
(criptococosis pulmonar o meníngea)
Artrosporas
Cuerpo portador de esporas
ASPERGILLUS
(infecciones pulmonares)

Prevención
La mejor estrategia contra este tipo de infección es evitar actividades y áreas con peligros sanitarios conocidos, desconfiar de agua y alimentos de procedencia desconocida y tomar los fármacos preventivos recomendados.

Medicaciones antifúngicas
Las infecciones fúngicas se tratan de manera diferente según si son internas o externas. El principio activo ataca directamente el hongo rompiendo las paredes celulares o evita que este prolifere.

Cómo nos contagiamos

Son muchas las enfermedades infecciosas, pero algunas afectan a pocas personas en una pequeña área; solo aquellas que se transmiten fácilmente por contacto directo entre personas se consideran contagiosas. Muchos patógenos se transmiten por medios indirectos: el aire o el agua, por objetos que alguien ha tocado, o por comida. Las enfermedades zoonóticas son infecciones animales que pueden afectar a humanos, especialmente por picadas.

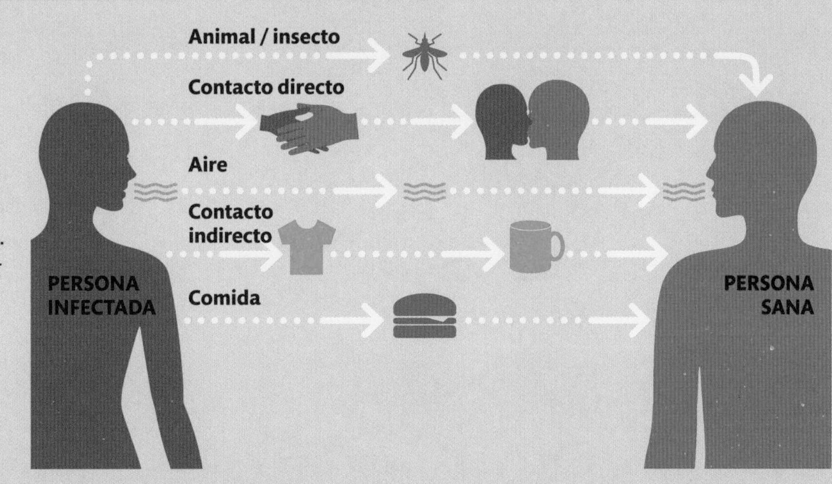
Animal / insecto
Contacto directo
Aire
Contacto indirecto
Comida
PERSONA INFECTADA
PERSONA SANA

Problemas a la vista

Si el sistema inmunitario inicial no puede con una infección, entra en acción un segundo ejército más específico. Las células B aprenden a reconocer los microbios nocivos que ya han atacado antes al cuerpo para producir anticuerpos que envuelvan el patógeno y lo marquen para que otras células inmunitarias lo destruyan.

La célula T libera agentes químicos para estimular la célula B

CÉLULA T

Un macrófago ingiere un microbio

MACRÓFAGO

Microbio ajeno con antígenos

El macrófago coloca los antígenos en su membrana exterior y los presenta a una célula B y a una célula T colaboradora

El microbio se digiere y se descompone

CÉLULA B

La célula B se duplica para producir dos tipos de clon: células B de memoria y células plasmáticas

1 Presentación de antígenos
Cuando un macrófago ingiere un microbio, lo descompone, coloca los antígenos del microbio (las proteínas de la superficie) en su propia pared celular y se convierte en una célula presentadora de antígeno.

2 Una mano amiga
La célula B empieza a prepararse al unirse a un antígeno, pero no se activa del todo hasta que la reconoce una célula T colaboradora y se une al mismo antígeno. La célula colaboradora libera agentes químicos para que la célula B produzca anticuerpos.

Activación de anticuerpos

Las células B son un tipo de glóbulo blanco que patrulla por los vasos sanguíneos o espera en los ganglios linfáticos (ver pp. 170-171). Cuando una célula B se encuentra con un antígeno, lo reconoce e intenta clonarse. Para hacerlo, es necesario que otra célula inmunitaria, la célula T colaboradora, la reconozca y se una al mismo antígeno, lo que provocará que la célula B se clone y libere anticuerpos.

UNA ÚNICA **CÉLULA B** PUEDE TENER **HASTA 100 000 ANTICUERPOS** EN LA SUPERFICIE

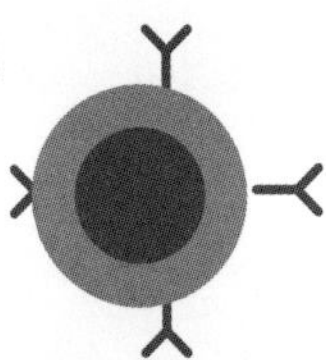

PRUEBAS DE ANTICUERPOS

Los análisis muestran el nivel de inmunoglobulinas (sinónimo de anticuerpos) presentes durante las infecciones. La inmunoglobulina M (IgM) es un gran anticuerpo que producimos ante el primer indicio de infección, pero desaparece pronto. La inmunoglobulina G (IgG) es un anticuerpo más específico, de por vida, producido durante una infección posterior. Un valor alto de IgM indica una infección, mientras que IgG solo significa que el patógeno nos ha infectado en el pasado.

La compleja IgM tiene cinco veces más anticuerpos para enfrentarse a los patógenos que la IgG

IgG

IgM

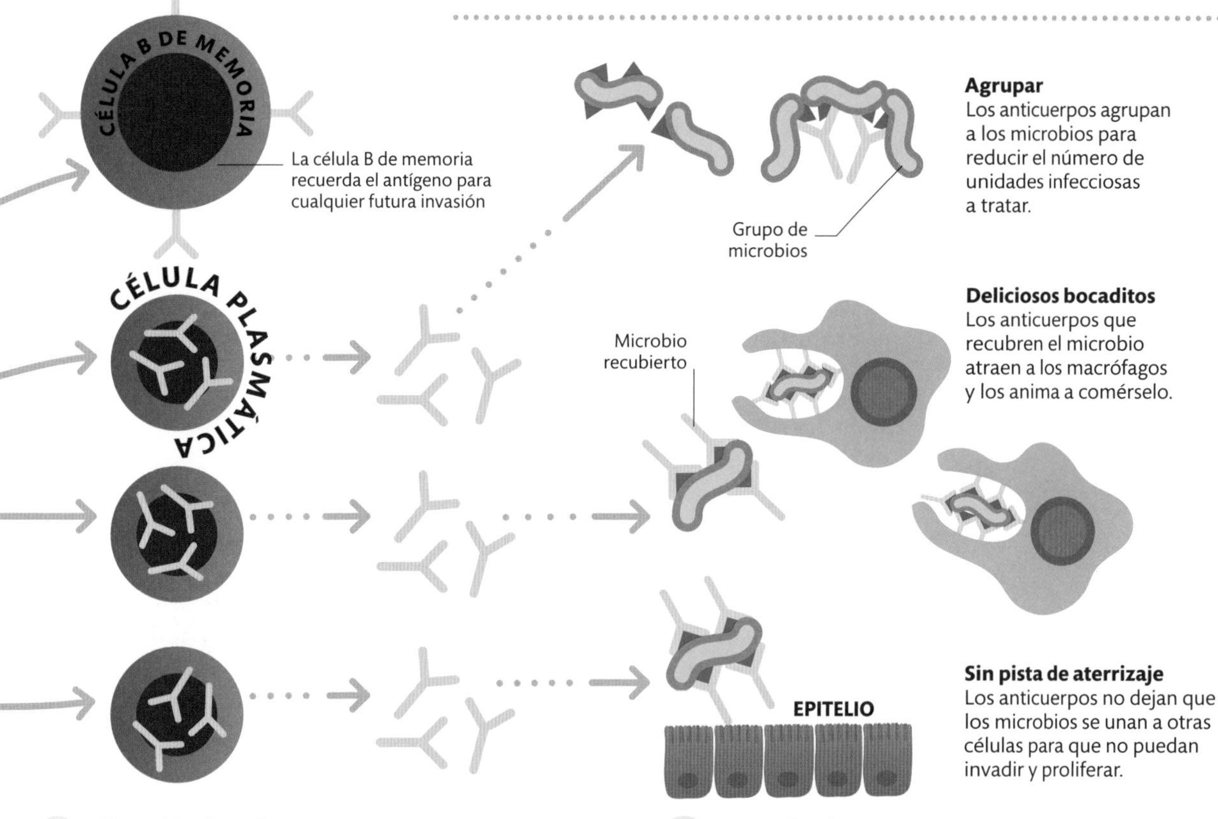
CÉLULA B DE MEMORIA
La célula B de memoria recuerda el antígeno para cualquier futura invasión
CÉLULA PLASMÁTICA
Grupo de microbios
Agrupar
Los anticuerpos agrupan a los microbios para reducir el número de unidades infecciosas a tratar.
Microbio recubierto
Deliciosos bocaditos
Los anticuerpos que recubren el microbio atraen a los macrófagos y los anima a comérselo.
EPITELIO
Sin pista de aterrizaje
Los anticuerpos no dejan que los microbios se unan a otras células para que no puedan invadir y proliferar.

3 Liberación de anticuerpos
La célula B se clona a sí misma. Algunos de estos clones se convierten en células de memoria, aunque la mayoría se vuelven células plasmáticas que producen anticuerpos específicos para los antígenos del invasor. Finalmente, los anticuerpos pasan a la sangre.

4 Neutralización de patógenos
Los anticuerpos se unen a los microbios invasores para neutralizarlos y marcarlos para que otras células inmunitarias los destruyan.

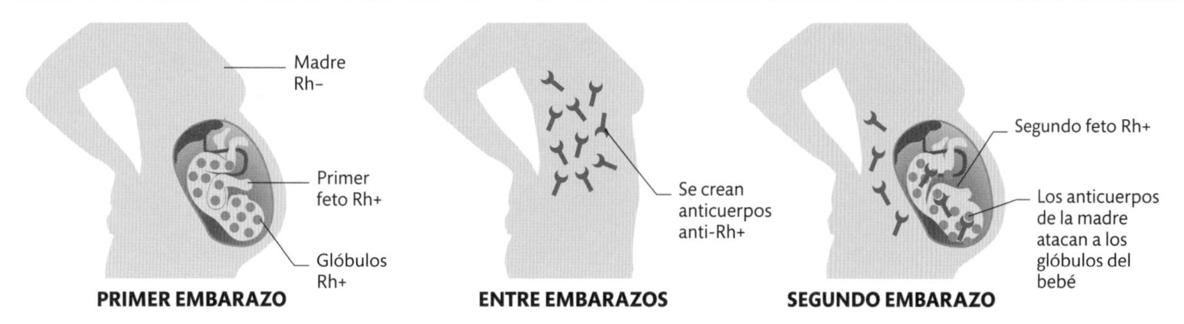
Madre Rh–
Primer feto Rh+
Glóbulos Rh+
PRIMER EMBARAZO
Se crean anticuerpos anti-Rh+
ENTRE EMBARAZOS
Segundo feto Rh+
Los anticuerpos de la madre atacan a los glóbulos del bebé
SEGUNDO EMBARAZO

Bebés Rhesus

El factor Rhesus (Rh) es una proteína de la superficie de los glóbulos rojos; los que la tienen se denominan Rh+. Cuando una madre Rh– se expone a la sangre de su feto Rh+ (gracias al gen Rh+ del padre) durante el parto, crea anticuerpos contra esta proteína, que pueden atacar a futuros embriones Rh+. Una inyección de anticuerpos anti-Rh+ al principio del embarazo reduce este riesgo.

Un refugio poco seguro
Los anticuerpos que se producen al mezclarse la sangre del bebé con la de la madre en el parto hará que su sistema inmunitario ataque a la siguiente criatura Rh+ que conciba, ya que sus anticuerpos pueden atravesar la placenta y llegar a la sangre del bebé.

Escuadrón de exterminio

El sistema inmunitario puede indicar a algunas células que se internen en el organismo y se enfrenten con el invasor. Estas células se conocen como células T: cazan células infectadas y alteradas y después las destruyen.

Bajo control

Las células T son unos glóbulos blancos vitales para afrontar las infecciones. Circulan por la sangre y la linfa buscando antígenos ajenos en la superficie de las células del cuerpo. Estas proteínas características indican si algún microbio ha invadido las células o si sufren alguna anormalidad peligrosa. Las células T también supervisan las acciones de otras células inmunitarias e indican a las células B que produzcan anticuerpos.

LAS CÉLULAS T REGULADORAS AYUDAN A EVITAR ENFERMEDADES AUTOINMUNES

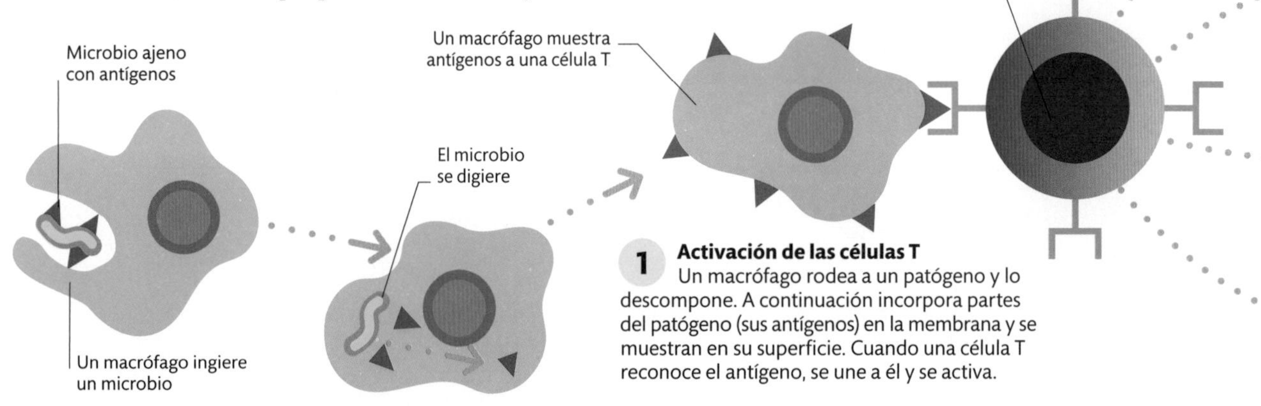

Microbio ajeno con antígenos
Un macrófago ingiere un microbio
El microbio se digiere
Un macrófago muestra antígenos a una célula T
Célula T activada

1 Activación de las células T
Un macrófago rodea a un patógeno y lo descompone. A continuación incorpora partes del patógeno (sus antígenos) en la membrana y se muestran en su superficie. Cuando una célula T reconoce el antígeno, se une a él y se activa.

Acorralar al cáncer

La inmunoterapia es un tratamiento diseñado para que el sistema inmunitario pueda luchar contra el cáncer. Se puede conseguir de muchas maneras diferentes, pero todas hacen que sea más fácil que el sistema inmunitario identifique las células cancerosas o se potencie el sistema inmunitario multiplicando las células o las citocinas en el laboratorio antes de inyectarlas otra vez en el paciente.

Vacunas para el cáncer
Las vacunas son uno de los métodos de inmunoterapia en desarrollo y logran que el sistema inmunitario ataque solo a las células cancerosas.

SIN RESPUESTA

Célula de cáncer

Célula T

1 Sin amenaza
El cáncer es la división descontrolada de las células alteradas. El sistema inmunitario no las reconoce como anormales porque son células de nuestro propio cuerpo.

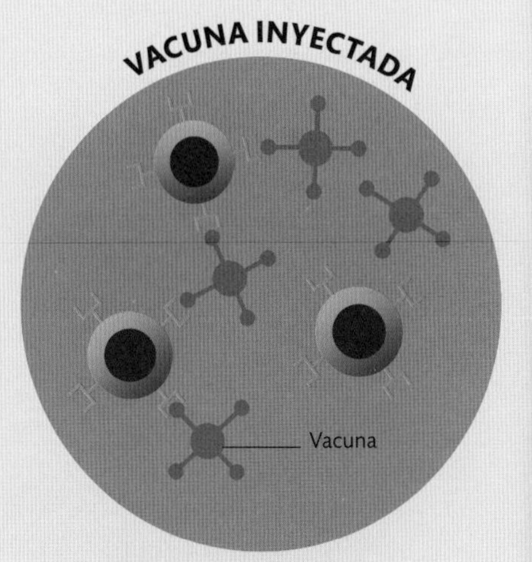

VACUNA INYECTADA
Vacuna

2 Identificar al adversario
Las células cancerosas tienen antígenos del cuerpo en la superficie, y producen sus propios antígenos. Se diseña una vacuna que coincida con la forma del antígeno del cáncer.

2 Células T en acción
Cuando se activa, la célula T empieza a clonarse. Después estos clones se convierten en cuatro tipos diferentes de células de la familia T.

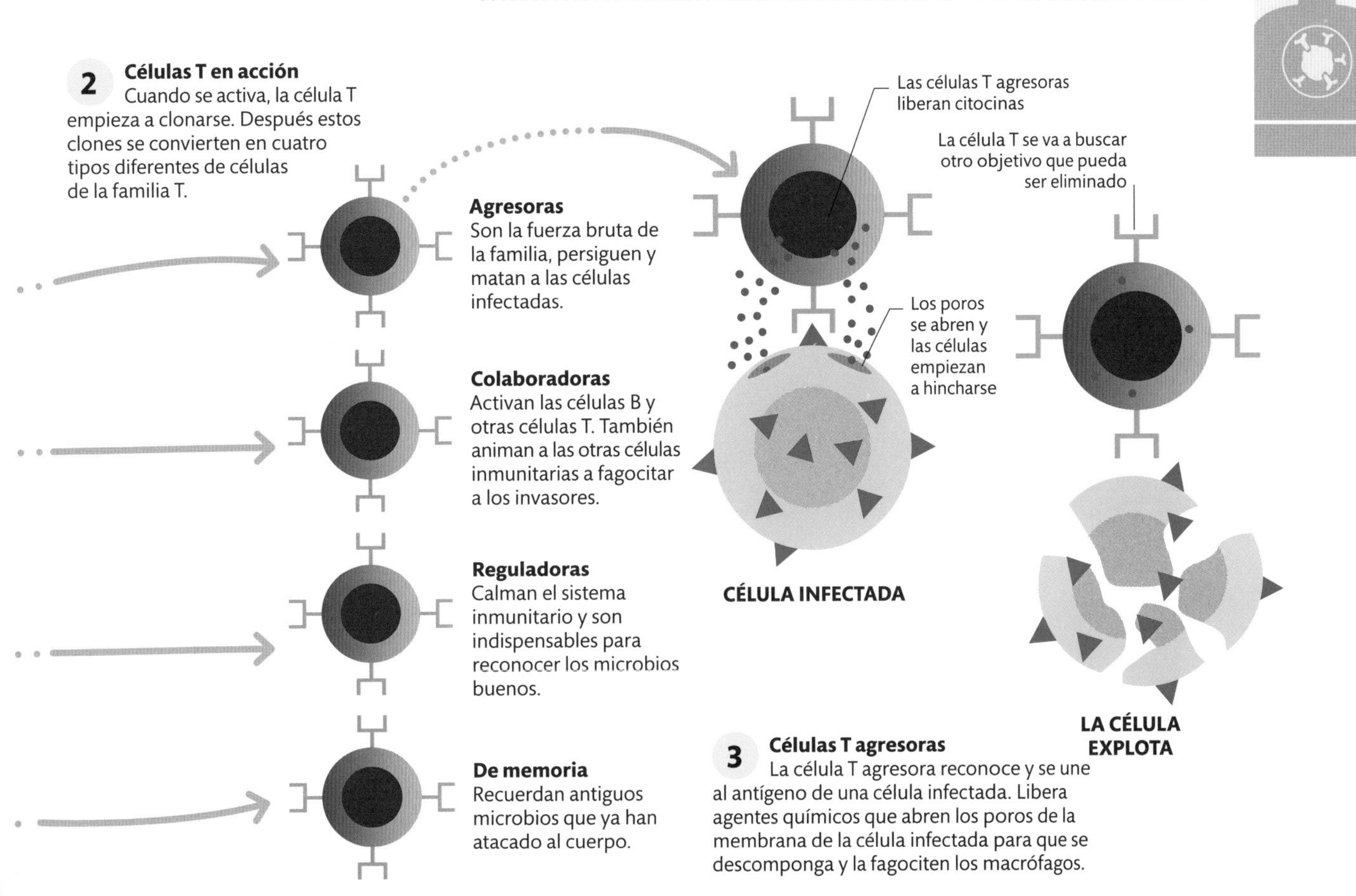
Las células T agresoras liberan citocinas
La célula T se va a buscar otro objetivo que pueda ser eliminado
Los poros se abren y las células empiezan a hincharse
CÉLULA INFECTADA
LA CÉLULA EXPLOTA

Agresoras
Son la fuerza bruta de la familia, persiguen y matan a las células infectadas.

Colaboradoras
Activan las células B y otras células T. También animan a las otras células inmunitarias a fagocitar a los invasores.

Reguladoras
Calman el sistema inmunitario y son indispensables para reconocer los microbios buenos.

De memoria
Recuerdan antiguos microbios que ya han atacado al cuerpo.

3 Células T agresoras
La célula T agresora reconoce y se une al antígeno de una célula infectada. Libera agentes químicos que abren los poros de la membrana de la célula infectada para que se descomponga y la fagociten los macrófagos.

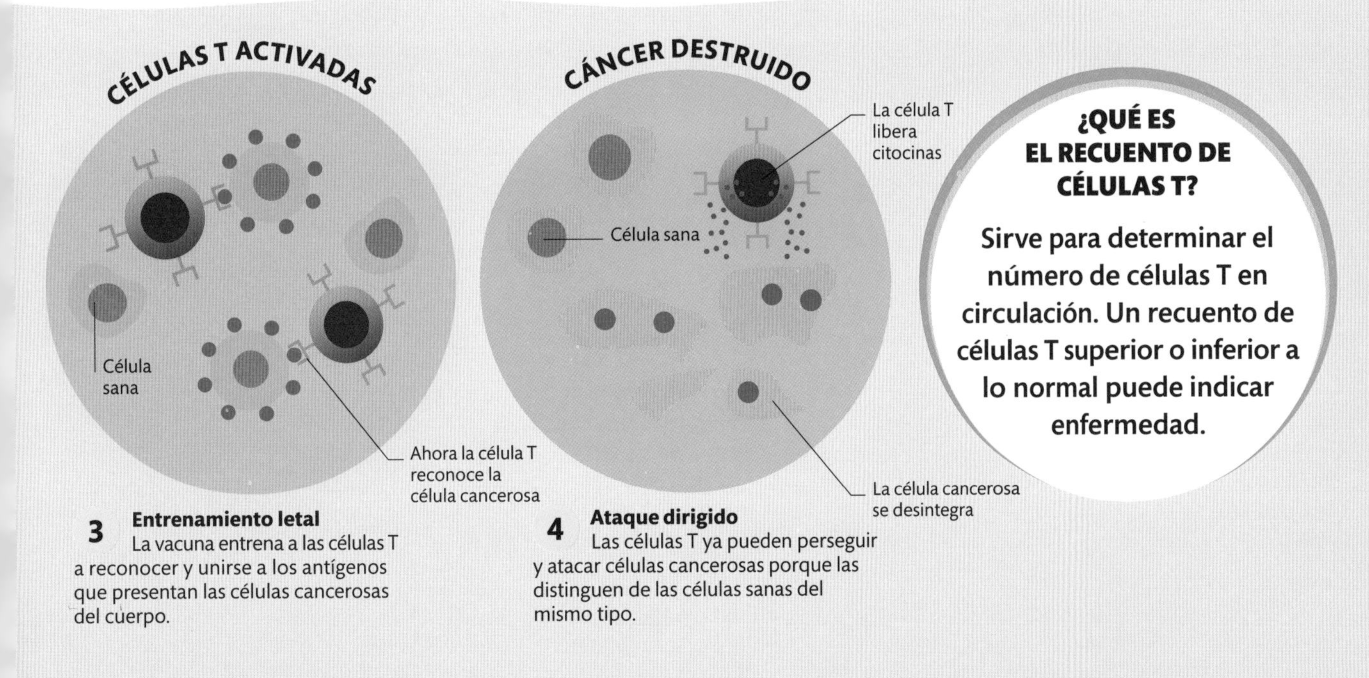
CÉLULAS T ACTIVADAS
Célula sana
Ahora la célula T reconoce la célula cancerosa
CÁNCER DESTRUIDO
La célula T libera citocinas
Célula sana
La célula cancerosa se desintegra

3 Entrenamiento letal
La vacuna entrena a las células T a reconocer y unirse a los antígenos que presentan las células cancerosas del cuerpo.

4 Ataque dirigido
Las células T ya pueden perseguir y atacar células cancerosas porque las distinguen de las células sanas del mismo tipo.

¿QUÉ ES EL RECUENTO DE CÉLULAS T?

Sirve para determinar el número de células T en circulación. Un recuento de células T superior o inferior a lo normal puede indicar enfermedad.

Resfriado y gripe

El motivo por el que nos resfriamos una y otra vez es porque el virus va mutando continuamente y el sistema inmunitario no consigue reconocerlo cuando volvemos a resfriarnos. En general, los síntomas experimentados corresponden a la reacción del sistema inmunitario al virus, y no los causa directamente el propio virus.

¿Resfriado o gripe?

El resfriado y la gripe comparten síntomas, y por eso es complicado diferenciarlos. Hay muchos virus responsables del resfriado común; el virus de la gripe se divide en tres tipos diferentes. En general, los síntomas del resfriado son mucho más leves que los de la gripe.

Resfriado común
Incluye estornudos frecuentes, fiebre de leve a moderada, falta de energía y cansancio.
Más de 100 virus son los responsables del resfriado común, que se puede pillar en cualquier momento del año.

Mismos síntomas
El resfriado común y la gripe se consideran infecciones del tracto respiratorio superior. Ambos provocan secreciones nasales, dolor de garganta, tos, dolor de cabeza y generalizado, temblores y escalofríos.

Gripe
Tiene tres tipos de virus: A, B y C. La gripe provoca fiebre de moderada a alta y un cansancio constante. En general, se padece durante el invierno y puede acabar en trastornos más graves, como neumonía.

Cómo un virus invade una célula

Los virus necesitan invadir células sanas para replicarse. El virus engaña a la célula para que haga copias de él. El núcleo de la célula contiene las instrucciones para crear proteínas. Los virus tienen una cubierta de proteína y son capaces de hacer que las células fabriquen estas proteínas virales en lugar de las originales. Cuando se ha replicado, el virus entra en otras células del cuerpo para continuar el ciclo. Este proceso es idéntico para el resfriado común y la gripe.

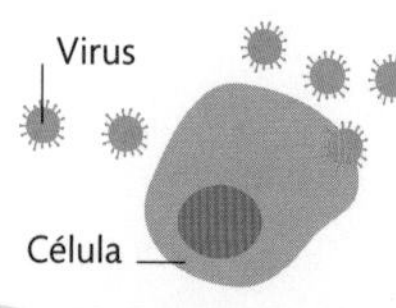
Virus
Célula

1 El virus se une a una célula, que lo rodea.

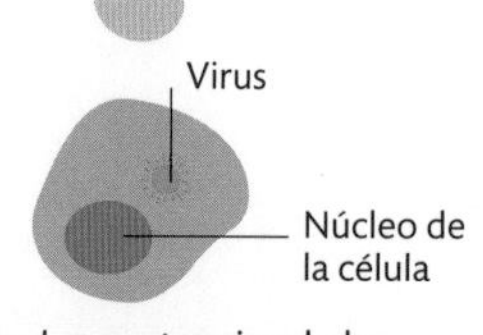
Virus
Núcleo de la célula

2 Las sustancias de la célula empiezan a retirar la capa exterior de proteína del virus.

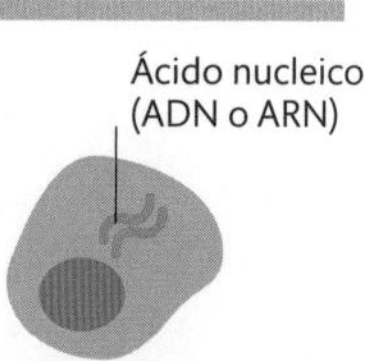
Ácido nucleico (ADN o ARN)

3 Se libera el ácido nucleico del virus y ya se puede replicar.

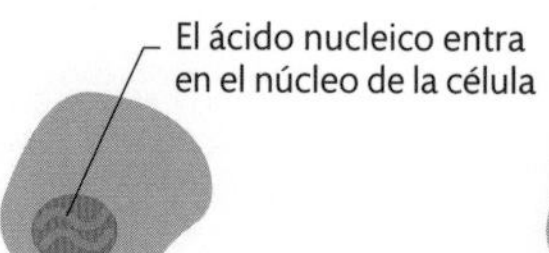
El ácido nucleico entra en el núcleo de la célula

4 La célula replica el ácido nucleico viral creyendo que es el ADN propio.

Se ha replicado el virus

5 La célula ignora sus propias necesidades químicas y crea nuevos ácidos nucleicos virales, que serán copias del virus.

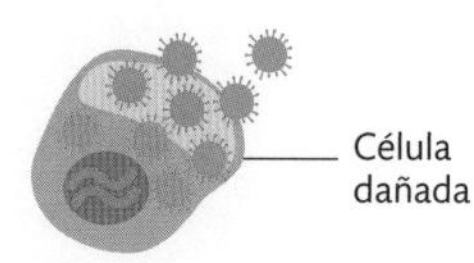
Célula dañada

6 La célula huésped libera el virus, pero esto la destruye. Los virus invaden otras células.

Las molestias de las secreciones nasales y la falta de sueño pueden cambiar el ánimo
MAL HUMOR
DOLORES DE CABEZA
El combinado químico liberado durante la respuesta inmunitaria puede aumentar la sensibilidad al dolor del cerebro, y de ahí que aparezcan dolores de cabeza.
La dilatación de los vasos sanguíneos en las vías nasales y senos y la acumulación de moco produce sensación de congestión en la cabeza.
La inflamación de los senos estimula la producción de moco en la cavidad nasal. El aumento de moco forma una barrera contra la entrada de células virales
SENOS
SECRECIONES NASALES
ESTORNUDOS
La liberación de histamina provoca estornudos para expulsar las células virales de la nariz. Sin embargo, esto también contribuye a que el virus se propague
ANGINAS
Las células inflamadas y algunos de los agentes químicos liberados en la respuesta inmunitaria pueden activar la tos, un reflejo para vaciar la acumulación de moco en las vías aéreas
TOS
La inflamación de las células epiteliales de la garganta es uno de los primeros síntomas del resfriado y la gripe; a menudo se percibe como una señal de advertencia de que «algo se está incubando»
CANSANCIO
Todos estos síntomas alteran el patrón de sueño. Las citocinas exacerban la sensación de cansancio y fuerzan al cuerpo a frenar para luchar contra el virus.
ESCALOFRÍOS
Los temblores hacen subir la temperatura corporal: las contracciones rápidas de los músculos generan calor para acelerar las reacciones inmunitarias contra la infección.

FIEBRE

Otra manera que tiene el sistema inmunitario de combatir la infección es subir la temperatura. El sistema de regulación de la temperatura corporal sube para acelerar las reacciones inmunitarias necesarias y acabar así con la infección. No hay que preocuparse por la fiebre si no es muy alta, pero debe controlarse si es persistente.

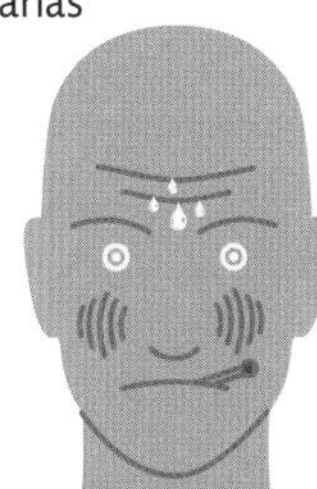

Respuesta inmunitaria

La invasión de las partículas virales en las células epiteliales de la boca o la nariz origina una respuesta inmune. Los síntomas del resfriado o la gripe son producto de esta respuesta inmunitaria. Las células epiteliales afectadas liberan un combinado de agentes químicos, que incluye histamina y provocan la inflamación de los senos, y las citocinas, que alertan a las células de la respuesta inmunitaria.

Vacunas

Una de las maneras más eficaces de evitar la propagación de enfermedades infecciosas es activar el sistema inmunitario con vacunas, que enseñan a dicho sistema a lanzar un ataque rápido y contundente contra un patógeno.

Inmunidad del grupo

Vacunar a una parte significativa (un 80 %) de la población aporta inmunidad incluso a los que no se vacunan. Cuando la enfermedad afecta a individuos vacunados, su sistema inmunitario preparado destruye el patógeno y evita que se propague más. Así se protege a los que no se pueden vacunar por motivos de edad o enfermedad. La vacunación generalizada erradica enfermedades para siempre, como la viruela.

Clave

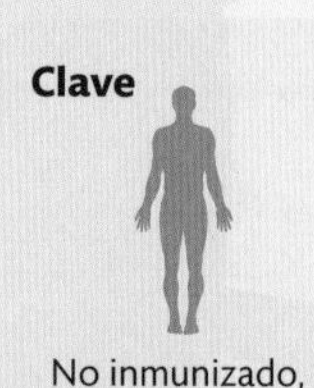
No inmunizado, pero aún sano

Inmunizado y sano

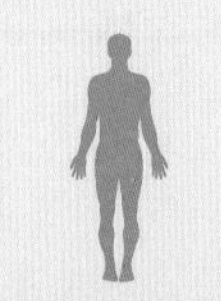
No inmunizado, enfermo y contagioso

La seguridad ante todo
Las enfermedades contagiosas se evitan si se vacuna a un número suficiente de personas. La vacunación también ayuda a los que tienen un trastorno médico que puede empeorar por los efectos de la enfermedad.

NADIE INMUNIZADO

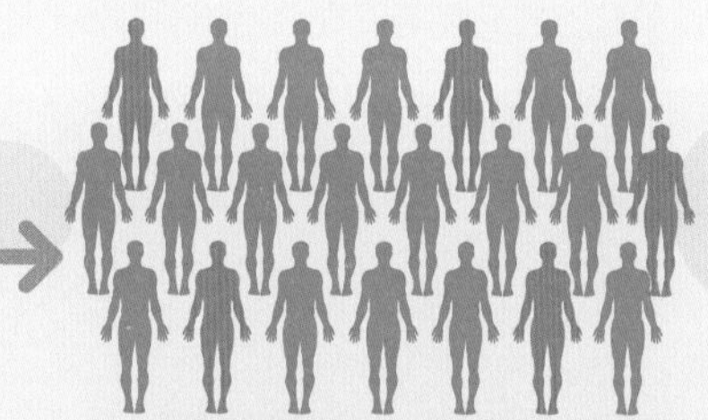
LA ENFERMEDAD CONTAGIOSA SE PROPAGA EN LA POBLACIÓN

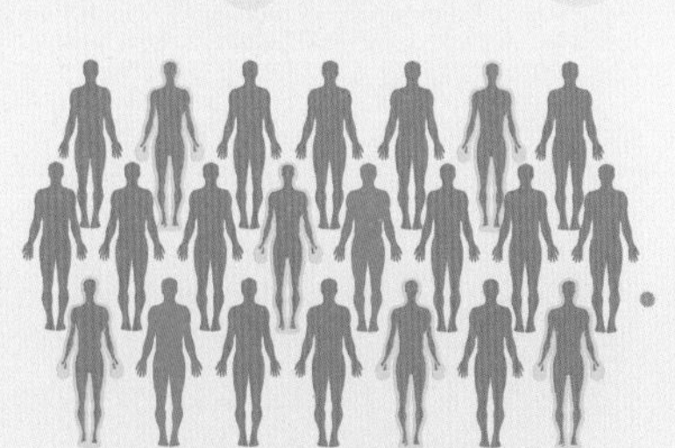
PARTE DE LA POBLACIÓN SE INMUNIZA

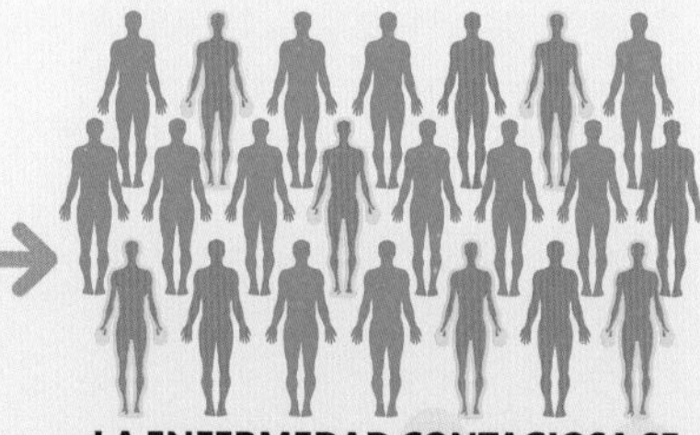
LA ENFERMEDAD CONTAGIOSA SE PROPAGA EN PARTE DE LA POBLACIÓN

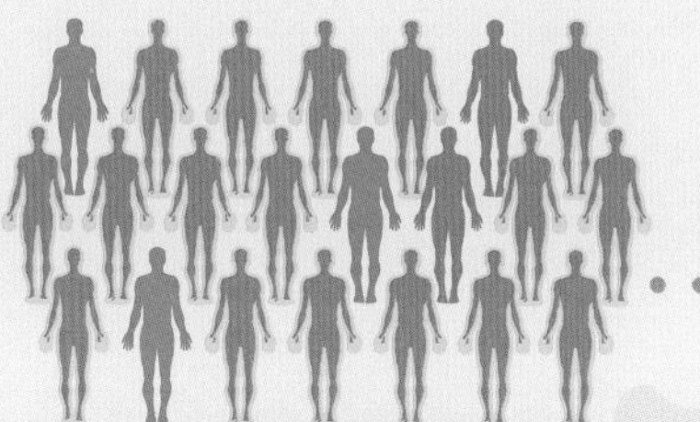
LA MAYORÍA DE LA POBLACIÓN SE INMUNIZA

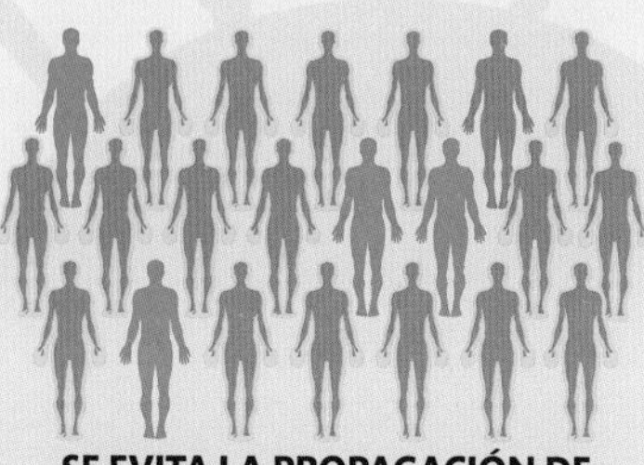
SE EVITA LA PROPAGACIÓN DE LA ENFERMEDAD CONTAGIOSA

¿VACUNAR O NO?

Hay cierta controversia sobre las vacunas. El miedo a posibles efectos secundarios ha hecho que algunos padres no quieran vacunar a sus hijos. Esto ha provocado brotes de enfermedades evitables, como el sarampión y la tos ferina. Si solo se vacuna una pequeña porción de la población, queda afectada la inmunidad de todo el grupo.

Tipos de vacunas

Cada vacuna se desarrolla para un cierto patógeno y para activar el sistema inmunitario. Se inyecta una versión inofensiva del patógeno que el sistema inmunitario recordará si es atacado por el patógeno real. También hay enfermedades que progresan tan rápido que el sistema de memoria inmunitaria quizá no responde a tiempo. En tal caso, se hacen inmunizaciones de recuerdo para refrescar la memoria del sistema inmunitario.

¿POR QUÉ TE SIENTES MAL TRAS VACUNARTE?

Las vacunas estimulan una respuesta inmunitaria, lo que puede producir síntomas en algunas personas. Eso significa que la vacuna cumple su función.

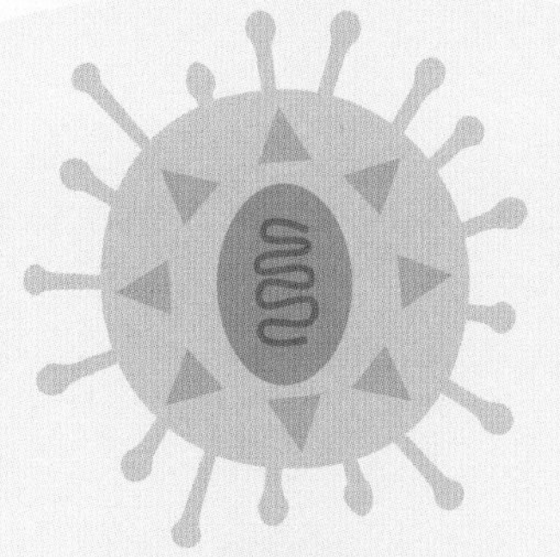

Muertas
Se mata el patógeno por calor, radiación o agentes químicos. Usado en vacunas de gripe, cólera y peste bubónica.

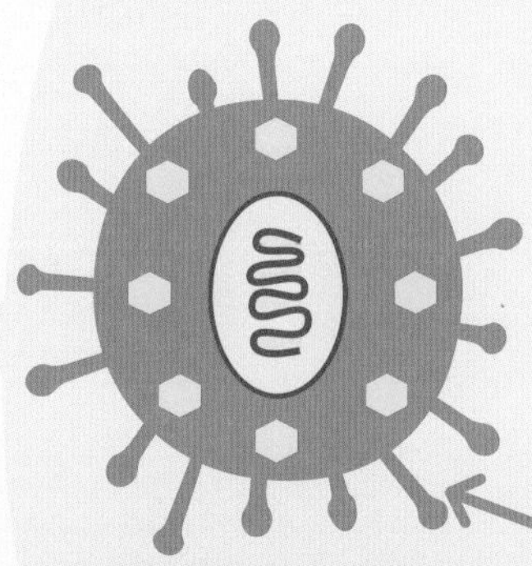

Microbio relacionado
A veces se usa un patógeno que provoca la enfermedad en otra especie, pero que en humanos causa pocos o ningún síntoma. Por ejemplo, la vacuna de la tuberculosis se desarrolla a partir de una bacteria que infecta al ganado.

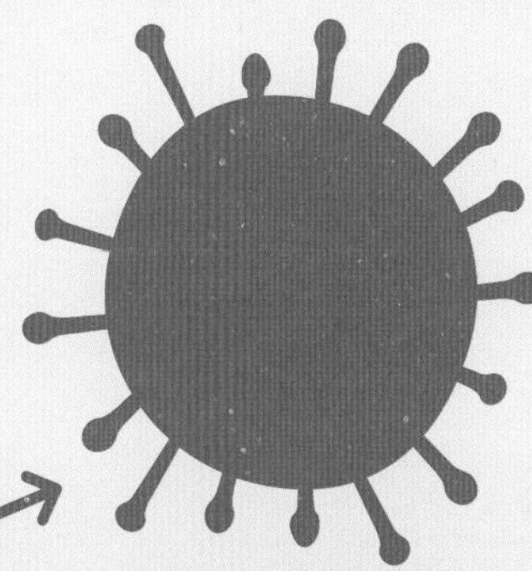

Vivos pero no peligrosos
El patógeno continúa vivo, pero sin las partes que lo vuelven nocivo. Usado en vacunas de sarampión, rubéola y paperas.

PATÓGENO ORIGINAL CAUSANTE DE LA ENFERMEDAD

ADN
Se inyecta ADN del patógeno en el cuerpo, cuyas células recogen este ADN y empiezan a producir proteínas del patógeno para desencadenar una respuesta inmunitaria. Usado en la vacuna de la encefalitis japonesa.

Toxinas inactivas
Los compuestos tóxicos liberados por el patógeno y responsables de la enfermedad se desactivan por calor, radiación o agentes químicos. Usado en vacunas del tétanos y la difteria.

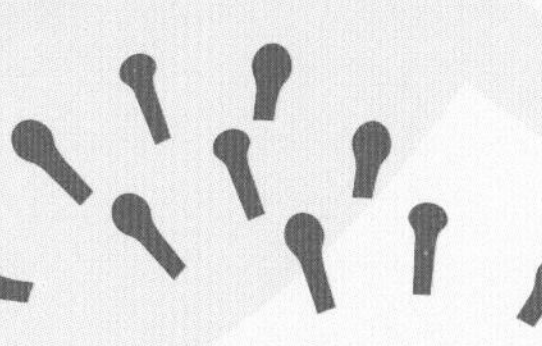

Fragmentos de patógeno
Se utilizan fragmentos del patógeno, como proteínas en la superficie de la célula, en lugar del patógeno entero. Usado en vacunas contra la hepatitis B y virus del papiloma humano (VPH).

Problemas inmunitarios

A veces el sistema inmunitario reacciona de manera desmesurada y ataca algo que no es nocivo; incluso llega a atacar a las células propias. Un sistema inmunitario demasiado sensible puede causar alergias, rinitis alérgica, asma o eccema. A veces, en cambio, el sistema inmunitario no reacciona lo suficiente y el cuerpo es vulnerable a las infecciones.

CHOQUE ANAFILÁCTICO

A veces el sistema inmunitario inicia un ataque de pánico extremo ante un alérgeno, como un fruto seco o una picadura. Los síntomas incluyen picor en los ojos o la cara, seguido de una hinchazón extrema de la cara, urticaria y dificultades para tragar y respirar; se considera una urgencia médica que se trata con una inyección de adrenalina, para constreñir los vasos sanguíneos, reducir la hinchazón y relajar los músculos alrededor de las vías respiratorias.

¿LAS ALERGIAS ALIMENTARIAS SON RESPUESTAS INMUNITARIAS?

Sí. Las alergias a determinados alimentos, igual que la rinitis alérgica, causan una respuesta inflamatoria en todo el tracto digestivo. Varias alergias pueden provocar anafilaxia.

Macrófago

El cartílago se gasta

ARTICULACIÓN

Articulación inflamada

Célula B

Artritis reumatoide
Si el sistema inmunitario ataca a las células alrededor de una articulación y provoca una respuesta inflamatoria, puede producirse artritis reumatoide, una enfermedad autoinmune. La articulación se hincha, se inflama y duele. Al final se producen daños permanentes en las articulaciones y tejidos vecinos.

Sobrecarga inmunitaria

La mayoría de los problemas inmunitarios se deben a una combinación de factores genéticos y ambientales. Aunque los trastornos inmunitarios se desencadenan por la exposición a factores ambientales, como el polen, alimentos o irritantes en la piel o el aire, algunas personas son más propensas genéticamente a desarrollarlos. Las enfermedades autoinmunitarias (cuando el sistema inmunitario ataca por error el tejido sano del cuerpo), como la artritis reumatoide, empeoran por irritantes que causan inflamación en otra parte del cuerpo. Aquellos con un sistema inmunitario hipersensible pueden experimentar diversas afecciones: por ejemplo, muchos asmáticos también sufren alergias.

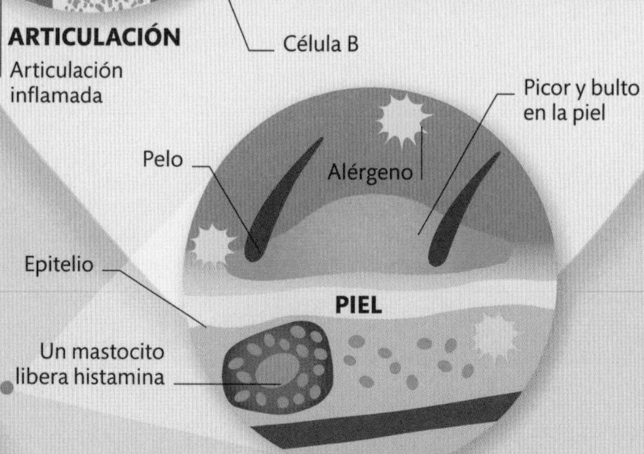
Picor y bulto en la piel
Pelo
Alérgeno
Epitelio
PIEL
Un mastocito libera histamina

Eccema
Las causas del eccema no están claras, pero se cree que se debe a una mala comunicación entre la piel y el sistema inmunitario. Es probable que lo provoque un irritante (alérgeno) en la piel que hace que el sistema inmunitario lance una respuesta inflamatoria que causa hinchazón y enrojecimiento.

Alergias y estilo de vida moderno
Hay más alergias en países desarrollados; además, su incidencia ha subido desde la Segunda Guerra Mundial. Se debate sobre sus motivos específicos, pero existe cierta coincidencia en que tiene que ver con una menor exposición a los microbios durante la infancia.

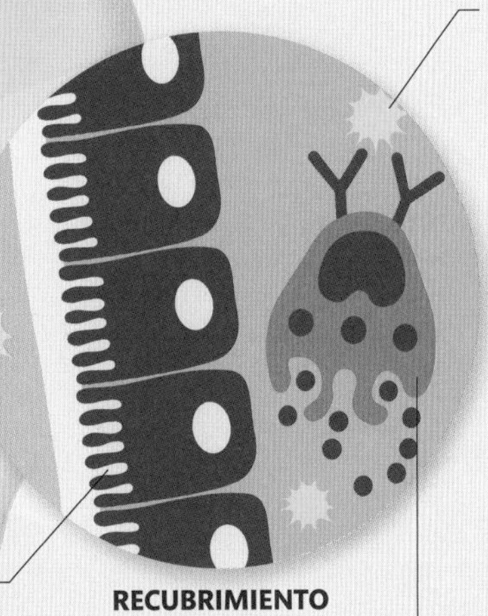
SENO
Alérgeno
Epitelio
RECUBRIMIENTO NASAL
El mastocito segrega histaminas

Rinitis alérgica
Muchos tienen alergia al polen o al polvo, la rinitis alérgica. Cuando los alérgenos se unen a las membranas de células inmunitarias justo por debajo del epitelio de los ojos y la nariz, hacen que estas células liberen histamina, lo que provoca una respuesta inflamatoria, que incluye picor de ojos, lágrimas y estornudos.

Recubrimiento del bronquio
Alérgeno
Las citocinas de la célula inmunitaria propician la hinchazón
Célula inmunitaria
RESPUESTA INMUNITARIA NORMAL
PULMÓN

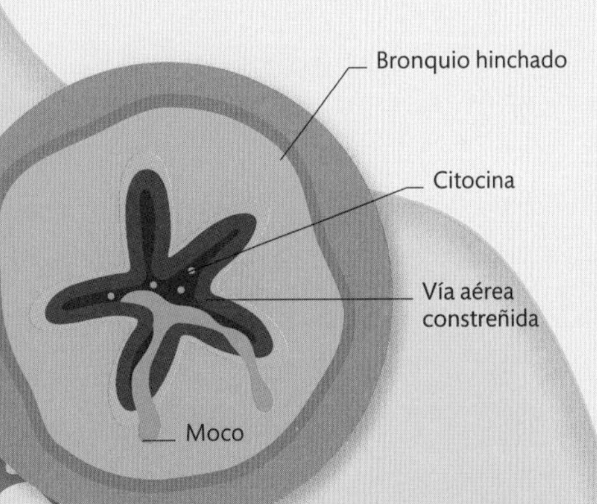
Bronquio hinchado
Citocina
Vía aérea constreñida
Moco
ATAQUE DE ASMA

Asma
Un ataque de asma es un espasmo de los bronquios pulmonares que provoca sibilancia, tos y dificultades respiratorias. Aparece como respuesta alérgica de los pulmones a algún irritante del entorno. Hay indicios que apuntan a que este trastorno puede ser hereditario.

INMUNIDAD BAJO MÍNIMOS

Una persona inmunocomprometida es aquella cuyo sistema inmunitario se ha debilitado o desaparecido; las posibles causas incluyen defectos genéticos, VIH o sida, determinados cánceres o enfermedades crónicas, y tratamientos de quimioterapia o fármacos inmunodepresores después de un trasplante. En estos casos se tienen que evitar incluso las infecciones más simples, como cualquier resfriado, porque el organismo no se puede defender con eficacia. Incluso las vacunas corren el riesgo de causar una infección.

PELIGRO BIOLÓGICO

EQUILIBRIO QUÍMICO

Reguladores químicos

Algunos órganos del sistema endocrino se dedican solo a producir hormonas, mientras que otros, como el estómago y el corazón, tienen también otras funciones. Todos reciben información del cuerpo y responden segregando más o menos cantidad de una hormona. Las hormonas son mensajeros: indican a las células que «mantengan el equilibrio» o les indican que hagan cambios a corto o a largo plazo, como en la pubertad.

HIPOTÁLAMO

EPÍFISIS

HIPÓFISIS

PARATIROIDES

TIROIDES

TIMO

Hipófisis
Pese a tener el tamaño de un guisante, a la hipófisis a veces se la denomina la «glándula maestra». Controla el crecimiento y desarrollo de tejidos, además de la función de diversas glándulas endocrinas.

CRECIMIENTO

CALCIO

Glándulas paratiroideas
Cuatro pequeñas glándulas unidas a la tiroides regulan el nivel de calcio en sangre y huesos. Liberan una hormona que actúa en los riñones, intestino delgado y huesos para aumentar el nivel de calcio en sangre.

SUEÑO

Epífisis
Cuando bajan los niveles de luz, la epífisis libera melatonina para provocar sueño. Funciona codo con codo con el hipotálamo.

SISTEMA NERVIOSO

Hipotálamo
El hipotálamo es una parte del cerebro que une los sistemas nervioso y endocrino. Está situado sobre la hipófisis, con la que colabora. Entre otras cosas, controla la sed, la fatiga y la temperatura del cuerpo.

ENERGÍA

Tiroides
La tiroides segrega hormonas que controlan el crecimiento y la tasa metabólica. También libera calcitonina para almacenar calcio en los huesos.

INMUNIDAD

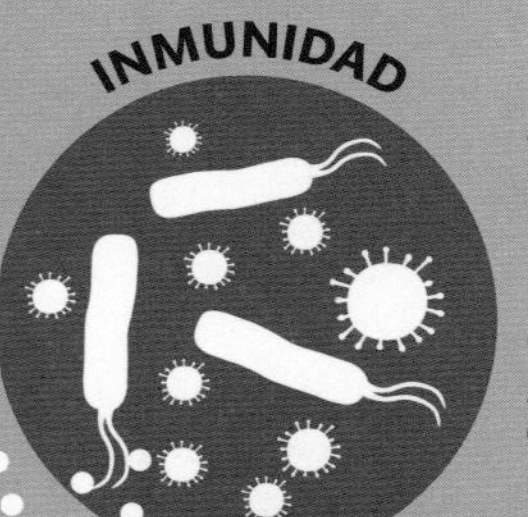

Timo
El timo segrega la hormona que estimula la producción de células T contra los patógenos. La glándula está muy activa en bebés y adolescentes, pero su actividad se reduce al entrar en la edad adulta.

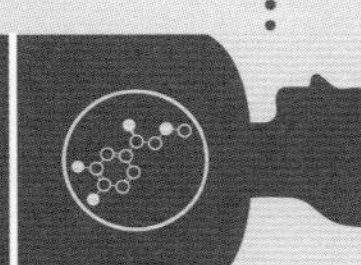

Fábricas de hormonas

Unas moléculas conocidas como hormonas viajan por el cuerpo para provocar cambios en los tejidos que lo regulan todo, desde el sueño y la reproducción hasta la digestión, el crecimiento y el embarazo. Los órganos conocidos colectivamente como el sistema endocrino segregan hormonas al torrente circulatorio.

ACCIÓN
GLÁNDULA SUPRARRENAL
CORAZÓN
ESTÓMAGO
RIÑÓN
RIÑÓN
PÁNCREAS
OVARIO
FEMINIDAD

Glándulas suprarrenales
Producen hormonas que regulan la respuesta de «lucha o huida», como la adrenalina. También ayudan a regular la presión arterial y el metabolismo, y segregan una pequeña cantidad de testosterona y estrógeno.

DIGESTIÓN

Páncreas
Además de producir enzimas digestivas, el páncreas genera insulina y glucagón, las hormonas que controlan los niveles de glucosa en sangre (ver pp. 158-159).

Corazón
Los tejidos del corazón segregan hormonas que hacen que los riñones expulsen agua, lo que reduce el volumen de la sangre y, por lo tanto, la presión arterial.

Riñones
Cuando los riñones detectan un nivel bajo de oxígeno en sangre, segregan una hormona que estimula la producción de glóbulos rojos en la médula ósea.

Estómago
Cuando el estómago está lleno, las células que lo recubren liberan gastrina, una hormona que estimula a las células vecinas a segregar ácido gástrico, necesario para procesar la comida (ver pp. 142-143).

Testículos
Los testículos producen la hormona masculina testosterona, implicada en el desarrollo físico de los niños y que mantiene la libido, la fuerza muscular y la densidad ósea en los hombres.

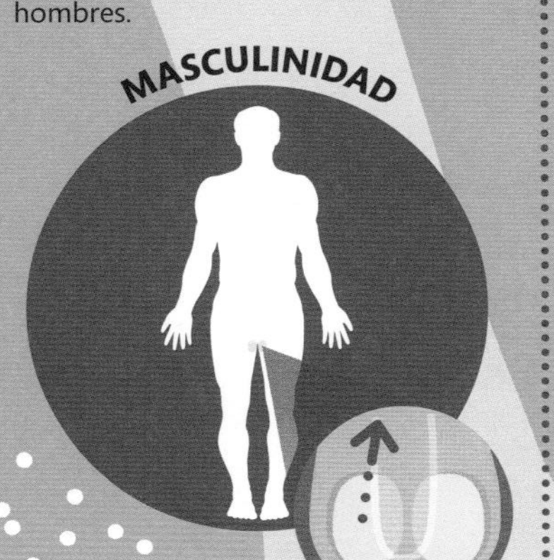
MASCULINIDAD
TESTÍCULOS

Ovarios
Los ovarios producen dos hormonas que regulan la salud reproductora femenina: el estrógeno y la progesterona. Controlan el ciclo menstrual, el embarazo y el parto.

Hormonas en acción

Las hormonas son moléculas que actúan como mensajeros entre los órganos y tejidos del cuerpo, se liberan en la circulación y, por lo tanto, viajan por todo el cuerpo, pero solo afectan a las células con receptores que las acepten. Además, cada hormona tiene su receptor particular. Algunos receptores flotan en el citoplasma de las células objetivo y otros recubren la membrana celular.

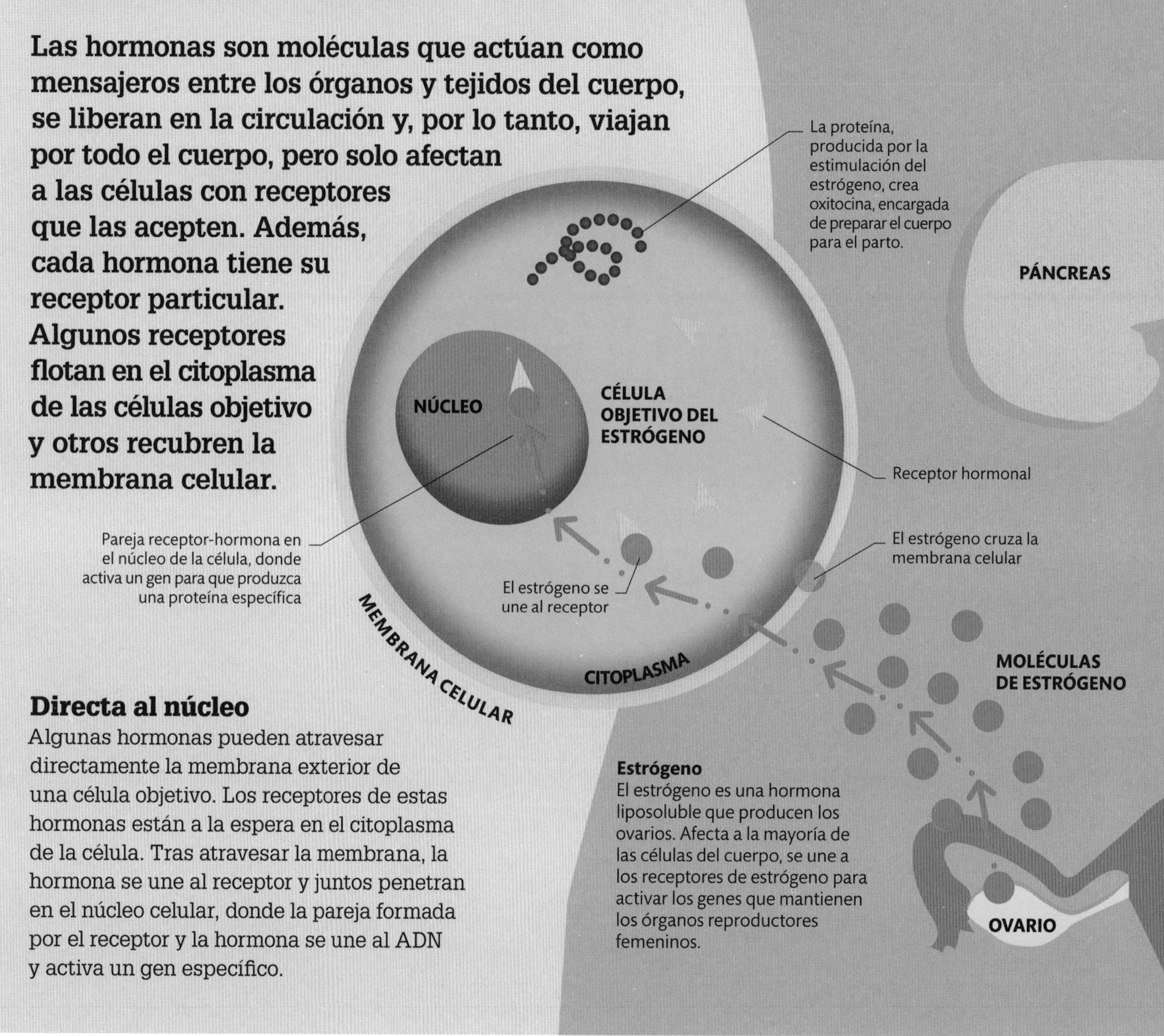

La proteína, producida por la estimulación del estrógeno, crea oxitocina, encargada de preparar el cuerpo para el parto.
PÁNCREAS
NÚCLEO
CÉLULA OBJETIVO DEL ESTRÓGENO
Receptor hormonal
Pareja receptor-hormona en el núcleo de la célula, donde activa un gen para que produzca una proteína específica
El estrógeno se une al receptor
El estrógeno cruza la membrana celular
MEMBRANA CELULAR
CITOPLASMA
MOLÉCULAS DE ESTRÓGENO
OVARIO

Directa al núcleo

Algunas hormonas pueden atravesar directamente la membrana exterior de una célula objetivo. Los receptores de estas hormonas están a la espera en el citoplasma de la célula. Tras atravesar la membrana, la hormona se une al receptor y juntos penetran en el núcleo celular, donde la pareja formada por el receptor y la hormona se une al ADN y activa un gen específico.

Estrógeno
El estrógeno es una hormona liposoluble que producen los ovarios. Afecta a la mayoría de las células del cuerpo, se une a los receptores de estrógeno para activar los genes que mantienen los órganos reproductores femeninos.

Activadores hormonales

Las glándulas endocrinas segregan hormonas cuando se activan de algún modo. Existen tres tipos de activación: cambios en la sangre, señales nerviosas e instrucciones de otras hormonas. No obstante, a veces se activan en respuesta a mensajes del mundo exterior. Cuando anochece, por ejemplo, se libera la hormona melatonina para provocar sueño (ver pp. 198-199).

Activación por la sangre
Algunas hormonas se liberan cuando las células sensitivas detectan cambios en la sangre u otros líquidos corporales. La paratiroides, por ejemplo, segrega la hormona PTH en caso de niveles bajos de calcio en sangre (ver pp. 194-195).

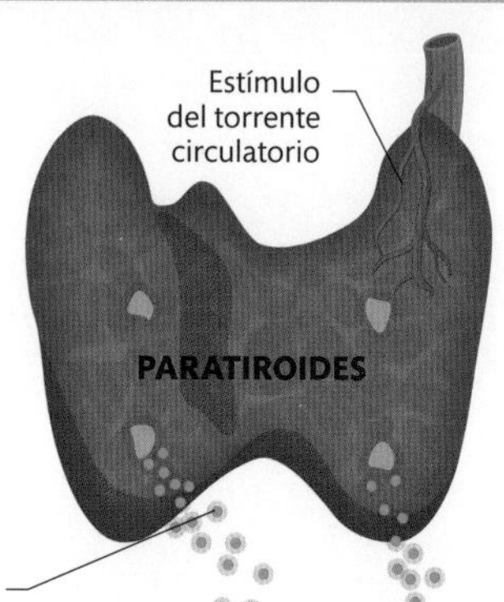

Estímulo del torrente circulatorio
PARATIROIDES
Liberación de PTH

LA CÉLULA OBJETIVO TIENE ENTRE 5000 Y 100 000 RECEPTORES HORMONALES

¿QUÉ ES LA TERAPIA HORMONAL?

La administración de hormonas provoca cambios en todo el cuerpo. Por ejemplo, se pueden manipular las hormonas sexuales para cambiar el sexo con el que se identifica un individuo.

MEMBRANA CELULAR

Receptor hormonal

NÚCLEO

CITOPLASMA

CÉLULA DEL HÍGADO

MOLÉCULAS DE GLUCAGÓN

El glucagón se une al receptor en la superficie de la célula

Receptor activado

Se fabrica una segunda proteína mensajera debido a la activación del glucagón para que estimule el hígado y que produzca glucosa

Glucagón
El páncreas libera glucagón, que se dirige a las células del hígado para unirse a receptores de la superficie celular y hacer que la maquinaria molecular de la célula empiece a convertir el glucógeno en glucosa (ver pp. 156-157).

Solo hasta la puerta

Otra clase de hormonas no puede atravesar la membrana exterior de una célula y se unen a los receptores de su superficie, para que la célula produzca una segunda proteína mensajera que provoca más cambios en la célula.

Activación por nervios
Muchas glándulas endocrinas se estimulan mediante impulsos nerviosos. Al experimentar una agresión física, por ejemplo, se envía un impulso nervioso a las glándulas suprarrenales para que segreguen la hormona de lucha o huida, la adrenalina (ver pp. 240-241).

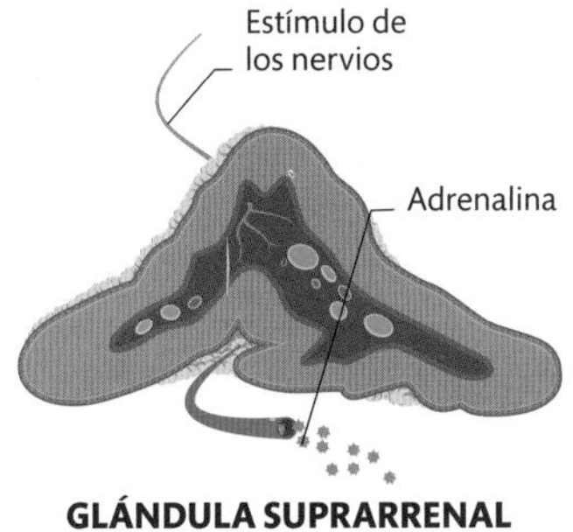
Estímulo de los nervios
Adrenalina
GLÁNDULA SUPRARRENAL

Activación por hormonas
Algunas hormonas se liberan en respuesta a otras hormonas. El hipotálamo, por ejemplo, produce una hormona que viaja hasta la hipófisis para que libere una segunda hormona, la del crecimiento, que a su vez estimula el crecimiento y el metabolismo.

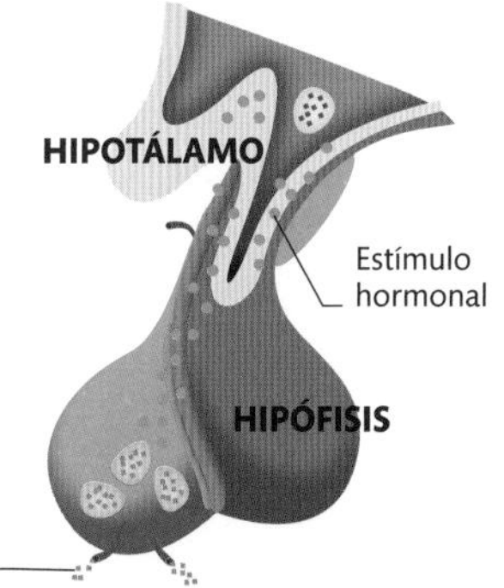
HIPOTÁLAMO
Estímulo hormonal
HIPÓFISIS

Hormona del crecimiento

Equilibrio interior

Las hormonas se liberan en respuesta a la información que circula por el cuerpo. Este modelo de información-respuesta se conoce como circuito de retroalimentación y funciona como un termostato que mantiene la temperatura de una casa.

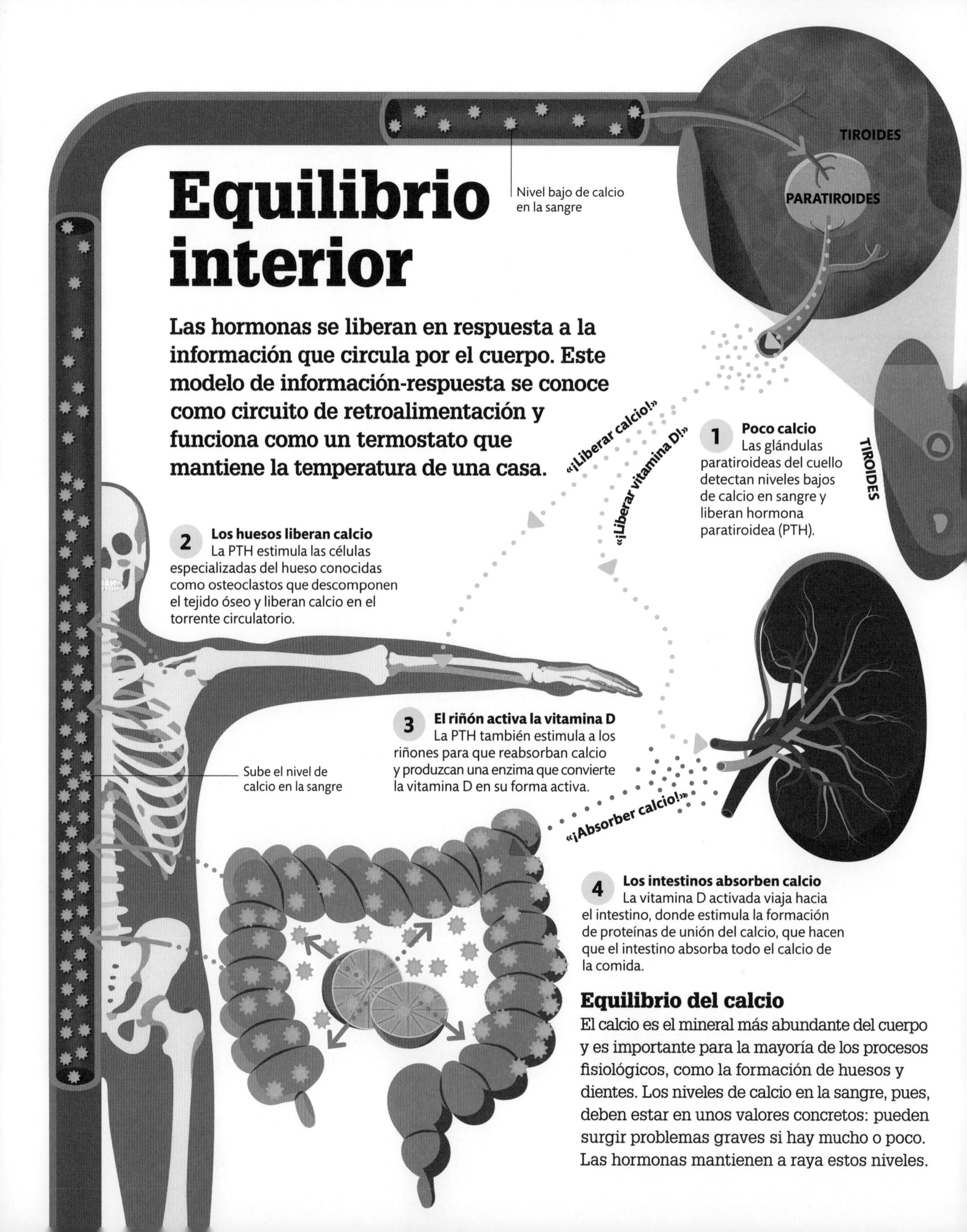

Nivel bajo de calcio en la sangre
TIROIDES
PARATIROIDES
TIROIDES
«¡Liberar calcio!»
«¡Liberar vitamina D!»
«¡Absorber calcio!»
Sube el nivel de calcio en la sangre

1 Poco calcio
Las glándulas paratiroideas del cuello detectan niveles bajos de calcio en sangre y liberan hormona paratiroidea (PTH).

2 Los huesos liberan calcio
La PTH estimula las células especializadas del hueso conocidas como osteoclastos que descomponen el tejido óseo y liberan calcio en el torrente circulatorio.

3 El riñón activa la vitamina D
La PTH también estimula a los riñones para que reabsorban calcio y produzcan una enzima que convierte la vitamina D en su forma activa.

4 Los intestinos absorben calcio
La vitamina D activada viaja hacia el intestino, donde estimula la formación de proteínas de unión del calcio, que hacen que el intestino absorba todo el calcio de la comida.

Equilibrio del calcio

El calcio es el mineral más abundante del cuerpo y es importante para la mayoría de los procesos fisiológicos, como la formación de huesos y dientes. Los niveles de calcio en la sangre, pues, deben estar en unos valores concretos: pueden surgir problemas graves si hay mucho o poco. Las hormonas mantienen a raya estos niveles.

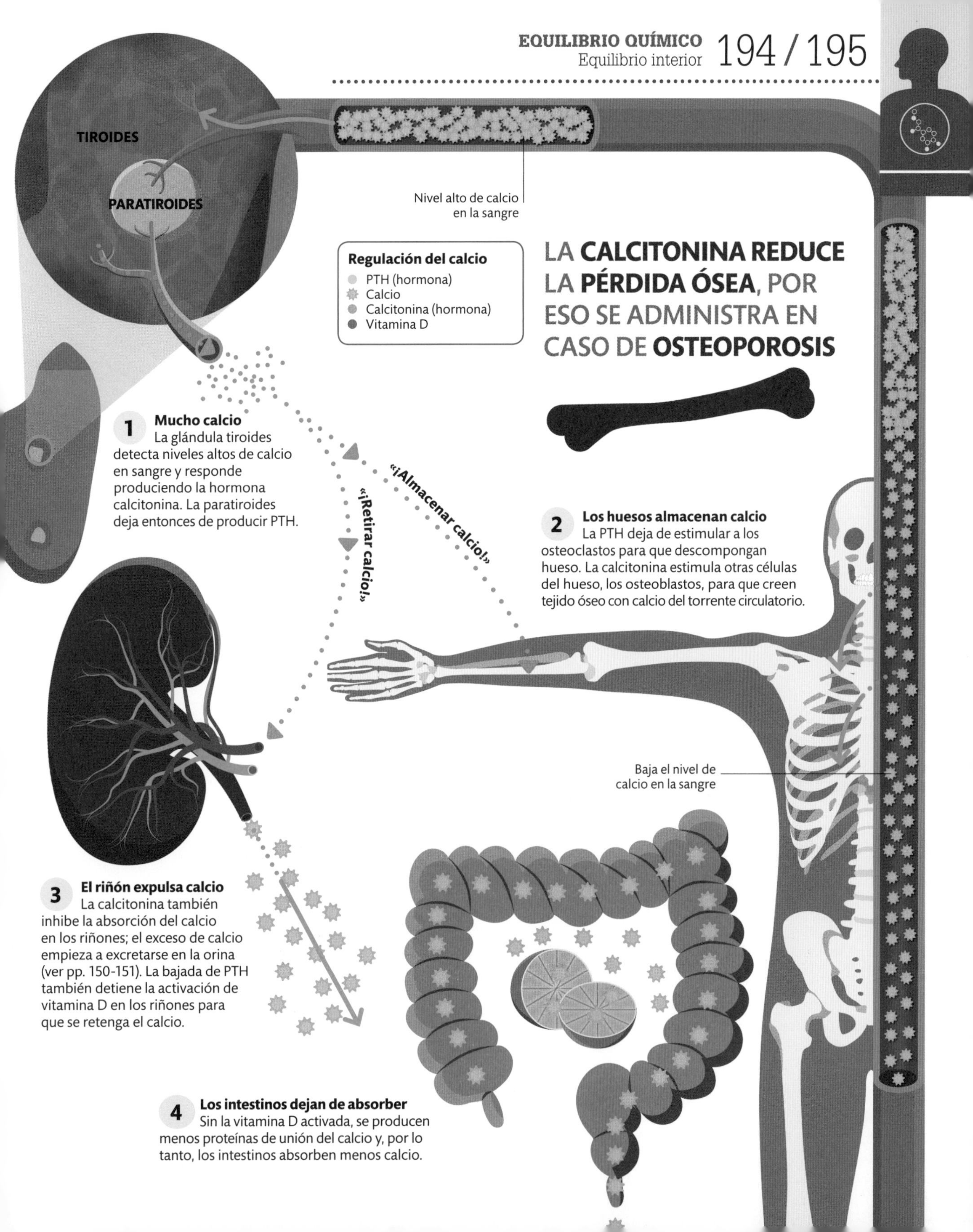
TIROIDES
PARATIROIDES
Nivel alto de calcio en la sangre
Regulación del calcio
PTH (hormona)
Calcio
Calcitonina (hormona)
Vitamina D
«¡Almacenar calcio!»
«¡Retirar calcio!»
Baja el nivel de calcio en la sangre

LA **CALCITONINA REDUCE** LA **PÉRDIDA ÓSEA**, POR ESO SE ADMINISTRA EN CASO DE **OSTEOPOROSIS**

1 Mucho calcio
La glándula tiroides detecta niveles altos de calcio en sangre y responde produciendo la hormona calcitonina. La paratiroides deja entonces de producir PTH.

2 Los huesos almacenan calcio
La PTH deja de estimular a los osteoclastos para que descompongan hueso. La calcitonina estimula otras células del hueso, los osteoblastos, para que creen tejido óseo con calcio del torrente circulatorio.

3 El riñón expulsa calcio
La calcitonina también inhibe la absorción del calcio en los riñones; el exceso de calcio empieza a excretarse en la orina (ver pp. 150-151). La bajada de PTH también detiene la activación de vitamina D en los riñones para que se retenga el calcio.

4 Los intestinos dejan de absorber
Sin la vitamina D activada, se producen menos proteínas de unión del calcio y, por lo tanto, los intestinos absorben menos calcio.

Cambios hormonales

A menudo culpamos a las hormonas de la conducta cuando el cuerpo sufre un cambio significativo, como los cambios de humor de la adolescencia. Pero el comportamiento diario también puede afectar a las hormonas y tener graves consecuencias en la salud.

Hormonas y estrés
Tres hormonas participan en un ciclo de conducta que desemboca en inactividad, ansiedad y estrés a largo plazo.

Cortisol

Insulina

Melatonina

La hipófisis libera cortisol

Ansiedad
Quienes llevan una vida sedentaria soportan peor el estrés, quizá porque el cortisol y otras hormonas de lucha o huida producidas ante las tensiones de la vida moderna no tienen una vía de escape física.

El tabaco altera el funcionamiento de todas las glándulas endocrinas

El páncreas libera gran cantidad de insulina

Piel

Acumulación poco saludable de grasa bajo la piel

Músculo no tonificado

Niveles altos de insulina
La vida sedentaria lleva a unos niveles elevados de insulina que hacen que el cuerpo almacene grasa y no la queme.

Insomnio y fatiga
La exposición a las pantallas brillantes (móvil, televisor...) por la noche suprime la producción de melatonina, lo que afecta a la calidad del sueño y a la capacidad del cuerpo de controlar la temperatura, la presión arterial y los niveles de glucosa.

Inmunidad limitada
Una mala dieta y la falta de ejercicio conllevan un nivel alto de cortisol, una hormona útil para reducir la inflamación, pero que a largo plazo afecta al sistema inmunitario y reducir la capacidad del cuerpo para combatir infecciones.

Elecciones poco sanas

Una mala dieta y la vida sedentaria provocan cambios hormonales que perpetúan una vida poco saludable. Un nivel bajo de actividad deriva en menos hormonas de la felicidad, lo que lleva a seguir una mala dieta, que afecta a las hormonas que regulan el azúcar en sangre y que deriva en aumento de peso y falta de ejercicio.

AL ABRAZAR SE LIBERA LA HORMONA **OXITOCINA**, QUE **REDUCE LA PRESIÓN ARTERIAL** Y BAJA EL RIESGO DE **CARDIOPATÍA**

Estilo de vida saludable

El ejercicio periódico es una de las maneras más efectivas de provocar cambios hormonales para conseguir mejorar la salud mental y corporal. Algunas de las hormonas que preparan para la actividad física regulando la temperatura, manteniendo el equilibrio de líquidos y adaptándose a la mayor demanda de oxígeno se denominan hormonas de la felicidad, ya que elevan mucho el ánimo.

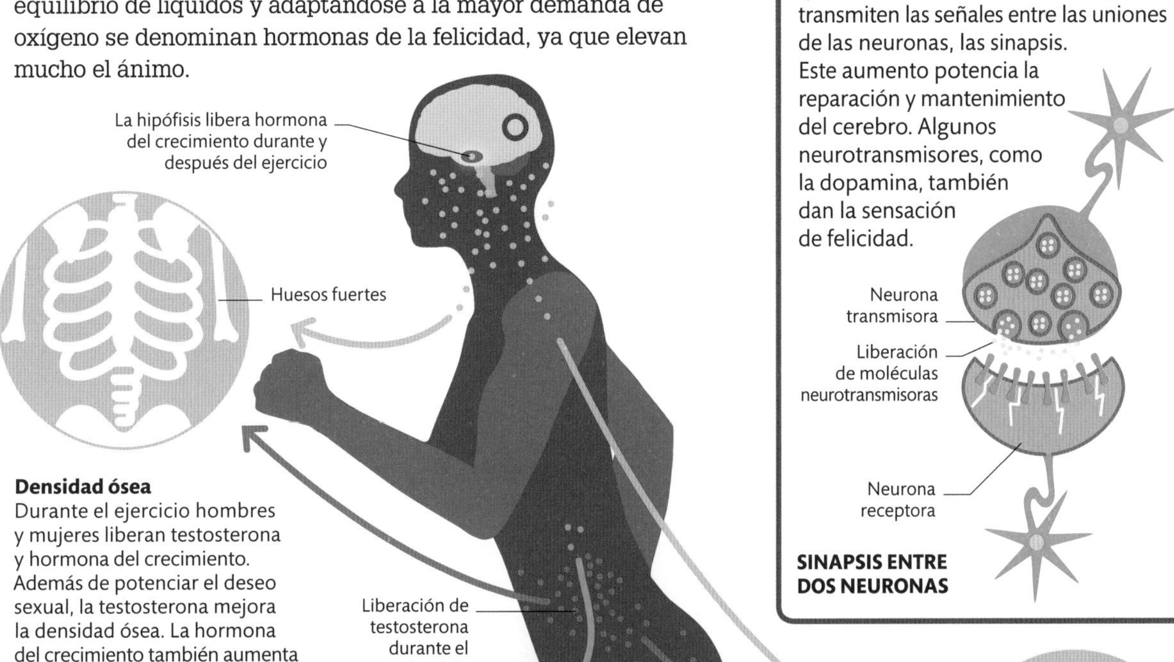
La hipófisis libera hormona del crecimiento durante y después del ejercicio
Huesos fuertes
Liberación de testosterona durante el ejercicio
Piel
Grasa mínima
Músculo magro
Buena musculatura, gracias a la hormona del crecimiento y la testosterona

Densidad ósea
Durante el ejercicio hombres y mujeres liberan testosterona y hormona del crecimiento. Además de potenciar el deseo sexual, la testosterona mejora la densidad ósea. La hormona del crecimiento también aumenta el recambio óseo y continúa trabajando por la noche, después del ejercicio, ayudando a que el cuerpo se recupere.

EUFORIA DEL EJERCICIO

La actividad física aumenta la liberación de neurotransmisores, los mensajeros químicos del sistema nervioso, que transmiten las señales entre las uniones de las neuronas, las sinapsis. Este aumento potencia la reparación y mantenimiento del cerebro. Algunos neurotransmisores, como la dopamina, también dan la sensación de felicidad.

Neurona transmisora
Liberación de moléculas neurotransmisoras
Neurona receptora

SINAPSIS ENTRE DOS NEURONAS

Masa muscular
La testosterona estimula que se produzca masa muscular magra y aumenta el metabolismo global. La hormona del crecimiento potencia el crecimiento de tejido muscular y ayuda al cuerpo a quemar grasa.

Hormonas y salud
La salud y el estado mental dependen de tres hormonas:

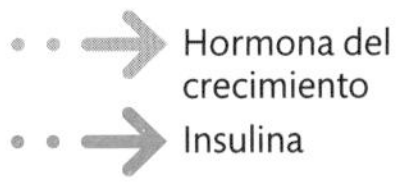
Hormona del crecimiento
Insulina
Testosterona

Niveles sanos de insulina
Durante el ejercicio se inhibe la insulina y las células tienen que utilizar grasa en lugar de glucosa como fuente de energía. El nivel de insulina sigue bajo bastante después del ejercicio; por eso se quema grasa incluso en reposo.

Ritmos diarios

El cuerpo tiene una especie de reloj interno que dirige los ritmos diarios, en especial los relacionados con la comida y el sueño, y se rige principalmente por la conversión química diaria de la hormona de la vigilia, la serotonina, en la del sueño, la melatonina. Este proceso dura unas 24 horas.

El ciclo diario

Muchas hormonas sufren fluctuaciones rítmicas a diario. Estas oscilaciones se producen independientemente de cualquier estímulo exterior. Incluso en una habitación negra y sin ventanas, el cuerpo presenta un aumento de serotonina por la mañana para despertarse. No obstante, estos ritmos no son fijos, sino que se reajustan de manera constante, o se pueden cambiar por completo al viajar a otra zona horaria.

El reloj circadiano

El cuerpo sigue un ciclo hormonal de 24 horas (más o menos), conocido como ritmo circadiano. Los procesos biológicos que lo rigen constituyen el reloj circadiano y se encargan de decidir todos los ritmos del cuerpo. Una de las piezas principales de este reloj es una región muy pequeña del cerebro, el núcleo supraquiasmático (NSQ), situado cerca de los nervios ópticos para utilizar la cantidad de luz que penetra por el ojo para ajustar el reloj circadiano.

Reloj interno
El NSQ hace una conversión química entre la hormona serotonina, que mantiene despierto, y la melatonina, que provoca el sueño.

El NSQ ordena la secreción de melatonina o serotonina, según la hora del día
Rayos de luz de distinta intensidad
Serotonina
Melatonina
¡DESPIERTA!
¡DUERME!
Señales eléctricas hacia el NSQ

3 Hormonas del hambre
Las hormonas del hambre suben y bajan a lo largo del día. El nivel de grelina, causante del apetito, aumenta en ayunas y nos entra hambre por la mañana. La leptina suprime el apetito y nos avisa de que estamos «llenos».

2 Cortisol contra el estrés
Al empezar el día, el cuerpo produce la hormona esteroide cortisol, que ayuda al cuerpo a soportar el estrés aumentando los niveles de azúcar en sangre e iniciando el metabolismo.

1 Serotonina para despertar
La luz estimula el núcleo supraquiasmático para que convierta melatonina en serotonina, que pone en marcha cerebro y cuerpo (especialmente los intestinos).

9:00
8:00
6:00
3:00

10 Aumento de testosterona
Duerman o no, por la noche los hombres experimentan una subida en los niveles de testosterona. Esto quizá explique las peleas de bar a última hora de la noche.

¿EL ESTRÉS HACE ENFERMAR?

Las hormonas del estrés preparan para luchar o huir, pero también sobrecargan otros sistemas, especialmente el inmunitario. Por eso el estrés crónico puede causar enfermedades.

4 Nivel máximo de cortisol
Tras la dosis matutina de cortisol, el cuerpo recibe otra dosis a mediodía. A partir de entonces, el cortisol va perdiendo importancia en el sistema. La melatonina está entonces en su nivel mínimo.

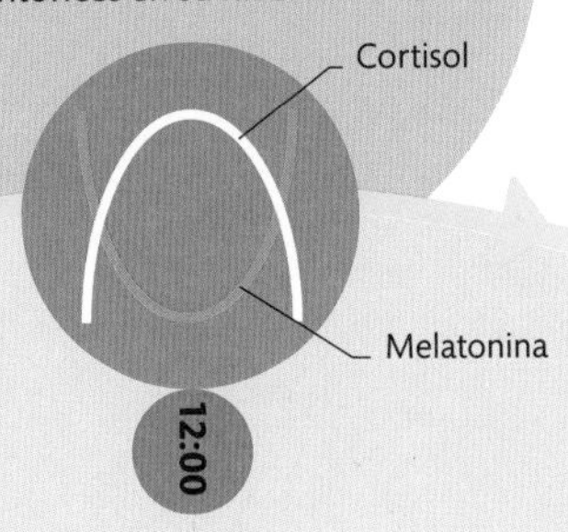
Cortisol
Melatonina

12:00

5 Dosis de aldosterona
A media tarde se produce un máximo de aldosterona, la hormona que ayuda a mantener estable la presión arterial aumentando la reabsorción del agua en los riñones.

15:00

DESFASE HORARIO

El transporte aéreo nos cambia de zonas horarias más rápido de lo que el cuerpo es capaz de ajustarse. El reloj del cuerpo necesita un tiempo para adaptarse al nuevo ritmo. Algunos ciclos hormonales son más flexibles que otros: el cortisol tarda 5-10 días en adaptarse. Mientras se ajustan los ritmos, el cuerpo tiene hambre y sueño cuando no toca; este fenómeno se denomina desfase horario. Quienes cambian de turno en el trabajo lo experimentan a menudo; no se saben las consecuencias a largo plazo en la salud.

18:00

6 Melatonina dormilona
Los niveles inferiores de luz aceleran la conversión de serotonina en melatonina, para preparar lentamente el cuerpo para dormir y acabar provocando el sueño.

Tiroides

20:00

7 Estimulación de la tiroides
Al atardecer suben de repente los niveles de tirotropina, que estimula el crecimiento y la reparación, además de inhibir la actividad neuronal, quizá para preparar el cuerpo para dormir.

21:00

8 Hormona del crecimiento
Durante las dos primeras horas de sueño se libera gran cantidad de hormona del crecimiento, que hace crecer a los niños y regenerar a los adultos. También se libera durante el día, pero menos que de noche, cuando el cuerpo se repara.

24:00

Melatonina
Cortisol

9 Nivel máximo de melatonina
El nivel de melatonina en sangre alcanza su máximo a medianoche, cuando el cortisol está al mínimo. Así se garantiza un reposo absoluto por la noche.

UN PASEO INTENSO A MEDIODÍA POTENCIA EL NIVEL DE SEROTONINA

Diabetes

La insulina es la llave que permite que la glucosa, la fuente de energía del cuerpo, entre en las células musculares y grasas. Sin la insulina, la glucosa se acumula en la sangre y las células no obtienen la energía que necesitan, lo que tiene consecuencias graves para la salud. Si la insulina no funciona, aparece la diabetes, una enfermedad que tiene dos formas (tipo 1 y tipo 2) y que afecta a 382 millones de personas.

CONTROL DE LA DIABETES

Los alimentos azucarados y ciertos hidratos de carbono aumentan la grasa de las células del cuerpo, y esta altera la insulina. Por ello, cuanta más grasa haya, mayor será el riesgo de diabetes tipo 2. Una dieta sana y equilibrada reduce este riesgo y es crucial para controlar la enfermedad. En general, las dietas diabéticas buscan mantener los niveles de glucosa en sangre lo más normales posible y evitan alimentos que provoquen subidas y bajadas repentinas de glucosa. También facilitan el cálculo de las dosis de insulina, que pueden ser parte del tratamiento.

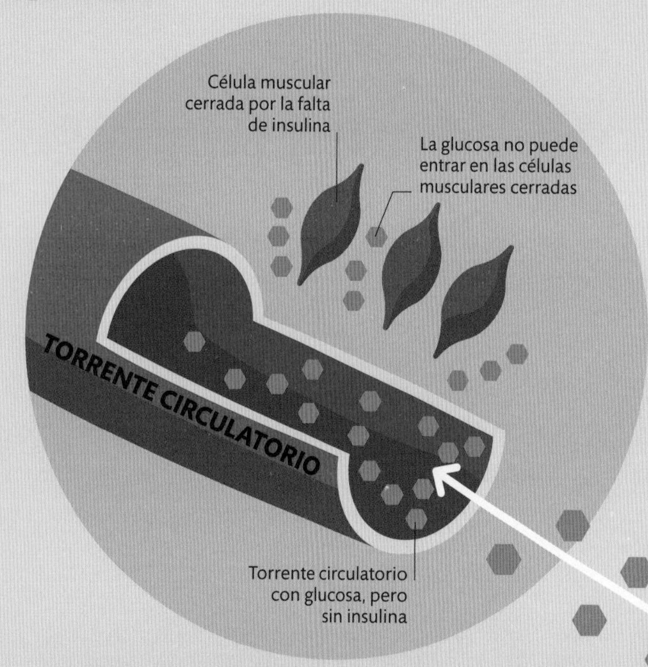
Célula muscular cerrada por la falta de insulina
La glucosa no puede entrar en las células musculares cerradas
TORRENTE CIRCULATORIO
Torrente circulatorio con glucosa, pero sin insulina

1 Aumento de glucosa
Durante la digestión, se libera glucosa en el torrente circulatorio. El aumento de los niveles de glucosa activa mecanismos para reducirlos, incluida la liberación de insulina en el páncreas (ver pp. 158-159).

3 La glucosa no puede entrar
Sin la insulina, la glucosa no puede entrar en las células del cuerpo, y se acumula en la sangre. El cuerpo intenta deshacerse de ella de otros modos, por ejemplo orinando.

Molécula de glucosa

Diabetes tipo 1

En la diabetes tipo 1, el sistema inmunitario del cuerpo ataca a las células productoras de insulina del páncreas y este no es capaz de producir más insulina. Los síntomas aparecen en cuestión de semanas, pero pueden invertirse con insulina. Aunque la diabetes tipo 1 puede aparecer en cualquier edad, la mayoría se diagnostica antes de los 40 años, y especialmente durante la infancia. El 10 % de todos los casos de diabetes es de tipo 1.

2 Sin insulina
En la diabetes tipo 1, las propias células inmunitarias del cuerpo han destruido las células productoras de insulina del páncreas y, por tanto, no se libera insulina que contrarreste el aumento del nivel de glucosa.

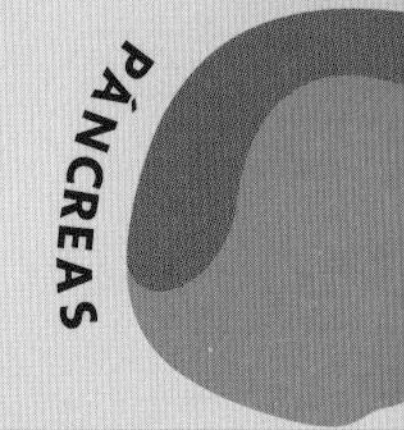
PÁNCREAS

Los síntomas de la diabetes

La diabetes tipo 1 y 2 tiene síntomas similares: la glucosa que los riñones no pueden eliminar empieza a acumularse por el cuerpo y este intenta expulsarla provocando sed, para beber más agua y aumentar la micción. Mientras tanto, las células del cuerpo no reciben glucosa, lo que causa fatiga generalizada. También se produce pérdida de peso, porque el cuerpo quema grasa en lugar de glucosa.

Sed, hambre y cansancio continuos

Visión borrosa por acumulación de glucosa en los cristalinos

Mal aliento por quemar cetonas, en lugar de glucosa (ver p. 159)

Hiperventilación por falta de energía

Pérdida de peso

Náuseas y vómitos

Micción frecuente

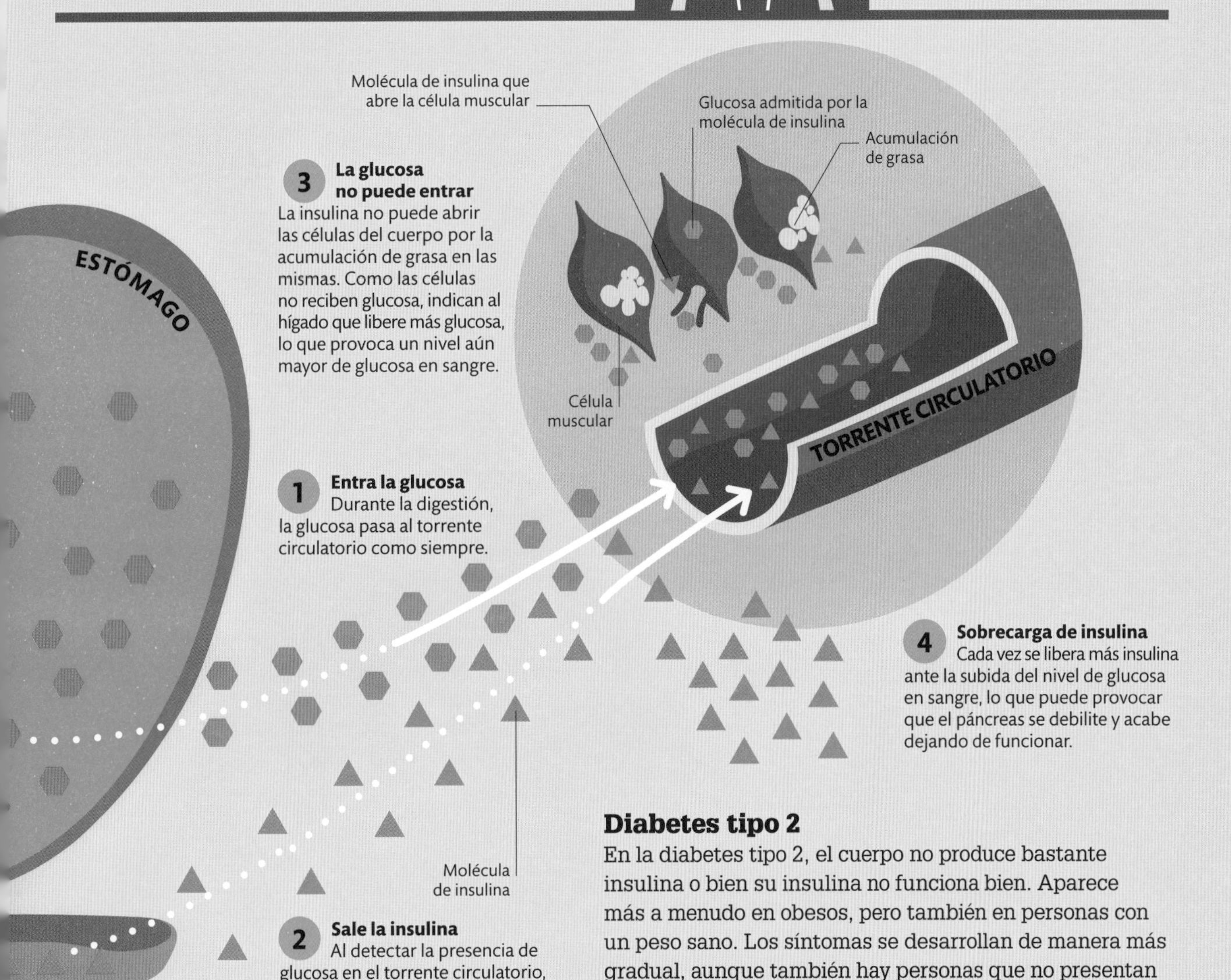
Molécula de insulina que abre la célula muscular
Glucosa admitida por la molécula de insulina
Acumulación de grasa
3 La glucosa no puede entrar
La insulina no puede abrir las células del cuerpo por la acumulación de grasa en las mismas. Como las células no reciben glucosa, indican al hígado que libere más glucosa, lo que provoca un nivel aún mayor de glucosa en sangre.
ESTÓMAGO
Célula muscular
TORRENTE CIRCULATORIO
1 Entra la glucosa
Durante la digestión, la glucosa pasa al torrente circulatorio como siempre.
4 Sobrecarga de insulina
Cada vez se libera más insulina ante la subida del nivel de glucosa en sangre, lo que puede provocar que el páncreas se debilite y acabe dejando de funcionar.
Molécula de insulina
2 Sale la insulina
Al detectar la presencia de glucosa en el torrente circulatorio, el páncreas libera insulina.

Diabetes tipo 2

En la diabetes tipo 2, el cuerpo no produce bastante insulina o bien su insulina no funciona bien. Aparece más a menudo en obesos, pero también en personas con un peso sano. Los síntomas se desarrollan de manera más gradual, aunque también hay personas que no presentan síntoma alguno. De hecho, se cree que hay 175 millones de casos de diabetes tipo 2 no diagnosticada en todo el planeta. El 90 % de todos los casos de diabetes es de tipo 2.

EL CICLO DE LA VIDA

Reproducción sexual

Los genes nos impulsan a reproducirnos para poder seguir multiplicándose en las generaciones venideras. Desde el punto de vista evolutivo, este es el motivo por el que tenemos sexo. Millones de espermatozoides compiten entre ellos por un óvulo a fin de iniciar el proceso de crear otro individuo.

Unión del espermatozoide y el óvulo

El principal objetivo del sexo es unir los genes masculinos y femeninos. El macho introduce millones de paquetes de genes en forma de espermatozoides en la hembra para intentar fecundar uno de sus óvulos. Si lo consigue, los genes de ambos se mezclan para generar una nueva combinación de genes en la cría. Para lograrlo, macho y hembra se sienten sexualmente atraídos entre sí, lo que comporta cambios físicos. Los órganos genitales de ambos sexos crecen debido al aumento de flujo sanguíneo, el pene se pone erecto y la vagina segrega un líquido lubricante para facilitar la entrada del pene.

EL SEMEN SUELE CONTENER **ENTRE 40 Y 300 MILLONES DE ESPERMATOZOIDES** POR MILILITRO

¿POR QUÉ TIENEN LAS MUJERES ORGASMOS?

Las terminaciones nerviosas del clítoris envían señales de placer al cerebro que hacen contraer la vagina alrededor del pene para garantizar que el hombre eyacule el máximo número de espermatozoides.

La vesícula seminal añade líquido a los espermatozoides

La próstata añade más líquido a los espermatozoides para producir el semen

La glándula bulbouretral neutraliza la acidez de la orina en la uretra para no dañar el esperma

Los espermatozoides atraviesan el pene por la uretra

Los espermatozoides maduran en el epidídimo

¿CÓMO FUNCIONA LA ERECCIÓN?

El pene contiene dos cilindros de tejido esponjoso: los cuerpos cavernosos. Cuando se dilatan las arterias centrales de la base del pene, la sangre lo inunda, los cuerpos cavernosos crecen y forman cilindros rígidos. Así se comprimen las pequeñas venas de salida, la sangre no puede salir y el pene se endurece. Tras eyacular, baja la presión y vuelven a abrirse las venas, la sangre vuelve a circular y el pene queda flácido.

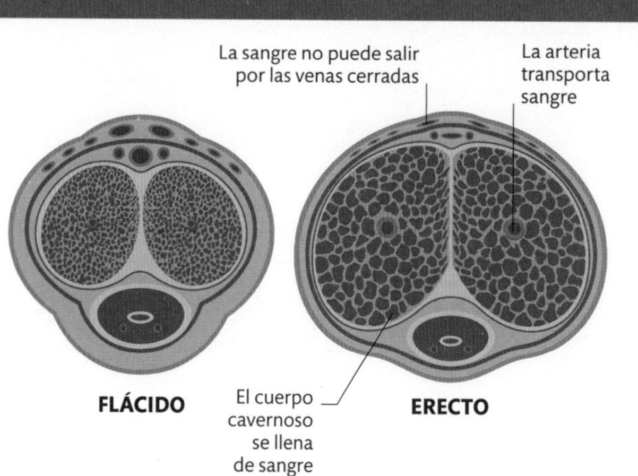

La sangre no puede salir por las venas cerradas
La arteria transporta sangre
FLÁCIDO
El cuerpo cavernoso se llena de sangre
ERECTO

El peligroso viaje del esperma

En el coito, se introduce en la vagina el pene erecto, que libera semen durante el orgasmo y los espermatozoides inician su viaje para encontrar un óvulo. Millones de espermatozoides, ayudados por los latigazos de su cola, suben por la vagina, atraviesan el cuello uterino y pasan al útero, donde entran en las corrientes de líquido generadas por el movimiento de las células ciliadas que recubren las trompas de Falopio. Solo unos 150 espermatozoides llegan al final de la trompa, donde suele producirse la fecundación. El resto se expulsará por la vagina de manera natural.

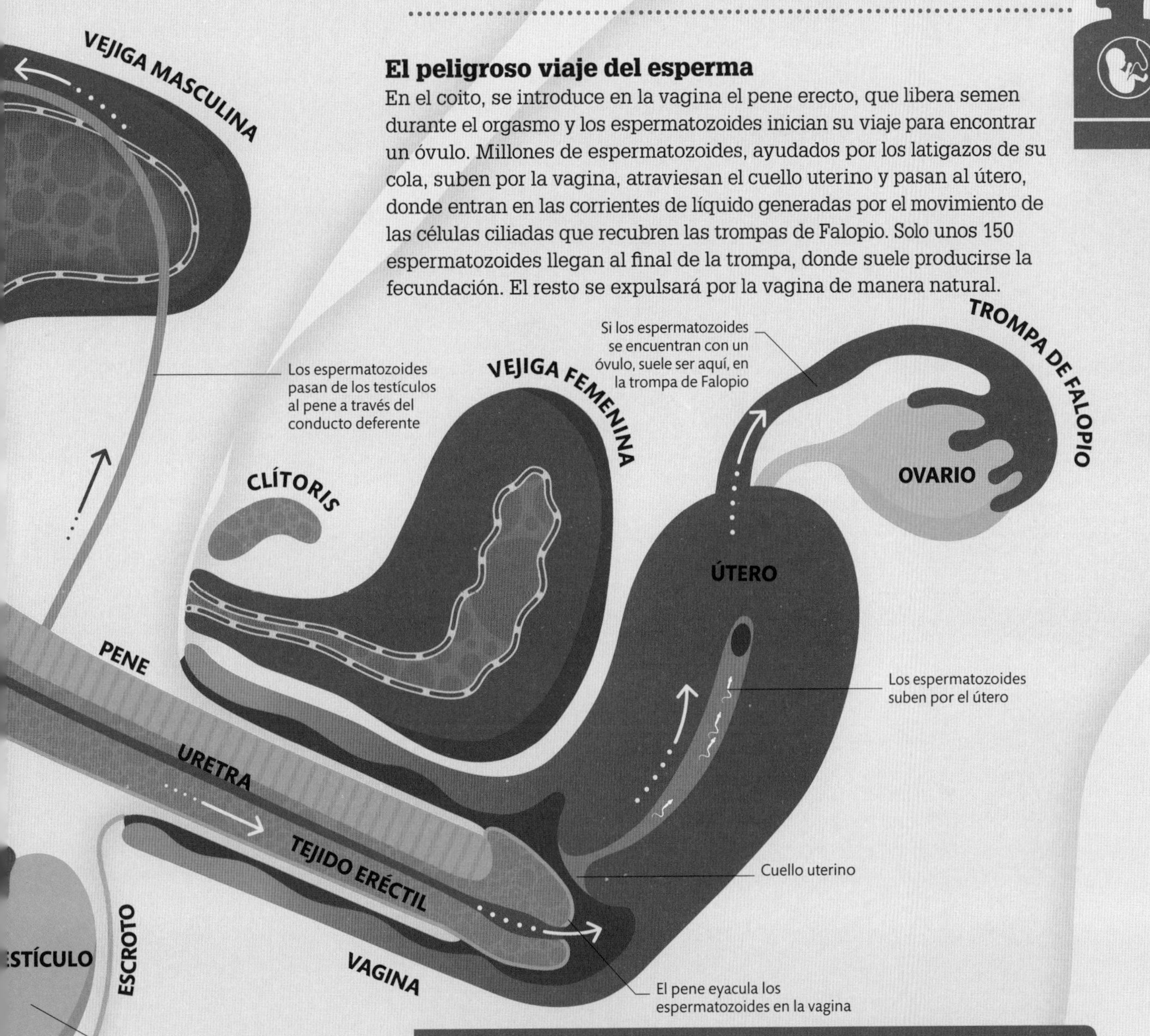
VEJIGA MASCULINA
Los espermatozoides pasan de los testículos al pene a través del conducto deferente
VEJIGA FEMENINA
Si los espermatozoides se encuentran con un óvulo, suele ser aquí, en la trompa de Falopio
TROMPA DE FALOPIO
OVARIO
CLÍTORIS
ÚTERO
Los espermatozoides suben por el útero
PENE
URETRA
TEJIDO ERÉCTIL
Cuello uterino
ESTÍCULO
ESCROTO
VAGINA
El pene eyacula los espermatozoides en la vagina
El escroto mantiene ambos testículos fuera del cuerpo, ya que la producción de espermatozoides requiere una temperatura inferior

LA CÉLULA MÁS GRANDE DEL CUERPO

El óvulo es la célula más grande del cuerpo humano y apenas es visible a simple vista. Un envoltorio grueso y transparente lo protege. Los espermatozoides son una de las células del cuerpo más pequeñas, de aproximadamente 0,05 mm, en su mayor parte cola.

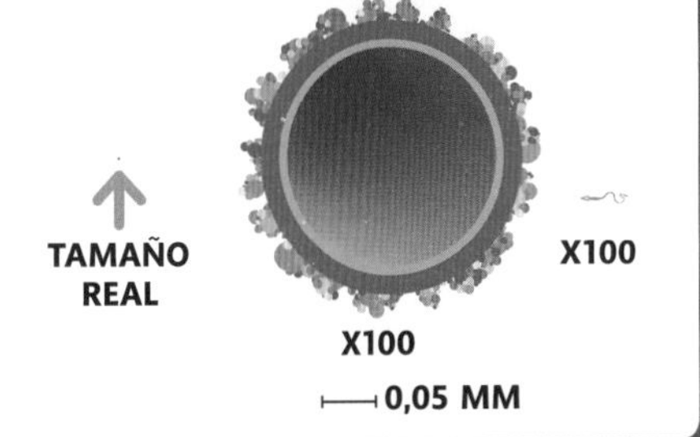
TAMAÑO REAL
X100
X100
0,05 MM

Ciclo mensual

Cada mes, el cuerpo femenino se prepara para un posible embarazo. Medio millón de óvulos latentes espera en los ovarios su turno para ovular. Cuando los niveles hormonales llegan a su máximo, sale un óvulo del ovario a punto para ser fecundado. En tal caso, el grueso tejido que reviste el útero espera al óvulo.

Ciclo menstrual

La hipófisis del cerebro controla el ciclo menstrual. A partir de la pubertad, la hipófisis produce hormona foliculoestimulante (FSH), que provoca la producción de las hormonas estrógeno y progesterona en los ovarios. La hipófisis libera un impulso mensual de FSH y también de hormona luteinizante (HL) para activar un ciclo mensual. El ovario libera un único óvulo maduro. El revestimiento del útero, el endometrio, crece para acabar desprendiéndose. Si se fecunda el óvulo y se implanta en el endometrio, este ciclo se detiene. Más adelante, cuando el número de óvulos latentes en los ovarios llega a un punto en el que no puede producir hormonas suficientes para regular el ciclo menstrual, aparece la menopausia y se detiene el ciclo.

MENSTRUACIÓN
28
1
2
3
4
5
6
7
8
9
10
11
12
13
14
15
16
17
18
19
20
21
22
23
24
25
26
27
OVULACIÓN
Qué pasa cada día
El primer día de cada sangrado menstrual es el Día 1. La duración del ciclo menstrual varía en cada mujer, pero se considera normal entre 21 y 35 días. La duración habitual es de 28 días.

CALAMBRES MENSTRUALES

Los músculos que recubren el útero se contraen de manera natural durante un período y constriñen unas diminutas arterias para limitar el sangrado. Si las contracciones son intensas o prolongadas, presionan los nervios de la zona y causan malestar.

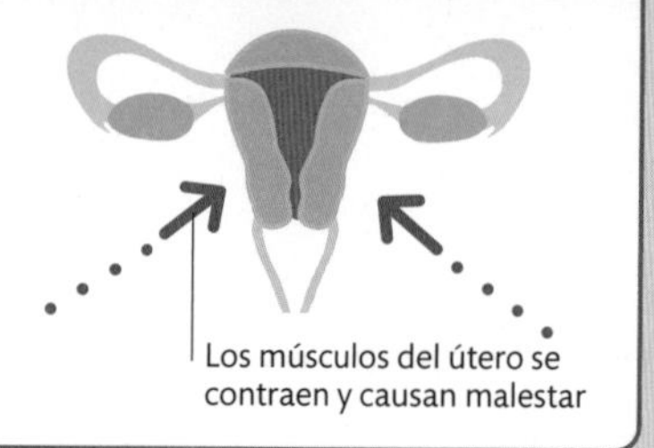

Los músculos del útero se contraen y causan malestar

3 Nivel hormonal máximo
Las células del folículo alrededor de un óvulo madurando en el ovario producen estrógeno. Cuando sus niveles son máximos, se produce la liberación máxima de FSH y HL en la hipófisis que desencadena la ovulación.

1 Sangrado menstrual
Si el óvulo fecundado no se implanta en el endometrio, la bajada del nivel de progesterona interrumpe el suministro sanguíneo, lo que provoca que su capa exterior se desprenda en forma de sangrado menstrual. Este hecho indica que no se ha producido la concepción.

ESTRÓGENO

2 Crece el endometrio
Las dos primeras semanas del ciclo menstrual los niveles de estrógeno, cada vez más elevados, hacen crecer el endometrio.

Sangrado por la vagina al desprenderse el endometrio

FSH Y HL

Un ligero aumento de los niveles de FSH y HL estimula la producción de estrógeno y progesterona

El óvulo pasa por la trompa de Falopio, donde puede ser fecundado, y hacia el útero
TROMPA DE FALOPIO
ÚTERO
Espacio lleno de líquido
OVARIO
El óvulo fecundado se une al revestimiento del útero
Óvulo liberado del ovario
Rotura del folículo
Óvulo dentro del folículo
ENDOMETRIO
Unos dedos de tejido denominados fimbrias acompañan al óvulo a la trompa de Falopio
PROGESTERONA
ENDOMETRIO

3 Se desarrolla el folículo secundario
Se forman espacios llenos de líquido en el folículo dominante y continúa el desarrollo del óvulo en su interior, a punto para la ovulación.

4 Madura el folículo
El folículo crece hasta unos 2-3 cm de ancho; puede incluso llegar a sobresalir de la superficie del ovario.

2 Crece el folículo dominante
Un folículo dominante sufre un crecimiento súbito. El resto de los folículos no dominantes deja de crecer.

5 Ovulación
Un aumento de la hormona FSH y HL de la hipófisis causa la ovulación. El folículo se rompe y libera el óvulo en la trompa de Falopio a través de la pared del ovario.

1 Se forman los folículos primarios
La FSH estimula el crecimiento de varios folículos latentes en los ovarios; todos ellos empiezan a liberar estrógeno.

6 Degeneración
El folículo vacío se cierra y forma un quiste, conocido como cuerpo lúteo, que produce más hormona progesterona para conservar grueso y esponjoso el revestimiento del útero.

7 Se forma una cicatriz
Si no se produce la concepción, el cuerpo lúteo deja de producir progesterona, es sustituido por tejido cicatrizado y el ciclo vuelve a empezar.

4 Más hormonas
Tras la ovulación, el cuerpo lúteo que se disuelve en el ovario produce progesterona, hormona que activa el crecimiento de las arterias del endometrio. Así, el endometrio es más blando y esponjoso, y está preparado para recibir un óvulo fecundado.

Patrones hormonales
Ilustración de las principales hormonas que regulan el ciclo menstrual.

- Hormona foliculoestimulante (FSH) y hormona luteinizante (HL)
- Estrógeno
- Progesterona

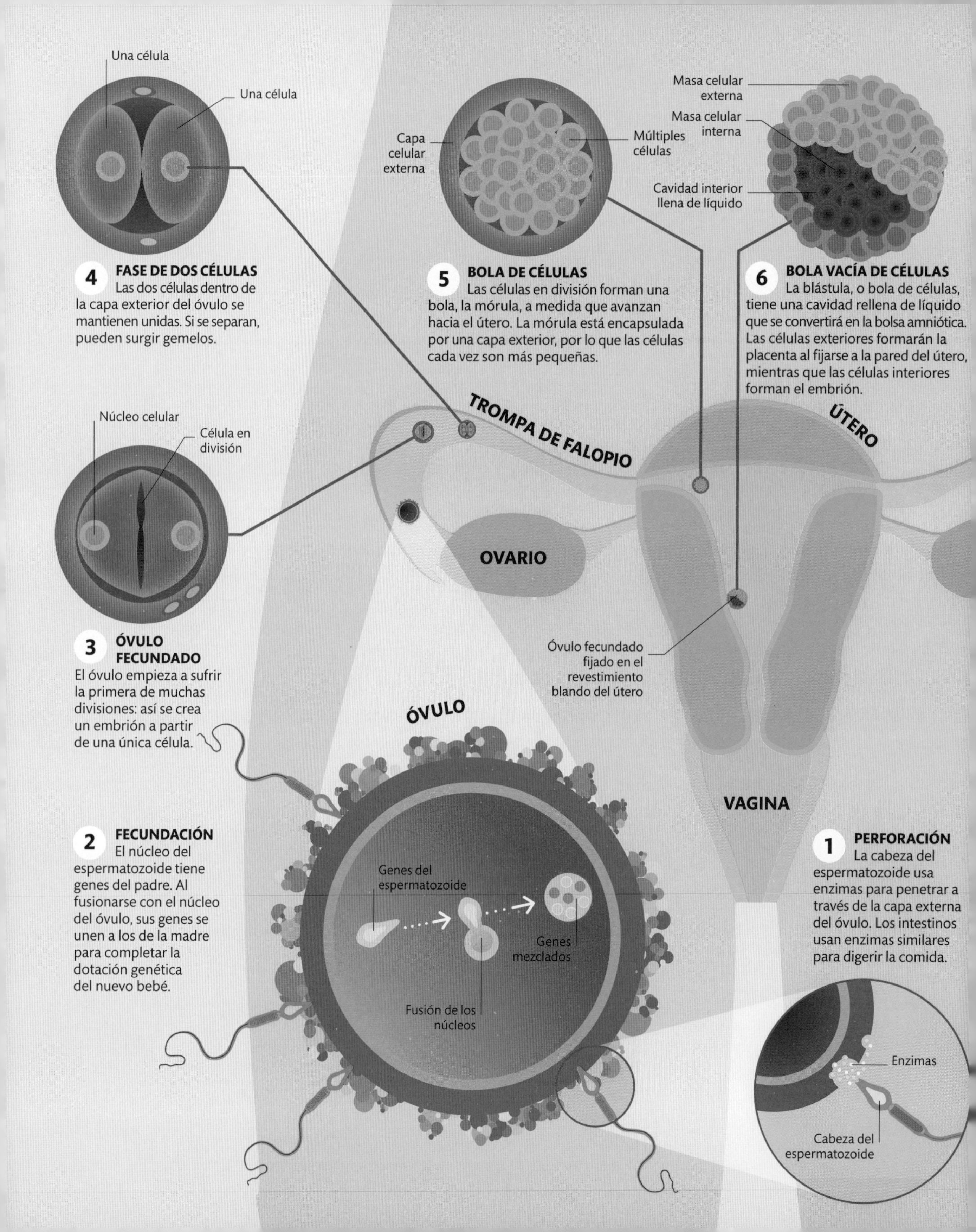

Una célula
Una célula
4 FASE DE DOS CÉLULAS
Las dos células dentro de la capa exterior del óvulo se mantienen unidas. Si se separan, pueden surgir gemelos.
Capa celular externa
Múltiples células
5 BOLA DE CÉLULAS
Las células en división forman una bola, la mórula, a medida que avanzan hacia el útero. La mórula está encapsulada por una capa exterior, por lo que las células cada vez son más pequeñas.
Masa celular externa
Masa celular interna
Cavidad interior llena de líquido
6 BOLA VACÍA DE CÉLULAS
La blástula, o bola de células, tiene una cavidad rellena de líquido que se convertirá en la bolsa amniótica. Las células exteriores formarán la placenta al fijarse a la pared del útero, mientras que las células interiores forman el embrión.
Núcleo celular
Célula en división
TROMPA DE FALOPIO
ÚTERO
OVARIO
3 ÓVULO FECUNDADO
El óvulo empieza a sufrir la primera de muchas divisiones: así se crea un embrión a partir de una única célula.
Óvulo fecundado fijado en el revestimiento blando del útero
ÓVULO
VAGINA
2 FECUNDACIÓN
El núcleo del espermatozoide tiene genes del padre. Al fusionarse con el núcleo del óvulo, sus genes se unen a los de la madre para completar la dotación genética del nuevo bebé.
Genes del espermatozoide
Genes mezclados
Fusión de los núcleos
1 PERFORACIÓN
La cabeza del espermatozoide usa enzimas para penetrar a través de la capa externa del óvulo. Los intestinos usan enzimas similares para digerir la comida.
Enzimas
Cabeza del espermatozoide

Inicios humildes

Durante las 48 horas posteriores al coito, unos 300 millones de espermatozoides compiten por fecundar un óvulo. Este atrae químicamente a los espermatozoides, lo que les ayuda en su largo viaje de 15 centímetros. Cuando un espermatozoide fecunda el óvulo, se producen una serie de cambios.

El trayecto del óvulo
Cada mes varios óvulos empiezan a madurar en los ovarios. Normalmente, al ovular solo se libera un óvulo maduro, que pasa a una de las trompas de Falopio.

Fecundación

Si una mujer ha ovulado y mantenido relaciones sexuales, la fecundación (la unión de un óvulo y un espermatozoide para iniciar el embarazo) es posible. En el momento en el que el espermatozoide penetra en la capa exterior del óvulo, este sufre un rápido cambio químico y se endurece para evitar que penetre algún otro espermatozoide: es el cigoto, que empieza a dividirse al entrar en la matriz (útero). La fecundación ya se ha conseguido, pero aún queda mucho camino por recorrer hasta el parto.

¿CUÁNDO EMPIEZA EL EMBARAZO?

El embarazo no empieza hasta que el óvulo fecundado consigue fijarse en el blando revestimiento del útero; en ese momento se ha concebido la nueva vida.

LA RESPUESTA A LA INFERTILIDAD

Los problemas de infertilidad son bastante habituales en ambos sexos y afectan a una de cada seis parejas. Algunas mujeres tienen problemas de ovulación, quizá tienen taponadas las trompas de Falopio o sus óvulos son viejos. Los hombres tienen recuento bajo de espermatozoides, o estos presentan poca movilidad. Sin embargo, hay varios posibles tratamientos. Uno, la fecundación *in vitro*, recoge óvulos y espermatozoides y los coloca en un tubo de ensayo para producir la fecundación. El óvulo fecundado se desarrolla antes de implantarlo en el útero para que crezca más. Un procedimiento más avanzado es la inyección intracitoplasmática de espermatozoides, en la que se inyecta un núcleo de espermatozoide directamente en un óvulo.

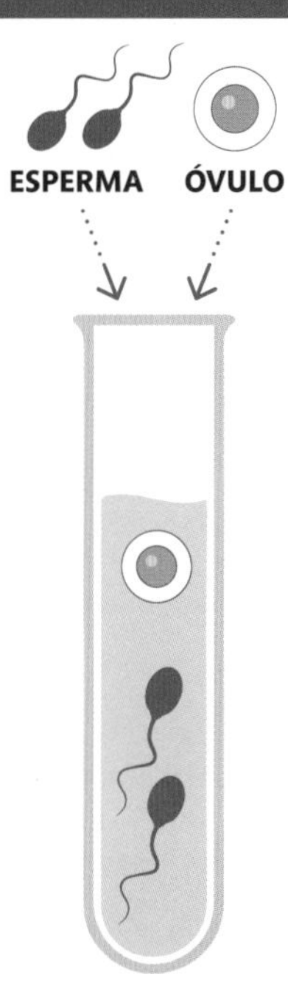
ESPERMA
ÓVULO

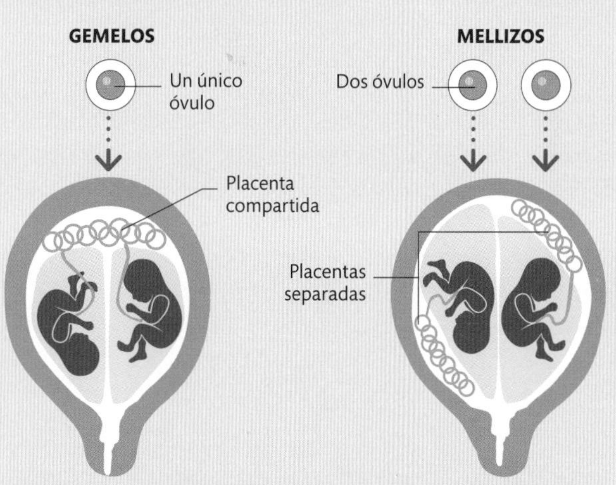
GEMELOS
Un único óvulo
Placenta compartida
MELLIZOS
Dos óvulos
Placentas separadas

Cómo se forman los embarazos múltiples

Los mellizos se producen si al ovular se liberan dos óvulos y ambos se fertilizan. Pueden ser del mismo sexo o no, y cada uno tiene su propia placenta. Los gemelos, en cambio, surgen si un único óvulo fecundado se divide en las fases iniciales de división y cada embrión sigue dividiéndose por separado. Cada gemelo tiene su propia placenta. Si el óvulo se divide más tarde, los gemelos comparten placenta.

El juego de las generaciones

Aunque seas un individuo único, es posible que compartas rasgos concretos con tu familia. Estos rasgos pasan de generación en generación a través de los genes en los óvulos de la madre y los espermatozoides del padre.

Rasgos hereditarios

Los genes indican al cuerpo cómo debe desarrollarse (ver p. 23). Unas estructuras, los cromosomas, transportan múltiples genes (ver p. 16). Cada espermatozoide del padre y óvulo de la madre contiene una selección aleatoria de sus genes. Cuando estas células se fusionan en la fecundación, se mezclan los grupos de genes para formar unos nuevos planos exclusivos que determinan cómo somos. Los hermanos heredarán una selección similar, por eso tenemos rasgos parecidos e incluso compartimos rasgos de personalidad. Existen hermanos que comparten pocos genes y a primera vista no parece que lo sean.

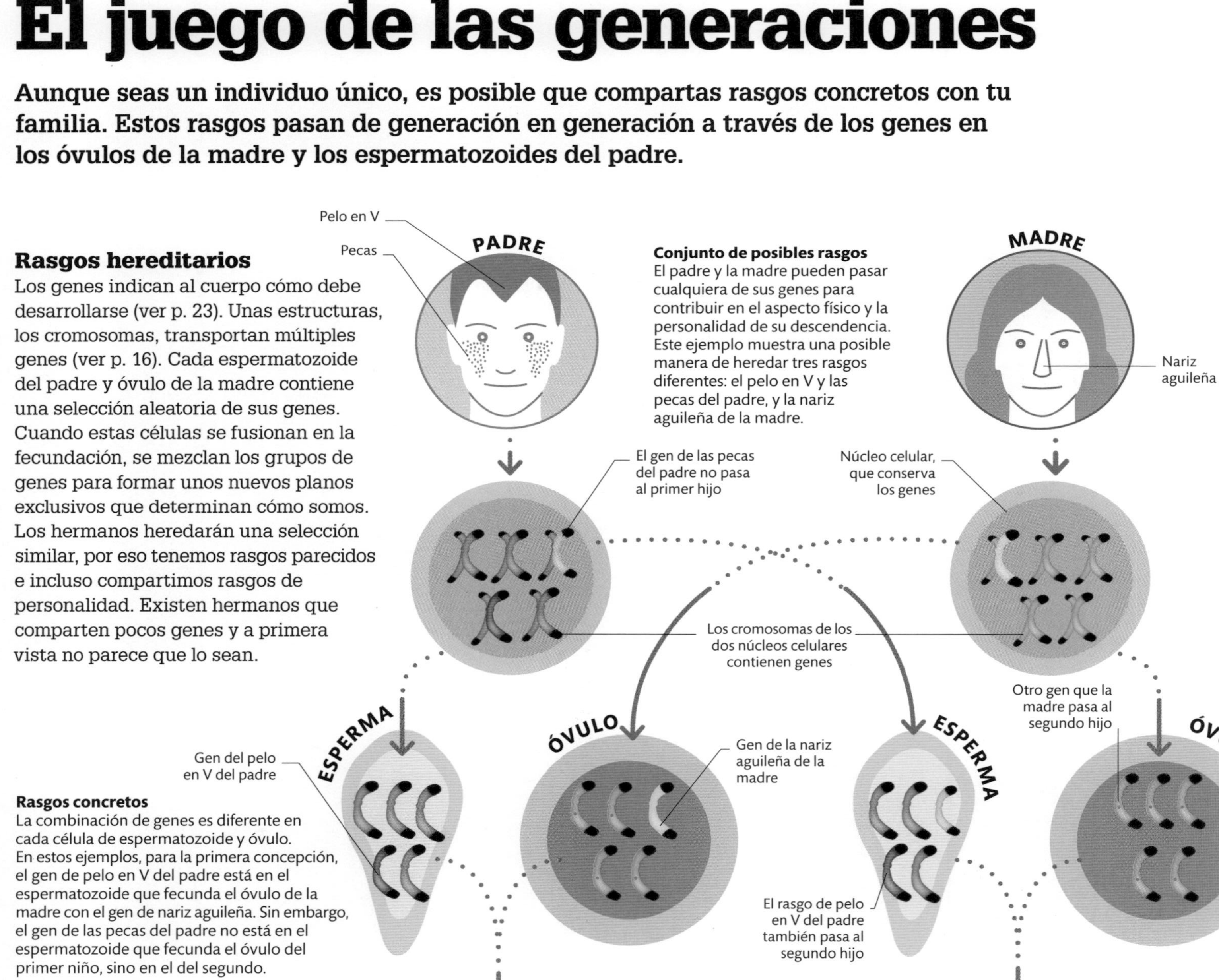
Pelo en V
Pecas
PADRE
MADRE
Nariz aguileña
El gen de las pecas del padre no pasa al primer hijo
Núcleo celular, que conserva los genes
Los cromosomas de los dos núcleos celulares contienen genes
Otro gen que la madre pasa al segundo hijo
ESPERMA
ÓVULO
ESPERMA
ÓVULO
Gen del pelo en V del padre
Gen de la nariz aguileña de la madre
El rasgo de pelo en V del padre también pasa al segundo hijo

Conjunto de posibles rasgos
El padre y la madre pueden pasar cualquiera de sus genes para contribuir en el aspecto físico y la personalidad de su descendencia. Este ejemplo muestra una posible manera de heredar tres rasgos diferentes: el pelo en V y las pecas del padre, y la nariz aguileña de la madre.

Rasgos concretos
La combinación de genes es diferente en cada célula de espermatozoide y óvulo. En estos ejemplos, para la primera concepción, el gen de pelo en V del padre está en el espermatozoide que fecunda el óvulo de la madre con el gen de nariz aguileña. Sin embargo, el gen de las pecas del padre no está en el espermatozoide que fecunda el óvulo del primer niño, sino en el del segundo.

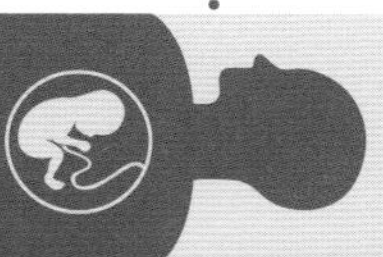

Rasgos de ambos progenitores
El espermatozoide y el óvulo del primer hijo ha pasado los genes del pelo en V del padre y los genes de nariz aguileña de la madre. Por lo tanto, mostrará rasgos de ambos progenitores. Por azar no ha heredado las pecas del padre.

PRIMER HIJO
GENES DEL HIJO

SEGUNDO HIJO
GENES DEL HIJO

Rasgos compartidos
El segundo hijo hereda del padre los genes del pelo en V y las pecas. Los hermanos comparten por lo menos una característica física: el pelo en V.

Rasgos dominantes y recesivos

Los rasgos se heredan siguiendo modelos dominantes o recesivos. Las versiones dominante y recesiva de un gen se denominan alelos y están en el mismo lugar del cromosoma. El alelo dominante suele mostrar su rasgo siempre que esté presente, mientras que el recesivo solo se mostrará si no existe una versión más dominante. Si tienes el lóbulo de la oreja separado, tienes como mínimo un alelo dominante. Solo muestras el rasgo recesivo, el lóbulo pegado, más raro, si tienes dos copias de la versión recesiva.

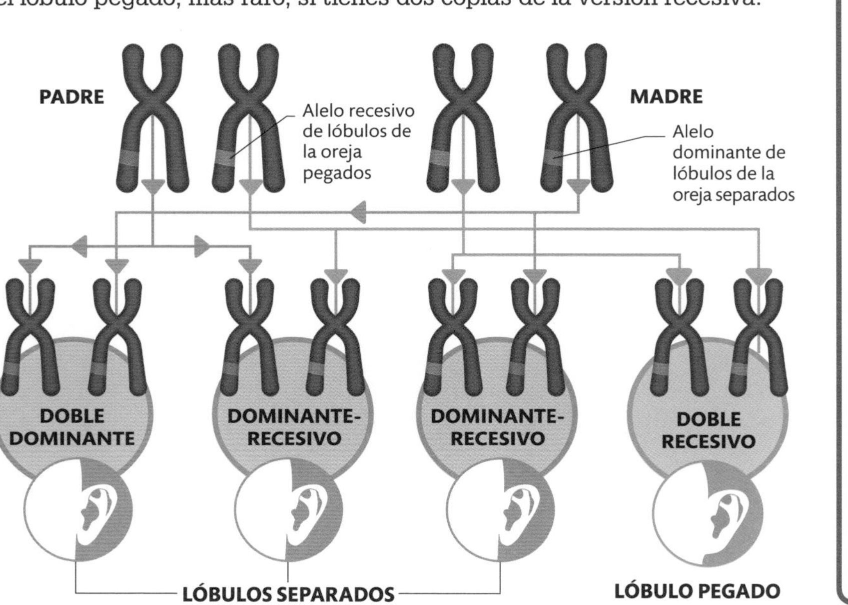
PADRE
Alelo recesivo de lóbulos de la oreja pegados
MADRE
Alelo dominante de lóbulos de la oreja separados
DOBLE DOMINANTE
DOMINANTE-RECESIVO
DOMINANTE-RECESIVO
DOBLE RECESIVO
LÓBULOS SEPARADOS
LÓBULO PEGADO

HERENCIA LIGADA AL SEXO

Si una madre lleva un gen recesivo con un problema de visión en un cromosoma X, el cuerpo utilizará el gen bueno del otro cromosoma X. La hija que herede el gen alterado será portadora (como la madre) y no se verá afectada, ya que el gen dominante ocultará sus efectos. Sin embargo, como los hombres solo tienen un cromosoma X, cualquier hijo con el gen alterado tendrá problemas de vista.

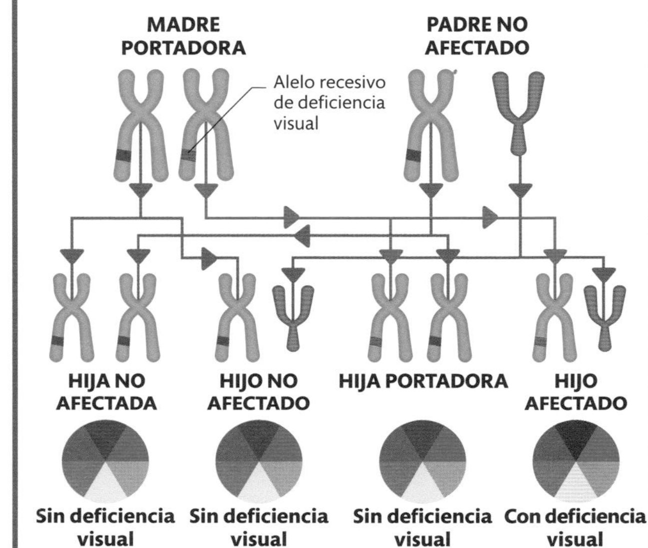
MADRE PORTADORA
Alelo recesivo de deficiencia visual
PADRE NO AFECTADO
HIJA NO AFECTADA
HIJO NO AFECTADO
HIJA PORTADORA
HIJO AFECTADO
Sin deficiencia visual
Sin deficiencia visual
Sin deficiencia visual
Con deficiencia visual

La vida crece

La creación de una vida nueva es un proceso milagroso en el que se divide un óvulo fecundado hasta formar un bebé en solo nueve meses. La placenta, un órgano especial que aporta todo lo necesario al feto, conecta a la madre y al bebé.

De células a órganos

Durante las primeras ocho semanas, el bebé se denomina embrión. La activación o desactivación de genes indica a las células cómo deben desarrollarse. Las células de la capa exterior del embrión forman las células del cerebro, los nervios y la piel. La capa interior se convierte en los órganos principales, como los intestinos, mientras que las células que conectan ambas capas pasan a ser músculos, huesos, vasos sanguíneos y órganos reproductores. Tras crearse estas estructuras principales, el bebé se denomina feto hasta que nace.

Embrión de cuatro semanas
Se ha empezado a formar la columna vertebral, los ojos, las extremidades y los órganos. Ahora el embrión mide unos 5 mm de largo y pesa 1 g.

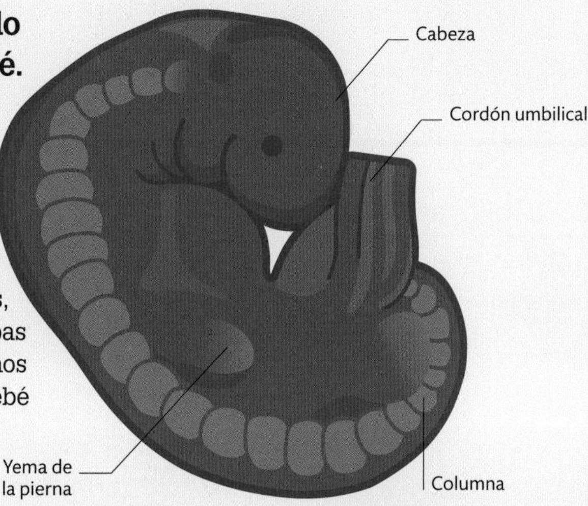
Cabeza
Cordón umbilical
Yema de la pierna
Columna

Primer latido
El corazón se ha desarrollado casi por completo al cabo de seis semanas; sus cuatro cavidades bombean a unos rápidos 144 latidos por minuto. Este latido se percibe mediante ecografía.

Liberación de orina
Los riñones liberan orina en el líquido amniótico cada 30 minutos, donde se diluye y el feto puede tragárselo sin problemas. Al final, a través de la placenta, acaba en la madre, quien la excretará con su propia orina.

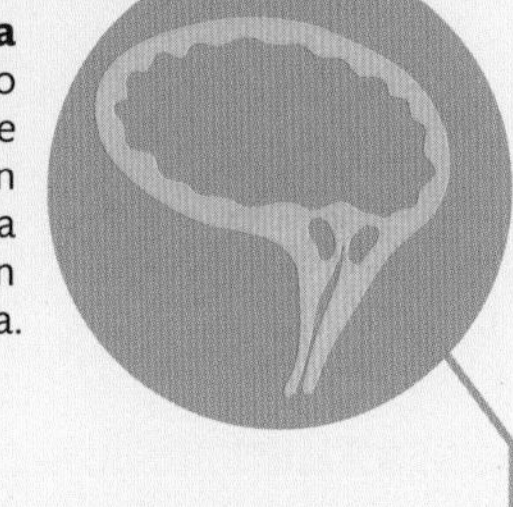

Pequeñas extremidades
Los brazos aparecerán en las yemas de la parte superior y las piernas se formarán en las yemas de la parte inferior. Los dedos salen fusionados y se separan más adelante.

Se forman los pulmones
Ahora empiezan a formarse los pulmones. No pueden respirar aire por sí solos hasta que el bebé está casi a punto de nacer.

Desarrollo fetal
Cada feto se desarrolla a su propio ritmo; el momento de cada acontecimiento clave tiende a variar.

CRONOLOGÍA DEL EMBARAZO

1 MES — 2 MESES — 3 MESES — 4 MESES

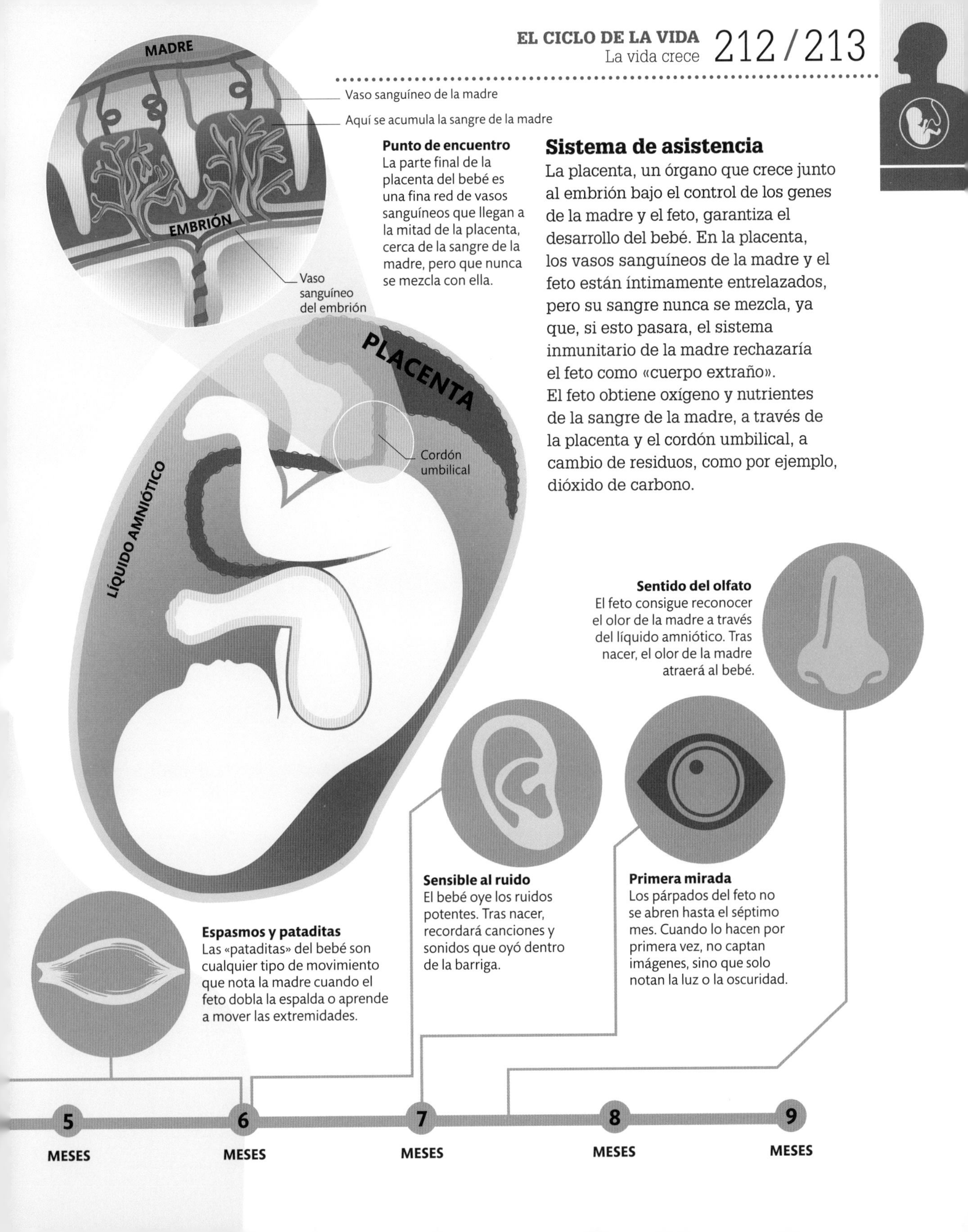
MADRE
Vaso sanguíneo de la madre
Aquí se acumula la sangre de la madre
EMBRIÓN
Vaso sanguíneo del embrión
PLACENTA
Cordón umbilical
LÍQUIDO AMNIÓTICO
5 MESES
6 MESES
7 MESES
8 MESES
9 MESES

Punto de encuentro
La parte final de la placenta del bebé es una fina red de vasos sanguíneos que llegan a la mitad de la placenta, cerca de la sangre de la madre, pero que nunca se mezcla con ella.

Sistema de asistencia

La placenta, un órgano que crece junto al embrión bajo el control de los genes de la madre y el feto, garantiza el desarrollo del bebé. En la placenta, los vasos sanguíneos de la madre y el feto están íntimamente entrelazados, pero su sangre nunca se mezcla, ya que, si esto pasara, el sistema inmunitario de la madre rechazaría el feto como «cuerpo extraño». El feto obtiene oxígeno y nutrientes de la sangre de la madre, a través de la placenta y el cordón umbilical, a cambio de residuos, como por ejemplo, dióxido de carbono.

Sentido del olfato
El feto consigue reconocer el olor de la madre a través del líquido amniótico. Tras nacer, el olor de la madre atraerá al bebé.

Espasmos y pataditas
Las «pataditas» del bebé son cualquier tipo de movimiento que nota la madre cuando el feto dobla la espalda o aprende a mover las extremidades.

Sensible al ruido
El bebé oye los ruidos potentes. Tras nacer, recordará canciones y sonidos que oyó dentro de la barriga.

Primera mirada
Los párpados del feto no se abren hasta el séptimo mes. Cuando lo hacen por primera vez, no captan imágenes, sino que solo notan la luz o la oscuridad.

El cuerpo cambia

El crecimiento de un bebé dentro del cuerpo de la madre es algo fantástico y exigente a la vez, ya que su cuerpo experimenta una gran cantidad de cambios y equilibrios durante el embarazo.

El embarazo transforma

El embarazo implica grandes cambios físicos y emocionales que preparan a la madre para las duras exigencias del proceso. El cuerpo tiene que cubrir sus necesidades y además proporcionar todo lo necesario al bebé en desarrollo: oxígeno, proteínas, energía, líquidos, vitaminas y minerales. Debe absorber también los residuos del bebé y procesarlos con los propios. Los órganos empiezan a cubrir las funciones del propio cuerpo y del del bebé, y por eso las embarazadas se cansan con más facilidad. No obstante, el embarazo es un magnífico ejemplo de la capacidad de adaptación del organismo.

¿POR QUÉ SURGEN LOS ANTOJOS?

Sin lugar a dudas, los antojos son uno de los fenómenos más raros del embarazo; pueden ser síntoma de deficiencias nutricionales. Si el cuerpo o el bebé necesitan unos nutrientes concretos, aparecen antojos de combinaciones raras de alimentos, como helado con pepinillos, por ejemplo. A veces, aunque ocurre menos, se presentan antojos de cosas no comestibles, como tierra o carbón.

CEREBRO
COLUMNA
PULMÓN
DIAFRAGMA

Cerebro agotado
El cerebro recicla sus propios ácidos grasos para suministrar al bebé los ácidos grasos que su cerebro necesita. Esto podría explicar el pensamiento confuso que se experimenta hacia el final del embarazo. Para contrarrestarlo se pueden incluir más ácidos grasos en la dieta de la madre.

Aumento de pecho
Los pechos y los pezones crecen ante el incremento del nivel de la hormona estrógeno. Las glándulas productoras de leche de la mama maduran en respuesta a la progesterona, otra hormona. Al final del embarazo puede empezar a aparecer el calostro, o primera leche en las mamas.

Mayores frecuencias respiratoria y cardiaca
El volumen de sangre sube aproximadamente un tercio y el corazón debe bombear más. Aumenta la frecuencia cardiaca de la madre, pero sus venas se dilatan; la presión arterial cae. Se respira más rápido para obtener oxígeno extra para el feto.

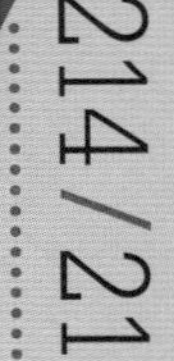

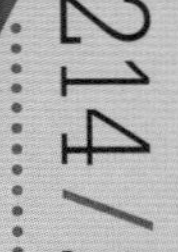

¿QUÉ SON LAS NÁUSEAS DEL EMBARAZO?

Al principio del embarazo, los cambios hormonales en el oído interno alteran el equilibrio de las embarazadas, inducen náuseas y mareos parecidos al estado de embriaguez. Estas náuseas aparecen en cualquier momento del día.

EL ÚTERO MULTIPLICA HASTA 500 VECES SU TAMAÑO AL FINAL DEL EMBARAZO

HÍGADO
ESTÓMAGO
Estrógeno
Progesterona

Estómago aplastado
A medida que crece el bebé, también lo hace el útero, y este empuja el estómago de la madre contra el diafragma. Por eso muchas embarazadas experimentan acidez estomacal por el reflujo ácido; ¡a veces incluso eructan de manera escandalosa!

Presión en la columna
Cuanto más crece el útero, más adelante se desplaza el centro de gravedad de las embarazadas, que, para compensar, se inclinan hacia atrás. Así alteran su postura y sobrecargan los músculos, ligamentos y pequeñas articulaciones de la columna inferior, lo que puede causar dolor de espalda.

Productora de hormonas
Cuando se forma, la placenta produce una hormona, la gonadotrofina coriónica humana (hCG), que es la que detectan las pruebas de embarazo. La placenta empieza a producir estrógeno y progesterona a mayor velocidad, lo que provoca cambios físicos, como el crecimiento mamario.

Crecimiento abdominal
A medida que el útero crece y se desplaza de la pelvis, la distancia entre el hueso púbico y la parte superior del útero (fondo) ayuda a calcular el tiempo de embarazo. Una altura uterina de 22 cm es indicativa de aproximadamente 22 semanas de embarazo.

Vejiga aplastada
El rápido desarrollo del útero aplasta la vejiga y, por lo tanto, retiene menos orina, lo que se traduce en visitas frecuentes al lavabo. Al final del embarazo, el peso del útero estira los músculos que sujetan la vejiga y pueden producirse pérdidas indeseadas al toser, reír o estornudar.

ESTRÍAS

Las estrías aparecen cuando se gana peso con rapidez y se estira la piel. En la parte más profunda de la piel, las fibras elásticas y el colágeno que suelen mantener tersa y suave la piel se hacen más finas durante el embarazo. La mayoría de las mujeres terminan con estrías; sin embargo, la piel de algunas afortunadas sobrevive indemne al embarazo.

El milagro de nacer

Dar a luz es una experiencia emocionante y abrumadora. La madre y el bebé se han preparado durante nueve meses de embarazo para el parto, que puede durar entre 30 minutos y unos cuantos días.

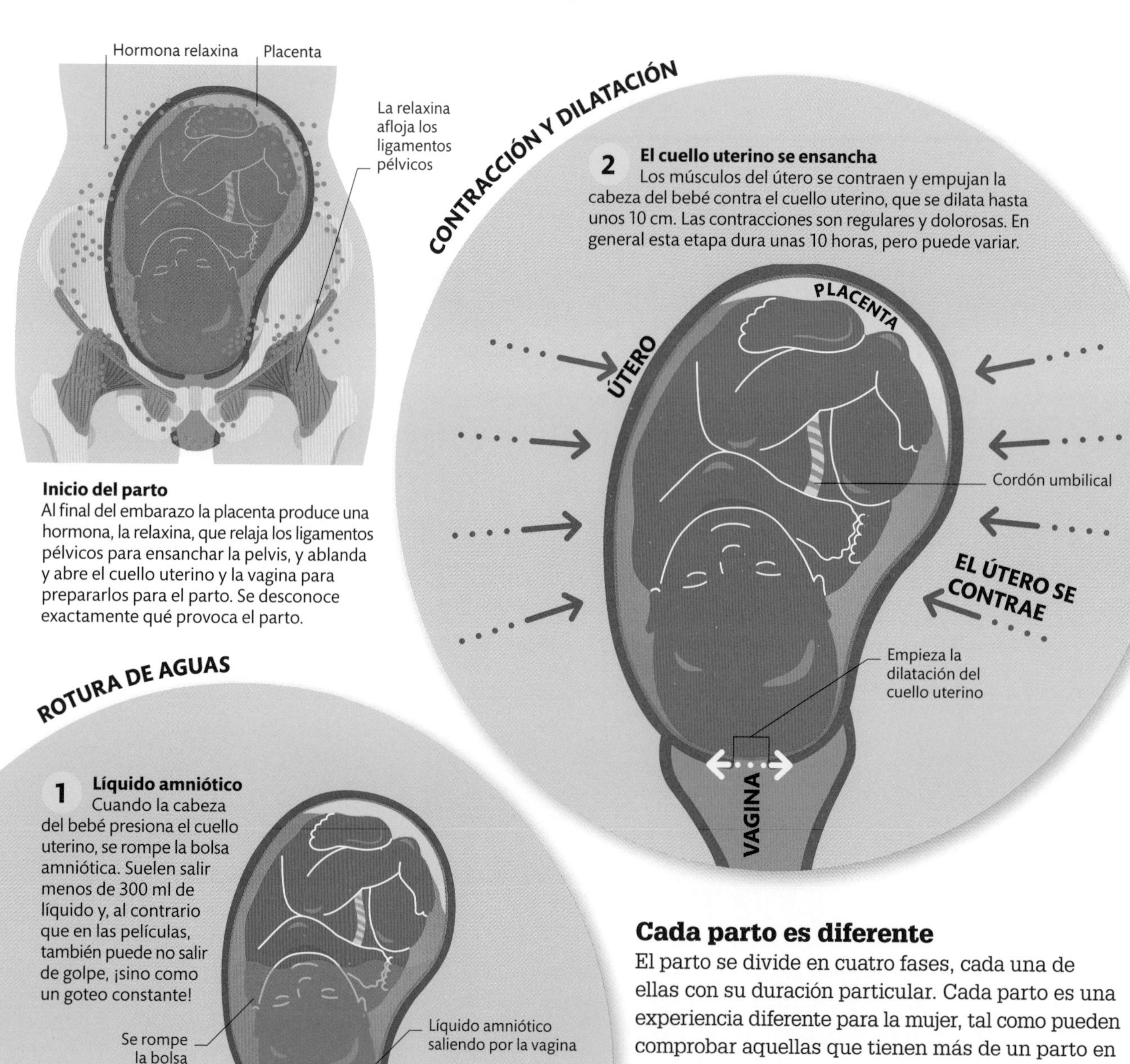

Hormona relaxina
Placenta
La relaxina afloja los ligamentos pélvicos
Inicio del parto
Al final del embarazo la placenta produce una hormona, la relaxina, que relaja los ligamentos pélvicos para ensanchar la pelvis, y ablanda y abre el cuello uterino y la vagina para prepararlos para el parto. Se desconoce exactamente qué provoca el parto.
CONTRACCIÓN Y DILATACIÓN
2 **El cuello uterino se ensancha**
Los músculos del útero se contraen y empujan la cabeza del bebé contra el cuello uterino, que se dilata hasta unos 10 cm. Las contracciones son regulares y dolorosas. En general esta etapa dura unas 10 horas, pero puede variar.
PLACENTA
ÚTERO
Cordón umbilical
EL ÚTERO SE CONTRAE
Empieza la dilatación del cuello uterino
VAGINA
ROTURA DE AGUAS
1 **Líquido amniótico**
Cuando la cabeza del bebé presiona el cuello uterino, se rompe la bolsa amniótica. Suelen salir menos de 300 ml de líquido y, al contrario que en las películas, también puede no salir de golpe, ¡sino como un goteo constante!
Se rompe la bolsa amniótica
Líquido amniótico saliendo por la vagina
VAGINA

Cada parto es diferente

El parto se divide en cuatro fases, cada una de ellas con su duración particular. Cada parto es una experiencia diferente para la mujer, tal como pueden comprobar aquellas que tienen más de un parto en su vida. Estas fases pueden sucederse de manera rápida o alargarse un par de días. En el segundo embarazo, el tiempo hasta la fase de contracciones puede ser más corto que en el primero.

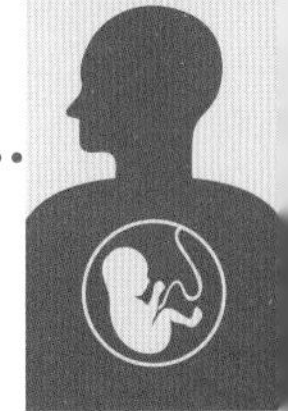

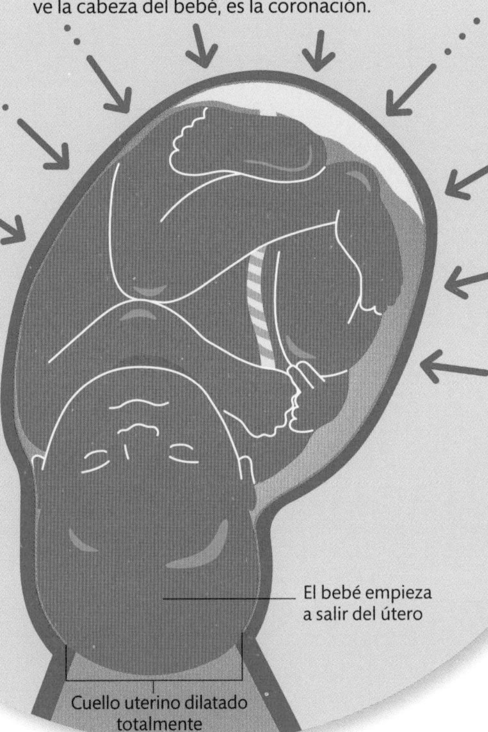
CORONACIÓN
3 Hora de empujar
Tras una pausa, las contracciones cobran más fuerza: ahora es cuando la madre siente la necesidad de empujar. El bebé baja hacia la vagina (canal del parto). Cuando se ve la cabeza del bebé, es la coronación.
El bebé empieza a salir del útero
Cuello uterino dilatado totalmente

NACER A TÉRMINO COMPLETO

El embarazo no es una ciencia exacta: solo uno de cada 20 bebés nacen en la fecha de parto prevista al principio. Los médicos consideran que un embarazo individual dura 40 semanas, con dos semanas de margen. En el caso de gemelos, se considera a término a las 37 semanas, y 34 para un embarazo de trillizos. En estos dos últimos casos nacen menos maduros y por lo tanto requieren más atención médica.

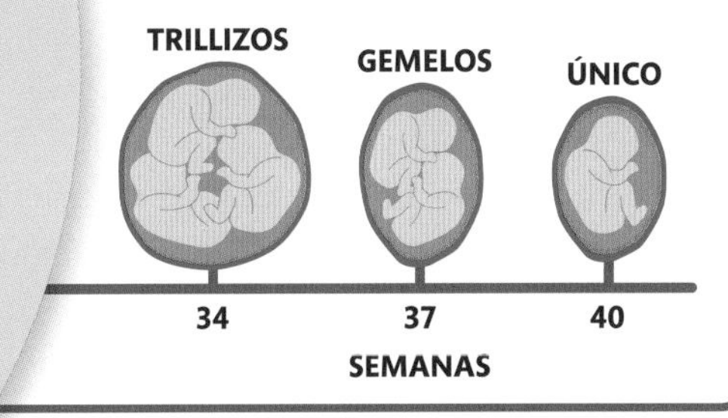
TRILLIZOS
GEMELOS
ÚNICO
34
37
40
SEMANAS

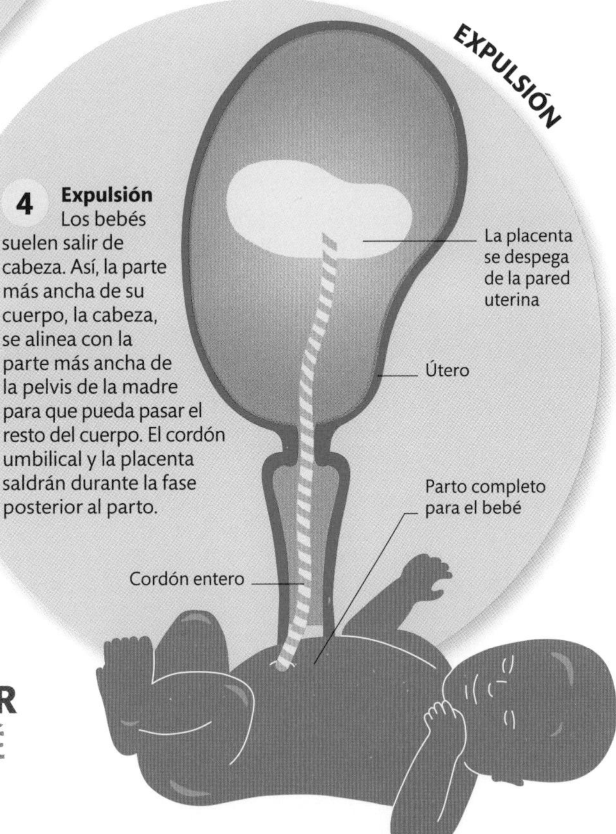
EXPULSIÓN
4 Expulsión
Los bebés suelen salir de cabeza. Así, la parte más ancha de su cuerpo, la cabeza, se alinea con la parte más ancha de la pelvis de la madre para que pueda pasar el resto del cuerpo. El cordón umbilical y la placenta saldrán durante la fase posterior al parto.
La placenta se despega de la pared uterina
Útero
Parto completo para el bebé
Cordón entero

Qué pasa tras el parto

Tras el parto el bebé respira por primera vez, momento en el que los sistemas circulatorio y respiratorio del bebé empiezan a funcionar por sí solos, sin ayuda materna. Se produce al instante un desvío de los vasos sanguíneos para obtener oxígeno de los pulmones. La presión de la sangre de vuelta al corazón cierra un orificio en el corazón y establece la circulación normal.

SE PUEDE RECOGER SANGRE DE LA **PLACENTA DE LA MADRE** Y ALMACENARLA PARA **OBTENER CÉLULAS MADRE** PARA EL BEBÉ

Listos para vivir

Al nacer ya tenemos algunas características para poder crecer y desarrollarnos. Los huesos del cráneo del bebé son flexibles y entre ellos hay unos espacios fibrosos para que pueda crecer la cabeza a medida que el cerebro aumenta de tamaño. Durante el primer año crecemos rápido hasta triplicar el peso del parto.

1 MES

1 Empezar a sonreír
Durante el primer mes de vida, escuchamos, miramos y empezamos a reconocer a personas, objetos y sitios. Es probable que sonriamos por primera vez a las 4-6 semanas.

3 MESES

2 Intentar girar
A los 3 meses podemos equilibrar la cabeza, dar patadas y retorcernos, e intentamos girarnos.

6 MESES

3 Balbucear
Hablamos con balbuceos y gorgoritos. Imitamos sonidos y respondemos a órdenes simples como «sí» o «no».

9 MESES

4 Sentarse
Con 9 meses nos sentamos, arrastramos los pies o gateamos. A medida que se desarrollan las funciones motoras, nos movemos sin parar.

10 MESES

5 Caminar erguido
Lo más probable es que hagamos los primeros pinitos entre los 10 y 18 meses. Damos los primeros pasos agarrados a algo.

12 MESES

6 Reconocerse
A los 12 meses reconocemos nuestro nombre; a los 18 meses, empezamos a reconocer nuestra propia imagen.

REFLEJOS DE BEBÉ

Los bebés nacen con más de 70 reflejos de supervivencia. Al colocar un dedo al lado de la mejilla del bebé, girará la cabeza y abrirá la boca; se conoce como reflejo de búsqueda y les ayuda a encontrar el pezón de la madre cuando tienen hambre. Desaparece cuando se establece una alimentación regular. El reflejo de presión intenta estabilizarles si se caen; colocar al bebé sobre la barriga inicia el reflejo de gateo. Estos dos son necesarios durante más tiempo.

reflejo de búsqueda
reflejo de prensión
reflejo de gateo
0 1 2 3 4 5 6 7 8 9
Meses

Hitos en el desarrollo

Durante el primer año de vida desarrollamos habilidades para explorar el mundo que nos rodea. Los hitos del desarrollo, como la primera sonrisa y los primeros pasos, ayudan a controlar el progreso del bebé.

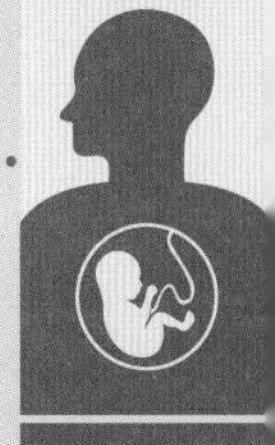

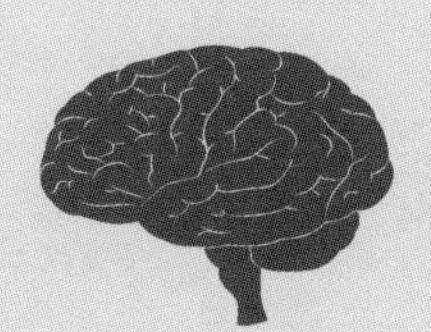

EL CEREBRO DEL BEBÉ MIDE UNA CUARTA PARTE DE SU TAMAÑO ADULTO

Sentidos atentos

Un recién nacido puede fijarse en objetos a 25 cm y diferenciar formas y patrones. Reconoce la voz de la madre de cuando estaba en la barriga y se calma con los ruidos suaves y rítmicos que se parecen al latido del corazón de la madre. El bebé también reconoce el olor materno.

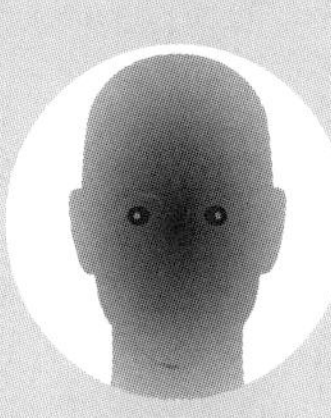

3 días
Al principio el bebé solo ve en blanco y negro. Las caras llaman mucho su atención.

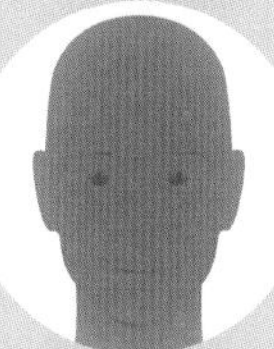

1 mes
La visión normal binocular y en color se comienza a desarrollar más o menos al mes de vida.

6 meses
A los 6 meses, la vista del bebé es excelente y ya es capaz de distinguir caras.

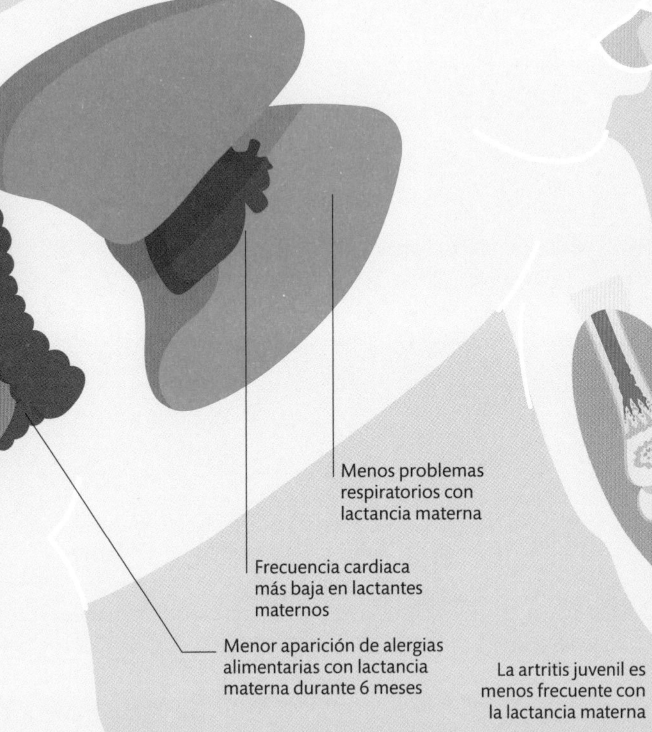

Mejor salud dental con la lactancia materna
Menos problemas respiratorios con lactancia materna
Frecuencia cardiaca más baja en lactantes maternos
Menor aparición de alergias alimentarias con lactancia materna durante 6 meses
La artritis juvenil es menos frecuente con la lactancia materna

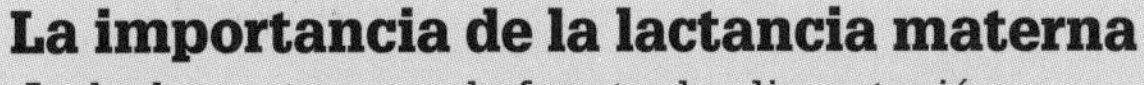

La importancia de la lactancia materna

La leche materna es la fuente de alimentación principal de un recién nacido. Nutricionalmente es tan rica que aporta toda la energía, proteína, grasa, vitaminas, minerales y líquidos que necesita un bebé durante los primeros 4-6 meses. La leche materna también aporta bacterias buenas, incluye anticuerpos y glóbulos blancos que protegen contra enfermedades, y lleva ácidos grasos esenciales, vitales para el desarrollo del cerebro y los ojos. La lactancia materna es muy beneficiosa e influye sobre todos los huesos y tejidos del bebé, igual que en la mayoría de los órganos.

Entender a los demás

A los 5 años, la mayoría de los niños consiguen entender que los otros tienen opiniones y puntos de vista propios. Esto es la «teoría de la mente». Cuando un niño se da cuenta de que tenemos pensamientos y sentimientos propios, aprende a respetar los turnos, compartir juguetes y entender las emociones, y disfruta de un juego simbólico más complejo, ya que hace lo que observa durante el día a día.

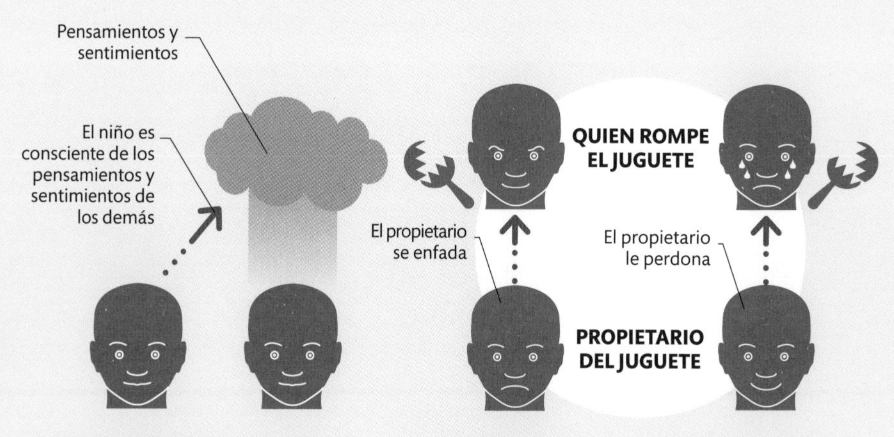
Pensamientos y sentimientos
El niño es consciente de los pensamientos y sentimientos de los demás
QUIEN ROMPE EL JUGUETE
El propietario se enfada
El propietario le perdona
PROPIETARIO DEL JUGUETE

Entender a los demás
El un niño puede predecir cómo se sentirán los demás ante un problema, entiende las intenciones detrás de las acciones de alguien y decide cómo responder.

Resentimiento
Si el niño se da cuenta de que un amigo ha roto un juguete adrede, se enfada, ya que entiende que lo ha hecho con mala intención.

Perdón
Si reconoce que se ha roto sin querer, el niño entiende que su amigo lo siente y no peligra la amistad.

Crecimiento paulatino

La infancia incluye un crecimiento físico y emocional rápido. Dominar las habilidades sociales en la edad adulta es práctico, por eso es crucial que los niños y niñas hagan migas con otras de su edad para entenderse a sí mismos y a los otros, crear límites y establecer relaciones sociales. El crecimiento físico paulatino viene acompañado por el uso avanzado del idioma, la conciencia emocional y las normas de conducta. Se forman en el cerebro nuevas conexiones neuronales que serán los cimientos del desarrollo mental.

Desarrollo infantil
Al crecer, las proporciones del cuerpo se ajustan a un esquema más adulto. El crecimiento se frena entre los 5 y los 8 años.

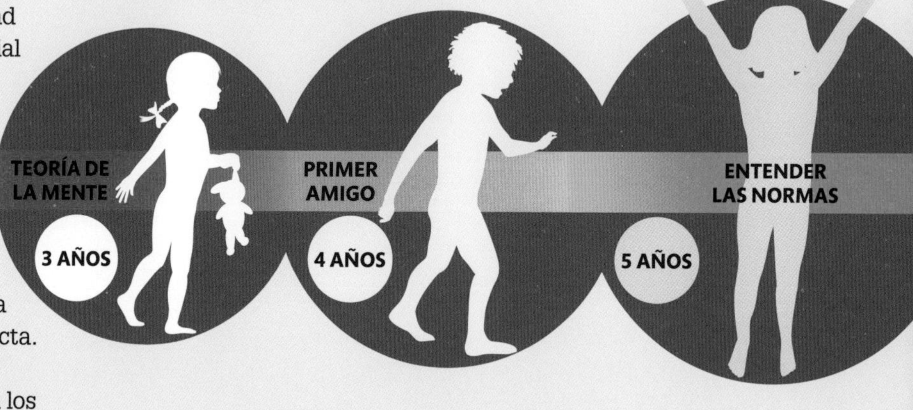
TEORÍA DE LA MENTE
3 AÑOS
PRIMER AMIGO
4 AÑOS
ENTENDER LAS NORMAS
5 AÑOS

Madurar

Los niños rebosan de curiosidad y energía. Durante las etapas clave de la infancia y hasta la pubertad consiguen dominar bien el idioma, entienden que los otros piensan de manera diferente, aprenden las emociones de los demás y comienzan a explorar el entorno.

LOS NIÑOS DE 2 A 10 AÑOS **PREGUNTAN** EN PROMEDIO UNAS **24 COSAS POR HORA**

Forjar amistades

Muchos niños a partir de los 4 años forjan amistades con aquellos que comparten intereses y actividades parecidas. Tienen consciencia del futuro y, por lo tanto, entienden el valor de la amistad con alguien con quien puedan compartir secretos y sea de fiar.

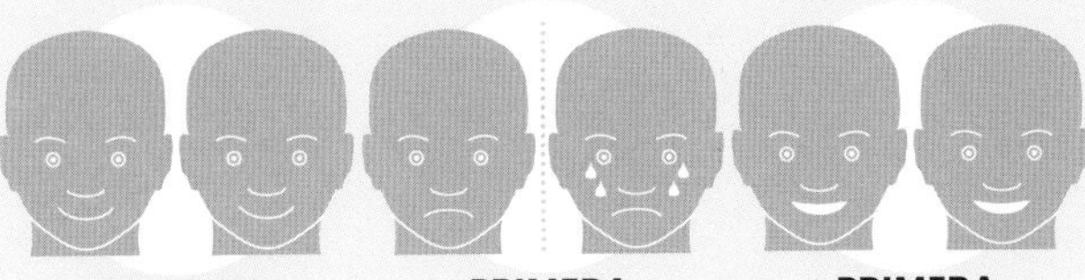
PRIMERA AMISTAD
PRIMERA DISCUSIÓN
PRIMERA RECONCILIACIÓN

Primera resolución
Con una mayor conciencia, las amistades duran más, pues permite reflexionar sobre el porqué del enfado y resolver así el conflicto.

Entender las normas

Los juegos con normas ayudan a los niños a partir de 5 años a controlar su deseo por ganar mientras siguen las normas, las cuales desaniman a hacer trampas o portarse mal. Así distinguen el bien del mal y cómo funciona la sociedad.

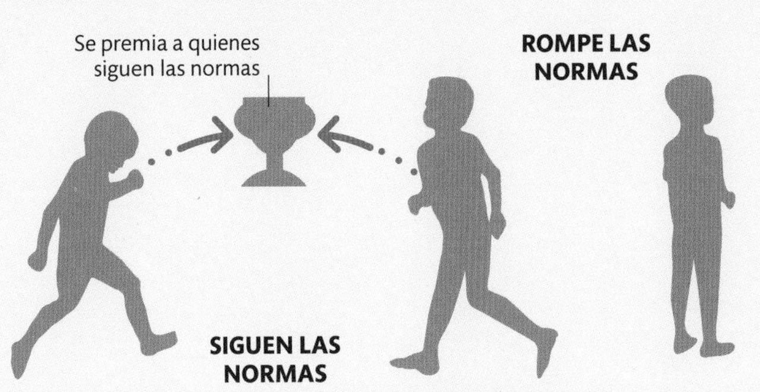
Se premia a quienes siguen las normas
ROMPE LAS NORMAS
SIGUEN LAS NORMAS

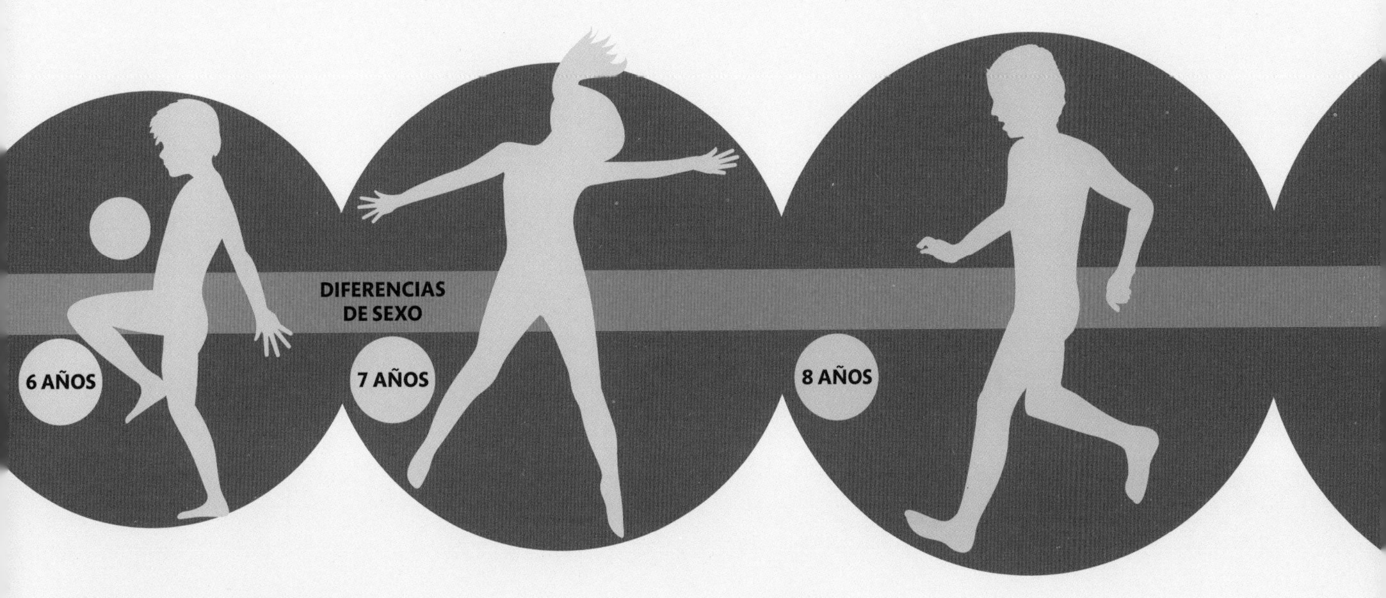
DIFERENCIAS DE SEXO
6 AÑOS
7 AÑOS
8 AÑOS

Grupos de amistades

Niños y niñas forman diferentes tipos de grupos de amistad a los 7 años, cada uno con su propia jerarquía. Los niños tienden a formar grandes grupos de amigos, compuestos por un líder, un círculo interno con los amigos y seguidores periféricos. En cambio, las niñas tienen una o dos amigas cercanas con el mismo estatus. Las más populares van muy buscadas para ser «mejores» amigas.

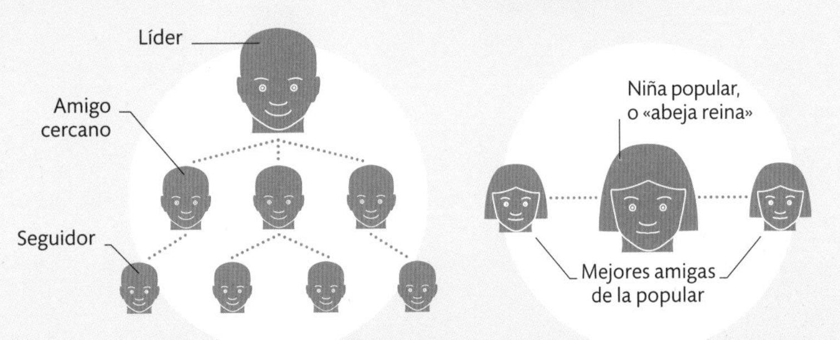
Líder
Amigo cercano
Seguidor
Niña popular, o «abeja reina»
Mejores amigas de la popular
AMISTAD ENTRE NIÑOS
AMISTAD ENTRE NIÑAS

Hormonas adolescentes

La pubertad es la etapa entre la infancia y la adultez en la que maduran los órganos sexuales y la reproducción ya es posible. La fluctuación de los niveles hormonales provoca cambios emocionales y físicos que hacen que los adolescentes se noten patosos, malhumorados y acomplejados.

Hipotálamo

Hipófisis

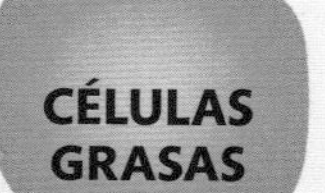
CÉLULAS GRASAS

Inicio de la pubertad

Cuando el peso corporal y la leptina (hormona de las células grasas) llegan a un cierto valor, el hipotálamo libera gonadotropina para iniciar los cambios en ambos sexos.

VOZ MÁS GRAVE

Gallos
Las hormonas hacen crecer la laringe y alargar y engrosar las cuerdas vocales, lo que torna la voz más grave.

Cambios en ellos

Los niños suelen entrar en la pubertad entre los 9 y los 12 años. La velocidad a la que progresa es muy alta y se completa a los 17 y 18 años.

EL PECHO SE ENSANCHA

La caja torácica crece y puede salir algo de vello, pero no todos los hombres lo tendrán.

VELLO

CEREBRO ADOLESCENTE

El cerebro también sufre sus propios cambios: elimina antiguas conexiones neuronales y forma otras nuevas, y no es capaz de controlar bien las extremidades, músculos y nervios tras tanto estirón. Por eso los adolescentes coordinan menos sus movimientos.

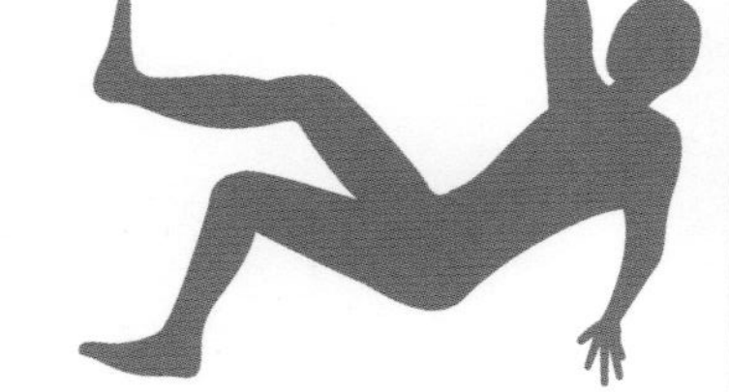

Cambios en ellas

En general, la pubertad aparece un año antes en las niñas que en los niños, entre los 8 y los 11 años, y se acaba a los 15 y 19 años.

VELLO

PECHOS MÁS GRANDES

Aparecen botones mamarios, y quizá están sensibles. Sobresalen los pezones.

DURANTE UN ESTIRÓN DE LA PUBERTAD ¡SE PUEDEN GANAR HASTA 9 CM DE ALTURA EN TAN SOLO UN AÑO!

Los testículos producen testosterona, que acelera los cambios de la pubertad

VELLO PÚBICO

PRODUCCIÓN DE ESPERMATOZOIDES EN LOS TESTÍCULOS

Primera eyaculación
El pene y los testículos crecen, y empieza la producción de esperma. Aparece la primera eyaculación, normalmente durmiendo en forma de «sueño húmedo».

¿POR QUÉ TIENEN ACNÉ LOS ADOLESCENTES?

Las hormonas de la pubertad estimulan las glándulas sebáceas o grasas de la piel. Cuando se estrenan en su tarea, les cuesta algo adaptarse a una tasa normal de secreción de grasa y por eso durante la pubertad aparecen granos.

LOS PRIMEROS Y LOS ÚLTIMOS

La pubertad empieza a diferentes edades, por eso algunas amigas de la misma edad son más altas y parecen más maduras que otras. Por lo tanto, es posible que tres niñas de 12 años tengan una altura y un peso muy diferentes. Las niñas tienden a desarrollarse antes que los niños porque parece que la pubertad femenina se inicia con un peso de 47 kg. En los niños este peso es superior: unos 55 kg.

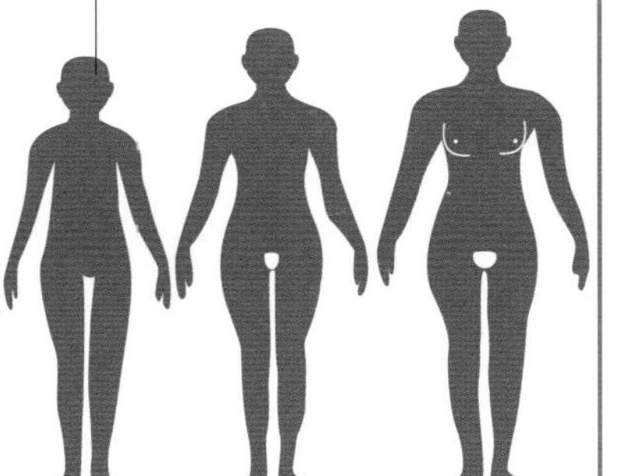
Menos desarrollada que las de su edad

NIÑAS DE 12 AÑOS

Los ovarios producen estrógeno, que acelera los cambios de la pubertad

ÚTERO Y OVARIOS

Primera menstruación
El primer período aparece entre los 10 y los 16 años; lo más habitual es a los 12 años. La ovulación es irregular y el útero crece hasta ser del tamaño de un puño cerrado.

VELLO PÚBICO

Secreción vaginal
La vagina se alarga y empieza a segregar una secreción lechosa o blanca, uno de los primeros signos de la pubertad. El olor corporal de la adolescente quizá es más potente.

Envejecer

El envejecimiento es un proceso lento e inevitable. La velocidad a la que cada uno envejece depende de los genes, la dieta, el estilo de vida y el entorno.

¿Por qué envejecemos?

El envejecimiento es un misterio. Sabemos que las células del cuerpo se dividen para renovarse, pero solo pueden hacerlo un número determinado de veces. Este límite está vinculado al número de unidades repetidas, o telómeros, al final de cada cromosoma, los paquetes de ADN en forma de X de cada núcleo celular. Si heredamos telómeros largos, las células pueden sufrir más divisiones, y por lo tanto podremos vivir más.

RADICALES LIBRES

Los radicales libres pueden provocar daños genéticos que a su vez causarán envejecimiento prematuro. La luz solar, el tabaco, la radiación o la contaminación dañan el ADN y produce estos fragmentos moleculares. Los antioxidantes dietéticos de frutas y verduras ayudan a neutralizar los radicales libres y abren la puerta a vivir más tiempo.

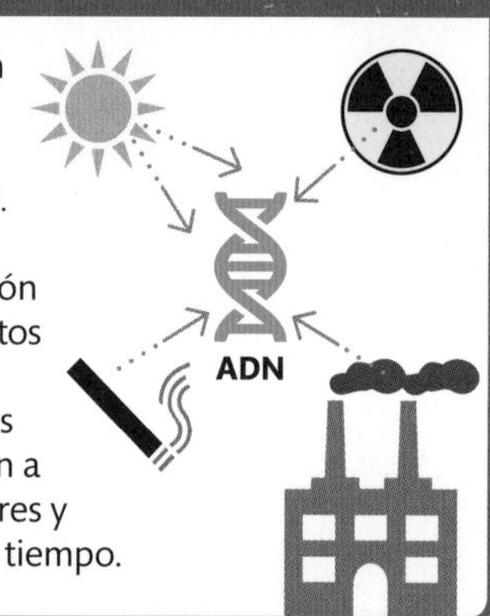
ADN

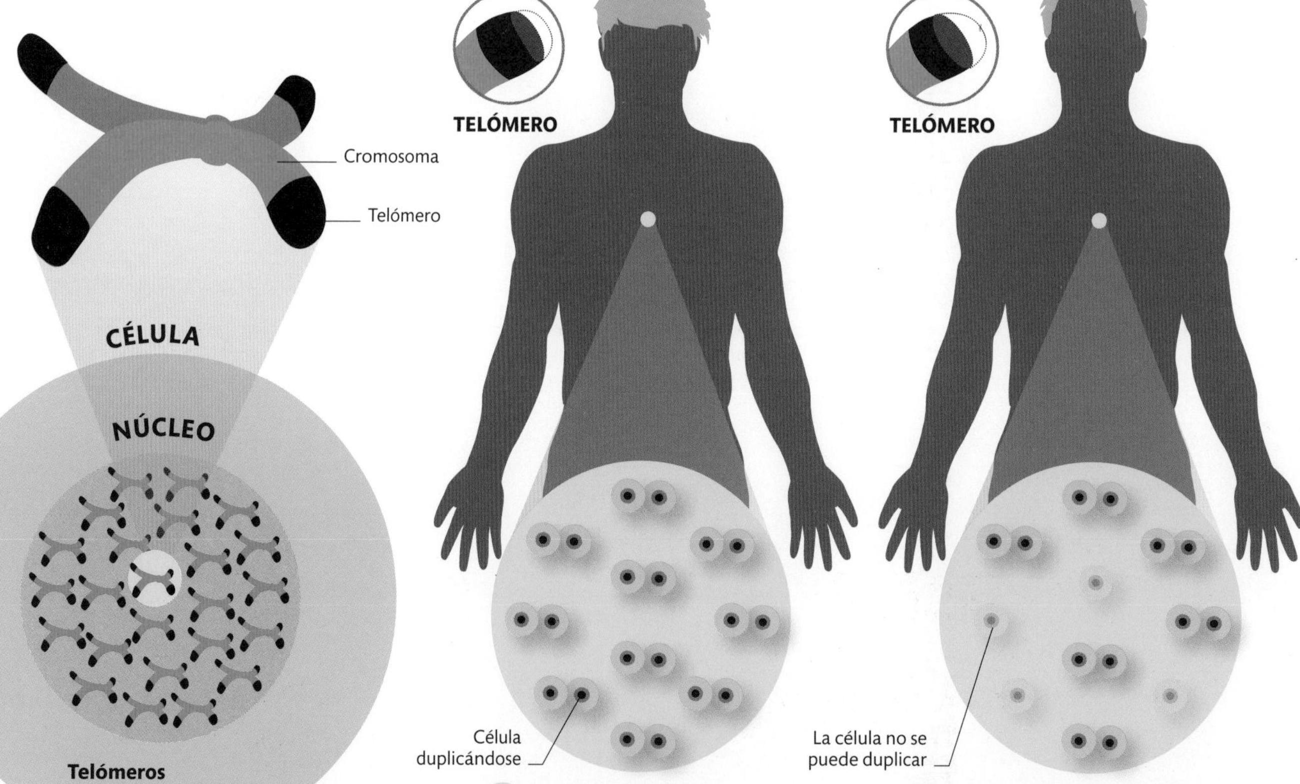
Cromosoma
Telómero
CÉLULA
NÚCLEO
TELÓMERO
TELÓMERO
Célula duplicándose
La célula no se puede duplicar

Telómeros
El final de cada brazo del cromosoma contiene un telómero, un fragmento de ADN repetido. Durante la división celular, las enzimas se unen a los telómeros para acelerar las reacciones químicas implicadas en la división celular.

1 Renovación celular
Las enzimas se unen a los telómeros, a punto para copiar cada célula. Cuando la enzima se separa, se lleva un fragmento de telómero; así es como los cromosomas se hacen más cortos en cada división.

2 Agotamiento de los telómeros
Al final, el telómero es tan corto que las enzimas no pueden unirse a él. Las células con estos telómeros cortos no pueden duplicarse ni renovarse. La duración de los telómeros de cada célula varía.

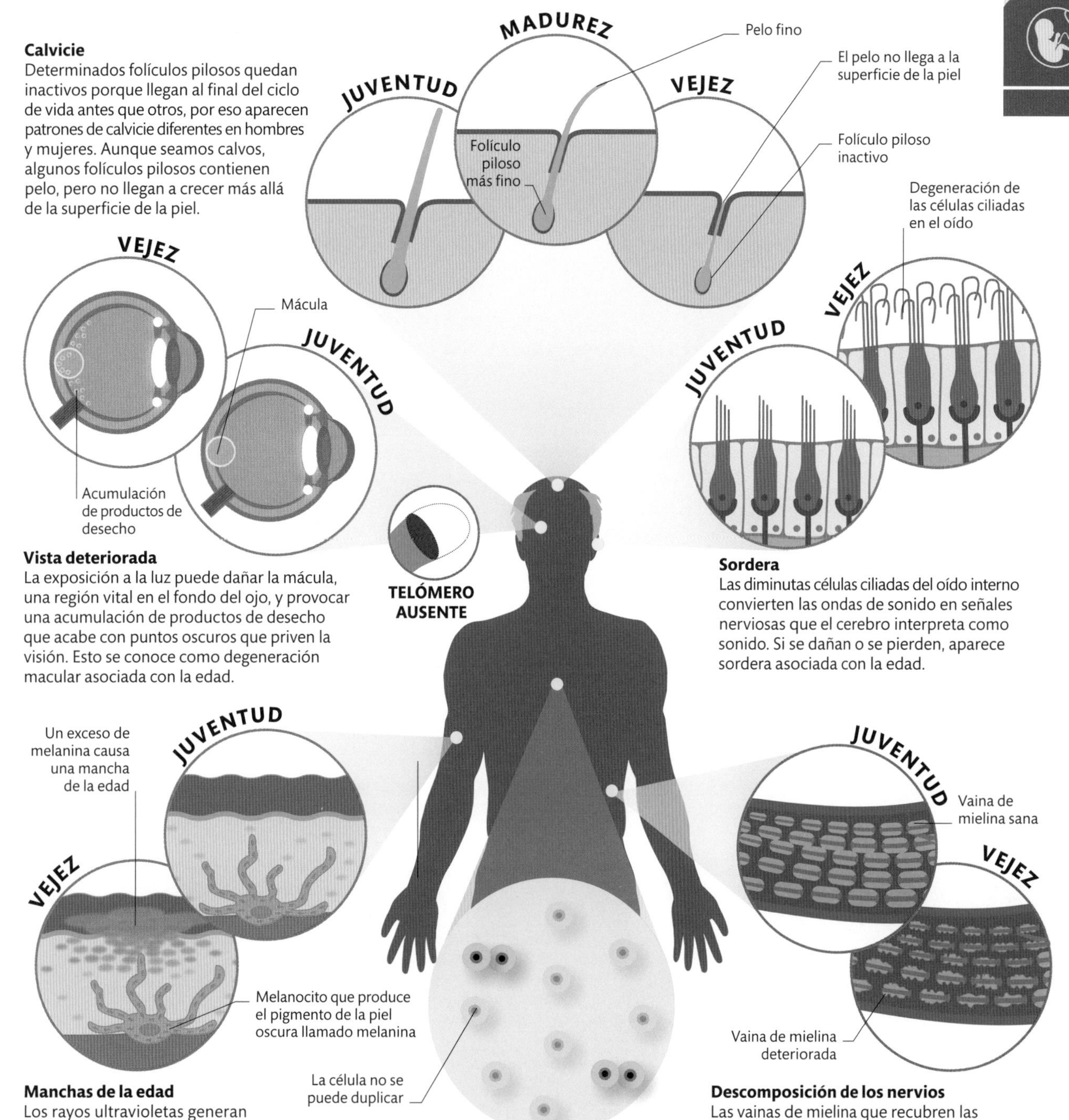
MADUREZ
JUVENTUD
VEJEZ
Pelo fino
El pelo no llega a la superficie de la piel
Folículo piloso más fino
Folículo piloso inactivo
VEJEZ
JUVENTUD
Mácula
Acumulación de productos de desecho
Degeneración de las células ciliadas en el oído
VEJEZ
JUVENTUD
TELÓMERO AUSENTE
JUVENTUD
VEJEZ
Un exceso de melanina causa una mancha de la edad
Melanocito que produce el pigmento de la piel oscura llamado melanina
La célula no se puede duplicar
JUVENTUD
VEJEZ
Vaina de mielina sana
Vaina de mielina deteriorada

Calvicie
Determinados folículos pilosos quedan inactivos porque llegan al final del ciclo de vida antes que otros, por eso aparecen patrones de calvicie diferentes en hombres y mujeres. Aunque seamos calvos, algunos folículos pilosos contienen pelo, pero no llegan a crecer más allá de la superficie de la piel.

Vista deteriorada
La exposición a la luz puede dañar la mácula, una región vital en el fondo del ojo, y provocar una acumulación de productos de desecho que acabe con puntos oscuros que priven la visión. Esto se conoce como degeneración macular asociada con la edad.

Sordera
Las diminutas células ciliadas del oído interno convierten las ondas de sonido en señales nerviosas que el cerebro interpreta como sonido. Si se dañan o se pierden, aparece sordera asociada con la edad.

Manchas de la edad
Los rayos ultravioletas generan radicales libres cuando la piel se expone al sol, lo que hace que las células que producen la pigmentación aumenten su actividad y creen así las manchas de la edad.

3 Regeneración imposible
En la vejez cuando las células ya no pueden renovarse más, comienzan a deteriorarse y los signos del envejecimiento se hacen visibles. Cuando mueren las células, se sustituyen por tejido cicatrizado o grasa.

Descomposición de los nervios
Las vainas de mielina que recubren las neuronas del cerebro se deterioran y las señales eléctricas viajan más lentamente. Esta puede ser la causa de pensar con más lentitud, perder la memoria y la sensibilidad.

El final de la vida

La muerte es una parte inevitable del ciclo de la vida, que se produce cuando finalizan todas las funciones biológicas de las células vivas. Algunas muertes llegan con la edad, y otras por enfermedad o lesiones.

Principales causas de muerte
Según la OMS (Organización Mundial de la Salud), estas fueron las principales causas de muerte en todo el mundo en 2012.

Qué mata

Enfermedades no infecciosas como la enfermedad pulmonar o coronaria, el cáncer y la diabetes son las más citadas en los certificados de defunción. Muchas están relacionadas con una dieta poco saludable, falta de ejercicio y el tabaco, y otras se deben a deficiencias de nutrientes.

Infecciones e insuficiencias respiratorias: 16 %
El cáncer de pulmón y las infecciones respiratorias fueron la segunda causa de muerte en 2012.

Trastornos cardiacos y circulatorios: 60 %
Los infartos e ictus son las dos principales causas de muerte del planeta.

Hipertensión arterial: 4 %
La hipertensión no tratada puede ser letal.

Enfermedades diarreicas: 5 %
La diarrea crónica es un riesgo letal de deshidratación y malnutrición.

VIH: 5 %
Las muertes por el virus de la inmunodeficiencia humana baja año tras año.

Accidentes de tráfico: 5 %
Las muertes en la carretera se cobraron muchas vidas en 2012.

Diabetes: 5 %
Los afectados de diabetes pueden morir por ictus o cardiopatía a causa de su trastorno.

¿CÓMO AFECTA LA RIQUEZA A LA ESPERANZA DE VIDA?

En países ricos, 7 de cada 10 muertes son de mayores de 70 años, cuya vida ha sido buena. En los países más pobres, aún muere 1 de cada 10 niños durante la lactancia.

CADA AÑO MUERE EL 1 % DE LA POBLACIÓN DEL PLANETA

Actividad cerebral

Una forma de saber si alguien esta muerto es analizar su actividad cerebral. El diagnóstico de muerte cerebral se hace cuando los registros eléctricos (EEG) muestran una pérdida irreversible de todas las funciones cerebrales superiores e inferiores. No hay respiración ni latido espontáneos. En caso de «muerte encefálica», solo se puede permanecer con vida si recibe apoyo vital artificial.

No se detecta actividad cerebral consciente

El tronco del encéfalo está activo durante el coma y controla funciones básicas, como la respiración

En coma
El coma es un estado de inconsciencia del que no se puede despertar, moverse ni responder a estímulos, como el dolor. Aun así, el tronco del encéfalo continúa activo y mantiene en uso algunos procesos corporales.

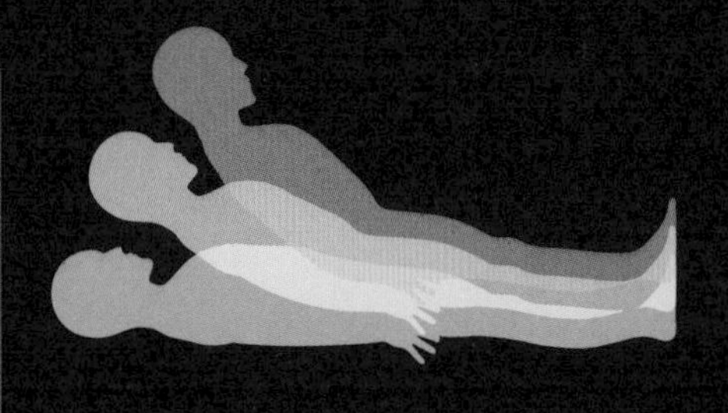

En el umbral de la muerte

Quienes están a punto de morir y después se reaniman suelen explicar que experimentan sensaciones similares, como levitación, ver el propio cuerpo y una luz al final de un túnel. Otras descripciones frecuentes de experiencias cercanas a la muerte incluyen *flashbacks*, o recuerdos vívidos, de su vida anterior, o sentirse superado por emociones potentes, como alegría y serenidad. Se desconoce su causa real, quizá por los cambios en el nivel de oxígeno, la liberación repentina de agentes químicos en el cerebro o puntas de actividad eléctrica.

EL CUERPO TRAS LA MUERTE

Cuando el corazón deja de bombear sangre, las células del cuerpo dejan de recibir oxígeno y de eliminar toxinas. Los cambios químicos de las células musculares y el enfriamiento del cuerpo hacen que las extremidades del cadáver queden rígidas tras un período inicial de flacidez. Esta rigidez se conoce como *rigor mortis* y desaparece al cabo de dos días.

Rigidez
El *rigor mortis* empieza por los párpados y afecta a otros músculos a una velocidad que depende de la temperatura del entorno, la edad, el sexo y otros factores.

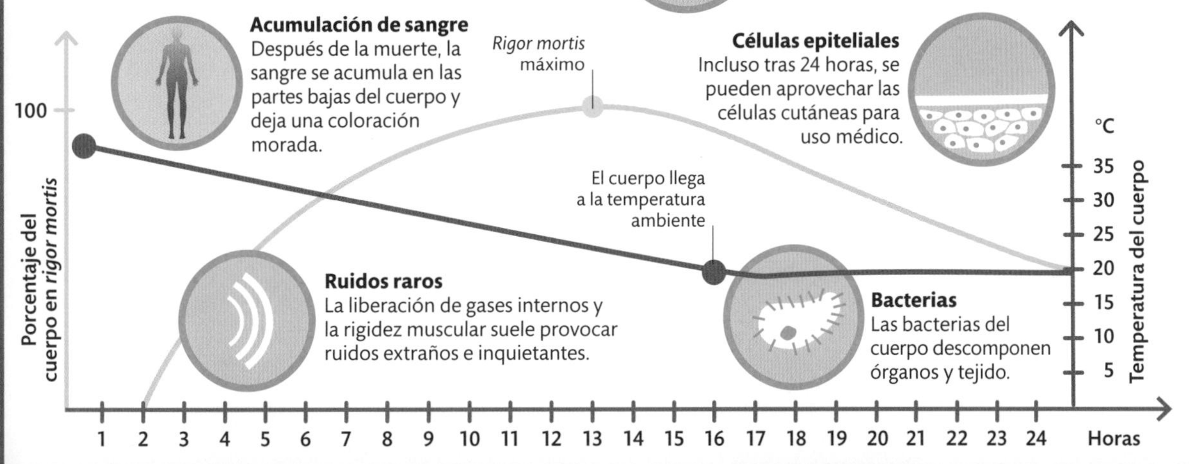
Acumulación de sangre
Después de la muerte, la sangre se acumula en las partes bajas del cuerpo y deja una coloración morada.
Rigor mortis máximo
Células epiteliales
Incluso tras 24 horas, se pueden aprovechar las células cutáneas para uso médico.
El cuerpo llega a la temperatura ambiente
Ruidos raros
La liberación de gases internos y la rigidez muscular suele provocar ruidos extraños e inquietantes.
Bacterias
Las bacterias del cuerpo descomponen órganos y tejido.
Porcentaje del cuerpo en rigor mortis
100
°C
35
30
25
20
15
10
5
Temperatura del cuerpo
1 2 3 4 5 6 7 8 9 10 11 12 13 14 15 16 17 18 19 20 21 22 23 24
Horas

COSAS DE LA MENTE

La base del aprendizaje

Cuando aprendemos algo o reaccionamos a estímulos, se forman conexiones entre neuronas. Los mensajes pasan de una célula a otra mediante neurotransmisores (agentes químicos liberados por las neuronas). Cuanto más frecuentemente recordemos lo aprendido, más mensajes envían las células y más se refuerza su conexión.

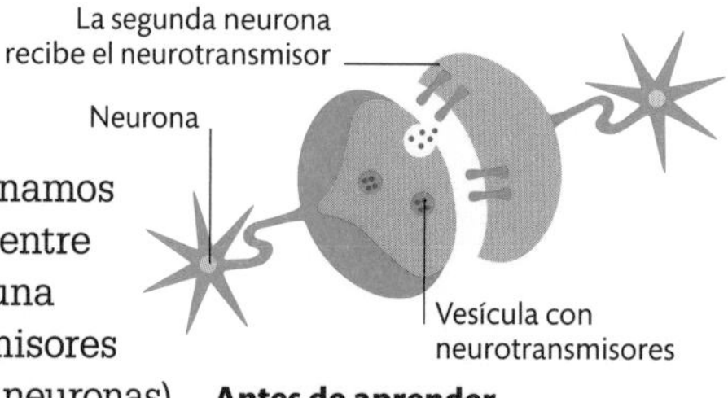

La segunda neurona recibe el neurotransmisor
Neurona
Vesícula con neurotransmisores

Antes de aprender
Al principio, cuando la neurona se activa, libera una pequeña cantidad de neurotransmisor; la receptora solo tiene unos pocos receptores.

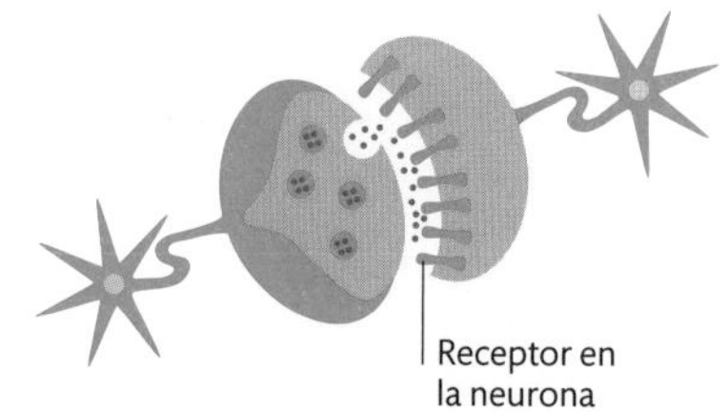

Receptor en la neurona

Después de aprender
La neurona libera más neurotransmisor y se han formado más receptores en la segunda neurona, lo que refuerza la conexión.

Tipos de aprendizaje

La información se aprende de maneras diferentes, según qué sea y cómo se presente. Para algunos talentos, tenemos un «período crítico» en el que podemos dominarlos por completo. Por ejemplo, al aprender otro idioma de adultos, el período crucial para adquirir los sonidos básicos del idioma ya ha pasado y, por lo tanto, se acaba hablando con acento extraño.

APRENDER QUÉ SE DEBE IGNORAR

Señales no importantes
Cuando un estímulo es nuevo, automáticamente le prestamos atención. Cuando no indica algo importante, aprendemos a ignorarlo.

Alerta por el sonido

Sin respuesta al sonido

REFUERZO DE LA CONDUCTA

Premios y castigos
Premiar las buenas conductas y castigar las malas ayuda a reforzar los conceptos de qué es aceptable y qué no lo es.

Conducta premiada

Conducta que se castigará

APRENDER POR ASOCIACIÓN

Aprendizaje asociativo
Cuando dos cosas coinciden de manera habitual, aprendemos a asociarlas. Si siempre suena una campana antes de comer, oír una campana te abrirá el apetito.

Hambre por la combinación de estímulos

El sonido solo ya despierta el hambre

Cómo aprendemos

Las conexiones entre las neuronas del cerebro permiten aprender de manera constante, sin ser conscientes de ello. La repetición es clave para conservar lo aprendido.

EXPLORAR UNA NUEVA **CIUDAD HACE CRECER EL CEREBRO** AL FORMAR **CONEXIONES NEURONALES NUEVAS**

¿A QUÉ EDAD APRENDEMOS MÁS?

Las habilidades cognitivas, motoras y lingüísticas avanzan a pasos de gigante en la infancia: a los 2 años tendemos a aprender 10-20 palabras por semana.

APRENDER QUÉ ES IMPORTANTE

Información memorizada

Información aprendida
Cuando obtenemos información, podemos conservarla en la memoria a largo plazo si consideramos que vale la pena, aunque esta decisión puede ser consciente o inconsciente.

Información usada en un examen

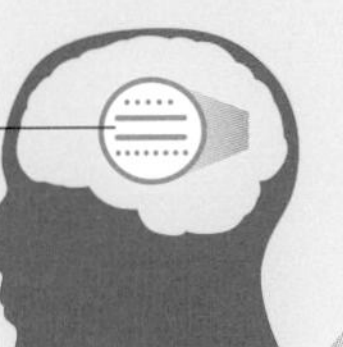
Si hace falta, se accede a la información más adelante

MOVIMIENTO APRENDIDO (MOTRICIDAD)

Automatización
Cuando aprendemos a conducir, nos concentramos en nuestros movimientos y en el tráfico. Gracias a la repetición, los movimientos del cuerpo para conducir se aprenden y automatizan, y podemos prestar atención a otras cosas a la vez.

Concentración absoluta en la conducción

Hablar mientras se conduce

RESPONDER A SUCESOS

Memoria episódica
Recordar experiencias pasadas nos ayuda a evitar situaciones no deseables, como olvidar el paraguas un día de lluvia.

Experiencia de acabar mojado

El recuerdo de anteriores experiencias modifica la conducta

ESTUDIAR PARA UN EXAMEN

Los recuerdos tienden a debilitarse, pero al traerlos a la memoria aumentamos su solidez. Igualmente, revisando la información aprendida conseguimos que nos quede en la memoria a largo plazo. Para retener, lo mejor es revisar a menudo poca información. Al estudiar para un examen o una presentación, absorbemos mucha información en poco tiempo, pero la perdemos si no la repasamos. Por eso estudiar con intensidad solo es útil a corto plazo.

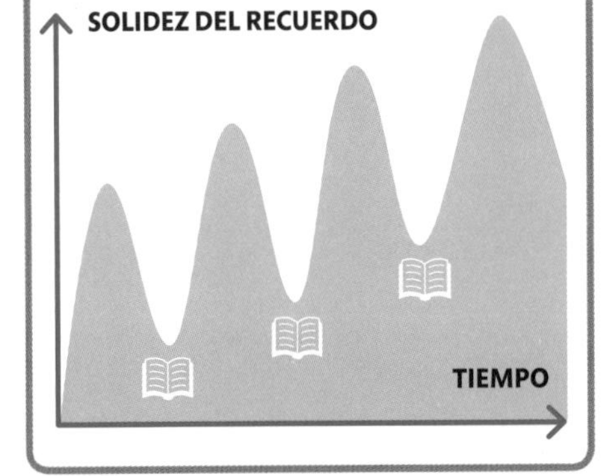
SOLIDEZ DEL RECUERDO
TIEMPO

Creación de recuerdos

Cada vez que se experimenta algo, se forma un recuerdo en el cerebro. Se almacena todo, tanto momentos insulsos como puntos de inflexión vitales; la frecuencia con la que se recupera el recuerdo determina si se conserva o se olvida. Los recuerdos pasan temporalmente a la memoria a corto plazo y, si son importantes, pasan a la memoria a largo plazo.

¿QUÉ SON LOS *DÉJÀ VU*?

La sensación de vivir una situación no vivida quizá se produce porque se rememora un recuerdo parecido y se confunde con el presente, por lo que tenemos la sensación de reconocerlo sin un recuerdo concreto.

1 Memoria sensorial Creamos recuerdos pasajeros de cualquier cosa que entre por los sentidos, aunque no seamos conscientes de ello. Se almacenan en la memoria sensitiva y, a menos que se transfiera a la memoria a corto plazo, desaparece en menos de un segundo.

TACTO

OÍDO

OLFATO

VISTA

GUSTO

2 Señales nerviosas La codificación es el proceso por el que un recuerdo sensorial se convierte en uno real. Al prestar atención al recuerdo sensorial, este penetra en la conciencia y las neuronas que codifican el recuerdo se activan más rápido. Las conexiones neuronales se refuerzan temporalmente para formar un recuerdo a corto plazo.

CODIFICACIÓN

CONSOLIDACIÓN
Recuerdo final
Los recuerdos anteriores aportan contexto

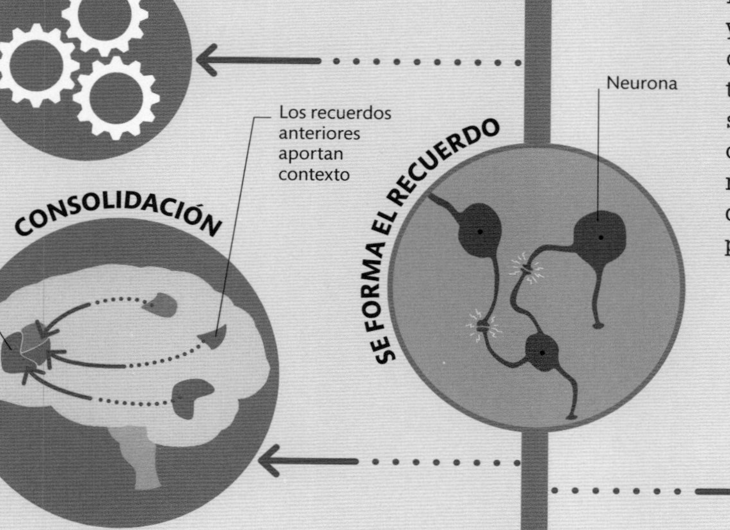

SE FORMA EL RECUERDO
Neurona

3 Consolidación Las nuevas experiencias se comparan con los recuerdos para obtener el contexto de los nuevos recuerdos. Los vinculados a emociones y significados son más sólidos; es menos probable que se pierdan. Dormir es crucial para una consolidación efectiva.

Memoria a corto plazo

La memoria a corto plazo retiene entre cinco y siete recuerdos, como números de teléfono o direcciones, que se conservan solo el tiempo necesario. Repetirnos la información sirve para alargar el recuerdo, pero es fácil olvidarlo si nos distraemos. Se cree que la memoria a corto plazo se basa en modelos de actividad temporal en la corteza prefrontal del cerebro.

RECUERDO OLVIDADO

Los recuerdos no importantes se pierden

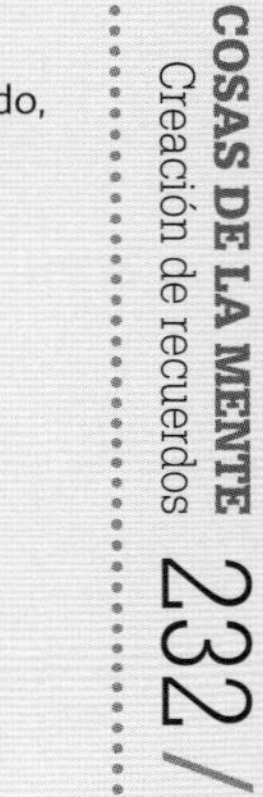

Memoria a largo plazo

La memoria a largo plazo nos permite almacenar un número ilimitado de cosas. Los recuerdos que conservamos de por vida es más probable que sean los que tienen un gran impacto emocional, como una boda, y los que tienen valor semántico, como el nombre de la pareja. Estos recuerdos están conectados con el crecimiento de áreas del cerebro vinculadas a la memoria, como el hipocampo, por eso son más estables que los recuerdos a corto plazo.

RECUERDO OLVIDADO
RECUERDO
Conexión neuronal
RECUPERACIÓN DEL RECUERDO
Conexión neuronal que se refuerza
MESES
AÑOS
DÉCADAS
RECUERDOS ALMACENADOS
VIDA FAMILIAR
FECHAS
VACACIONES
RELACIONES
VIAJES
CUMPLEAÑOS

1 Rememorar
Al rememorar un recuerdo, se reactivan las neuronas que lo codifican. Cada vez se crean conexiones neuronales y se refuerzan las existentes, y es menos probable que el recuerdo se olvide. Si el recuerdo no se rememora con frecuencia, es más probable que se pierda.

2 Almacenaje
Unos meses más tarde, las conexiones neuronales pueden hacerse permanentes. Una experiencia que es especialmente memorable puede pasar al almacenaje a largo plazo el mismo día.

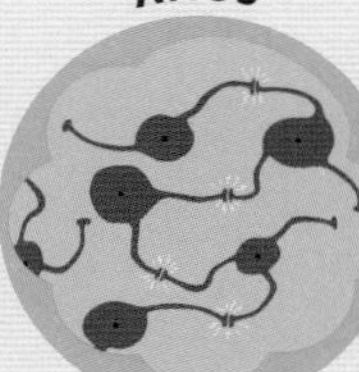

3 Desaparición de un recuerdo
Si pasan meses o años sin que se rememore un recuerdo, puede que este desaparezca o que se olviden detalles, como el menú del banquete de boda.

4 Pérdida de un recuerdo
Todos los recuerdos terminan por desaparecer, ¡incluso los más importantes! Se desconoce si las conexiones neuronales de un recuerdo desaparecen o si continúan existiendo, pero es imposible acceder a ellas.

RECUERDOS CONFABULADOS

Al recuperar un recuerdo, este queda en un estado lábil o muy frágil. En un proceso conocido como confabulación, es posible añadir información de manera involuntaria al recuerdo lábil cuando vuelva a consolidarse. Esta nueva información formará parte inseparable del recuerdo.

Recuerdo real
Información inventada
Rememorado como recuerdo real

Dormirse

Dormir es un fenómeno curioso: se hace a diario, pero no sabemos por qué. Puede que sirva para que el cuerpo y el cerebro tengan tiempo para repararse, retirar toxinas acumuladas durante el día o reforzar los recuerdos. Si no se duerme lo suficiente, el cuerpo acaba pagándolo.

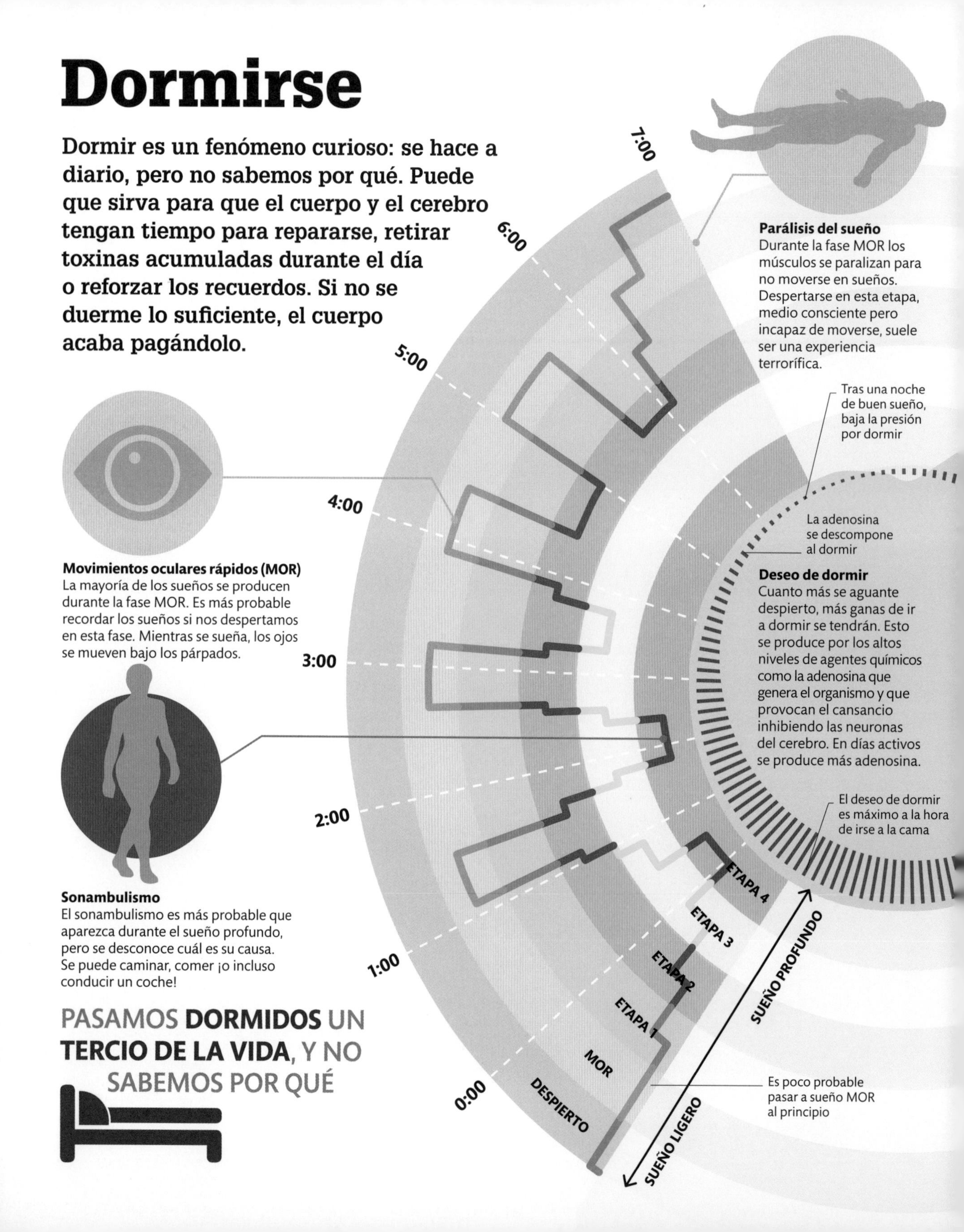

7:00
6:00
5:00
4:00
3:00
2:00
1:00
0:00
DESPIERTO
MOR
ETAPA 1
ETAPA 2
ETAPA 3
ETAPA 4
SUEÑO LIGERO
SUEÑO PROFUNDO
Tras una noche de buen sueño, baja la presión por dormir
La adenosina se descompone al dormir
El deseo de dormir es máximo a la hora de irse a la cama
Es poco probable pasar a sueño MOR al principio

Parálisis del sueño
Durante la fase MOR los músculos se paralizan para no moverse en sueños. Despertarse en esta etapa, medio consciente pero incapaz de moverse, suele ser una experiencia terrorífica.

Deseo de dormir
Cuanto más se aguante despierto, más ganas de ir a dormir se tendrán. Esto se produce por los altos niveles de agentes químicos como la adenosina que genera el organismo y que provocan el cansancio inhibiendo las neuronas del cerebro. En días activos se produce más adenosina.

Movimientos oculares rápidos (MOR)
La mayoría de los sueños se producen durante la fase MOR. Es más probable recordar los sueños si nos despertamos en esta fase. Mientras se sueña, los ojos se mueven bajo los párpados.

Sonambulismo
El sonambulismo es más probable que aparezca durante el sueño profundo, pero se desconoce cuál es su causa. Se puede caminar, comer ¡o incluso conducir un coche!

PASAMOS **DORMIDOS** UN **TERCIO DE LA VIDA**, Y NO SABEMOS POR QUÉ

PARA NO DORMIR

El uso de la cafeína está muy extendido para mantenerse despierto. Hace estar más alerta bloqueando un agente químico del cerebro, la adenosina, encargada de la sensación de querer dormir. Cuando se acaba el efecto del café, aparece un enorme y repentino cansancio.

Todo tipo de efectos
La falta de sueño implica sufrir diversos efectos físicos y cognitivos. La privación a largo plazo del sueño incluso puede causar alucinaciones.

PÉRDIDA DE MEMORIA
PÉRDIDA DEL PENSAMIENTO RACIONAL

RIESGO DE ENFERMEDAD
FRECUENCIA CARDIACA MÁS ELEVADA
ESPASMOS

Etapas del sueño

Cada noche se pasa por distintas etapas del sueño. La etapa 1 está entre el sueño y la vigilia. En esta etapa a veces se producen espasmos mientras baja la actividad muscular. Al pasar a sueño real, etapa 2, se calman la frecuencia cardiaca y la respiración. Durante el sueño profundo, etapas 3 y 4, las ondas cerebrales van lentas y regulares. Tras pasar por las etapas del sueño, se tiende a entrar en episodios de sueño MOR, durante el cual sube la frecuencia cardiaca y las ondas cerebrales se parecen a las de la vigilia.

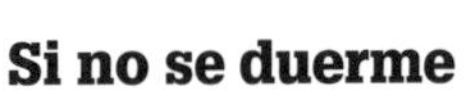

Si no se duerme

Pasar mucho tiempo sin dormir provoca síntomas desagradables. Con el cansancio, el cerebro cada vez responde menos a los neurotransmisores (agentes químicos) que regulan la felicidad. Por eso el cansancio va asociado al mal humor. Al dormir, el cerebro se reinicia y vuelve a responder a estos neurotransmisores. Los efectos de la privación del sueño empeoran cada vez más a cada minuto que se pasa sin dormir.

El descanso reparador
Este diagrama muestra el sueño típico de 8 horas. Se sube y baja de diferentes etapas del sueño a intervalos de 90 minutos, intercalados con MOR.

- Despierto
- Sueño MOR
- Etapa 1 del sueño
- Etapa 2 del sueño
- Etapa 3 del sueño
- Etapa 4 del sueño
- Deseo de dormir

La vida en sueños

El cerebro mezcla los recuerdos de personas, lugares y emociones para crear esa realidad virtual, a veces compleja y por lo general confusa, que son los sueños.

Creación de sueños

Durante el sueño MOR, el cerebro no duerme, ni mucho menos: en esta etapa del sueño está muy activo y es cuando se producen la mayoría de los sueños. Las áreas del cerebro asociadas a la sensación y las emociones están especialmente activas al soñar. Las frecuencias cardiaca y respiratoria son altas porque el cerebro consume oxígeno a un ritmo parecido al de la vigilia. Se cree que los sueños sirven para que el cerebro procese recuerdos.

Sonambulismo y somniloquía

El sonambulismo aparece durante el sueño de ondas lentas o profundo. En esta etapa del sueño, los músculos no están paralizados como durante el MOR. El tronco del encéfalo envía señales nerviosas a la corteza motora del cerebro y nos movemos igual que en el sueño. Es más frecuente en personas que no duermen lo suficiente. La somniloquía (hablar en sueños) aparece durante la fase MOR si se interrumpen las señales nerviosas que suelen paralizar los músculos en esta etapa del sueño. También puede ocurrir al pasar de una etapa del sueño a otra.

El área motora del cerebro está activa

SONAMBULISMO

El área del habla del cerebro está activa

SOMNILOQUÍA

2 HORAS

ES EL **TIEMPO** TOTAL QUE EN PROMEDIO **SOÑAMOS CADA NOCHE**

SIN PENSAMIENTO RACIONAL

Alteración de la lógica
La corteza prefrontal del cerebro, donde se produce la mayoría de pensamiento racional, está inactiva. Tendemos a aceptar como normal cualquier cosa alocada de un sueño, porque nuestro yo del sueño no es capaz de procesarlo de otro modo.

SIN INFORMACIÓN DE ENTRADA

Repetición de sensaciones
El cerebro recibe poca información sensitiva nueva al dormir y, por lo tanto, se desactiva la parte del cerebro que procesa las señales sensitivas. En los sueños «sentimos», pero realmente experimentamos las sensaciones vividas mientras estábamos despiertos.

Sueño MOR
Las señales nerviosas del tronco del encéfalo regulan la actividad cerebral durante el sueño MOR. Las interacciones entre los nervios que activan y desactivan la fase MOR controlan el momento y la frecuencia de paso a sueño MOR. Los músculos que mueven los ojos son los únicos activos durante esta fase, por eso se mueven al soñar.

MOVIMIENTOS OCULARES RÁPIDOS

CUERPO PARALIZADO

Movimiento imposible
La corteza motora, que controla el movimiento consciente, está inactiva. El tronco del encéfalo envía señales nerviosas a la médula espinal para iniciar la parálisis muscular, que evita que nos movamos en sueños. La producción de neurotransmisores que estimulan los nervios motores se desactiva por completo.

FIJAR LOS RECUERDOS

Dormir es importante para conservar recuerdos. Lo más probable es que retengamos información nueva después de dormir. Se cree que los sueños son un producto secundario del cerebro al procesar y mezclar nuevos recuerdos y olvidar los que no son importantes.

Recuerdo olvidado

Recuerdos mezclados

RESPUESTA EMOTIVA

Emociones desbocadas
El centro emocional del medio del cerebro está muy activo y eso explica el huracán de emociones que experimentamos al soñar. Esta zona comprende la amígdala cerebral, encargada de regular la respuesta al miedo, que se activa durante las pesadillas.

CONCIENCIA ESPACIAL

Sensación de movimiento
Aunque no nos movamos al soñar, nos parece que lo hacemos. El cerebelo, encargado de controlar la conciencia espacial, puede encontrarse activo y provocar la sensación de estar corriendo o cayendo en el sueño.

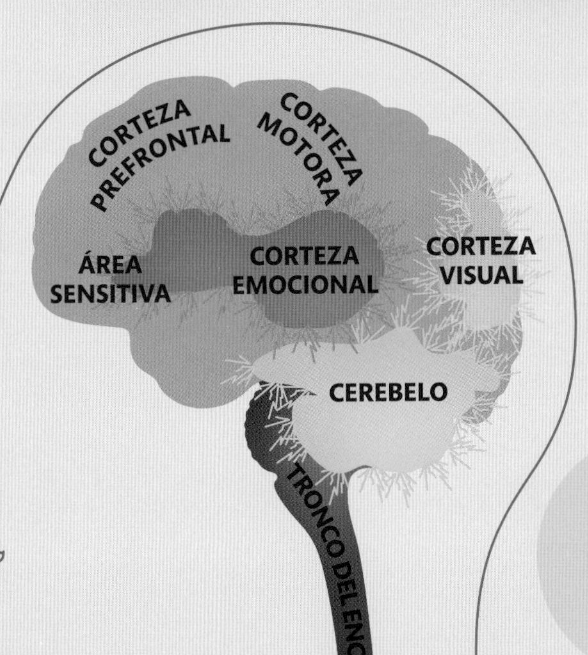
CORTEZA PREFRONTAL
CORTEZA MOTORA
ÁREA SENSITIVA
CORTEZA EMOCIONAL
CORTEZA VISUAL
CEREBELO
TRONCO DEL ENCÉFALO

IMÁGENES MENTALES

Recuerdos remezclados
La corteza visual del fondo del cerebro está activa porque genera las imágenes de los sueños a partir de cosas recordadas; puede incluir sitios que hemos visitado, gente que hemos encontrado o incluso objetos que hemos utilizado. Pueden ser cosas con vínculos emocionales o también cosas totalmente aleatorias.

Somos emociones

Las emociones influyen en nuestras decisiones y ocupan gran parte de nuestra vigilia. Los vínculos sociales eran vitales para la supervivencia de nuestros antepasados, por eso la evolución nos permite conocer las emociones de las otras personas interpretando el lenguaje corporal.

¿POR QUÉ LLORAMOS SI ESTAMOS TRISTES?
Cuando estamos estresados o tristes, nuestras lágrimas contienen hormonas del estrés, como el cortisol, ¡por eso nos sentimos mejor después de llorar a gusto!

Emociones básicas

Existen unas emociones básicas que todo el mundo identifica. Gente de culturas muy separadas es capaz de reconocer las expresiones faciales de felicidad, tristeza, miedo e ira. Combinándolas, obtenemos el enorme abanico de emociones complejas que podemos experimentar.

Miedo e ira
Las reacciones corporales al miedo y la ira son muy parecidas, aunque se deban a diferentes hormonas. La interpretación del cerebro es principalmente lo que determina si estamos enfadados o asustados.

Felicidad y tristeza
El cerebro y el intestino grueso producen hormonas, como la serotonina, dopamina, oxitocina y endorfinas, que afectan a la felicidad. Cuando bajan sus niveles, aparece la tristeza.

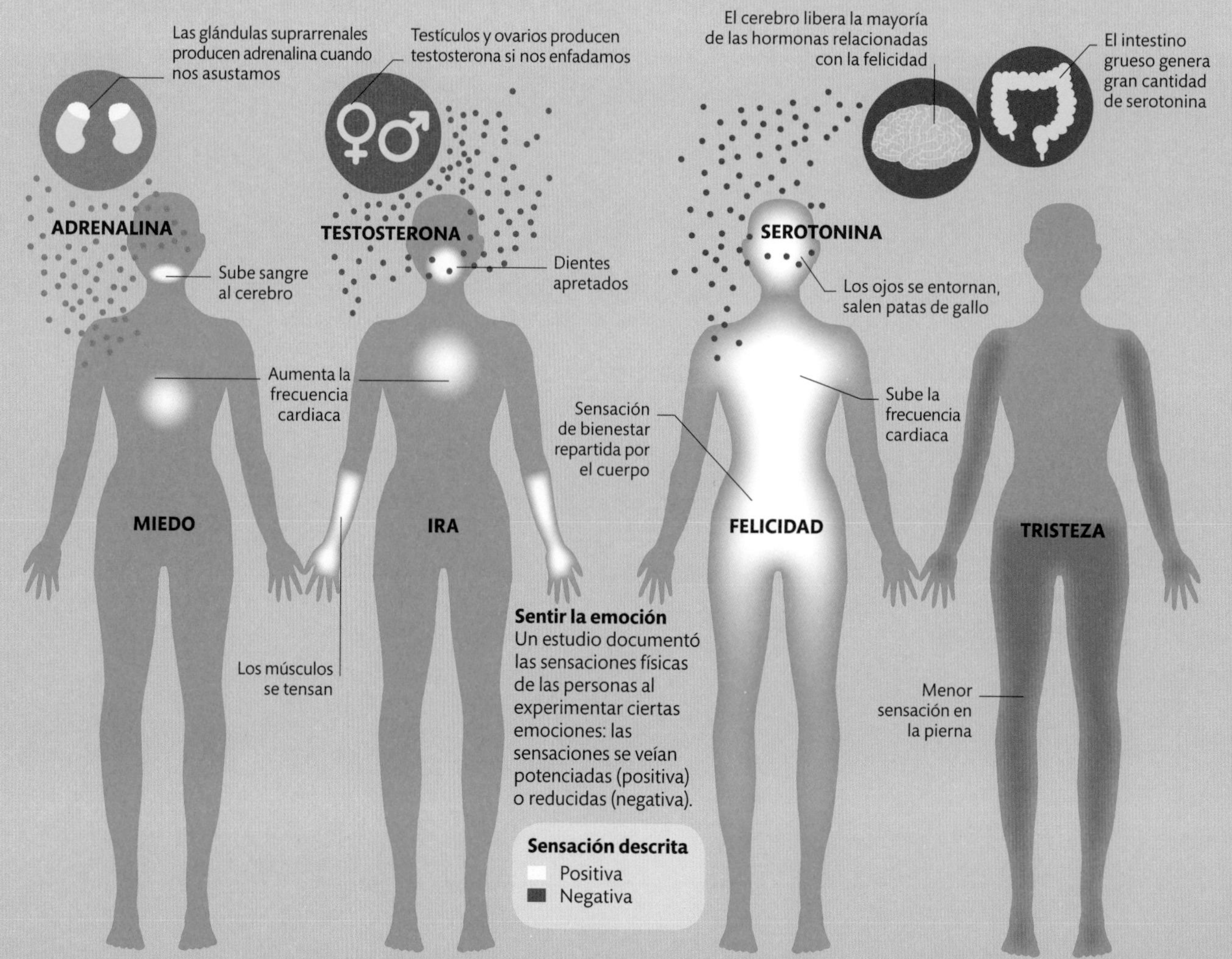

Las glándulas suprarrenales producen adrenalina cuando nos asustamos
Testículos y ovarios producen testosterona si nos enfadamos
El cerebro libera la mayoría de las hormonas relacionadas con la felicidad
El intestino grueso genera gran cantidad de serotonina
ADRENALINA
TESTOSTERONA
SEROTONINA
Sube sangre al cerebro
Dientes apretados
Los ojos se entornan, salen patas de gallo
Aumenta la frecuencia cardiaca
Sube la frecuencia cardiaca
Sensación de bienestar repartida por el cuerpo
MIEDO
IRA
FELICIDAD
TRISTEZA
Los músculos se tensan
Menor sensación en la pierna

Sentir la emoción
Un estudio documentó las sensaciones físicas de las personas al experimentar ciertas emociones: las sensaciones se veían potenciadas (positiva) o reducidas (negativa).

Sensación descrita
Positiva
Negativa

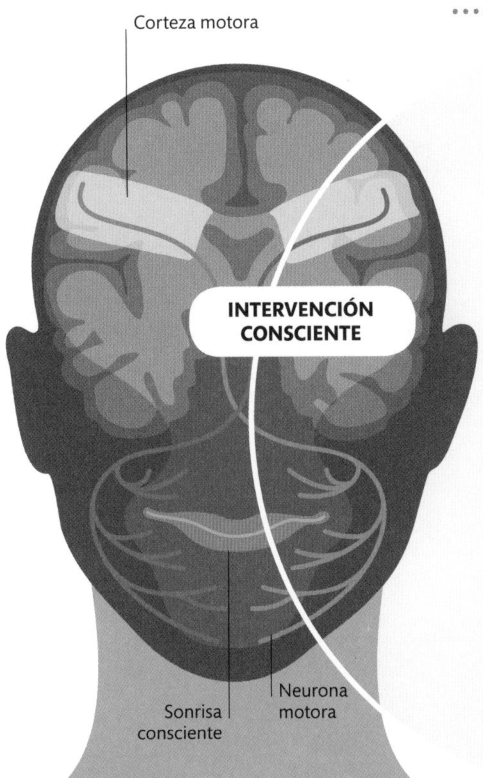
Corteza motora
INTERVENCIÓN CONSCIENTE
Sonrisa consciente
Neurona motora

Cómo se forman las emociones

Las emociones consisten en sentimientos, expresiones y síntomas corporales. Puede parecer que lo primero que surge son los sentimientos, pero la verdad es que el cuerpo tiene un mecanismo para regular las emociones y viceversa. En un momento dado de este ciclo somos capaces de reforzar, inhibir o cambiar las emociones alterando nuestra respuesta. Por ejemplo, ¡si continúas sonriendo cuando estás feliz te sentirás aún más feliz!

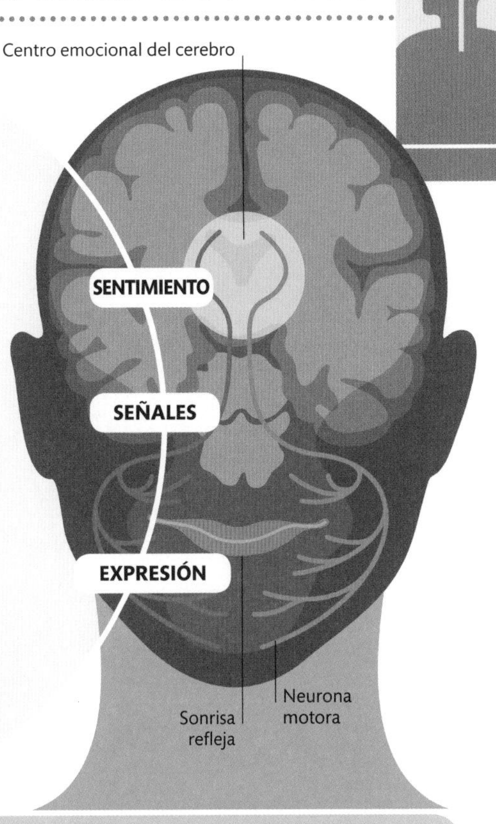
Centro emocional del cerebro
SENTIMIENTO
SEÑALES
EXPRESIÓN
Sonrisa refleja
Neurona motora

Expresiones faciales conscientes
Después de empezar a experimentar una emoción, podemos cambiar la expresión facial para ocultarla o reforzar la emoción real, controlada conscientemente por las vías neuronales de la corteza motora.

Expresiones faciales reflejas
Cuando experimentamos una emoción, las expresiones faciales aparecen sin que podamos controlarlas: es imposible no sonreír al recibir buenas noticias. Se cree que estas acciones reflejas se deben a señales de la amígdala, en el centro emocional del cerebro.

LA «EUFORIA INDUCIDA POR EL EJERCICIO» SE DEBE A AGENTES NATURALES DEL CEREBRO DENOMINADOS OPIÁCEOS

¿POR QUÉ TENEMOS EMOCIONES?

Los expertos creen que las emociones evolucionaron como una manera de comunicarse previa al lenguaje. Formamos vínculos sociales más sólidos si entendemos las señales emocionales. Las expresiones faciales pueden indicar si necesitamos ayuda, nos arrepentimos de algo que hemos hecho o advertimos al resto de que no se acerquen porque estamos enfadados. Pero algunos creen que es todo más fácil: al abrir los ojos por el miedo, vemos mejor; cuando arrugamos la nariz porque algo nos da asco, podríamos estar evitando agentes químicos nocivos del aire; etc.

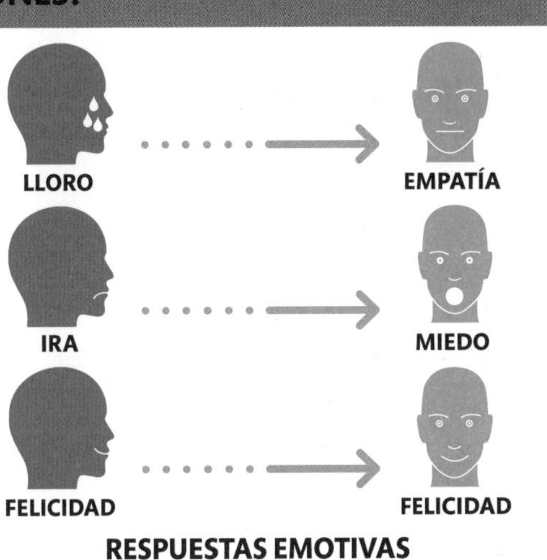
LLORO
EMPATÍA
IRA
MIEDO
FELICIDAD
FELICIDAD
RESPUESTAS EMOTIVAS

Luchar o huir

Ante cualquier amenaza, el cuerpo pasa a la acción: el cerebro le envía señales al cuerpo que provocan cambios fisiológicos de todo tipo que lo preparan para enfrentarse al reto o huir.

SERPIENTE

CORTEZA

CORTEZA VISUAL

La corteza visual procesa la imagen después de la reacción automática

TÁLAMO

El tálamo transmite información sensitiva en forma de señales nerviosas a la amígdala

AMÍGDALA

HIPOCAMPO

La amígdala activa la respuesta nerviosa e indica a la hipófisis que libere hormonas

La hipófisis libera corticotropina

SEÑAL NERVIOSA

HORMONA

Activación de una respuesta

¿Nunca te has llevado un susto por una inofensiva manguera en el jardín que creías que era una serpiente? Antes incluso de que seamos conscientes de una amenaza, el cerebro activa el sistema nervioso para que libere hormonas de las glándulas suprarrenales. Mientras tanto, la información también llega a través de la ruta más larga a la corteza, donde las regiones conscientes del cerebro analizan el tipo de amenaza. Si no lo es, frenará la reacción física.

1 Actividad cerebral
La amígdala indica al cuerpo que pase a la acción antes incluso de que la corteza visual haya reconocido el estímulo de miedo. Pasa mucho si eres asustadizo. Entonces la corteza visual analiza la imagen por completo para comprobar si es una amenaza real y se ajustan las reacciones físicas en consecuencia. La corteza también consulta recuerdos del hipocampo para ver si esta amenaza ya se conoce.

2 Vías alternativas
Las señales del cerebro se envían al cuerpo a través de los nervios, y también con la hormona corticotropina que libera la hipófisis. Las señales nerviosas viajan más rápido que la hormona e inician la producción de hormonas en las glándulas suprarrenales.

EN MOMENTOS DE **MUCHO ESTRÉS** QUIZÁ SE EXPERIMENTE **VISIÓN DE TÚNEL**, EN LA QUE **APENAS SE VE LO QUE OCURRE ALREDEDOR**

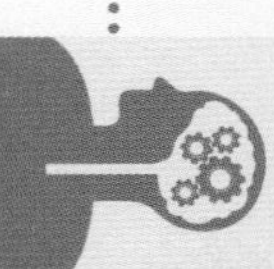

ESTRÉS MODERNO

El estrés moderno suele ser muy diferente al de nuestros antepasados; a menudo lo que nos estresa dura mucho y no es posible luchar o huir. El estrés es útil a corto plazo, pero si es constante, afecta negativamente la salud y puede causar dolor de cabeza y malestar.

ESTRÉS INMEDIATO

ESTRÉS PERSISTENTE

3 Productora de hormonas
Las glándulas suprarrenales en la parte superior de los riñones producen más adrenalina y cortisol en respuesta a las señales nerviosas y hormonas enviadas por la hipófisis, lo que aumenta los efectos físicos del estrés.

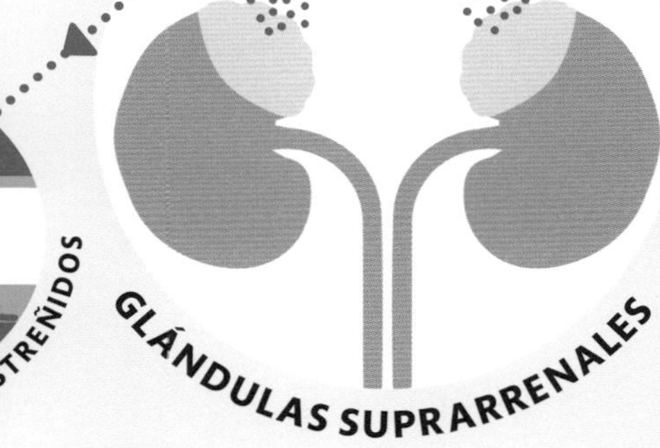
GLÁNDULAS SUPRARRENALES

FRECUENCIA CARDIACA ELEVADA

FRECUENCIA RESPIRATORIA ELEVADA

PUPILAS DILATADAS

SANGRE HACIA LOS MÚSCULOS

VASOS SANGUÍNEOS CONSTREÑIDOS

4 Efecto a corto plazo
En segundos suben las frecuencias cardiaca y respiratoria para aumentar la circulación de oxígeno. Los vasos sanguíneos cerca de la piel se constriñen y nos quedamos pálidos; los músculos de la vejiga se relajan, ¡lo que quizá puede provocar algún accidente embarazoso!

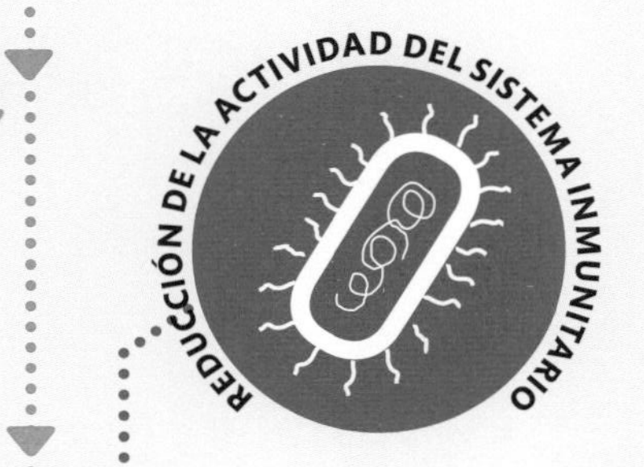
REDUCCIÓN DE LA ACTIVIDAD DEL SISTEMA INMUNITARIO

GRASA USADA COMO ENERGÍA

AZÚCAR EN SANGRE ALTO

5 Efecto a largo plazo
Durante minutos y horas, las señales de las glándulas suprarrenales provocan una cascada de reacciones. Sube el azúcar en sangre y los depósitos de grasa se metabolizan para conseguir energía y que los músculos alcancen toda su potencia. Los procesos no vitales se detienen para conservar energía.

Problemas emocionales

El equilibrio de agentes químicos y circuitos del cerebro controla las emociones, y cuando hay un desequilibrio se producen trastornos emocionales. Antes los expertos creían que los cambios eran puramente psicológicos, pero ahora comprenden que hay cambios físicos detrás de cada afección.

Fobias

Cualquier temor se considera una fobia cuando el miedo es superior a la amenaza real. Es lógico que las serpientes den miedo. Pero si nos da miedo verla en foto o una serpiente de juguete, estamos ante una fobia. Las fobias pueden adquirirse de pequeños, desarrollarse con el tiempo o asociarse a un incidente que nos haya impactado mucho.

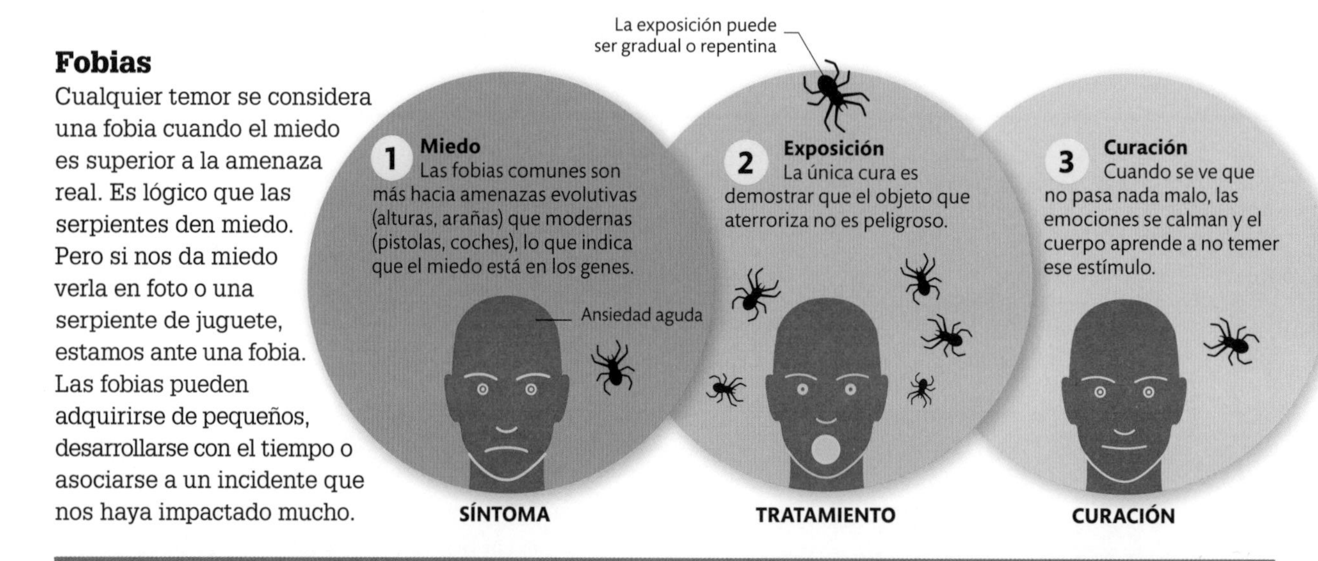

La exposición puede ser gradual o repentina
1 Miedo
Las fobias comunes son más hacia amenazas evolutivas (alturas, arañas) que modernas (pistolas, coches), lo que indica que el miedo está en los genes.
Ansiedad aguda
2 Exposición
La única cura es demostrar que el objeto que aterroriza no es peligroso.
3 Curación
Cuando se ve que no pasa nada malo, las emociones se calman y el cuerpo aprende a no temer ese estímulo.
SÍNTOMA
TRATAMIENTO
CURACIÓN

Trastorno obsesivo-compulsivo

Quien sufre un trastorno obsesivo-compulsivo (TOC) tiene pensamientos negativos no deseados que provocan conductas compulsivas, que cree erróneamente que le alivian la ansiedad. EL TOC parece ser causado por la hiperactividad de las áreas que conectan el lóbulo frontal del cerebro con áreas más profundas. Generalmente, se puede superar con tratamiento.

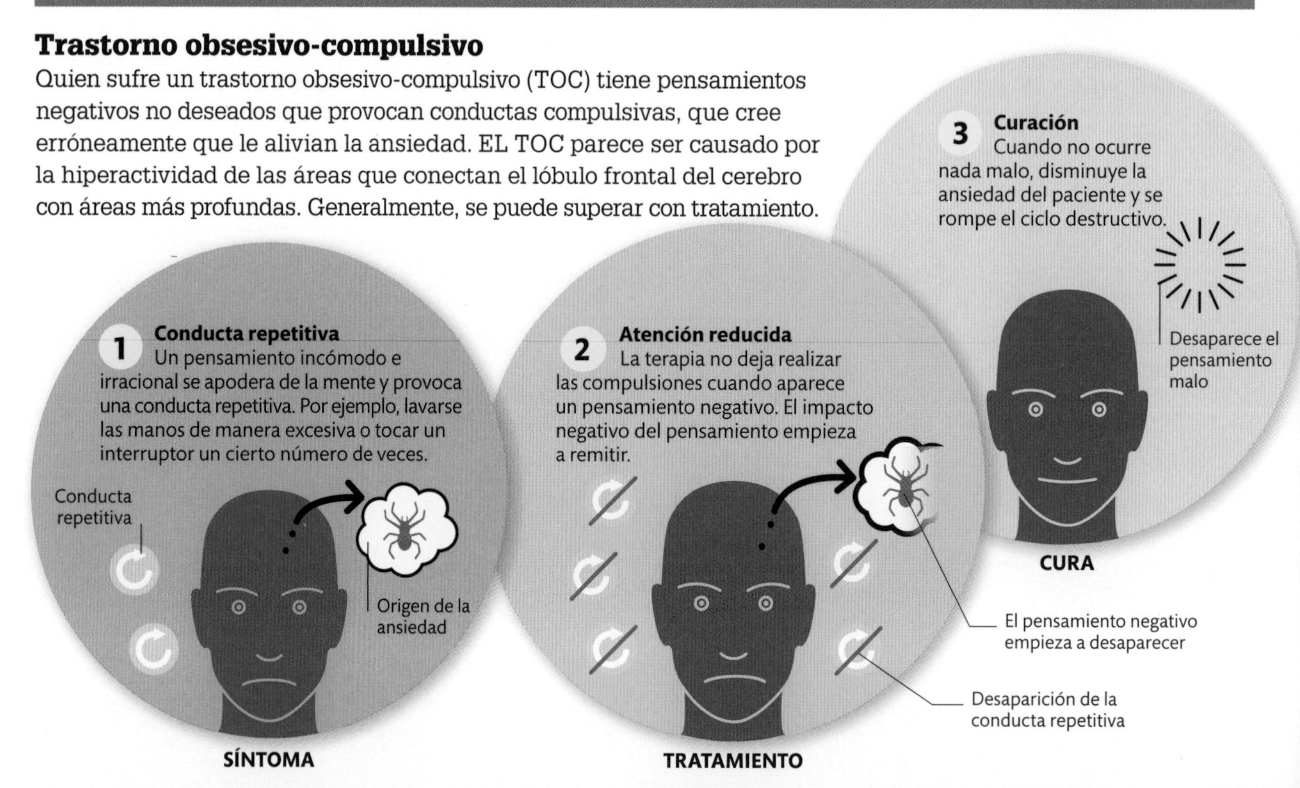

3 Curación
Cuando no ocurre nada malo, disminuye la ansiedad del paciente y se rompe el ciclo destructivo.
Desaparece el pensamiento malo
1 Conducta repetitiva
Un pensamiento incómodo e irracional se apodera de la mente y provoca una conducta repetitiva. Por ejemplo, lavarse las manos de manera excesiva o tocar un interruptor un cierto número de veces.
Conducta repetitiva
Origen de la ansiedad
2 Atención reducida
La terapia no deja realizar las compulsiones cuando aparece un pensamiento negativo. El impacto negativo del pensamiento empieza a remitir.
El pensamiento negativo empieza a desaparecer
Desaparición de la conducta repetitiva
CURA
SÍNTOMA
TRATAMIENTO

RECUERDOS TRAUMÁTICOS

Después de un trauma, se experimentan a veces *flashbacks*, hipervigilancia, ansiedad y depresión: los síntomas del trastorno de estrés postraumático (TEPT). Cuando el afectado rememora el recuerdo traumático, se activa la respuesta de «lucha o huida», al contrario que con los recuerdos normales. Se puede tratar con terapia o fármacos.

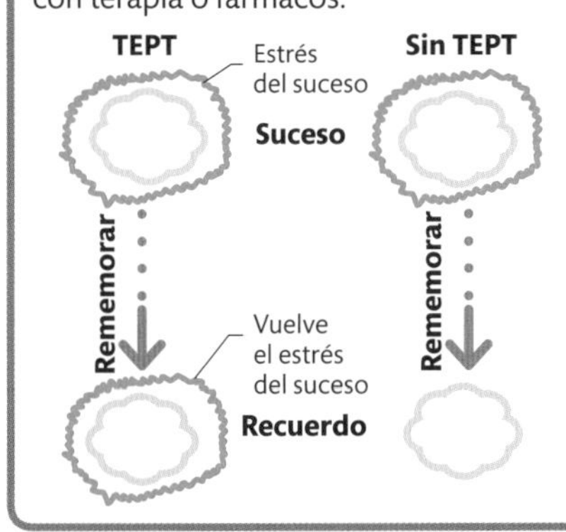
TEPT
Estrés del suceso
Sin TEPT
Suceso
Rememorar
Rememorar
Vuelve el estrés del suceso
Recuerdo

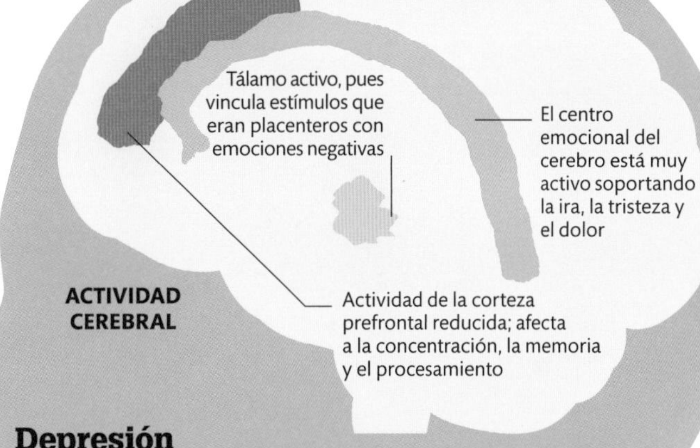
Tálamo activo, pues vincula estímulos que eran placenteros con emociones negativas
El centro emocional del cerebro está muy activo soportando la ira, la tristeza y el dolor
ACTIVIDAD CEREBRAL
Actividad de la corteza prefrontal reducida; afecta a la concentración, la memoria y el procesamiento

Depresión

Los síntomas de la depresión incluyen ánimo bajo, apatía, problemas de sueño y dolor de cabeza. La causa se cree que son desequilibrios químicos del cerebro que provocan hiperactividad o hipoactividad en determinadas áreas. Los antidepresivos ayudan a restablecer el equilibrio gracias al mayor nivel de agentes químicos, pero solo corrigen los síntomas, no la causa. La actitud ante la depresión ha progresado y ahora se considera un trastorno y no un estado mental.

Trastorno bipolar

El trastorno bipolar, con sus cambios de humor de la manía a la depresión extrema, tiene un componente genético, pero a menudo surge tras un suceso vital muy estresante. El trastorno bipolar es un subtipo de depresión. Se cree que aparece por problemas de equilibrio de determinados agentes químicos en el cerebro, incluidas la norepinefrina y la serotonina, que hace que las sinapsis del cerebro presenten hiperactividad, durante la manía, o hipoactividad, durante la depresión.

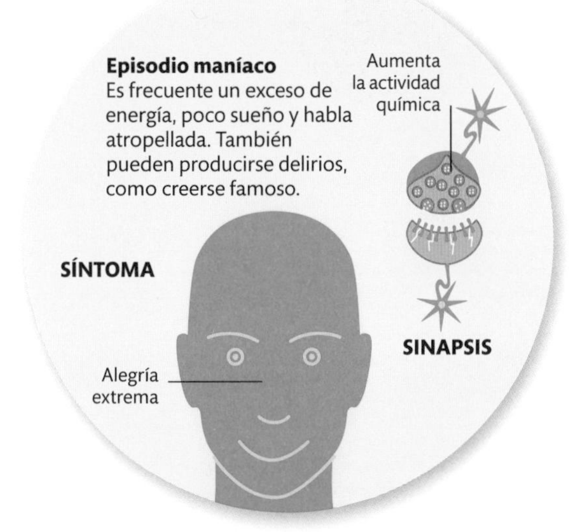
Episodio maníaco
Es frecuente un exceso de energía, poco sueño y habla atropellada. También pueden producirse delirios, como creerse famoso.
Aumenta la actividad química
SÍNTOMA
SINAPSIS
Alegría extrema

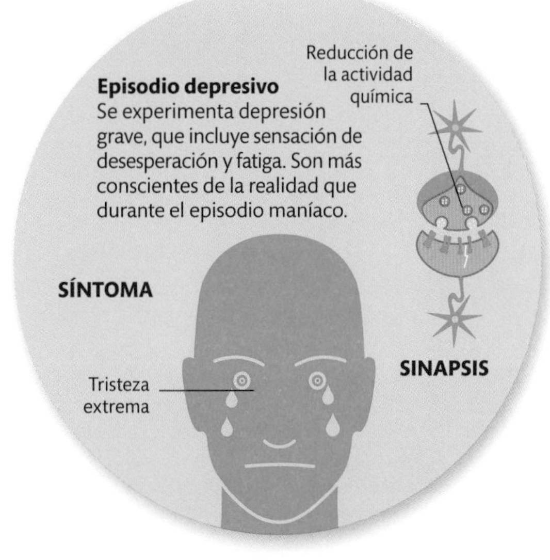
Episodio depresivo
Se experimenta depresión grave, que incluye sensación de desesperación y fatiga. Son más conscientes de la realidad que durante el episodio maníaco.
Reducción de la actividad química
SÍNTOMA
SINAPSIS
Tristeza extrema

Sentir atracción

Los científicos están empezando a comprender qué ocurre cuando alguien nos atrae, por qué determinadas personas nos atraen y otras no, y cómo elegimos..., y casi todo ello se debe a las hormonas.

¿LA CULTURA AFECTA A LA ATRACCIÓN?

Los ideales de belleza de una misma cultura cambian con el paso del tiempo. Por ejemplo, antes en Europa la piel clara y una silueta con curvas indicaban riqueza y se veían como rasgos atractivos en una mujer. Ahora, en cambio, se desean figuras más estilizadas y bronceadas.

Enlace químico

Al surgir la atracción, las hormonas tienen un papel importante y aumentan los sentimientos románticos. Suben los niveles de dopamina en el cerebro y estos aportan el deseado nivel máximo de placer. Se libera un agente químico que se convierte en adrenalina, que deja la boca seca y las manos sudorosas. También se dilatan las pupilas, lo que indica el deseo hacia la otra persona y nos hace más atractivos. Los niveles de serotonina cambian y se cree que provocan pensamientos obsesivos y lujuriosos.

1 Deseo inmediato Al cabo de poco de ver a alguien que nos atrae, se activa un área del cerebro conocida como corteza prefrontal ventromedial para analizar la posibilidad de cortejo. Ambos sexos liberan testosterona, encargada de estimular el deseo.

2 Factores adicionales La atracción se fija en detalles como la simetría facial y la forma del cuerpo, ya que indican buena salud y fertilidad. Finalmente, otras cosas, como tener intereses parecidos, indican la compatibilidad a largo plazo. El color rojo enciende la pasión en ambos sexos.

Corteza prefrontal ventromedial

Área de iniciación del deseo

Pupila dilatada

TONO Y VELOCIDAD DE LA VOZ

SENTIDO DEL HUMOR

SIMETRÍA FACIAL

COLOR DE LA ROPA

FORMA DEL CUERPO

La frecuencia cardiaca aumenta con la atracción, por eso confundimos las sensaciones de amor y de miedo. ¡Una película de terror puede ser una primera cita estupenda!

3 Lazos de pareja a largo plazo
Después de la fase de atracción inicial, las relaciones cambian y cobra importancia un conjunto diferente de hormonas. Tras el sexo se libera oxitocina y aumentan los sentimientos de confianza y vínculo, que ayudan a establecer las relaciones. Otra hormona, la vasopresina, es igual de importante. Se libera cuando dos personas pasan mucho tiempo juntos y promueve la monogamia.

SEXO

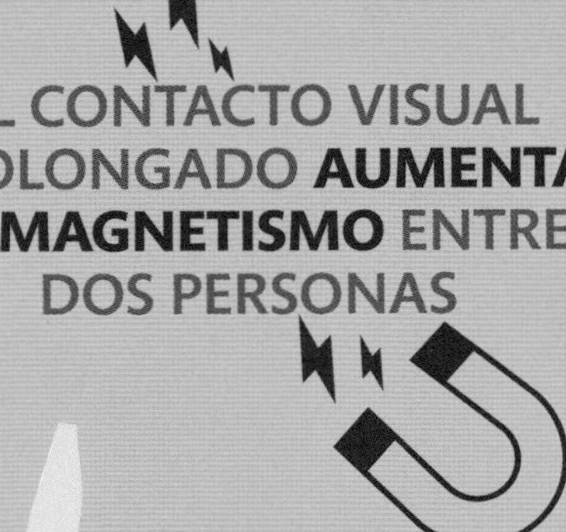

EL CONTACTO VISUAL PROLONGADO **AUMENTA EL MAGNETISMO** ENTRE DOS PERSONAS

CICLO MENSTRUAL

Sutilezas

Muchos animales hembra muestran de manera clara su fertilidad, con señales potentes, como zonas del cuerpo hinchadas y muy coloradas o feromonas en la orina. En los humanos, en cambio, la ovulación no es tan obvia... y no se sabe por qué hemos evolucionado así. No obstante, las mujeres hacen gala, con sutileza, de su fertilidad: flirtean más y se visten de manera más provocativa; los hombres detectan estas señales inconscientemente. Un estudio demostró que los hombres liberan más testosterona ante el olor de mujeres ovulando que ante el olor de mujeres en otra fase menos fértil del ciclo.

OVULACIÓN

Signos de cambio
Cuando ovulan, las mujeres presentan cambios sutiles que indican su fertilidad: sube el tono de la voz, tienen las mejillas rosadas y tienden a flirtear más y vestir de manera más atractiva.

OLOR CORPORAL

El sudor puede indicar el estado de salud de alguien o incluso su compatibilidad genética. Quienes tienen un sistema inmunitario relativamente diferente al nuestro suelen tener un olor más atractivo, ya que la mezcla de genes resultante daría lugar a una descendencia más saludable. En general, las mujeres prefieren hombres cuyo olor sea algo parecido al suyo, en lugar de uno que sea genéticamente idéntico o totalmente diferente.

Mentes extraordinarias

Cada cerebro es totalmente único, pero hay personas capaces de hacer cosas fantásticas que la mayoría solo hará en sueños. Unos cambios mínimos en las conexiones del cerebro o aprender otra manera de usarlo pueden hacernos capaces de aprovechar estas grandes capacidades.

Retraso lingüístico
Los niños con autismo (pero no con Asperger) tardan más en aprender a hablar; algunos incluso nunca llegan a hacerlo. Los que hablan a veces tienen problemas para comunicarse con otros, especialmente con adultos.

Alteración de la vida social
Un signo precoz del autismo es el contacto visual escaso. A los autistas no les gusta socializar, ya que las complejas normas les confunden y aterran. No obstante, eso no quiere decir que los afectados nunca formen fuertes lazos sociales.

Conducta repetitiva
Las personas con autismo procesan la información de manera diferente, lo que significa que pueden verse superados por las situaciones cotidianas. Son habituales, y también útiles en caso de ansiedad, las conductas rutinarias para calmarse solos.

Intereses específicos
Los autistas a menudo presentan intereses concretos y específicos. Esto puede ser una manera de estar cómodos y felices, porque posiblemente la estructura y el orden de lo conocido les permite desconectar del confuso mundo social.

A VECES EL AUTISMO LLEVA A

Espectro autista

Es probable que unos modelos poco habituales de conectividad en el cerebro causen los trastornos del espectro autista (incluido el síndrome de Asperger). Se sabe que los genes son importantes, ya que el autismo afecta a familias concretas, aunque se desconoce por qué afecta poco a unos, mientras que otros necesitan atención toda su vida.

Cualidades prodigiosas
En algunas ocasiones los que sufren autismo muestran una habilidad increíble en áreas como matemáticas, música o arte, quizá por su modelo característico de procesamiento cerebral que se concentra en los detalles.

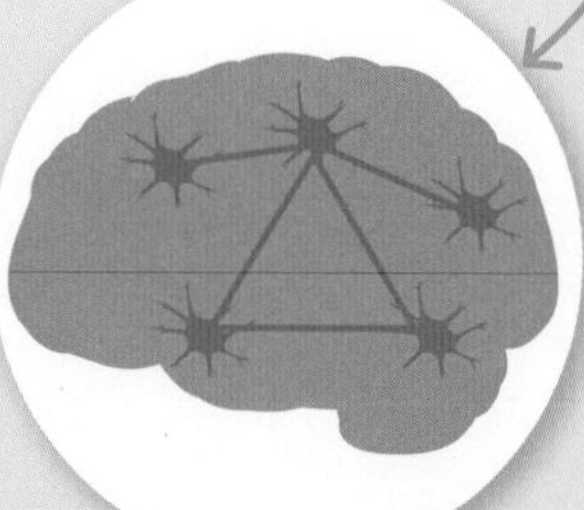

Más conexiones
Cualquier cerebro al crecer se deshace de conexiones neuronales no esenciales. Se cree que en el autismo se inhibe este proceso y el cerebro acaba con demasiadas conexiones.

CORTOCIRCUITOS SENSITIVOS

Hay personas con los sentidos cruzados. Algunos perciben letras o números como colores, mientras que otros notan sabor a café cuando oyen un do sostenido. Este cuadro se conoce como sinestesia y aparece cuando no ocurre la normal pérdida de neuronas durante el desarrollo del cerebro en la infancia, lo que da como resultado conexiones adicionales entre las áreas sensitivas del cerebro. Se cree que la sinestesia es genética, ya que tiende a afectar a miembros de la misma familia. No obstante, la genética no tiene toda la culpa, ya que se han dado casos de gemelos en los que solo uno tenía sinestesia.

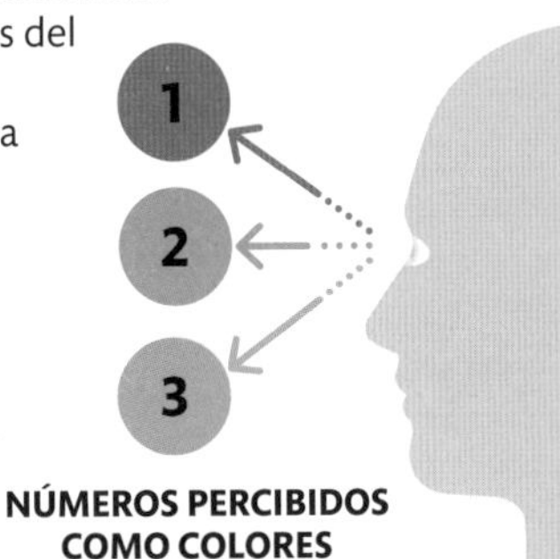
1
2
3
NÚMEROS PERCIBIDOS COMO COLORES

Alucinaciones

Sorprende que las alucinaciones sean tan frecuentes: muchas personas cuya pareja acaba de morir indican que la han visto, y casi todo el mundo ha visto de reojo algo que no existe. Son un producto secundario del cerebro mientras intenta que el mundo tenga sentido.

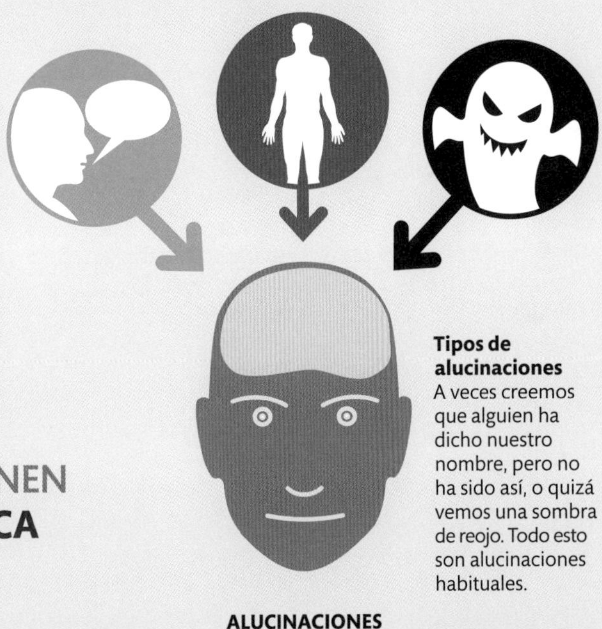

Tipos de alucinaciones
A veces creemos que alguien ha dicho nuestro nombre, pero no ha sido así, o quizá vemos una sombra de reojo. Todo esto son alucinaciones habituales.

ALUCINACIONES

A LOS 5 AÑOS, LOS QUE TIENEN MEMORIA AUTOBIOGRÁFICA SUPERIOR EMPIEZAN A RECORDARLO TODO

Campeones de la memoria

Existen personas con memorias fantásticas; en general, usan técnicas como situar los elementos que deben recordar a lo largo de una ruta conocida. Unas pocas personas con un trastorno denominado memoria autobiográfica superior recuerdan automáticamente cualquier acontecimiento de sus vidas, por insignificante que parezca. Un individuo con este trastorno tenía el lóbulo temporal y el núcleo caudado, las áreas del cerebro vinculadas a la memoria, muy desarrollados.

NUEVAS CONEXIONES NEURONALES

Camino para memorizar
Si tenemos que recordar una secuencia de números, podemos hacerlo asociando cada cifra a un lugar u objeto que veamos yendo a trabajar. Imaginar un «3» en la ventana de un coche o edificio, por ejemplo, ayuda a retener la posición de ese número en la secuencia.

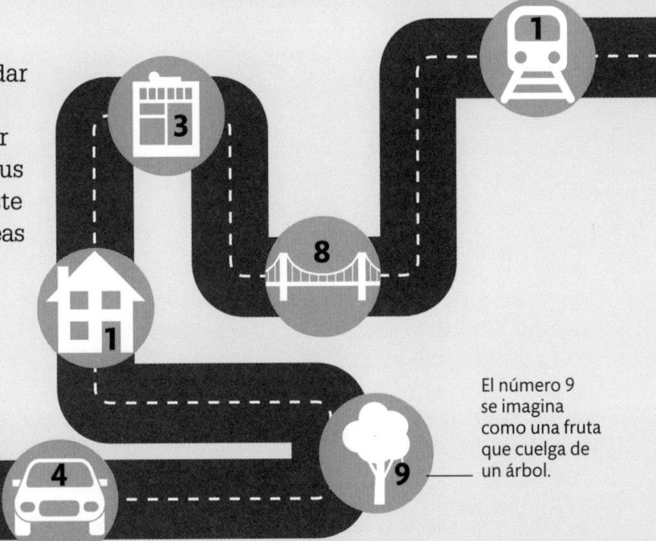
1
3
8
1
4
9

El número 9 se imagina como una fruta que cuelga de un árbol.

Índice

D

I

L

M

N

O

P

Q

R

S

T

U

V

YZ

Agradecimientos

DK quiere agradecer a las siguientes personas su ayuda para la preparación de este libro: Amy Child, Jon Durbin, Phil Gamble, Alex Lloyd y Katherine Raj por su asistencia en el diseño, Nadine King, Dragana Puvacic y Gillian Reid por su asistencia en la preproducción, Caroline Jones por la preparación del índice, y Ángeles Gavira Guerrero por la corrección del texto original.

Los editores agradecen también a quienes se menciona a continuación que hayan dado permiso para reproducir sus imágenes:
p. 85: Edward H Adelson
p. 87: Photolibrary: Steve Allen

Para más información ver:
www.dkimages.com